国 家 科 技 重 大 专 项

大型油气田及煤层气开发成果丛书

（2008—2020）

◇◇◇◇◇◇ **卷5** ◇◇◇◇◇◇

中国陆上古老海相碳酸盐岩油气地质理论与勘探

赵文智　汪泽成　沈安江　潘建国　等编著

石油工业出版社

内容提要

　　本书为国家油气专项的部分成果。在"十二五"成果基础上，"十三五"攻关研究以元古宇—寒武系为重点目标，加强古老海相碳酸盐岩有机质富集机制、微生物碳酸盐岩规模成储、克拉通内构造分异控油气富集带等方面研究，研发探索古老海相碳酸盐岩成储与成藏定年、深层地震处理及储层预测等关键技术，开展元古宇—寒武系基础研究，推动勘探领域突破，支撑增储目标。

　　本项目取得了元古宇—寒武系为重点的古老含油气系统油气成藏理论新进展，研发集成了多项关键技术系列，有效指导了油气勘探开发实践。

　　本书可供从事油气地质研究的科研人员及高等院校相关专业师生参考使用。

图书在版编目（CIP）数据

中国陆上古老海相碳酸盐岩油气地质理论与勘探 /
赵文智等编著 . — 北京：石油工业出版社，2023.9
　（国家科技重大专项·大型油气田及煤层气开发成果丛书：2008—2020）
　ISBN 978-7-5183-5529-7

Ⅰ . ① 中… Ⅱ . ① 赵… Ⅲ . ① 海相 – 碳酸盐岩 – 石油
天然气地质 – 研究 – 中国 ② 海相 – 碳酸盐岩 – 油气勘探 –
研究 – 中国 Ⅳ . ① P618.13

中国国家版本馆 CIP 数据核字（2022）第 140752 号

责任编辑：林庆咸　唐俊雅　别涵宇
责任校对：罗彩霞
装帧设计：李　欣　周　彦

审图号：GS 京〔2023〕2015 号

出版发行：石油工业出版社
　　　　　（北京安定门外安华里 2 区 1 号　100011）
　　　　　网　　址：www.petropub.com
　　　　　编辑部：（010）64251539　图书营销中心：（010）64523633
经　　销：全国新华书店
印　　刷：北京中石油彩色印刷有限责任公司

2023 年 9 月第 1 版　2023 年 9 月第 1 次印刷
787×1092 毫米　开本：1/16　印张：24
字数：580 千字

定价：240.00 元

《国家科技重大专项·大型油气田及煤层气开发成果丛书（2008—2020）》

◈◈◈◈ 编委会 ◈◈◈◈

《中国陆上古老海相碳酸盐岩油气地质理论与勘探》

◇◇◇◇◇ 编写组 ◇◇◇◇◇

组　长：赵文智

副组长：汪泽成　沈安江　潘建国

成　员：（按姓氏拼音排序）

包洪平　陈永权　洪海涛　黄士鹏　黄正良　江青春

姜　华　李　闯　李保华　李三忠　刘　伟　罗宪婴

马德波　潘文庆　任军峰　田兴旺　王　坤　王华建

王铜山　王文之　王晓梅　邬光辉　翟秀芬　张宝收

赵振宇　郑剑锋　周进高　朱永峰

　　能源安全关系国计民生和国家安全。面对世界百年未有之大变局和全球科技革命的新形势，我国石油工业肩负着坚持初心、为国找油、科技创新、再创辉煌的历史使命。国家科技重大专项是立足国家战略需求，通过核心技术突破和资源集成，在一定时限内完成的重大战略产品、关键共性技术或重大工程，是国家科技发展的重中之重。大型油气田及煤层气开发专项，是贯彻落实习近平总书记关于大力提升油气勘探开发力度、能源的饭碗必须端在自己手里等重要指示批示精神的重大实践，是实施我国"深化东部、发展西部、加快海上、拓展海外"油气战略的重大举措，引领了我国油气勘探开发事业跨入向深层、深水和非常规油气进军的新时代，推动了我国油气科技发展从以"跟随"为主向"并跑、领跑"的重大转变。在"十二五"和"十三五"国家科技创新成就展上，习近平总书记两次视察专项展台，充分肯定了油气科技发展取得的重大成就。

　　大型油气田及煤层气开发专项作为《国家中长期科学和技术发展规划纲要（2006—2020年）》确定的10个民口科技重大专项中唯一由企业牵头组织实施的项目，以国家重大需求为导向，积极探索和实践依托行业骨干企业组织实施的科技创新新型举国体制，集中优势力量，调动中国石油、中国石化、中国海油等百余家油气能源企业和70多所高等院校、20多家科研院所及30多家民营企业协同攻关，参与研究的科技人员和推广试验人员超过3万人。围绕专项实施，形成了国家主导、企业主体、市场调节、产学研用一体化的协同创新机制，聚智协力突破关键核心技术，实现了重大关键技术与装备的快速跨越；弘扬伟大建党精神、传承石油精神和大庆精神铁人精神，以及石油会战等优良传统，充分体现了新型举国体制在科技创新领域的巨大优势。

　　经过十三年的持续攻关，全面完成了油气重大专项既定战略目标，攻克了一批制约油气勘探开发的瓶颈技术，解决了一批"卡脖子"问题。在陆上油气勘探、陆上油气开发、工程技术、海洋油气勘探开发、海外油气勘探开发、非常规油气勘探开发领域，形成了 6 大技术系列、26 项重大技术；自主研发 20 项重大工程技术装备；建成 35 项示范工程、26 个国家级重点实验室和研究中心。我国油气科技自主创新能力大幅提升，油气能源企业被卓越赋能，形成产量、储量增长高峰期发展新态势，为落实习近平总书记"四个革命、一个合作"能源安全新战略奠定了坚实的资源基础和技术保障。

《国家科技重大专项·大型油气田及煤层气开发成果丛书（2008—2020）》（62 卷）是专项攻关以来在科学理论和技术创新方面取得的重大进展和标志性成果的系统总结，凝结了数万科研工作者的智慧和心血。他们以"功成不必在我，功成必定有我"的担当，高质量完成了这些重大科技成果的凝练提升与编写工作，为推动科技创新成果转化为现实生产力贡献了力量，给广大石油干部员工奉献了一场科技成果的饕餮盛宴。这套丛书的正式出版，对于加快推进专项理论技术成果的全面推广，提升石油工业上游整体自主创新能力和科技水平，支撑油气勘探开发快速发展，在更大范围内提升国家能源保障能力将发挥重要作用，同时也一定会在中国石油工业科技出版史上留下一座书香四溢的里程碑。

在世界能源行业加快绿色低碳转型的关键时期，广大石油科技工作者要进一步认清面临形势，保持战略定力、志存高远、志创一流，毫不放松加强油气等传统能源科技攻关，大力提升油气勘探开发力度，增强保障国家能源安全能力，努力建设国家战略科技力量和世界能源创新高地；面对资源短缺、环境保护的双重约束，充分发挥自身优势，以技术创新为突破口，加快布局发展新能源新事业，大力推进油气与新能源协调融合发展，加大节能减排降碳力度，努力增加清洁能源供应，在绿色低碳科技革命和能源科技创新上出更多更好的成果，为把我国建设成为世界能源强国、科技强国，实现中华民族伟大复兴的中国梦续写新的华章。

中国石油董事长、党组书记
中国工程院院士

石油天然气是当今人类社会发展最重要的能源。2020 年全球一次能源消费量为 134.0×10^8 t 油当量，其中石油和天然气占比分别为 30.6% 和 24.2%。展望未来，油气在相当长时间内仍是一次能源消费的主体，全球油气生产将呈长期稳定趋势，天然气产量将保持较高的增长率。

习近平总书记高度重视能源工作，明确指示"要加大油气勘探开发力度，保障我国能源安全"。石油工业的发展是由资源、技术、市场和社会政治经济环境四方面要素决定的，其中油气资源是基础，技术进步是最活跃、最关键的因素，石油工业发展高度依赖科学技术进步。近年来，全球石油工业上游在资源领域和理论技术研发均发生重大变化，非常规油气、海洋深水油气和深层—超深层油气勘探开发获得重大突破，推动石油地质理论与勘探开发技术装备取得革命性进步，引领石油工业上游业务进入新阶段。

中国共有 500 余个沉积盆地，已发现松辽盆地、渤海湾盆地、准噶尔盆地、塔里木盆地、鄂尔多斯盆地、四川盆地、柴达木盆地和南海盆地等大型含油气大盆地，油气资源十分丰富。中国含油气盆地类型多样、油气地质条件复杂，已发现的油气资源以陆相为主，构成独具特色的大油气分布区。历经半个多世纪的艰苦创业，到 20 世纪末，中国已建立完整独立的石油工业体系，基本满足了国家发展对能源的需求，保障了油气供给安全。2000 年以来，随着国内经济高速发展，油气需求快速增长，油气对外依存度逐年攀升。我国石油工业担负着保障国家油气供应安全，壮大国际竞争力的历史使命，然而我国石油工业面临着油气勘探开发对象日趋复杂、难度日益增大、勘探开发理论技术不相适应及先进装备依赖进口的巨大压力，因此急需发展自主科技创新能力，发展新一代油气勘探开发理论技术与先进装备，以大幅提升油气产量，保障国家油气能源安全。一直以来，国家高度重视油气科技进步，支持石油工业建设专业齐全、先进开放和国际化的上游科技研发体系，在中国石油、中国石化和中国海油建立了比较先进和完备的科技队伍和研发平台，在此基础上于2008年启动实施国家科技重大专项技术攻关。

国家科技重大专项"大型油气田及煤层气开发"（简称"国家油气重大专项"）是《国家中长期科学和技术发展规划纲要（2006—2020年）》确定的16个重大专项之一，目标是大幅提升石油工业上游整体科技创新能力和科技水平，支撑油气勘探开发快速发展。国家油气重大专项实施周期为2008—2020年，按照"十一五""十二五""十三五"3个阶段实施，是民口科技重大专项中唯一由企业牵头组织实施的专项，由中国石油牵头组织实施。专项立足保障国家能源安全重大战略需求，围绕"6212"科技攻关目标，共部署实施201个项目和示范工程。在党中央、国务院的坚强领导下，专项攻关团队积极探索和实践依托行业骨干企业组织实施的科技攻关新型举国体制，加快推进专项实施，攻克一批制约油气勘探开发的瓶颈技术，形成了陆上油气勘探、陆上油气开发、工程技术、海洋油气勘探开发、海外油气勘探开发、非常规油气勘探开发6大领域技术系列及26项重大技术，自主研发20项重大工程技术装备，完成35项示范工程建设。近10年我国石油年产量稳定在2×10^8t左右，天然气产量取得快速增长，2020年天然气产量达1925×10^8m³，专项全面完成既定战略目标。

通过专项科技攻关，中国油气勘探开发技术整体已经达到国际先进水平，其中陆上油气勘探开发水平位居国际前列，海洋石油勘探开发与装备研发取得巨大进步，非常规油气开发获得重大突破，石油工程服务业的技术装备实现自主化，常规技术装备已全面国产化，并具备部分高端技术装备的研发和生产能力。总体来看，我国石油工业上游科技取得以下七个方面的重大进展：

（1）我国天然气勘探开发理论技术取得重大进展，发现和建成一批大气田，支撑天然气工业实现跨越式发展。围绕我国海相与深层天然气勘探开发技术难题，形成了海相碳酸盐岩、前陆冲断带和低渗—致密等领域天然气成藏理论和勘探开发重大技术，保障了我国天然气产量快速增长。自2007年至2020年，我国天然气年产量从677×10^8m³增长到1925×10^8m³，探明储量从6.1×10^{12}m³增长到14.41×10^{12}m³，天然气在一次能源消费结构中的比例从2.75%提升到8.18%以上，实现了三个翻番，我国已成为全球第四大天然气生产国。

（2）创新发展了石油地质理论与先进勘探技术，陆相油气勘探理论与技术继续保持国际领先水平。创新发展形成了包括岩性地层油气成藏理论与勘探配套技术等新一代石油地质理论与勘探技术，发现了鄂尔多斯湖盆中心岩性地层大油区，支撑了国内长期年新增探明 10×10^8t 以上的石油地质储量。

（3）形成国际领先的高含水油田提高采收率技术，聚合物驱油技术已发展到三元复合驱，并研发先进的低渗透和稠油油田开采技术，支撑我国原油产量长期稳定。

（4）我国石油工业上游工程技术装备（物探、测井、钻井和压裂）基本实现自主化，具备一批高端装备技术研发制造能力。石油企业技术服务保障能力和国际竞争力大幅提升，促进了石油装备产业和工程技术服务产业发展。

（5）我国海洋深水工程技术装备取得重大突破，初步实现自主发展，支持了海洋深水油气勘探开发进展，近海油气勘探与开发能力整体达到国际先进水平，海上稠油开发处于国际领先水平。

（6）形成海外大型油气田勘探开发特色技术，助力"一带一路"国家油气资源开发和利用。形成全球油气资源评价能力，实现了国内成熟勘探开发技术到全球的集成与应用，我国海外权益油气产量大幅度提升。

（7）页岩气、致密气、煤层气与致密油、页岩油勘探开发技术取得重大突破，引领非常规油气开发新兴产业发展。形成页岩气水平井钻完井与储层改造作业技术系列，推动页岩气产业快速发展；页岩油勘探开发理论技术取得重大突破；煤层气开发新兴产业初见成效，形成煤层气与煤炭协调开发技术体系，全国煤炭安全生产形势实现根本性好转。

这些科技成果的取得，是国家实施建设创新型国家战略的成果，是百万石油员工和科技人员发扬艰苦奋斗、为国找油的大庆精神铁人精神的实践结果，是我国科技界以举国之力团结奋斗联合攻关的硕果。国家油气重大专项在实施中立足传统石油工业，探索实践新型举国体制，创建"产学研用"创新团队，创新人才队伍建设，创新科技研发平台基地建设，使我国石油工业科技创新能力得到大幅度提升。

为了系统总结和反映国家油气重大专项在科学理论和技术创新方面取得的重大进展和成果，加快推进专项理论技术成果的推广和提升，专项实施管理办公室与技术总体组规划组织编写了《国家科技重大专项·大型油气田及煤层气开发成果丛书（2008—2020）》。丛书共 62 卷，第 1 卷为专项理论技术成果总论，第 2～9 卷为陆上油气勘探理论技术成果，第 10～14 卷为陆上油气开发理论技术成果，第 15～22 卷为工程技术装备成果，第 23～26 卷为海洋油气理论技术装备成果，第 27～30 卷为海外油气理论技术成果，第 31～43 卷为非常规油气理论技术成果，第44～62卷为油气开发示范工程技术集成与实施成果（包括常规油气开发7卷，煤层气开发5卷，页岩气开发4卷，致密油、页岩油开发3卷）。

各卷均以专项攻关组织实施的项目与示范工程为单元，作者是项目与示范工程的项目长和技术骨干，内容是项目与示范工程在2008—2020年期间的重大科学理论研究、先进勘探开发技术和装备研发成果，代表了当今我国石油工业上游的最新成就和最高水平。丛书内容翔实，资料丰富，是科学研究与现场试验的真实记录，也是科研成果的总结和提升，具有重大的科学意义和资料价值，必将成为石油工业上游科技发展的珍贵记录和未来科技研发的基石和参考资料。衷心希望丛书的出版为中国石油工业的发展发挥重要作用。

国家科技重大专项"大型油气田及煤层气开发"是一项巨大的历史性科技工程，前后历时十三年，跨越三个五年规划，共有数万名科技人员参加，是我国石油工业史上一项壮举。专项的顺利实施和圆满完成是参与专项的全体科技人员奋力攻关、辛勤工作的结果，是我国石油工业界和石油科技教育界通力合作的典范。我有幸作为国家油气重大专项技术总师，全程参加了专项的科研和组织，倍感荣幸和自豪。同时，特别感谢国家科技部、财政部和发改委的规划、组织和支持，感谢中国石油、中国石化、中国海油及中联公司长期对石油科技和油气重大专项的直接领导和经费投入。此次专项成果丛书的编辑出版，还得到了石油工业出版社大力支持，在此一并表示感谢！

中国科学院院士　贾承造

《国家科技重大专项·大型油气田及煤层气开发成果丛书（2008—2020）》

分卷目录

序号	分卷名称
卷 29	超重油与油砂有效开发理论与技术
卷 30	伊拉克典型复杂碳酸盐岩油藏储层描述
卷 31	中国主要页岩气富集成藏特点与资源潜力
卷 32	四川盆地及周缘页岩气形成富集条件、选区评价技术与应用
卷 33	南方海相页岩气区带目标评价与勘探技术
卷 34	页岩气气藏工程及采气工艺技术进展
卷 35	超高压大功率成套压裂装备技术与应用
卷 36	非常规油气开发环境检测与保护关键技术
卷 37	煤层气勘探地质理论及关键技术
卷 38	煤层气高效增产及排采关键技术
卷 39	新疆准噶尔盆地南缘煤层气资源与勘查开发技术
卷 40	煤矿区煤层气抽采利用关键技术与装备
卷 41	中国陆相致密油勘探开发理论与技术
卷 42	鄂尔多斯盆缘过渡带复杂类型气藏精细描述与开发
卷 43	中国典型盆地陆相页岩油勘探开发选区与目标评价
卷 44	鄂尔多斯盆地大型低渗透岩性地层油气藏勘探开发技术与实践
卷 45	塔里木盆地克拉苏气田超深超高压气藏开发实践
卷 46	安岳特大型深层碳酸盐岩气田高效开发关键技术
卷 47	缝洞型油藏提高采收率工程技术创新与实践
卷 48	大庆长垣油田特高含水期提高采收率技术与示范应用
卷 49	辽河及新疆稠油超稠油高效开发关键技术研究与实践
卷 50	长庆油田低渗透砂岩油藏 CO_2 驱油技术与实践
卷 51	沁水盆地南部高煤阶煤层气开发关键技术
卷 52	涪陵海相页岩气高效开发关键技术
卷 53	渝东南常压页岩气勘探开发关键技术
卷 54	长宁—威远页岩气高效开发理论与技术
卷 55	昭通山地页岩气勘探开发关键技术与实践
卷 56	沁水盆地煤层气水平井开采技术及实践
卷 57	鄂尔多斯盆地东缘煤系非常规气勘探开发技术与实践
卷 58	煤矿区煤层气地面超前预抽理论与技术
卷 59	两淮矿区煤层气开发新技术
卷 60	鄂尔多斯盆地致密油与页岩油规模开发技术
卷 61	准噶尔盆地砂砾岩致密油藏开发理论技术与实践
卷 62	渤海湾盆地济阳坳陷致密油藏开发技术与实践

我国海相碳酸盐岩地层分布广、油气资源丰富。第四轮全国油气资源评价结果表明海相碳酸盐岩油气资源量约 $226×10^8$t 油当量，主要分布在塔里木、鄂尔多斯、四川等盆地。"十三五"国家油气重大专项"大型油气田及煤层气开发项目"设立"下古生界—前寒武系碳酸盐岩油气成藏规律、关键技术及目标评价"，立足塔里木、四川、鄂尔多斯三大盆地及邻区的下古生界—前寒武系，发展完善海相碳酸盐岩油气地质理论及以储层预测为核心的关键技术，优选评价有利勘探目标，为碳酸盐岩油气勘探新突破、年增探明油气地质储量持续保持 $1.0×10^8$~$1.5×10^8$t 油当量提供理论技术支撑。通过五年攻关研究，取得了古老海相碳酸盐岩油气地质理论重大创新，研发出多项关键技术，有力支撑了塔里木盆地富满地区十亿吨级大油田、四川盆地川中古隆起北斜坡万亿立方米大气区、鄂尔多斯盆地中东部奥陶系中—下组合千亿立方米大气田的勘探实践。评价优选有利区带和风险勘探目标，为"十四五"碳酸盐岩领域勘探部署提供支撑。

"十二五"期间，通过"四川、塔里木等盆地及邻区海相碳酸盐岩大油气田形成条件、关键技术及目标评价（Ⅱ期）"项目攻关研究，油气地质认识及勘探技术均取得了重要进展，有力支撑了勘探实践。取得四方面理论创新：（1）提出了三大克拉通盆地中新元古界—下寒武统古老含油气系统是重要接替领域；（2）油气成藏普遍具晚期性，"三灶"既是生烃母质富集过程，又是常规、非常规两类资源晚期规模成矿的重要条件；（3）高能环境沉积体经建设性成岩作用改造可以形成有效储集体，深层古老碳酸盐岩发育规模储层；（4）油气分布总体呈"三控"特征，克拉通盆地深层存在"多勘探黄金带"。集成创新五项关键技术，包括：盆地深层结构地球物理综合解译技术、古老碳酸盐岩油气资源评价技术、古老碳酸盐岩储层地质评价技术、碳酸盐岩缝洞储集体预测评价技术、颗粒滩白云岩储层与流体预测技术，为塔里木、四川及鄂尔多斯三大盆地碳酸盐岩增储上产提供技术支撑。项目研究成果应用实效显著：（1）推动三大盆地新领域勘探获重要突破：四川盆地安岳特大型气田勘探发现、塔里木盆地哈拉哈塘地区奥陶系勘探整体突破、鄂尔多斯盆地奥陶系中下组合勘探突破；（2）为三大盆地海相碳酸盐岩新增探明石油储量 2.8×10^8t、天然气储量 9194×10^8m^3，提供重要理论认识与技术支撑；（3）推动安岳气田百亿立方米产能及哈拉哈塘油田百万吨产能建设。

"十三五"期间，研究人员立足塔里木、四川、鄂尔多斯三大盆地及邻区的下古生界—前寒武系，进一步完善海相碳酸盐岩油气地质理论，为碳酸盐岩油气勘探新突破、年增探明油气地质储量持续保持 $1 \times 10^8 \sim 1.5 \times 10^8$t 油当量提供有效的地质理论支撑；进一步发展完善以储层预测、流体识别为核心的关键技术，优选评价有利勘探目标，为下古生界—前寒武系碳酸盐岩油气勘探提供有效的技术支撑。

开展以下 6 个课题的研究：

（1）《寒武系—中新元古界盆地原型、烃源岩与成藏条件研究》，重点研究三大古陆寒武纪—元古代原型盆地、烃源岩分布与成烃机理、古老碳酸盐岩油气成藏有效性；（2）《寒武系—中新元古界碳酸盐岩规模储层形成与分布研究》，重点研究微生物碳酸盐岩成储机制、构造—岩相古地理、规模储层分布预测；（3）《下古生界—前寒武系地球物理勘探关键技术研究》，重点研究盆地深层结构重磁电联合解释技术、强非均质性碳酸盐岩储层与流体预测技术、重点探区碳酸盐岩储层预测；（4）《塔里木盆地奥陶系—前寒武系成藏条件研究与区带目标评价》，重点研究烃源岩分布、油气聚集规律、新区新领域成藏条件与区带目标评价；（5）《四川盆地及邻区下古生界—前寒武系成藏条件研究与区带目标评价》，重点研究震旦系—下古生界油气富集规律、区带评价与目标优选；（6）《鄂尔多斯盆地奥陶系—元古宇成藏条件研究与区带目标评价》，重点研究奥陶系碳酸盐岩—膏盐岩体系成藏机理、元古宇—寒武系成藏条件、区带评价与目标优选。

取得了理论认识进展和技术创新如下：（1）创新提出克拉通内构造分异控制碳酸盐岩油气富集理论，有效指导了四川盆地灯二段、塔里木盆地超深层、鄂尔多斯盆地奥陶系盐下等勘探新领域突破与发现；（2）搭建了我国中—新元古界油气地质理论框架。厘定了古老克拉通前寒武系分布，阐明了古气候—古海洋—古生物"三要素"协同演化控制有机质富集和微生物岩发育，基本明确中新元古界—寒武系优质烃源岩与微生物岩储层分布规律，为前寒武系资源潜力评价及拓展勘探新领域奠定基础；（3）创新发展了深层—超深层碳酸盐岩油气勘探评价5项关键技术系列，为古老碳酸盐岩成藏与成储过程恢复、强非均质性储层预测、叠合盆地超深前寒武系盆地结构解译及勘探选区评价，提供技术支撑。

项目成果通过推荐井位、推荐和调整部署方案、提出"甜点"靶区等方式，在四川盆地、塔里木盆地、鄂尔多斯盆地海相碳酸盐岩油气勘探中应用，成效显著。（1）评价优选一批风险勘探目标，推动碳酸盐岩油气勘探获得一批突破发现；（2）评价优选一批有利区带与钻探目标，及时应用于勘探生产，推动重点地区高效勘探和规模增储；（3）评价优选重点勘探领域和区带，明确了海相碳酸盐岩勘探主攻领域。

本书的总体思路与章节的内容安排由赵文智院士筹划。全书共分10章，前言由赵文智、汪泽成撰写；第一章由汪泽成、李三忠、邬光辉等撰写；第二章由沈安江、周进高、郑剑锋等撰写；第三章由王晓梅、王华建、黄士鹏等撰写；第四章由沈安江、郑剑锋、罗宪婴等撰写；第五章由汪泽成、姜华、赵振宇等撰写；第六章由洪海涛、王文之、田兴旺等撰写；第七章由潘文庆、张宝收、朱永峰等撰写；第八章由包洪平、任军峰、黄正良等撰写；第九章由潘建国、沈安江、潘文庆等撰写；第十章由赵文智、汪泽成、刘伟等撰写。全书由赵文智定稿，汪泽成、沈安江、潘建国、刘伟、翟秀芬等参加了统稿。

项目研究得到了科技部和中国石油天然气集团公司科技管理部、油气与新能源公司、西南油气田、塔里木油田、长庆油田等单位的大力支持；高瑞祺、杜金虎、胡素云、顾家裕、罗平等专家对书稿修改提出了宝贵意见，在此一并表示衷心的感谢！

由于古老海相碳酸盐岩油气成藏复杂性，加之笔者水平有限，本书难免存在疏漏之处，敬请广大读者批评指正。

目 录

◇◇◇◇◇

第一章 中—新元古代克拉通原型盆地与岩相古地理轮廓

随着我国陆上油气勘探不断向深层—超深层推进，尤其是四川盆地震旦系发现大气田，前寒武系残留型盆地分布及构造—岩相古地理等基础地质研究引起了石油地质学家和勘探家的高度重视。前人基于全球构造恢复、克拉通基底形成演化、火山活动及造山带的研究，基本搞清了华北、扬子及塔里木三大克拉通前寒武系盆地演化。然而，受资料限制，前人研究重点集中在三大盆地周缘的造山带，而对三大盆地内部的前寒武系研究较少。"十三五"以来，研究团队在吸收大量前人研究成果基础上，充分利用地球物理、钻井及测试分析资料，深入开展华北克拉通中元古界、上扬子克拉通新元古界及塔里木克拉通新元古界残留地层展布、原型盆地演化及构造—岩相古地理特征研究，编制主要层系的构造—岩相古地理图件，为三大盆地深层—超深层前寒武系油气勘探选区评价奠定基础。

第一节 华北克拉通中—新元古代原型盆地与构造—岩相古地理

一、区域地质背景

华北克拉通化之后，自古元古代晚期开始进入了克拉通发育阶段，开始了裂谷发育与演化（图 1-1-1）。在华北克拉通强烈发育裂谷系，发育中—新元古界沉积盖层局部地区厚度可达近 10km。从全球超大陆背景看，这些地层位于古元古代形成的稳定哥伦比亚超大陆边缘。主要裂谷系有燕辽裂陷槽、熊耳裂陷槽、渣尔泰—白云鄂博—化德裂谷系。鄂尔多斯盆地本部是否存在元古宙裂谷是项目关注的重点。

燕辽裂陷槽位于华北克拉通东北缘，以蓟县为沉积中心，其范围主要包括燕山地区及太行山中北段，总体呈近东西向展布，东段转为北东向延伸的带状山区，为中国北方中—新元古界的主要分布区。沉积了一套未经变质的巨厚（厚 8000～9000m）而横向稳定的海相碳酸盐岩夹碎屑岩地层，由下至上分为中元古界长城系、蓟县系、待建系，新元古界青白口系。

渣尔泰—白云鄂博—化德裂谷系，沉积分布在东西向盆地中，以沉积岩和火山岩组合为特征，由砂岩、泥质岩、含钙硅质岩、碳酸盐岩和小型的双峰火山岩组成。有研究者认为当时渣尔泰沉积环境为内克拉通盆地，白云鄂博—化德群则处于大陆边缘盆地。

熊耳裂谷系，主要分布在河南、山西、陕西三省交界地区，充填熊耳群火山—沉积岩及上覆的中—新元古界。

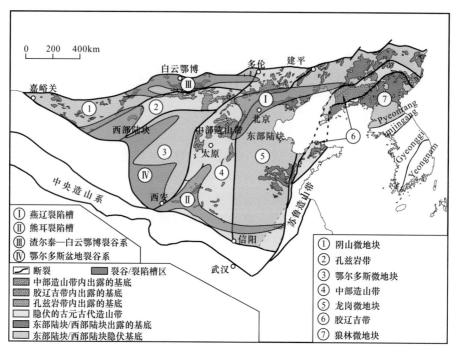

图 1-1-1　华北克拉通中元古界地层分布与构造简图

图 1-1-2 是华北克拉通中—新元古界地层岩性对比剖面，上图为北东向穿越燕辽裂陷槽、渤海湾盆地、鄂尔多斯盆地及洛南地区对比剖面，下图为近东西向沿华北克拉通北缘的对比剖面。剖面揭示裂陷槽区地层发育齐全、厚度大，而鄂尔多斯盆地普遍缺失蓟县系中—上部及青白口系。

二、鄂尔多斯盆地深部地球物理特征

华北克拉通深部前寒武系的地层资料少，除重力资料、磁力资料外，但在鄂尔多斯盆地有少量钻遇元古宇探井及大量地震资料。这些地球物理信息对了解克拉通深部结构及前寒武系分布有重要意义。

1. 鄂尔多斯盆地深部结构地震解释

长庆油田公司完成了鄂尔多斯盆地区域地震大剖面，通过对钻井地层的地震标定，编制长城系及蓟县系厚度图（图 1-1-3）。

从元古宇残余厚度来看，长城系分布范围最广、厚度大，地层厚度具有西厚东薄、南厚北薄的特点。在盆地西缘、南缘地层厚度分别为近南北向及东西向分布，地层最厚可达 3000m 以上；在盆地中部地层厚度可达 400～800m，地层厚度分布受元古宙大断裂控制的北东—南西向裂陷槽控制。

中元古代蓟县纪地层分布范围及地层厚度较长城纪小，地层厚度具有西厚东薄、南厚北薄的特点。在盆地西缘、南缘地层厚度分别为近南北向及东西向分布，地层最厚可达 2000m 以上；在盆地中部庆阳一带地层厚度约 100m，盆地东部地层缺失。

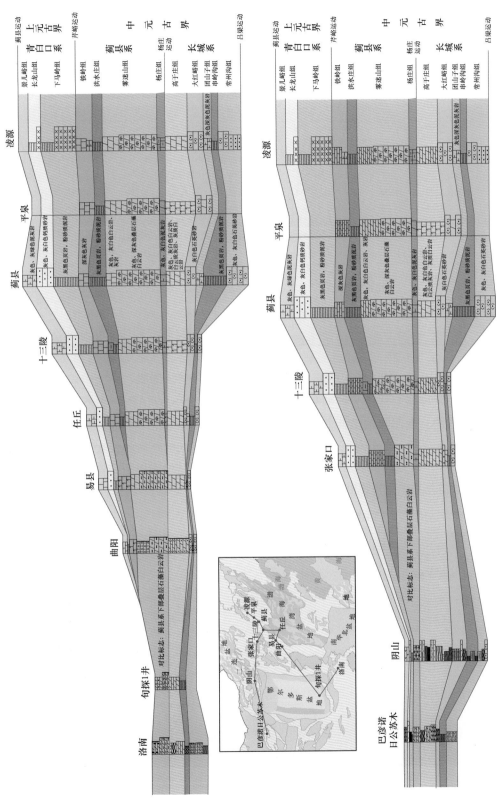

图 1-1-2　华北克拉通中—新元古界地层岩性对比剖面（长城系顶面拉平）

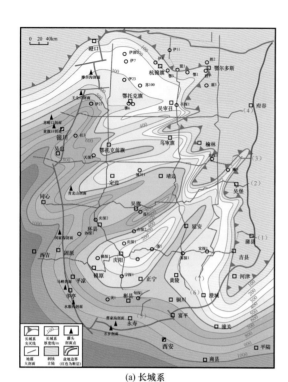
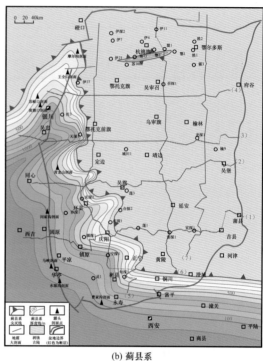

(a) 长城系   (b) 蓟县系

图 1-1-3 鄂尔多斯盆地中元古界残留地层分布图

通过对鄂尔多斯盆地代表性的骨干地震剖面进行详细解释，绘制了中—新元古代断裂的平面分布图，表明鄂尔多斯盆地深部长城系发育陆内裂谷，控盆断裂与地垒、地堑形态总体呈北东走向，在东南部和中部显示出两个北东走向的宽裂谷，表现为由西南向北东宽度收紧的特征。地震剖面解释揭示鄂尔多斯盆地深部结构为块断结构，长城系及下伏地层（可能为滹沱系）发育正断层，大部分断层向上消失在蓟县系（图 1-1-4、图 1-1-5）。

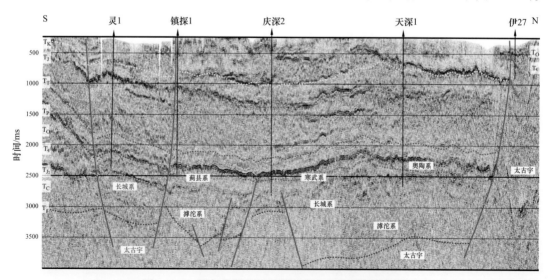

图 1-1-4 鄂尔多斯盆地西部近南北向地震剖面解释

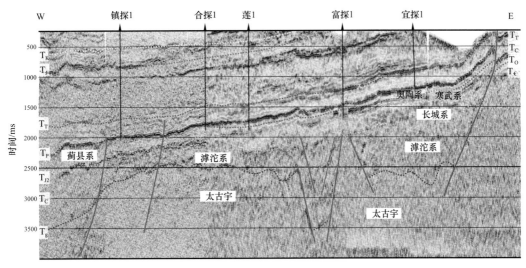

图 1-1-5　鄂尔多斯盆地中南部近东西向地震剖面解释

2.鄂尔多斯盆地磁力异常特征

基于全球的磁力异常模型 EMAG2，精度 2in×2in，将研究区的磁力异常图数据使用 GMT 软件进行成图，并做了阴影处理和等值线加深处理，将高值异常用黄色和红紫色表示；低值的磁力异常使用绿色来表示，结果如图 1-1-6 所示。

1）北部东西向高异常区

总体异常较高，磁场表现为多条正异常带，大部分区域在 150nT 以上。受到由北向南的挤压应力作用，使得异常带中部向南突出，北部与东西向孔兹岩带的高值异常平行展布。该区域在古生代以来就属于相对隆起状态，各个时代地层均向隆起方向变薄，新生代河套盆地断陷下沉，导致了两个平行的高异常带出现。推测该区域为磁性基底。

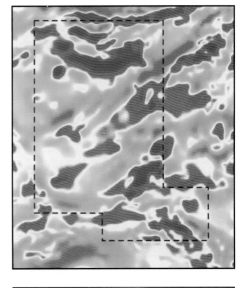

图 1-1-6　鄂尔多斯盆地磁力异常特征图

2）东部异常区

异常区呈块状分布，由北至南依次正负分布着块状的磁异常，东北部有着北东向 -250～-100nT 的负异常，其南部是接连着中部伊陕斜坡正磁异常的磁条带，整个东部正负异常依次排列，同褶皱带相互对应，几条贯穿东部和中部的大断裂也可以由磁异常带表现出来。

3）中部异常区

由 4 条正负相间的北东向磁异常带构成，东南侧地区负磁异常比较宽缓，西北侧附近表现为剧烈变化的负磁异常梯度带，且呈左行错断，银川以南的大部分地区则表现为宽缓的负磁异常。

4）南部异常区

呈北西向分布的高异常分布带。西部东西向高异常带与渭北隆起相对应，隆起较高处异常值较高。西南部高值磁异常区，高异常带分布和地形高低呈负相关，低洼的区域有较高的磁力异常，数值范围为50～250nT，部分高异常区域达到300nT，可能同熊耳群火山岩有密切的关系。

3. 鄂尔多斯盆地磁性界面深度反演

根据研究区的磁化强度、磁化率等资料数据，对研究区各时代地层的物性、深度资料和地质情况分析，将盆地分为五个等效密度层，其中古古生界—中元古界同属1个等效密度层，其密度和磁化强度值分别为2.72g/cm³和10（0.01A/m）；古元古界—太古宇为同一等效密度层，其密度和磁化强度值分别为2.85g/cm³和1787（0.01A/m）。

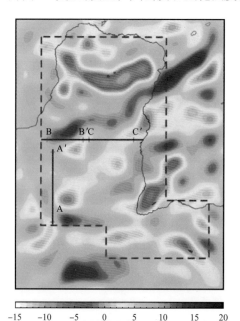

图1-1-7 鄂尔多斯盆地元古宇—太古宇磁性界面深度图

用Parker-Oldenburg迭代反演法得到古元古界—太古宇磁性界面的深度，用GMT成墨卡特投影，得到磁性界面深度图（图1-1-7）。可以看出，研究区古元古界—太古宇磁性界面在鄂尔多斯盆地中变化较为平缓。在盆地中央伊陕斜坡磁异常较高的三条北东向异常带中，中间高异常带正异常较高，向上延拓衰减快，深度一定较浅，大约有2km高的隆起。北部伊盟隆起区凹陷部位磁性基底埋深16km，为整个研究区最深区域，隆起区深度是负值，表明磁性基底有较大隆起。西缘逆冲带和天环坳陷磁力异常比较平缓，但磁性基底有较大变化，由北至南整个基底由深至浅，有10km左右的高度差。东南侧为古元古界—太古宇隆褶最明显区域，整个区域隆褶随着磁力异常的强度有着相同的变化规律，深度由10km到地面上2km不等。

将地震解释剖面与磁性界面深度反演结果进行比对，图1-1-8是鄂尔多斯盆地西部AA′剖面，上图为基于地震解释深部结构剖面，下图为磁性界面深度剖面。可以看出，剖面中古元古界—太古宇磁性基底顶面起伏形态及深度和界面反演的深度起伏形态非常一致。将中—新元古界平均深度、磁化率、磁化强度等数据载入Parker-Oldenburg公式，获得中—新元古界顶面深度，用古元古界顶面（磁性界面）深度减去中—新元古界顶面深度，获得鄂尔多斯盆地中—新元古界厚度图，如图1-1-9所示。鄂尔多斯盆地中—新元古界残余地层分布范围广泛，厚度3～5km。盆地西部受中元古代秦祁裂陷槽影响，沉积了巨厚边缘海地层，最大沉积厚度可达 7km 左右。伊陕斜坡中—新元古代地层南北部残余厚度较薄，部分地区地层缺失。

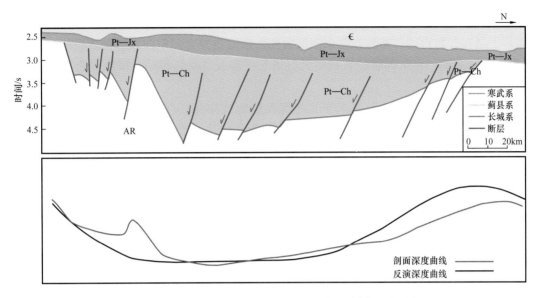

图 1-1-8 地震地质解释剖面与磁性基底反演剖面对比图

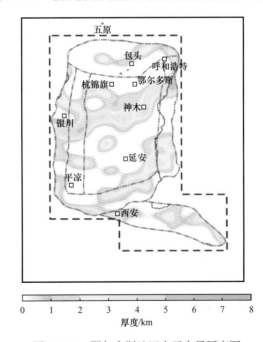

图 1-1-9 鄂尔多斯地区中元古界厚度图

三、华北克拉通中—新元古界构造—岩相古地理格局

对鄂尔多斯盆地中—新元古界沉积相类型及特征、沉积相剖面对比分析等进行研究，恢复华北中—新元古代长城纪、蓟县纪（包括待建纪）、青白口纪、震旦纪、早寒武世岩

相古地理，编制构造—岩相古地理图，重塑其沉积演化历史。

1. 长城纪构造—岩相古地理

长城系沉积时期（1.8—1.6Ga），华北中—新元古代构造活动最初是从华北南部豫西（熊耳）裂谷开始启动，并且在鄂尔多斯盆地西南部也发育北东向裂谷；随后范围扩大到华北中部和北部，在东部胶辽吉造山带与华北中部带之间为裂陷—沉降中心，北缘可能发育陆缘—陆内裂谷。

中元古代初期吕梁运动引起华北内部发生地壳拉张，在其边缘产生燕辽裂谷、熊耳裂谷、渣尔泰—白云鄂博—化德裂谷系等边缘裂谷盆地，在鄂尔多斯盆地西南缘等克拉通内部为伸展裂陷盆地。在燕辽裂谷发育大陆裂谷期沉积、大陆裂谷向被动大陆边缘的转化沉积，熊耳裂谷主要发育大陆裂谷早期沉积、大陆裂谷晚期沉积、被动大陆边缘沉积，在渣尔泰—白云鄂博—化德裂谷系主要为被动大陆边缘沉积，在鄂尔多斯盆地西南缘主要发育铲状断陷盆地沉积。整个华北地区中元古代经历了强烈的构造活动，构造升降明显，碎屑物质沉积速率较大，这一阶段的岩相古地理就是受这一构造环境控制的，以海相碎屑岩沉积体系为主，发育无障壁型海岸相、障壁型海岸相等沉积相（图 1–1–10）。

2. 蓟县纪和待建纪岩相古地理

蓟县系沉积时期（1.6—1.4Ga），盆地主要在华北中北部，太行—燕辽地区为克拉通内坳陷、华北北缘为被动大陆边缘沉积；华北南部晋豫陕地区为开阔台地，沉积活动持续存在。

与长城纪相比，蓟县纪整个华北地区地壳活动性明显减弱，稳定性明显加强。除渣尔泰—白云鄂博—化德裂谷系，其他地区以被动大陆边缘碳酸盐岩沉积为主，地形平坦，气候温暖。地壳广泛平稳的升降导致海进海退沉积交替出现，但是沉积物以碳酸盐岩为主，主要发育碳酸盐岩台地相、陆棚相、生物礁相等沉积相类型，其中生物礁相仅在燕辽裂谷区的宣龙坳陷宣化、古子房等地发育，陆棚相在燕辽裂谷的蓟县—唐山—锦州—沈阳一带发育和渣尔泰—白云鄂博—化德裂谷系的部分地区（图 1–1–11）。中元古代待建纪，华北地区进一步抬升，导致待建系地层大面积缺失。研究区待建纪岩相古地理以浅海陆棚相、碳酸盐岩台地相、无障壁型海岸相及扇三角洲相为主体。在华北北缘燕辽裂谷带以下马岭组深水陆棚沉积为主，推测外围可能发育碎屑岩滨岸沉积；在熊耳裂谷区岩相古地理较为单一，仅发育碳酸盐岩潮坪亚相；而在淮南地区以扇三角洲—碎屑岩滨岸沉积为主，表现为边缘裂谷盆地发育特征。

3. 青白口纪岩相古地理

青白口系沉积时期（1.0—0.78Ga），主要为北部的燕辽地区克拉通内坳陷、东南的豫西—徐淮地区裂谷盆地，少量存在狼山—白云鄂博裂谷系。

华北北缘青白口纪海水侵入并逐渐扩大，形成广阔的陆表海环境，岩相古地理以无障壁型海岸相、浅海陆棚相、碳酸盐岩台地相及生物礁相为主体。在燕辽区青白口系主

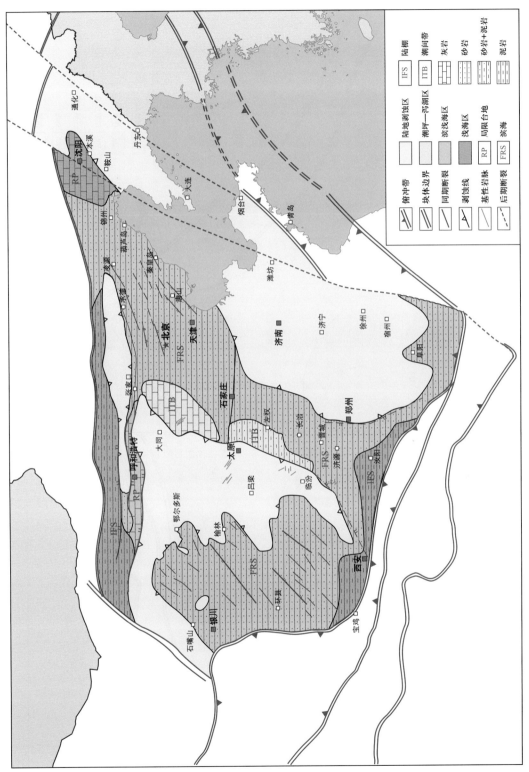

图 1-1-10 华北克拉通中元古界长城系构造—岩相古地理图

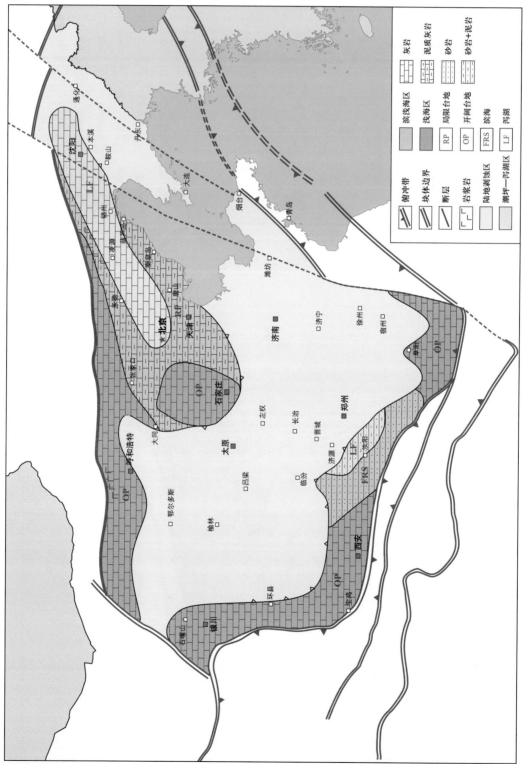

图 1-1-11 华北克拉通中元古界蓟县系构造—岩相古地理图

要发育无障壁海岸和浅海陆棚相，浅海陆棚相主要位于北部（宽城—朝阳以北）；而熊耳区仅发育无障壁海岸相；淮南裂谷带主要发育碳酸盐岩台地相及生物礁相（图1-1-12）。

4. 震旦纪岩相古地理

震旦系沉积时期（635—541Ma），华北南部发育罗圈冰期事件，发育宁陕豫大陆冰川，整个华北东部、东南、南部可能均为被动大陆边缘；华北西部局部可能发育克拉通内坳陷。

震旦纪华北克拉通北缘整体抬升，震旦系缺失，仅在贺兰山地区、鄂尔多斯盆地西南缘、熊耳裂谷、淮南裂谷带少量发育。而在鄂尔多斯盆地西南缘及贺兰山地区无障壁型海岸相沉积，且在熊耳裂谷、贺兰山地区发育大套的冰川相；在华北南缘，震旦纪整体表现为由北向南依次发育冰川—碎屑岩滨岸—浅海陆棚环境。

早寒武世沉积时期，华北地台总体上具有"北高南低、西高东低"的古地貌格局，海水沿地台西南缘的贺兰—六盘坳陷和地台南缘的晋豫坳陷及其豫—皖陆块依次北侵，并依次沉积了辛集组含磷碎屑岩、硃砂洞组含膏砂页岩—碳酸盐岩、昌平组厚层"豹皮状"石灰岩和馒头组含膏砂页岩—碳酸盐岩，构成了辛集组—硃砂洞组和昌平组—馒头组的"两灰两红"两个次级沉积旋回（图1-1-13）。

四、华北克拉通中—新元古代构造演化

基于本次研究编制的岩相—古地理图、盆地特征图、地震剖面、地质—年代学等资料，揭示鄂尔多斯盆地中—新元古代构造演化剖面。在华北西部，鄂尔多斯盆地地区古元古代中期，华北东、西块体发生拼合，形成华北克拉通；古元古代末期—中元古代早期，随着哥伦比亚超大陆的裂解，华北发生响应的裂解事件，西部块体有同期初始裂解事件，发育多条初始断裂。中元古代早—中期（长城系），华北西部裂解事件达到最强期次，在鄂尔多斯盆地区发育多条裂陷槽。

在中元古代末期（蓟县系），是此次裂解事件的末期，全区发育沉积；新元古代，本区整体抬升，仅少量地区存在青白口系沉积；寒武纪—奥陶纪本区接收稳定沉积；到志留纪—泥盆纪，本区受加里东期作用影响，发生整体抬升；石炭纪—三叠纪本区发生连续沉积；中生代中—晚期，本区受燕山期早—晚期构造作用影响，对本区盖层进行强烈改造，并对部分基底的早期构造发生构造翻转。

同时，基于地震剖面、地质—年代学研究，揭示华北北部—北缘的中—新元古代构造演化（图1-1-14）。古元古代末（约18.5Ga），吕梁运动完成了华北最终克拉通化；古元古代末期—中元古代早期的裂解可能最先开始于南缘及北缘，中部燕辽地区稍晚，长城系底部不整合是穿时的，以裂陷盆地中形成的碎屑岩沉积为主，伴随着快速的海侵过程；蓟县系沉积期初，华北北缘一直处于被动大陆边缘环境，形成于坳陷阶段的披覆式沉积，主要表现在类似陆表海的广泛的含叠层石的碳酸盐岩；蓟县系沉积末期（约13Ga），华北克拉通发生了最终裂解，主要表现在同期广泛的基性岩浆事件，完成了哥伦比亚超大陆的最终分裂；新元古代，本区整体抬升，局部地区存在青白口系沉积。

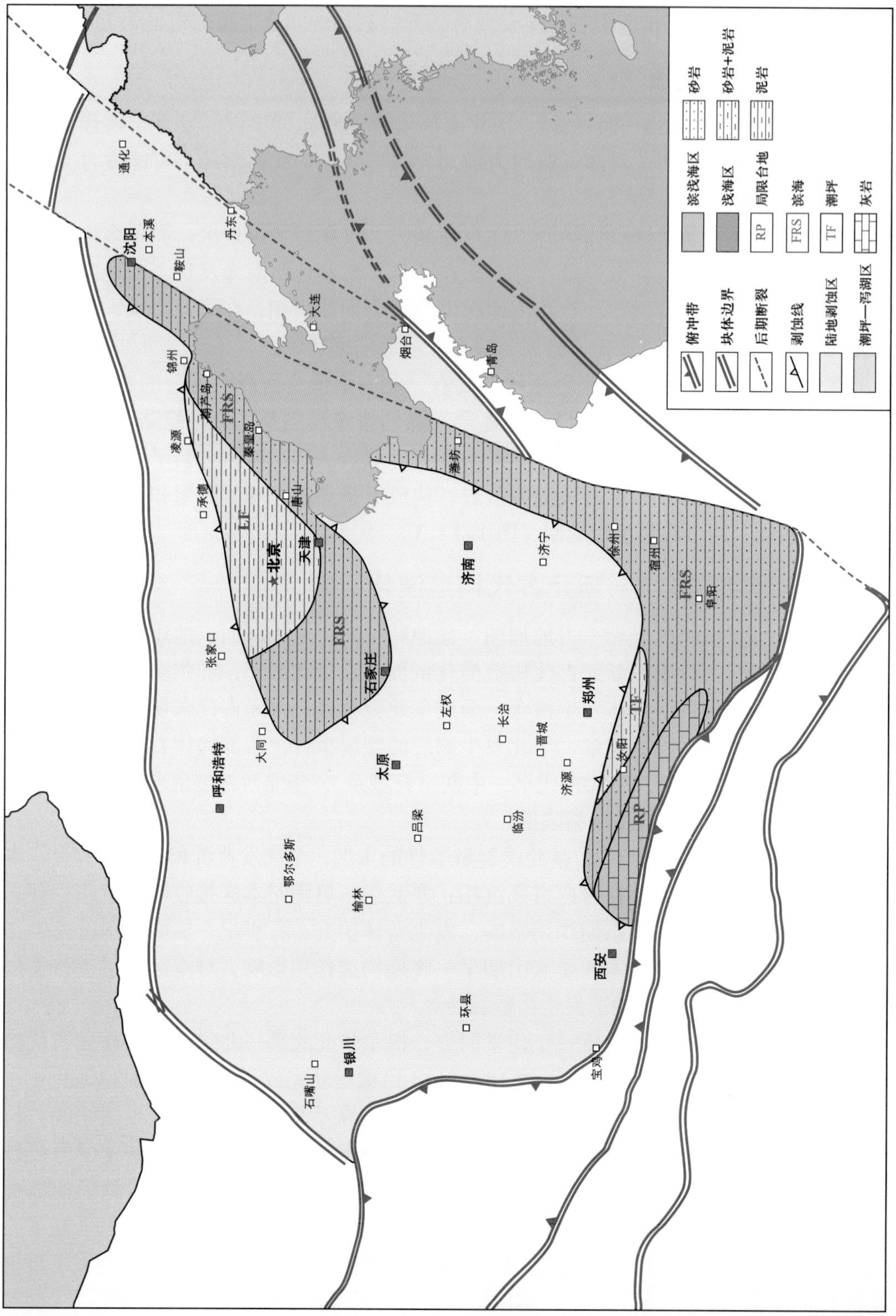

图 1-1-12　华北克拉通新元古界青白口系构造—岩相古地理图

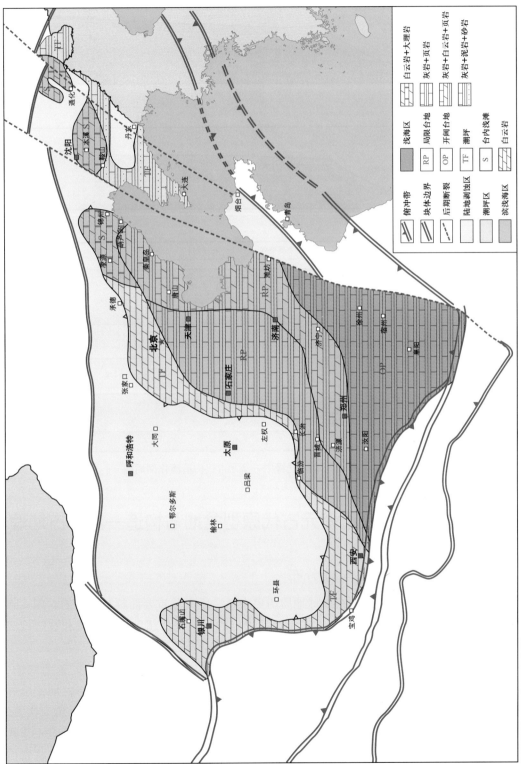

图 1-1-13　华北克拉通下寒武统构造—岩相古地理图

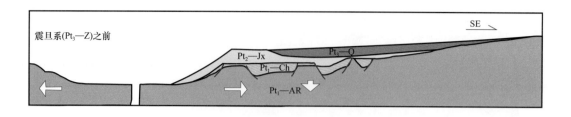

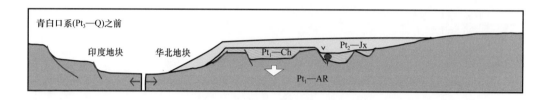

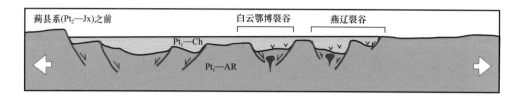

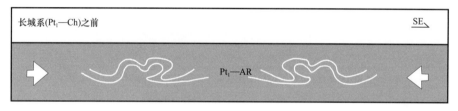

图 1-1-14　华北北部—北缘中—新元古代构造演化剖面图

第二节　上扬子克拉通新元古代原型盆地与构造—岩相古地理

一、南华纪陆内裂谷盆地分布

新元古代（1000—542Ma）在地球地质历史中是一段十分重要而颇具特色的时期，除去众所周知的全球性的冰川活动和埃迪卡拉动物群的出现外，超大陆的汇聚和裂解构成该时期的另一特色。

上扬子克拉通新元古代裂解热事件以板内拉张为主，表现在扬子陆块的东西两侧，华夏陆块东部也有相应时限的裂解（图 1-2-1）。扬子西部为川西—滇中裂谷盆地，也称康滇裂谷系；扬子的东南为溆浦—三江裂陷。川西—滇中裂谷盆地以双峰式火山为代表，但在各边缘表现的形式和地质记录各异，有裂谷早期的磨拉石充填和陆相火山岩（李武显，2006）。龙胜—三江裂陷带下部为水下磨拉石和海相火山岩。据本洞岩体和三防岩体测年分别为 820±7Ma 和 825±6Ma，因而李献华（2001）赞同三江—龙胜带以 825Ma 为裂解的起始时间。前者的起始时间晚于后者，川西以 800Ma 作为华南裂解时限 20Ma。在 720Ma 时，华南陆块内已停止拉张，即无热地幔柱活动，并向西偏转（左旋），其时限相当于莲沱组与南沱组之间（748—650Ma）。但华南的海域范围和归属应为原特提斯洋范畴并与古太平洋相通，北为南秦岭小洋盆，西为西秦岭和松潘—甘孜洋，而中间的海域由拉张转为收缩过程。不同地史阶段因构造活动和海平面相对升降，造成扬子陆块边缘的海侵—海退沉积旋回。

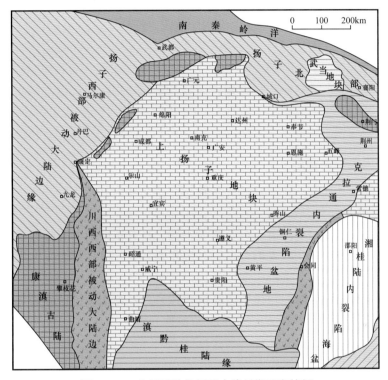

图 1-2-1　上扬子陆块新元古代早期基底特征

1. 川西—滇中裂谷盆地

川西—滇中裂谷盆地是格林威尔造山后的撞击裂谷（陈智梁，陈世瑜，1987），在新元古代早期为造陆运动过程，因而在拉伸纪 1000—900Ma 时期无沉积记录。900—800Ma 间为陆内的陆相裂谷盆地，具有高山深盆的特点，隆起区为地垒，构成上扬子地块最大的物源供给区，裂谷—地堑区充填了陆相碎屑岩和火山岩。

川西—滇中裂谷盆地为南北向展布，北由龙门山起，向南至泸定、西昌、攀枝花，长千余千米、宽 15～30km，出露有 16 个岩体群。地貌上，川西—滇中裂谷盆地呈南北向展布，切穿中元古代东西向构造线。四条边界断裂自东向西依次为：小江断裂、普渡河断裂、安宁河—易门断裂、绿汁江断裂。在构造上，为地垒、地堑式结构，南华纪的火山岩、火山碎屑岩、陆相磨拉石和大陆冰川。堆积物呈楔形体状，在厚度、岩相上时空差异很大，时有尖灭、各地不一，虽时间的年限有界定，但不具有等时对比性。自北向南，裂谷盆地可分为北段、中段和南段。北段和中段主要为火山岩充填序列，为通木梁组和苏雄组火山岩，上部为开建桥组，两者均为火山热事件的堆积物，仅开建桥组上部夹有火山碎屑岩和沉积碎屑岩（上部可能归属南华纪）。苏雄组为大陆喷发岩相，为中基性—酸性火山熔岩、火山碎屑岩夹冲积平原相碎屑岩。四川盆地女基井钻遇该层系，为紫红色英安质霏细斑岩为苏雄组火山岩（四川省地质矿产局，1991）。

2. 溆浦—三江裂陷带

溆浦—三江克拉通边缘裂陷盆地分布在黔东的天柱以东，至湘西—桂北交界的三江—龙胜一带，呈北东向延展，可能至湖南的益阳、长沙。

由龙胜向西至三江的三门街，在丹洲群合桐组中的细碧岩和流纹岩组成的双峰式火山岩，为板内拉张构造背景，时限为 820—760Ma（葛文春等，2001），与 Rodinia 超大陆裂解有关。在益阳沧水铺组陆相—海相火山岩与中元古代冷家溪群呈高角度不整合，其中取自英安质火山集块岩的样品，锆石 U—Pb 年龄 814±12Ma（王剑等，2003），也是大陆裂解的佐证。

3. 湘桂陆内裂陷海盆地

湘桂陆内裂陷海盆地，介于三江—龙胜与广西北部贺县鹰阳关之间，为新元古代裂谷盆地，并有火山热事件。

盆地充填物与扬子和华夏边缘均有很大不同，具有东西向的分带特征：桂北地区贺县下龙剖面鹰阳关组，为变质海相火山岩—沉积岩系列，以细碧岩—角斑岩及火山碎屑岩夹白云岩、硅质岩，向上含铁，变质火山岩年龄为 819±11Ma（周汉文，2002），代表裂谷盆地底部的火山岩。西部为扬子边缘沉积体系，发育南华纪的冰碛岩，陡山沱组冰盖帽碳酸盐岩、黑色页岩和磷块岩，向东则以硅质岩为主。

4. 四川盆地南华系裂谷

如前所述，扬子地块在新元古代南华纪发育裂谷盆地，发育受地堑控制的间冰期大塘坡组优质烃源岩，因而四川盆地寻找前震旦系裂陷或裂谷已成为近几年来学者们关注的热点，提出了诸多的认识（汪泽成等，2017；谷志东等，2018；赵文智等，2019；魏国齐等，2019；何登发等，2020），分歧较大。然而，四川盆地钻遇前震旦系的钻井仅 7 口，深部地震信噪比低，基于地震信息的深部构造解译存在多解性。笔者及团队利用重磁电震等地球物理信息，结合钻井资料，基于区域上前震旦系古构造格局的认识，提出四川盆地前震旦系可能的裂谷展布。

从重力、磁力处理结果的构造解译看，四川盆地深层构造复杂，基底构造形迹总体表现为北东向。基底断裂以北东向为主，规模最大的有华蓥山断裂和龙泉山基底断裂；川中地区发育北西向基底断裂，但多数受限于华蓥山断裂和龙泉山基底断裂之间（图 1-2-2）。

根据对川中地区震旦系灯影组以下层位的地震反射特征解释，可以进一步识别出裂谷形态及分布特征。图 1-2-3 可以看出南充—遂宁之间、磨溪地区存在近东西向裂谷，而高石梯以西存在近南北向裂谷。根据三维地震勘探反射特征，可以将裂谷区充填地层

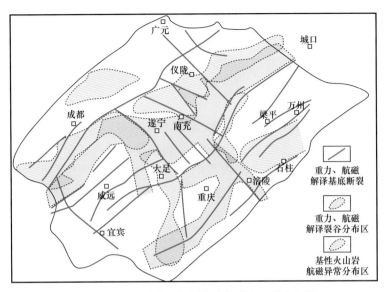

图 1-2-2 四川盆地深层构造的重力、磁力解译

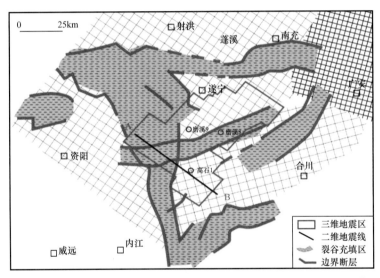

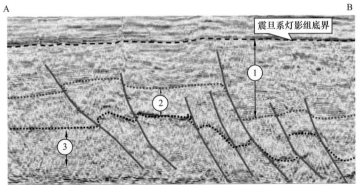

图 1-2-3 川中地区南华系裂谷分布区的地震解释与分布预测

划分为3个反射层组，（1）反射层组为较连续反射，成层性好，厚度变化较大；（2）反射层组为断续反射，底界反射波组连续性较强；（3）反射层组为杂乱反射。从解释的断裂来看，既有正断层也有逆断层，反映裂谷区经历了复杂的构造演化历史。当然，区内的地震解释方案尚未得到钻井证实，有待进一步深化研究。

综合区域构造—沉积特征及四川盆地腹部前震旦系重磁与地震综合解译，提出上扬子陆块南华纪原型盆地分布（图1-2-4）。图1-2-4中可以看出受罗迪尼亚大陆裂解影响，扬子地区产生近南北向展布的川西—滇中裂谷及一系列北东走向的陆内裂陷盆地，包括四川盆地陆内裂陷、中上扬子陆内裂陷、溆浦—三江陆内裂陷以及湘桂陆内裂陷。四川盆地陆内裂陷侧翼发育基性—超基性火山岩墙（基于磁力异常解译），裂陷充填可能与川西—滇中裂谷相似，以火山碎屑岩为主，与其东部的陆内裂陷沉积充填可能存在较大差异。

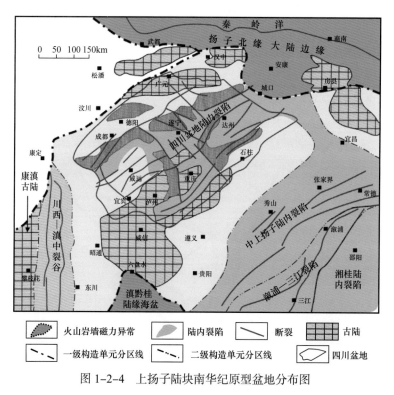

图1-2-4 上扬子陆块南华纪原型盆地分布图

二、震旦系陡山沱组构造—岩相古地理

1. 地层特征与分布

陡山沱组沉积是上扬子地区进入稳定克拉通坳陷阶段的第一套沉积，其在上扬子地区有广泛分布，不同地层分区有不同组名。为了深入研究陡山沱组沉积时期残留盆地分布及构造—岩相古地理特征，研究考察了四川、重庆、云南、贵州、陕南及湘鄂西数十条对应震旦系露头剖面，收集整理钻井、测井、地震和其他综合研究资料，开展上扬子

地区陡山沱组对比、沉积相分析等基础工作，编制了陡山沱组一段、陡山沱组二段和陡山沱组三段（分别简称陡一段、陡二段和陡三段）的岩相古地理图，同时开展露头区烃源岩实验分析，结合沉积相分析，确定烃源岩分布有利区，为评价陡山沱组天然气勘探潜力提供理论依据。

陡山沱组层型剖面位于湖北宜昌莲沱镇西面的陡山沱，岩性主要为灰色、灰黑色泥质白云岩、白云质灰岩及黑色泥页岩，常夹硅磷质结核和团块，含微古植物、宏观藻类，与下伏南华系南沱组灰绿色冰碛岩不整合接触，自下而上可分4段：陡一段仅分布于鄂西及黔北小部分地区，岩性为灰色白云岩，称盖帽白云岩。陡二段除古陆顶部缺失外，大部分地区均有沉积，岩性变化大，在鄂西、川北及黔北等地区主要为黑色页岩、泥岩夹灰色泥质白云岩、白云岩，在川西地区为灰白色、紫红色页岩夹少量灰色泥岩及白云岩。陡三段分布范围与陡二段相当，但比陡二段分布范围略大；岩性为灰色白云岩、白云质灰岩及条带状灰岩。陡四段分布范围同陡三段，由于遭受剥蚀，多数地区存在地层缺失，鄂西地区陡四段岩性为黑色页岩夹少量泥灰岩和石灰岩。

与陡山沱组时代相当的地层，在川中地区、川南地区，称为喇叭岗组，岩性为砂岩、含砾砂岩、页岩夹白云岩或白云质灰岩，局部地区发育膏盐岩夹层；川西北地区称为胡家寨组，为一套巨厚的板岩、千枚岩化泥页岩、碳质页岩夹砂岩沉积；川西地区、滇中地区称观音崖组，下部为紫红色砂泥岩，上部夹碳酸盐岩，云南华坪、盐边地区夹膏盐岩，含叠层石；滇东昆明—建水一带称王家湾组，为海湾潟湖相紫红色砂页岩夹白云岩、泥质灰岩；黔中地区开阳、福泉、麻江一带称洋水组，一般厚度为10～50m，主要为灰绿色砂岩、粉砂岩及细砾岩，顶部为砂质白云岩及磷块岩，含硅质叠层石；在遵义松林，陡山沱组岩性为一套灰黑色含磷页岩夹硅质岩、薄层白云岩沉积。

四川盆地及邻区陡山沱组分布揭示陡山沱组具有"在四川盆地内部厚度薄、盆地周缘厚度大"的特征。四川盆地大部分地区缺失陡一段、陡二段及陡三段的部分地层，残留地层厚度一般为20～60m。四川盆地外围陡山沱组厚度较大，一般为120～480m。鄂西地区陡山沱组发育较全，可以划分为4个岩性段。往东向淮阳古陆地层厚度具有超覆变薄的特征，在孝昌地区灯影组直接覆盖在红安群灰绿色混合片岩之上。此外，汉南古陆、开江古陆和天全古陆陡山沱组缺失，灯影组直接超覆在前震旦系上。陡一段仅分布于湘鄂西及大巴山—秦岭地区；四川盆地大部分缺失陡二段，仅有陡三段沉积。在接触关系方面，湘鄂西、大巴山—秦岭地区陡一段与下伏南沱组冰碛岩呈不整合接触；在四川盆地外围陡一段缺失区陡二段直接与南沱组呈不整合接触；在四川盆地主体部分，陡三段直接与中元古界呈不整合接触。

2. 古构造格局

陡山沱组沉积时期，沉积古构造格局由古隆起和边缘凹陷组成，并对陡山沱组沉积充填序列及地层分布有明显的控制作用。陡山沱组沉积前上扬子地区发育三大古隆起：四川古隆起、淮阳古隆起和滇黔古隆起。其中，四川古隆起范围包括了现今的四川盆地及其周缘，其陡山沱组薄、下部地层缺失，由边缘凹陷向隆起区超覆沉积。四川古隆起

面积约 $40 \times 10^4 km^2$。四川古隆起可能形成于青白口纪中—晚期至南华纪早期，发生于该时期的大规模构造热事件导致了四川古隆起的形成。四川盆地腹部的威 117 井、高石 1 井和女基井钻遇黄灰色花岗岩和紫红色英安岩。广泛分布于上扬子地区中—新元古界的火山岩侵入岩体可能是 Rodinia 超大陆在距今 830—795Ma 期间裂解产生的岩浆侵位而成。青白口纪中—晚期超级地幔柱活动导致了上扬子地区大规模构造隆升，中—新元古界暴露剥蚀，以至于古陆之上大面积缺失青白口系—南华系沉积。四川古隆起对陡山沱组沉积的控制作用很明显，古隆起整体缺失陡一段，大部分地区仅存在陡山沱组中—上部，厚度仅 20～60m，远小于周缘凹陷地层厚度。位于中扬子北部的淮阳古隆起，主体位于大别山地区，又称为大别古陆。该古隆起主要由前震旦系变质岩系组成，在湖北北部包括了随县群（距今 1228.03—668.00Ma）和大别群。在圻州地区随县群与上覆陡二段不整合接触；在孝昌县以东地区为大别群灰绿色片岩与上覆陡二段不整合接触（称孝昌古陆）。

此外，陡山沱组沉积期上扬子克拉通西部边缘发育典型的大陆裂谷—攀西裂谷。攀西裂谷活动的记录最早可以追溯到中元古代，并在新元古代有过多次活动期和间歇期。受攀西裂谷活动影响，自北向南分别发育有宁强、清平、康定、西昌、攀枝花等多个边缘凹陷，沉积厚度为千米左右，局部厚度超过 1800m。四川古隆起北缘发育城口凹陷，陡山沱组黑色岩系沉积厚度可达 1840m。城口凹陷可能是华北板块与扬子板块拼合过程中残存的小型残留洋盆。四川古隆起东缘发育鹤峰凹陷，属于四川古隆起和淮阳古隆起之间的低洼地带，是陡山沱组沉积期鄂西海槽的沉积中心，沉积了巨厚的黑色页岩夹硅质岩和碳酸盐岩。鄂西海槽是上扬子地区与中扬子地区之间相对低洼的窄长地带，近南北向展布，向北沟通扬子克拉通北面的秦岭海槽，向南连通湘桂海盆。四川古隆起南缘发育长宁凹陷，夹持在四川古隆起与黔中古隆起之间，西侧有天全古陆的遮挡，形成一个半封闭—封闭的海湾，陡山沱组沉积中—晚期发育膏盐岩。

3. 构造—岩相古地理

在岩相古地理方面，研究人员重点考察了以川北杨坝剖面、川中威 117 井和鄂西宜地 4 井为不同区域代表的陡山沱组沉积特征。结合野外露头和钻井资料，上扬子地区陡山沱组主要有碎屑滨岸沉积、碳酸盐岩台地沉积、陆棚和局限海盆沉积，可划分为三大沉积体系、六大沉积相、18 个亚相、若干微相。碎屑岩沉积主要发育在陡二段和陡四段，碳酸盐岩沉积主要发育在陡一段和陡三段。陡一段—陡二段为海侵阶段沉积，陡三段海侵达到高位，陡四段为海退沉积，整个陡山沱组沉积构成一个较完整的海侵—高位—海退沉积旋回。

陡一段沉积时期，四川古陆已经存在。该古陆分布面积大，除现今的四川盆地主体之外，西南方向延伸至西昌、昭通，西北方向延伸至宁强。古陆以东的鄂西地区为宽缓的浅水陆棚环境，其水体深度应在 20m 左右，因此沉积了一套厚度不大（2～10m）、分布较广的碳酸盐岩（盖帽白云岩）。受沉积环境控制，不同地区岩性差异较大，在水体较浅的地区如荆门至岳阳一带主要是白云岩、含膏白云岩；在宜昌—常德、遵义—瓮安一带主要为条带状含泥白云岩、硅质条带白云岩与灰质白云岩，发育水平层理和层纹状构造；在怀化、麻阳、凤凰、贡溪、芷江等地，主要为含锰白云岩、石灰质云岩、泥云岩，水平层理发育，为浅水陆棚沉积。在保康至城口一带的秦岭海槽地区主要为泥质灰岩、含泥灰岩或白云质灰岩夹少量薄层白云岩，表现为较深水陆棚或海盆沉积环境。在川西宁强阳平关至绵竹王家坪及四川古陆主体部位和鄂西东部孝昌地区（孝昌古陆）缺失陡一段碳酸盐岩沉积。在川西北平武地区陡山沱组为一套变质灰岩夹黑色泥质板岩，无法与其他地区分段对比，尚不清楚是否有相当于陡一段的相变地层。在古陆的周缘可能有陡一段同时异相的滨岸碎屑岩沉积，但至今没有确切的剖面证实。

根据沉积背景、沉积厚度及岩性特征，陡一段沉积表现为宽缓陆棚上的碳酸盐岩缓坡沉积。由于沉积厚度较薄（2~10m），可以认为是碳酸盐岩缓坡的初期阶段，或称非典型碳酸盐岩缓坡。根据岩性分布和古构造背景，陡一段碳酸盐岩缓坡可以划分为内缓坡、中缓坡、外缓坡—盆地等沉积环境。荆门—岳阳一带主要是内缓坡潮间—潮上带沉积；宜昌—常德、遵义—瓮安一带主要是中缓坡潮间—潮下带；保康—城口一带的秦岭海槽地区主要为外缓坡—盆地相潮下带沉积。

陡二段是中—上扬子地区广泛海侵时期的沉积（图1-2-5）。受海侵影响，陆地面积迅速缩小，至陡二段沉积晚期，曾广泛暴露的四川古陆、滇黔古陆大部分被海水淹没，仅在构造较高部位还有部分残余古陆，分别是汉南古陆、开江古陆、天全古陆、会泽古陆和孝昌古陆。在古陆上沉积了一套浅水碎屑岩夹碳酸盐岩和膏盐沉积，古陆周缘的边缘凹陷则沉积了大套以黑色页岩夹硅质岩为主的黑色岩系。该时期可能发生大规模的火山喷发，在湖北宜昌、湖南石门县中岭、沅陵县岩屋潭、洗溪、贵州江口县瓮会、三穗县兴隆等地陡二段夹有多层火山灰。

陡二段沉积环境可划分为滨岸—潮坪—潟湖—混积陆棚、浅水陆棚及斜坡—海盆。

陡三段主要为碳酸盐岩沉积（图1-2-6），是陡山沱组沉积时期海侵达到最高位时期的沉积，古陆进一步缩小，并出现了局部分化。围绕古陆仍然是滨岸碎屑岩沉积；在远离古陆的地区形成局限—半局限台地，边缘凹陷区形成深水盆地。陡三段沉积以碳酸盐岩为主，但厚度并不大，四川盆地主体部分厚度仅为10~20m，并夹有泥质碳酸盐岩，局部含膏盐。由于分布较为广泛，水体较浅，似又有陆表海沉积特征，简单套用威尔逊台地模式比较牵强，故解释为陆表海模式与威尔逊模式的融合，可以称为非典型碳酸盐岩台地模式。这种碳酸盐沉积体可能为碳酸盐岩台地的初级阶段，由于形成时间短，尚未达到典型碳酸盐岩台地（缓坡或镶边台地）的规模。

陡四段沉积时期，由于后期剥蚀，在四川古隆起上大部分地区缺失或没有沉积，仅在古隆起的边缘和边缘坳陷及鄂西陆棚地区有所保留。川北杨坝地区陡四段为一套滨岸碎屑岩沉积，岩性主要为石英砂岩、粉砂岩夹灰色、灰绿色泥岩，为滨岸—潟湖相。秦岭海槽内城口—镇坪一带主要为深灰色泥岩、页岩夹泥灰岩或云质石灰岩，为深水陆棚—海盆沉积；鄂西地区主要为黑色页岩夹泥质灰岩、薄层白云岩、泥质云岩、硅质白云岩为浅水陆棚沉积；在湖南安化、桃江、沅陵、溆浦地区，陡四段主要为黑色硅质页岩夹硅质岩，为深水海盆沉积云岩为浅水陆棚沉积；在湖南安化、桃江、沅陵、溆浦地区，陡四段主要为黑色硅质页岩夹硅质岩，为深水海盆沉积。

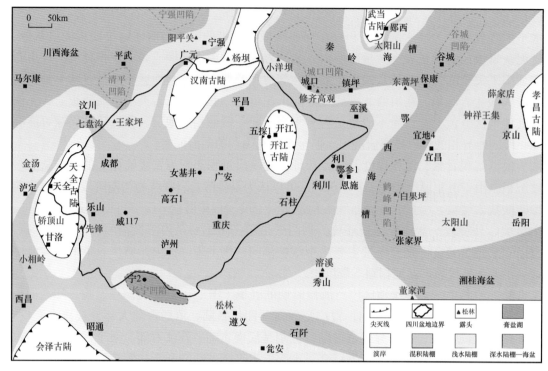

图 1-2-5　中—上扬子地区陡二段岩相古地理图

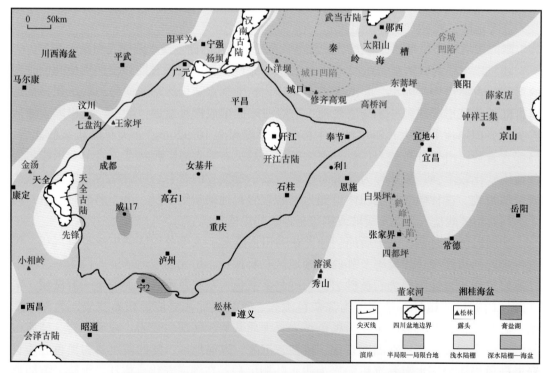

图 1-2-6　中—上扬子地区陡山沱组陡三段岩相古地理图

三、震旦系灯影组沉积期构造—岩相古地理

1. 地层特征与分布

上震旦统灯影组广泛分布，纵向可划分为灯影组一段、灯影组二段、灯影组三段、灯影组四段（后文分别简称灯一段、灯二段、灯三段、灯四段）4 个岩性段，厚 50～1400m。该时期中—上扬子地区处于伸张构造环境，西侧与川西海盆相接，北侧为南秦岭被动大陆边缘盆地，东南为湘中南被动大陆边缘盆地。受区域拉张影响，克拉通盆地内部因同沉积断裂活动而产生构造沉降分异现象，中—上扬子克拉通被近南北向展布的德阳—安岳台内断陷及城口—鄂西台内断陷所分割，形成了"三隆两凹"的构造格局。灯影组沉积也受到了克拉通内构造分异影响，四川盆地腹部德阳—安岳克拉通台内断陷内沉积厚 50～150m；断陷侧翼台缘带厚度为 800～1400m，其他地区为台地沉积，厚度一般为 600～800m。

2. 古构造格局

德阳—安岳台内断陷位于四川盆地腹部，又称为"安岳—德阳克拉通内裂陷"，呈喇叭型近南北向展布，往北向川西海盆开口，往南向川中、蜀南延伸，宽 50～180km，南北长 560km，分布面积达 $6×10^4km^2$。研究表明，断陷发育同沉积控边断裂及内部次级断裂，以北西西向为主。在高石梯—磨溪地区，灯三段底界断距为 400～500m，寒武系底界断距为 300～400m，向上到沧浪铺组断距减小，除边界断层外的多数断层消失在龙王庙组；平面上，控边断层断距大，具有从北向南断距变小的趋势。成因机制上，断陷形成与川西海盆拉张有关，是川西海盆向上扬子克拉通内部延伸的拉张断陷。

城口—鄂西台内断陷位于大巴山及鄂西地区，呈"Y"形往北向南秦岭被动大陆边缘海盆开口，往南向恩施—大庸延伸，宽 80～300km，南北长 300km，可能与湘中南大陆边缘盆地相接，分隔上扬子克拉通与中扬子克拉通。城口—鄂西台内断陷形成始于震旦系陡山沱组沉积时期，发育厚 120～300m 的灰黑色碳质页岩、灰色泥岩夹粉砂质泥岩、含磷粉砂岩及薄层状白云岩，属于浅水陆棚沉积。灯影组沉积时期，断陷继承性发育，充填厚度较薄的泥晶云岩、石灰岩。区内鄂参 1 井钻遇灯影组厚度仅为 92.5m，以薄层泥晶云岩、石灰岩为主，属于深水陆棚沉积。断陷两侧发育丘滩相为主的台缘带，厚度较大。西侧台缘带的利 1 井，灯影组厚 833.5m，以凝块云岩为主，溶蚀孔洞发育。东侧台缘带鄂宜地 4 井灯影组厚 596m，发育厚层藻云岩、颗粒云岩，局部夹石灰岩、硅质白云岩。从地层厚度及岩相变化分析可能存在正断层，下降盘震旦系厚度薄，且发育下寒武统麦地坪组和厚 500～600m 的筇竹寺组泥页岩；断层上升盘灯影组沉积厚层微生物丘滩体，筇竹寺组厚度明显减薄。这一特征与德阳—安岳断陷充填沉积有可较好的可对比性。

3. 构造—岩相古地理

在岩相上，中—上扬子地区震旦系灯影组以含 / 富含菌藻类白云岩为主要特征，包括格架白云岩、核形石白云岩、鲕粒白云岩、砂屑白云岩、砂砾屑白云岩、泥（微）晶白云岩、泥质泥晶白云岩等。其沉积组构多样，包括各类（直立、缠绕、匍匐等）格架

状、凝块状、球粒状、泡沫状、叠层状、层纹状、雪花状等。总体属于大型浅水碳酸盐岩台地，可细划出局限—蒸发台地相、台内断陷相、台凹边缘相、台地边缘相、斜坡—盆地相。

灯影组沉积时期中—上扬子地区基本上继承了陡山沱组沉积期的古地理格局，以碳酸盐岩沉积为主，是中国南方地区第一次大规模的碳酸盐岩台地发育期。灯一段岩性以块状白云岩为主，菌、藻类贫乏，厚30～160m。灯二段与灯一段连续沉积，岩性以富藻白云岩、葡萄花边状构造为主，厚350～550m。由于地震资料上很难将二者区分开，且钻井资料稀少，故将灯一段与灯二段合并成图。按照优势相且综合地层厚度变化编制出灯一段—灯二段岩相古地理图（图1-2-7），清晰展示出两个相互独立的镶边台地。

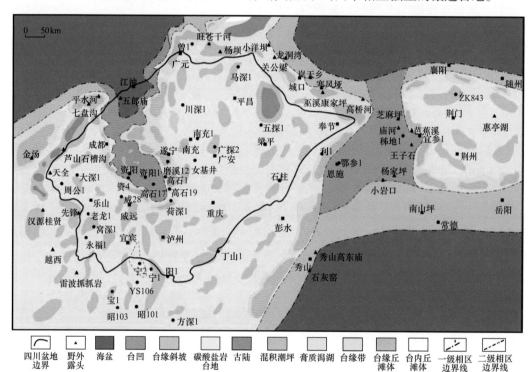

图1-2-7 中—上扬子地区灯影组灯一段—灯二段岩相古地理图

灯一段—灯二段沉积前的古地形，如德阳—安岳台内断陷及零星分布的古岛链，对岩相古地理展布有显著的控制作用。上扬子克拉通岩相古地理主要由碳酸盐岩台地、德阳—安岳台内断陷两大古地理单元构成。台地边缘及台内断陷侧翼的高能环境均发育规模较大的丘滩复合体，环绕台地分布，共同构成了上扬子地区的镶边台地。台地内部则发育规模较小的台内丘滩体及滩间洼地（图1-2-7）。其中，碳酸盐岩台地以局限台地为主，局部发育蒸发潟湖及潮坪。台地内受微古地形控制，在微古地形高部通常发育菌藻类灰泥丘及颗粒滩体构成的丘滩复合体，代表性剖面峨边先锋剖面。德阳—安岳台内断陷沉积相可分为上斜坡相、下斜坡相和槽盆相。此外，灯一段—灯二段沉积时期，四川盆地西南缘可见古陆或古岛屿零星分布。研究表明，川东北地区也存在规模较大的宣汉—开江古陆。该古陆钻探五探1井，地层对比表明，灯四段、灯三段发育完整，岩性可与川中地区对比。灯二段仅厚15m，缺失震旦系底部灯一段和陡山沱组，灯二段直接与下部厚层碎屑岩接触。8021m、8022m井深取样锆石分析推测为南华系。表明该古陆在陡山沱组沉积期就已存在，灯影组沉积早期古陆区继承性发育，缺失灯一段及大部分灯二段，仅在灯二段沉积晚期开始接受碳酸盐岩沉积，古陆消失。

城口—鄂西台内断陷在早震旦世陡山沱组沉积期就已形成，晚震旦世灯影组沉积期继承演化。灯影组岩性为陆棚—斜坡相泥—粉晶云岩、硅质云岩，发育平行层理、水平层理，可见包卷层理及滑动构造，厚度一般为100~150m，与台缘带差异明显。中扬子地区灯影组沉积时期古地理整体继承了陡山沱组沉积期的主要特点，呈现为四周被较深水所包围的孤立台地。台地周缘发育台缘带，主要沉积为砂屑滩和菌藻类白云质灰泥丘。台地内部发育碳酸盐潮坪相和局限台地相。

灯三段沉积时期是岩相古地理变革的重要时期。灯二段沉积末期，上扬子地区发生了上升运动为主段为近物源的含砾长石石英砂岩，与下伏灯二段风化壳型白云岩呈假整合接触。川西—滇东地区灯三段为紫红色石灰质泥岩、石灰质砂岩；川南—黔北地区灯三段为蓝灰色泥岩，磨溪—高石梯—龙女寺一带灯三段为灰黑色泥岩、砂质泥岩。中扬子地区灯三段为硅质云岩，与灯二段为连续沉积。由此可见，灯二段沉积期末上扬子地区发生了不均衡升降运动，总体呈现西高东低、西部剥蚀东部连续沉积的特点。

灯四段与灯三段为连续沉积，是海侵之后高位域产物，也对应的是中—上扬子地区又一个大规模碳酸盐岩台地的重要时期。灯四段残余地层厚50~600m，岩相古地理特征表现为两个台内断陷分割的3个碳酸盐岩台地（图1-2-8、图1-2-9），台地具有镶边台地特征。

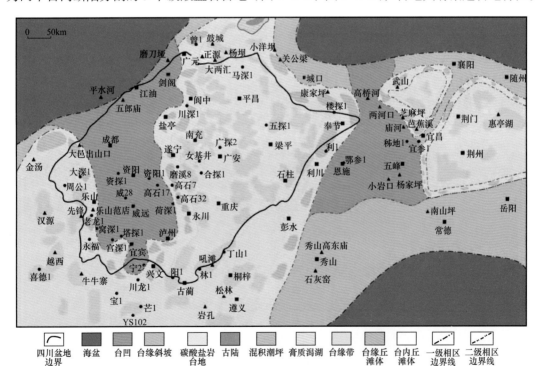

图1-2-8　中上扬子地区灯四段沉积期岩相古地理图

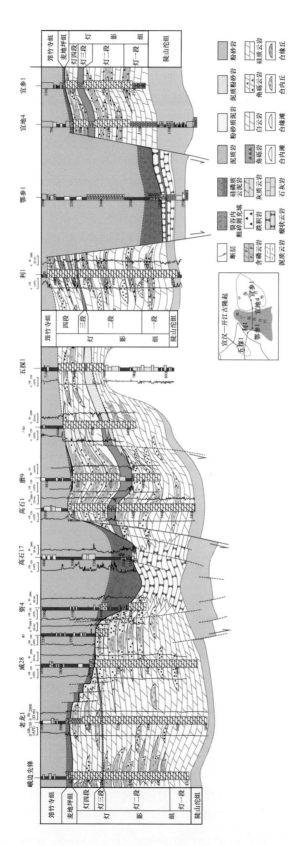

图 1-2-9 中上扬子地区灯影组沉积剖面图

灯四段沉积时期古构造格局整体继承了灯二段，但构造活动性进一步增强，使得灯四段岩相古地理与灯二段相比表现出特殊性。（1）从沉积范围看，灯四段沉积时期，随着海侵不断扩大，早期古陆逐渐消失，台地范围覆盖了整个中上扬子克拉通。但在川北地区曾1井、会1井分别发育12.5m和23.5m的蒸发潟湖—蒸发潮坪相膏盐岩、白云质膏盐及膏质白云岩，其成因可能与北部克拉通边缘台缘、西侧克拉通内台缘巨大丘滩体障壁所导致的海水循环不畅有关；（2）灯四段沉积时期，水体相对较深，不利于菌藻类的繁盛，菌藻类纹层不发育，主要为泥粉晶白云岩和少量砂屑白云岩，普遍含硅质条带或硅质团块。台地边缘规模较小，台内断陷继承性发育，以含泥岩沉积为主，厚50～100m；（3）构造活动性增强，导致早期规模较大的碳酸盐岩台地被分割成多个孤立台地。德阳—安岳台内断陷不断向台地腹部延伸，台内断陷沉积范围不断扩大，将上扬子克拉通进一步分割。中扬子地区早期的孤立台地继承性发展，台地西北部台缘带特征更加明显。另外，深部构造运动带来的硅质热流体活动比较强烈，导致灯四段厚层泥微晶白云岩中普遍发育硅质条带或硅质团块。

第三节　塔里木盆地新元古代原型盆地与构造—岩相古地理

一、统一克拉通基底的形成

塔里木克拉通位于中亚造山带与一系列古生代—中生代特提斯域之间（图1-3-1），由于广泛的沙漠覆盖，克拉通的露头较少。克拉通大致可分为晚新太古代—新元古代早期的变质基底和巨厚南华系—第四系沉积岩。在早新元古代变质基底基础上，塔里木发育南华系—震旦系裂谷盆地。

塔里木克拉通遍布着中—低级别的中元古代晚期—新元古代早期变质岩。新元古代早期岩石出露良好（图1-3-1）。东北部新元古代早—中期岩石由火成岩、低变质硅质碎屑岩和碳酸盐岩组成。从约830—800Ma超镁铁质—镁铁质—碳酸盐岩杂岩、超镁铁质—镁铁质岩墙、深成岩体和约780—760Ma超镁铁质—镁铁质杂岩、镁铁质岩墙群识别出两个火成岩活动阶段。阿克苏群和镁铁质岩墙被新元古代晚期沉积岩不整合地覆盖。塔西南塞拉加兹塔格群由变质的火山岩—沉积岩组成，上覆绿片岩相硅质碎屑岩与丝路群的碳酸盐岩和硅质碎屑岩呈不整合接触。

塔里木盆地基底最引人注目的是沿北纬40°东西向展布的磁力高异常带（图1-3-2），它将塔里木盆地南北两分，分隔两个不同磁场特征的地区。宽20～160km，延伸长度逾1000km。磁异常强度一般为200～350nT，最大可达500 nT。

随着地质年代学数据的增加，塔东2井、中深1井、楚探1井钻探表明高磁异常为约1.96—1.91Ga火成岩岩体的响应（图1-3-2；Yang et al.，2018；Wu et al.，2020），中央高磁异常带可能以古元古代花岗岩为主体，是古元古代中期构造—热事件的产物，表明塔里木盆地内部具有古元古代的结晶基底。同时，可能预示中央航磁异常带并非新元古代的碰撞缝合带，南塔里木块体、北塔里木块体统一基底可能形成在古元古代中期，新元古代之前已进入相同的演化进程，南塔里木块体、北塔里木块体基底的差异性始于古元古代。塔东2井结晶基底上覆震旦系白云岩，其间存在逾1000Ma的地层缺失，在地震剖面上也有明显的响应，可见在南华纪沉积前存在大型的区域不整合与构造运动。

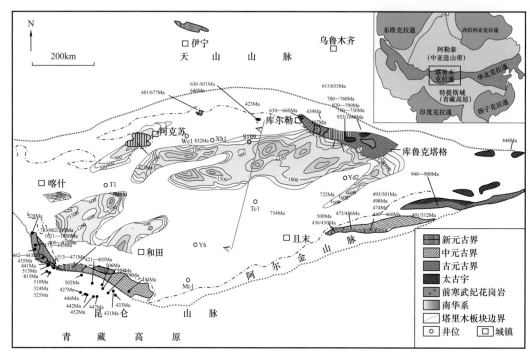

图 1-3-1 塔里木盆地前寒武系分布与地质年代学数据

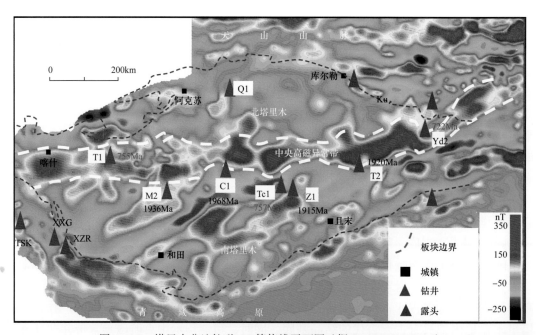

图 1-3-2 塔里木盆地航磁 ΔT 等值线平面图（据 Yang et al., 2018）

二、新元古代裂谷成因

部分学者归因于与新元古代超级地幔柱有关的长期裂解（Xu et al.，2009；Zhang et al.，2013；Xu et al.，2013b）。然而，也有研究认为是活动大陆边缘环境（Zhu et al.，2011；Ge et al.，2014）。综合岩浆岩资料，塔里木克拉通记录了约950—900Ma、850—780Ma、760—720Ma和670—610Ma的新元古代岩浆活动。在空间分布上（图1-3-1），约950—900Ma的岩浆活动发生在塔里木外围，然而在中天山地区、阿尔金地区和塔西南地区约850—780Ma的岩浆活动则发生在塔里木边缘。另外，约760Ma的火成岩延伸至塔里木中部，而随后的约750—720Ma岩浆作用后撤至塔里木盆地东北缘，并在约740Ma开始与南华纪裂谷作用重叠（Xu et al.，2009）。约670—610Ma的新生岩浆活动逐渐向塔里木盆地北部和西北部迁移，随后是广泛的震旦纪裂谷沉积。

塔里木地区发现了多种新元古代长英质和镁铁质岩石，它们都具有相似的微量元素模式（图1-3-3）。新元古代花岗岩类具有相对平缓或右倾斜的重稀土元素（HREE）模式，富含轻稀土元素（LREEs）和碱，贫高场强元素（HFSEs）Nb、Ta、Sr、P和Ti[图1-3-3（a）、（b）；Zhang et al.，2007，2012，2013；Ge et al.，2012，2014；Xiao et al.，2019；He et al.，2019]。在构造判别图上，几乎所有的样品都位于火山弧和后造山带

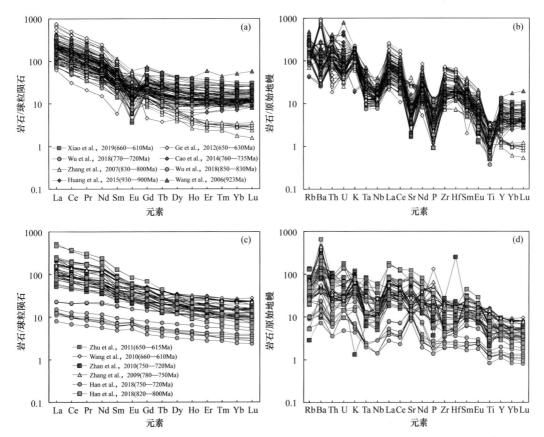

图1-3-3 塔里木克拉通新元古代岩浆岩年龄汇编的长英质岩石［（a）和（b）］和镁铁质岩石［（c）和（d）］的球粒陨石标准化REE模式［（a）和（c）］和原始地幔标准化蛛网图［（b）和（d）］

内（Wu et al., 2020）。花岗岩类的地球化学特征与俯冲相关岩浆相一致（Pearce et al., 1984）。近期研究将 Pearce 等（1984）的经典火山弧花岗岩体被划分为火山弧和板片断离域（Whalen et al., 2019），塔里木地区新元古代花岗岩类多为板片断离域（Wu et al., 2020）。这与它们作为小深成岩体而不是弧形带的出现是一致的（Xiao et al., 2019），说明板片断离对新元古代火成岩的形成起着重要作用。镁铁质岩石（约 830—610Ma）主要是地球化学性质广泛变化的拉斑玄武岩［图 1-3-3（c）、(d)]。同时还显示出具有相对高 LREE 的平坦 REE 模式，Ba、Th、U 等大离子亲石元素（LILE）富集，以及 HFSEs 中 Nb、Ta、Sr、P 和 Ti 的亏损。这些特征通常解释为陆内裂谷环境（Zhang et al., 2013）。尽管可能是软流圈地幔成因，但镁铁质—超镁铁质侵入岩（820—735Ma）具有中等的 LREE 富集、明显的负 Nb-Ta 异常、低的 $\varepsilon Nd（t）$ 值（1～-11）和较高的初始 $^{87}Sr/^{86}Sr$ 比值（0.706～0.71），这些都是受地壳物质污染的与俯冲有关的玄武岩的特征（Chen et al., 2017）。

综上所述，塔里木新元古代经历转换期在～760Ma 的前展—后撤俯冲旋回（Wu et al., 2020）。这与罗迪尼亚在约 760Ma 的裂解（Li et al., 2008；Cawood et al., 2016）一致，揭示塔里木克拉通的裂解与俯冲转换相关而不是与超级地幔柱相关。

三、南华系—震旦系断陷模式与分布

由于地震资料品质差，前期地震解释主要解释了大面积分布的震旦系坳陷。针对地震剖面品质差、构造复杂的特点，采取"构造分区、结构建模、地震与非地震结合"的思路进行构造建模。

钻井结果表明，露头出露的南华系—震旦系比较齐全，而井下大多钻遇不全，塔北地区、塔中—巴楚地区、塔东地区均钻遇古隆起（图 1-3-1）。在满加尔坳陷区南华系—震旦系则有明显的继承性，尽管资料差，但震旦系厚度较大的坳陷之下有更大厚度的南华系断陷（图 1-3-4）。

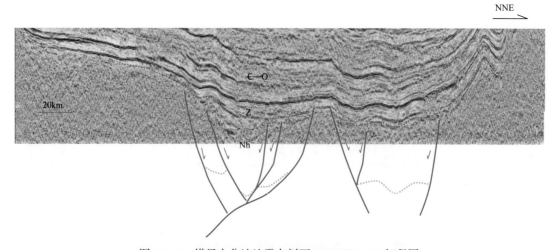

图 1-3-4　塔里木盆地地震大剖面 OGSNS14-60 解释图

受控边界断层，断陷盆地通常形成断裂活动期的深大地堑与半地堑，而断裂停止活动后则出现广泛发育的宽缓坳陷，从而形成断陷盆地的"牛头状"二元结构（图1-3-4）。虽然下伏南华系断陷形态不清，但震旦系地震反射特征比较清楚，在震旦系坳陷发育的区域，往往其下发育南华系的断陷。受单断型断裂控制的断陷多呈断裂一侧陡、无断裂一侧宽缓的箕状半地堑，而受两侧断层共同控制的断陷则以两侧都陡的地堑形式出现，从而在充填结构上出现不同的特征。地堑的沉积与沉降中心往往位于中部，而半地堑的沉积与沉降中心通常位于主断裂附近。当"箕状"不对称结构出现时，一般指示半地堑，在加厚区方向往往会有主控断层的发育。而在地堑中，震旦系与南华系多呈对称状结构，南华系下坳较对称三角状结构。正是由于下部地堑断裂发育，同时沉积变化大，南华系—震旦系断陷的下部往往不清楚。早期一般都是追踪连续地震波组作为南华系的底界，其实下部杂乱的地震反射往往代表了的断陷的沉积充填。以此解释，南华系的断陷可深达4000m以下，远高于早期的解释。同时，深地堑的出现也为油气烃源岩的发育提供了基础。

在构造建模与地震相解译基础上，通过连片构造解释，塔里木盆地南华系主要发育北东向的东北裂谷体系与西南裂谷体系（图1-3-1、图1-3-5）。东北裂谷体系长达900km、宽达200km，盆地内部面积约为$14.2\times10^4km^2$，主要沿满加尔坳陷分布。东部发育两排北东向裂谷，在满西地区合并。东部单一断陷长达220km、宽达60km，厚度逾5000m，高于库鲁克塔格地区，可能存在优质烃源岩发育。断陷总体西陡东缓，向东部超覆减薄，呈现箕状断陷特征。地震剖面上具有多套铲式正断层组合（图1-3-4），有一系列堑垒构成，很可能不是简单的单一半地堑。本区断裂发育，规模大，断距可达3000m。西部裂谷由5个局部深凹组成斜列状的地堑体系，可能存在一定的走滑分量。西部裂谷总体呈双断的地堑，地堑内部地震结构对称性较好。主断层断距大，达3500m。次级断层可能较大，以同向反"Y"字形断层为主，并多为铲式断层，局部也有多米诺式断层发育。在断陷的主体部位，主控断层很可能发育成多级坡坪式正断层，并控制了断陷的掀斜结构。断裂主体以北东向为主，也有近东西向断裂分布，可能有北西向的调节断层。东西断陷有地垒间隔，其上也有逾2000m厚的沉积地层，为南华纪晚期超覆沉积体系。西南裂谷体系可能有3排近平行的裂谷分支（图1-24）。中部裂谷在盆地内残余长达280km、宽120km，向南呈现变深加厚的特征。其中有多个次级的凹陷区，将凹陷分隔为多个次凹。地震资料品质差，南华系与震旦系难以区分，很可能震旦系已剥蚀殆尽。地震剖面上寒武系削截下伏地层特征清楚，寒武系沉积前可能有大幅的隆升剥蚀。主断层多呈铲式，尚未达到坡坪式的程度，很可能规模小于塔东地区。主断层的断距可达2000m，控制了断陷的分布。

震旦系在盆地内广泛分布，南部剥蚀强烈，主要位于北部地区（图1-3-5），呈现明显的克拉通内坳陷的宽缓分布特征。北部地区震旦系面积约为$20.3\times10^4km^2$，呈中部厚、周缘薄的宽缓坳陷。坳陷中部位于库南1井—满参1井一线，厚度达1400m。中部厚度逾1000m，区域面积达$1.8\times10^4km^2$，其中4个次级的凹陷区，是震旦系烃源岩发育的有利部位。地震剖面上震旦系呈现向周缘基底古隆起区底超顶削的特征，底超特征明显，剥蚀主要在塔东地区与塔中地区。塔东地区局部小型正断层发育，并出现后期的反转，但断层规模小，断距一般在150m内，尚未形成控制沉积的主控断层。断裂活动主要集中在震旦系下部，向上逐渐停止活动。但个别断层在寒武纪仍有继承性活动。通过地震资料品质的提高，还可能识别更多的小型断层，代表了坳陷（断坳）早期的继承性断裂活动。

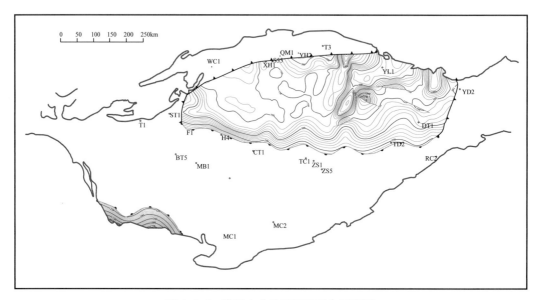

图 1-3-5　塔里木盆地震旦系残余厚度图

四、构造—岩相古地理及演化

综合区域地质资料与地震解释成果，在前南华纪结晶基底褶皱隆升与区域变质的基础上，南华纪开始形成塔里木盆地第一套沉积盖层，经历南华纪裂解作用相关的强伸展与震旦纪末大面积挤压隆升的完整构造旋回（图1-3-6）。

南华系沉积前塔里木板块已具有统一的结晶基底，虽然基底结构复杂，但受控塔里木运动，普遍遭受前南华纪的区域变质作用，南北分区特征明显。其中发育以阿克苏蓝片岩为代表的北部造山带，并形成塔北基底隆起。中部沿高磁异常带残存古元古代的造山带，中深1、楚探1、塔东2、玛北1等寒武系直接覆盖在古元古代花岗岩体之上。在北部碰撞造山带与中央基底隆起之间可能存在中部坳陷，MT资料上有一定的显示。中央基底隆起南部可能发育变形复杂的南部斜坡区，地震剖面上有前南华纪造山的印迹，其前南华纪基底的变形与结构复杂。

南华纪初期，Rodinia超大陆开始裂解，处于外围的塔里木板块也受到影响。在南北俯冲背景下，塔里木板块之下的地幔受到激活，形成沿深大断裂的热点，受热点作用的上地壳也随之裂陷，发育贝义西组沉积时期相当的大陆裂谷沉积（图1-3-7）。受控东北与西南部的俯冲作用，塔里木板块发育东北裂谷体系与西南裂谷体系。这两套裂谷体系均呈北东向展布，自板块边缘向盆地内部延伸。裂谷向板内的侵入终止于中央高磁带，

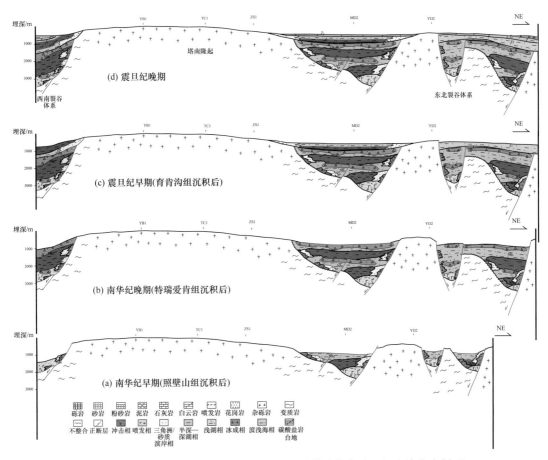

图 1-3-6　过塔里木盆地东部南北向新元古代晚期构造—沉积演化大剖面

可能由于中央高磁带是深入岩石圈岩浆岩体，地幔上涌沿其南北两侧侵入，并未造成中央高磁异常带的地壳减薄。东北裂谷体系可能活动更为强烈，深入盆地更远、影响的范围更大，而西南裂谷体系可能是分隔更为明显一系列较小的断陷发育。塔里木板块出现大面积海侵，并出现裂谷初期的火成岩—碎屑岩沉积。库鲁克塔格沉积了一套大陆裂谷相碎屑岩和双峰式火山岩，南华纪沉积多局限在裂陷内。塔里木盆地内部也开始出现广泛的火成岩活动，形成一系列受火成岩喷发形成的裂谷，但规模较小。

南华纪晚期，火成岩活动减弱，720Ma 后大型的岩浆活动基本停止。盆地断陷作用与构造沉降加强，断陷不断向盆地内部扩张。东北裂谷体系与西南裂谷体系进入扩张期，阿克苏地区—巴楚北部地区的断陷开始大规模发育，西南裂谷体系可能出现多排北东向的断陷。东北断陷范围向东西两侧扩展，形成两排大型的断陷带。在快速沉降过程中，沉积充填阿勒通沟组—特瑞爱肯组逾 2000m 厚的碎屑岩与冰碛岩。其中两期冰成沉积分别对应 Marinoan 冰期和 Sturtian 冰期。露头资料显示不同地区厚度变化大，很可能受控断陷盆地。值得注意的是，特瑞爱肯组发育巨厚海相泥页岩，厚度可达 500m。雅尔当山、照壁山、兴地村这套滨浅海沉积在厚度、岩性与岩相上都有较大的变化，很可能受北东向的断陷分隔（图 1-3-7）。板块内部火成岩作用也随之减弱，以局部断陷继承性发育为主，缺少连通的深大裂谷系发育，板块内部并没有裂开贯通。随着阿瓦提凹陷断陷的发育，巴楚隆起可能进一步沉陷，形成分隔南北断陷系统的低隆起区。该期沉降巨厚的砂泥岩，厚度逾 2000m，断陷规模不断扩大。在一系列断陷边缘产生肩隆，缺乏沉积充填，形成伸展型古隆起。塔北隆起转向北东东向，塔中隆起是否与东南隆起连为一体还有待新的资料佐证。在西北与东南板块边缘地区，可能以斜坡与洋盆过渡。

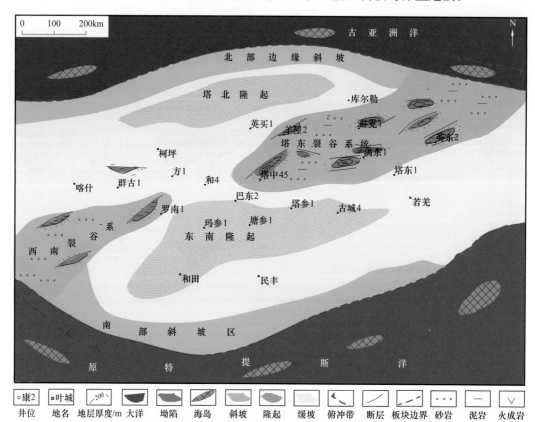

○康2	■叶城	〽200〽											
井位	地名	地层厚度/m	大洋	坳陷	海岛	斜坡	隆起	缓坡	俯冲带	断层	板块边界	砂岩	泥岩	火成岩

图 1-3-7 塔里木盆地早南华世构造—沉积区划图（相当于贝义西组—照壁山组沉积时期）

650—630Ma 塔里木板块北缘发生一期强烈的火成岩活动，在库鲁克塔格—吐格尔明—老虎台形成大面积的花岗岩侵入体。阿克苏地区发生强烈的隆升，尤尔美那克组与上下地层均呈角度不整合接触。但没有明显的褶皱变形，可能是较弱的挤压作用或伸展掀斜作用。其他区域也没有大陆溢流玄武岩，也没有显著的造山作用，很可能是弧—陆俯冲—增生作用，而不是卷入"泛非运动"的造山作用。因此，北部很可能形成库车板块边缘海盆地与塔北隆起的南北分带格局（图 1-3-8）；而南部缺少岩浆事件，很可能逐渐趋向稳定的被动陆缘，沉积库尔卡克组有障壁的滨浅海沉积体系。虽然剥蚀量难以准确恢复，震旦系从满加尔向南北超覆的特征是清楚的，塔中地区与塔北地区一样在震旦纪早期也存在基底隆起，并没有完全没入水下，从而成为震旦纪早期滨浅海的沉积物源区。地震剖面显示，满东地区震旦系有小型的断陷或断坳，中部厚度大，形成中部克拉通内坳陷。在阿瓦提地区与柯坪地区震旦系减薄，是否有水上隆起尚不清楚，可能是水下隆起分隔。因此可见，震旦纪早期塔里木盆地形成南北展布的"两隆一坳"的构造—沉积格局（图 1-3-8）。

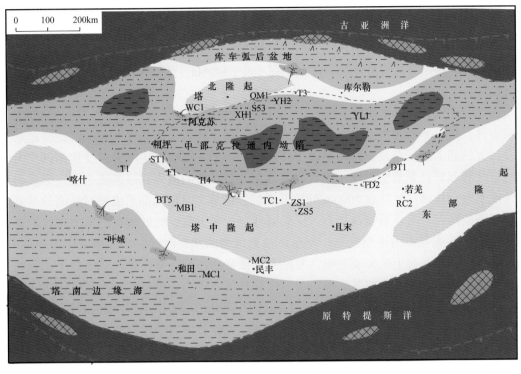

图 1-3-8　塔里木盆地早震旦世构造—沉积区划图（相当于扎摩克提组—育肯沟组沉积时期）

　　震旦纪塔里木板块构造格局逐渐由大陆边缘裂陷向陆内坳陷发展，海侵范围扩大。盆地沉积逐渐向西扩展，阿克苏—柯坪地区由断陷演化为碟状坳陷，沉积分布稳定而广泛，扩展到阿克苏—温宿凸起及南部巴楚隆起。塔里木盆地中东部地震剖面显示，震旦系可以连续追踪对比，除剥蚀区域外地层厚度比较稳定，厚度在 1000～2000m 之间。在坳陷区域，很可能发育较厚的泥页岩，在库鲁克塔格地区的育肯沟组已发现较好的泥质烃源岩，这些加厚区域是寻找震旦系烃源岩的有利方向。

　　震旦纪晚期即水泉组—汉格尔乔克组沉积期（图 1-3-6），塔里木盆地整体沉降，出现连为一体的大型浅水坳陷，广泛发育碳酸盐岩台地与混积陆棚沉积。随着进一步的海侵，塔北隆起很可能没入水下，从而形成阿克苏地区奇格布拉克组碳酸盐岩台地。而东部库鲁克塔格地区水泉组碳酸盐岩与碎屑岩互层，形成混积陆棚，这在地震剖面上也有一定的响应。东部隆起可能仍有大面积的出露，并成为碎屑物源区。而塔东 2 井—东探 1 井区碳酸盐岩发育，并有颗粒碳酸盐岩形成的颗粒滩，揭示东南隆起区缺乏碎屑物源的供给，有很大范围没入水下。塔中—巴楚地区也进一步沉没，但仍有一定范围的古隆起发育，从而成为克孜苏胡木组下部混积陆棚沉积的物源。因此，围绕塔中—喀什一带古隆起发育区很可能发育混积陆棚沉积，由于后期的构造隆升造成剥蚀而缺失。

　　震旦纪晚期的这套碳酸盐岩台地相对较稳定，很可能是大范围分布。震旦纪碳酸盐岩一般厚度小于200m，近期的东探1井钻探逾厚500m的震旦系白云岩，表明可能有很厚的碳酸盐岩台地发育。除库鲁克塔格地区存在汉格尔乔克组冰碛岩外，这套碳酸盐岩台地之上缺少沉积。由于汉格尔乔克组冰碛岩与寒武系之间存在40Ma的长期沉积间断，而汉格尔乔克组之后的构造—热事件发生在560—540Ma，推断很可能有一定量的沉积并被剥蚀。

　　震旦纪末期，塔里木板块不断靠近Gondwana大陆，在南部地区发生560—540Ma的岩浆事件，塔里木板块边缘进入新一轮的俯冲—增生作用。虽然没有卷入"泛非运动"，但受冈瓦纳超大陆聚合及全球海平面下降影响，塔里木板块发生隆升，盆地南部广大地区与塔北隆起震旦系遭受剥蚀，寒武系覆盖在几近夷平的前寒武系基底之上，形成明显的角度不整合接触，具有逾1000m的抬升剥蚀。塔里木盆地南部形成相对较高的基底隆起，即塔南隆起，震旦系剥蚀严重，仅局部残存少量下震旦统的地层。虽然在局部地区残存南华系—震旦系的小型断陷，但总体呈现巨型的基底隆起。塔北也发生基底隆升，轮台断隆、温宿凸起上缺失震旦系，寒武系直接覆盖在前震旦系变质基底之上。表明在寒武系沉积前，塔里木盆地基底经历了以南北挤压作用为主的整体构造隆升作用。盆地内部南部抬升大、剥蚀强烈，呈现南高北低地貌，推断构造挤压作用来自南部。

　　由此可见，南华纪—震旦纪塔里木盆地发育完整的伸展—挤压构造旋回，经历大陆裂谷期—断陷期—坳陷期—挤压抬升期等四期构造演变。南华纪塔里木板块处于伸展裂陷状态，发育大陆裂谷。随着裂陷范围逐渐向盆地内扩展，盆地内部形成一系列断陷。震旦纪则转向克拉通内坳陷，以弱伸展滨浅海相为主，形成板内坳陷。震旦纪末期，板块抬升遭受剥蚀，形成前寒武系大型区域不整合。南华纪—震旦纪的构造—沉积格局迥然于寒武系—奥陶系克拉通内碳酸盐岩台地，裂谷盆地旋回的下构造层与克拉通台盆的中部构造层存在显著的构造转换，构造—沉积格局显然不同。当然，南北分带的构造格局对后期的构造演化具有一定的控制作用，并制约南北分带的构造格局。同时，在满东地区寒武系的沉积有一定的继承性，巴麦地区基底隆起也有一定的继承性，并制约显生宙的构造—沉积。

第二章　早古生代克拉通原型盆地与岩相古地理

前人对塔里木盆地、四川盆地和鄂尔多斯盆地碳酸盐岩岩相古地理开展了大量研究工作，取得了丰硕的成果，对推动我国海相碳酸盐岩油气勘探和开发发挥了重要作用。但中国海相碳酸盐岩具克拉通台地面积小、埋藏深、改造强的特点，台缘带礁滩体大多俯冲到造山带之下，台内勘探潜力评价成为我国海相碳酸盐岩油气勘探面临的瓶颈技术难题之一。"十三五"以来，围绕三大海相盆地中—新元古界—寒武系开展构造—岩相古地理编图，突出构造对沉积的控制作用，发现台内沉积分异普遍发育，建立了"两类台缘"和"双滩"沉积模式，编制了以台内裂隙和礁滩体刻画为核心的构造—岩相古地理图，明确了台内发育与裂陷演化伴生的"侧生侧储"和"下生上储"两类生—储组合，为勘探领域由台缘拓展至台内奠定了理论基础。

第一节　构造—岩相古地理编图规范

针对"十二五"期间三大海相盆地岩相古地理编图方法不统一的现状，"十三五"期间加强了编图技术与规范的研发，形成了碳酸盐岩构造—岩相古地理"四个一"的综合编图规范，即一套岩相识别技术（测井岩相识别技术和地震岩相识别技术）、一个数据库、一套规范和一套图表（3表8图）。

一、编图指导思路

以构造控沉为主线，突出沉积期裂陷/坳陷、隆起和断裂对沉积的控制；以层序地层学为指导，突出沉积旋回和编图单元的等时性；以明确有利储集相带和源灶分布为目的，突出油气勘探和目标导向；充分利用露头、钻井和地球物理新资料，充分利用岩相识别新技术，恢复三大盆地碳酸盐岩构造—岩相古地理，为区带评价和目标优选提供支撑。

二、编图步骤

（1）资料准备与整理：露头、钻井、地震、化验等资料收集、整理和消化，筛选备用。

（2）编制底图与资料点图：确定编图比例尺，确定编图范围，确定盆地边界，筛选地名，形成地理底图；投入筛选好的井点、露头点及格架地震剖面和连井剖面线等基础地质资料数据，形成资料点图。

（3）编图单元确定与对比：根据编图精度要求确定编图单元，通常以三级层序或三级层序体系域或四级层序为编图单元；以层序地层学为指导，编制连井地层划分对比图，开展全盆地统层。

（4）单因素图编制：依据统层数据，分别编制地层厚度图、白云岩厚度百分比图、泥岩厚度百分比图、颗粒岩厚度百分比图、膏盐岩厚度百分比图等。

（5）单井相分析和连井相对比：在不同构造单元或相区选取资料齐全的井开展岩心沉积相和测井相分析，编制单井沉积相剖面；选取不同相带的井，参考地震解释成果，编制连井相对比图。

（6）地震相识别：选取品质好的二维地震勘探剖面或三维地震勘探剖面，通过钻井标定，确定不同相带的地震反射特征，利用属性分析或反演手段开展区域地震相分析，重点是台地边缘、膏盐岩、颗粒滩、泥岩等岩相分析。

（7）构造背景分析：利用露头、钻井和地震资料，特别是地层接触关系（上超、下超或削截）等关系，分析古裂陷、古隆起和古断裂分布、演化特点，编制构造古地貌图。

（8）盆地构造—沉积模式建立：利用露头沉积特征和相序关系，结合单井相剖面和区域地震相解释，确定台地类型，建立沉积相模式。

（9）制订编图规范；重点是图面内容及布局、构造沉积等专业术语、岩性及岩相图例、字体线条符号、制图软件等。

（10）构造—岩相古地理图编制：利用单因素、古地貌背景、单井相、地震相结合沉积模式综合成图，重点反映储集相带和源岩区域分布。

三、编图规范

编图规范包括通用图标、构造单元、断裂、沉积体系与古地理、相应基础数据表和图件五个方面（表2-1-1）。

表2-1-1　构造—岩相古地理编图规范

（一）通用图标（采用中国石油标准图标）	
变质岩类	板岩、千枚岩、片岩、变质砂岩、大理岩、片麻岩
页岩	页岩、砂质页岩、粉砂质页岩、碳质页岩、硅质页岩、石灰质页岩、白云质页岩……
泥岩	泥岩、砂质泥岩、粉砂质泥岩、含砾泥岩、含砂泥岩、硅质泥岩、碳质泥岩、灰（钙）质泥岩、白云质泥岩、铁质泥岩、凝灰质泥岩、其他特殊泥岩（铝土质泥岩、硅质泥岩）
砂岩	砾岩、砂砾岩、砂岩、粉砂岩、泥质砂岩、泥质粉砂岩、石灰质（钙质）砂岩、白云质砂岩、石灰质（钙质）粉砂岩、白云质粉砂岩、凝灰质砂岩、凝灰质粉砂岩、凝灰质砾岩、其他特殊砂岩（铁质砂岩、磷质砂岩等）
石灰岩	石灰岩、白云质灰岩、含白云石灰岩、含泥灰岩、泥灰岩、泥质灰岩、砂质灰岩、粉砂质灰岩、硅质灰岩、含硅白云质灰岩、泥质条带灰岩、遂石条带灰岩、竹叶状灰岩、豹皮灰岩、瘤状灰岩、含膏石灰岩、石膏灰岩、石膏质泥灰岩、泥晶灰岩、晶粒（结晶）灰岩
	角砾状灰岩、生物灰岩、砾屑灰岩、砂屑灰岩、砂屑云灰岩、藻砂屑灰岩、生物碎屑灰岩、鲕粒（状）灰岩、藻灰岩、含白云质藻灰岩、白云质藻灰岩、球粒灰岩、核形石灰岩、溶孔灰岩、针孔（状）灰岩

白云岩	白云岩、石灰质白云岩、含灰白云岩、含泥白云岩、泥质白云岩、砂质白云岩、硅质白云岩、铁质白云岩、燧石条带状白云岩、竹叶状白云岩、豹皮状白云岩、含膏白云岩、石膏质白云岩、石膏质泥云岩、泥晶白云岩、晶粒（结晶）白云岩（粉晶、细晶、粗晶）
	角砾状白云岩、砾屑白云岩、砂屑白云岩、藻砂屑白云岩、生物碎屑白云岩、鲕粒（状）白云岩、藻云岩、灰质藻云岩、球粒白云岩、核形石白云岩、溶孔白云岩、针孔（状）白云岩
微生物岩	微生物灰岩、凝块石（状）灰岩、叠层石灰岩、层纹石灰岩、均一石灰岩、球粒灰岩、核形石灰岩；微生物白云岩、凝块石（状）白云岩、叠层石白云岩、层纹石白云岩、均一石白云岩、球粒白云岩、核形石白云岩
其他沉积岩	硅质岩、铁质岩、磷质岩、煤层、冰碛砂砾岩、石膏层（岩）、白云质石膏岩、含白云石石膏岩、石灰质石膏岩、含石灰质石膏岩、盐岩、绿豆岩
火山岩	玄武岩、安山岩、英安岩、流纹岩、粗面岩、橄榄岩、辉长岩（辉绿岩）、闪长岩、花岗闪长岩、花岗岩、火山集块岩、火山角砾岩、凝灰岩、凝灰质角砾岩
（二）构造单元	一级构造单元：隆起、坳陷、台内裂陷；二级构造单元：凸起、凹陷
（三）断裂	一级断裂：控盆、控隆（坳）断裂；二级断裂：控凸（控凹）断裂

（四）沉积体系与古地理

沉积体系		相	亚相／古地理
碎屑岩沉积体系		碎屑滨岸	海岸沙丘、后滨、前滨、近滨、滨外
		三角洲	三角洲平原、三角洲前缘
		潮坪	潮上、潮间
		碎屑陆棚（浪基面—坡折）	浅海陆棚：浪基面—风暴浪基面；半深海陆棚风暴浪基面—陆坡坡折、水深一般小于200m
			内陆棚：浪基面—风暴浪基面；外陆棚：风暴面—坡折
混积沉积体系		混积潮坪相	潮上、潮间、潮下
		混积陆棚相	混积陆棚
碳酸盐岩沉积体系	台地	镶边台地	蒸发台地	潮坪、蒸发潟湖、台内滩、滩间海
			局限台地	潮坪、局限潟湖、台内滩、滩间海
			开阔台地	潮坪、台内洼地、台内滩、点礁、滩间海
			台地边缘礁滩	台地边缘礁、台地边缘浅滩
			台地边缘斜坡	上斜坡、下斜坡
			盆地／台盆	硅泥质盆地、灰泥质盆地
		孤立台地	内缓坡（正常浪基面之上）	潮坪、潟湖、台内浅滩、点礁

续表

碳酸盐岩沉积体系	缓坡	均斜缓坡	中缓坡（正常浪基面—风暴浪基面）	风暴岩、浊积岩等、丘、滩、点礁
			外缓坡（风暴浪基面—密度跃层）	浊积岩、灰泥石灰岩、点礁
			盆地/台盆	
			内缓坡	潮坪、潟湖、台内浅滩、点礁
		远端变陡缓坡	中缓坡	风暴岩、浊积岩等、丘、滩、点礁
			外缓坡	浊积岩、灰泥石灰岩、点礁
			盆地/台盆	

（五）相应基础数据表和图件		
三类表	井—震资料、露头基础数据表	井位、海拔、录井、岩心、测井、综合解释、试油、化验、地震、古地理要素数据表
	全盆地统层数据表	
	单因素统计数据表	地层厚度、岩类厚度、岩类厚度百分比、岩类组合厚度百分比、颗粒岩厚度、颗粒岩厚度百分比
八类图	古地理、资料底图	编图范围、比例尺、地名、省界、井位、露头、连井对比线、地震解释线、矿权区等
	层序地层对比图	层序地层划分方案综合柱状图、连井对比剖面图、井震联合对比剖面图
	单因素图	地层厚度、岩类组合厚度百分比、颗粒岩厚度、颗粒岩厚度百分比
	单井相、连井相图	
	全球古构造古地理背景图	
	盆地古构造古地理分布图	
	盆地构造—岩相古地理图	构造要素、古地理要素、岩相组合要素
	沉积模式图	

第二节　四川盆地下古生界岩相古地理

震旦纪—寒武纪，上扬子克拉通经历分异台地到统一台地的演化。晚震旦世—早寒武世早期是分异台地期，隆—凹相间的特征，构造沉降差异大，克拉通内裂陷分割碳酸盐岩台地，台缘带丘滩体发育；早寒武世晚期—志留纪是统一台地期，构造沉降分异小，裂陷消亡，形成统一的碳酸盐岩台地，台内颗粒滩大面积分布。下古生界寒武系自下而上发育下寒武统筇竹寺组、沧浪铺组、龙王庙组，中寒武统高台组和上寒武统洗象池组，其中沧浪铺组、龙王庙组和洗象池组是当前四川盆地碳酸盐岩领域重点勘探层系，也是本轮岩相古地理研究的重点层系。

一、早寒武世麦地坪组—筇竹寺组沉积时期构造—岩相古地理

早寒武世筇竹寺组沉积时期处于全球范围内的最大海侵期和生物大爆发期，伴随广泛的缺氧事件，我国南方广泛沉积了一套富含有机质的黑色岩系，是中—上扬子克拉通最有利于烃源岩发育时期之一。中—上扬子区筇竹寺组地层厚100～800m，总体表现为克拉通内裂陷区和克拉通边缘坳陷区厚度大、克拉通中央薄的特点。筇竹寺组沉积期中—上扬子克拉通总体上继承了震旦纪末期"三隆两坳"的古构造格局，但在全球大规模海侵背景下，由震旦纪晚期的碳酸盐岩台地沉积体系为主演化为陆棚沉积体系为主（图2-2-1），沉积微相展布受震旦纪末期桐湾运动改造后的岩溶古地貌影响。上扬子克拉通西部在筇竹寺组沉积时期发育有康滇、宝兴和彭灌等古陆，川西南地区陆源物质供给充足，主要为砂质滨岸和砂泥质浅水陆棚沉积；向东逐渐过渡为德阳—安岳裂陷区碳硅泥质深水陆棚沉积，裂陷区内沉积了厚达数百米的富有机质泥页岩。川中—川东广大地区震旦纪末期为岩溶高地，至筇竹寺组沉积时期被海水淹没，主要为泥质浅水陆棚沉积；川东利川—石柱一带，川东南綦江—桐梓一带受水下高地的影响，为灰泥质陆棚或混积陆棚沉积。上扬子台地与中扬子台地之间筇竹寺组沉积时期发育有城口—鄂西裂陷槽，

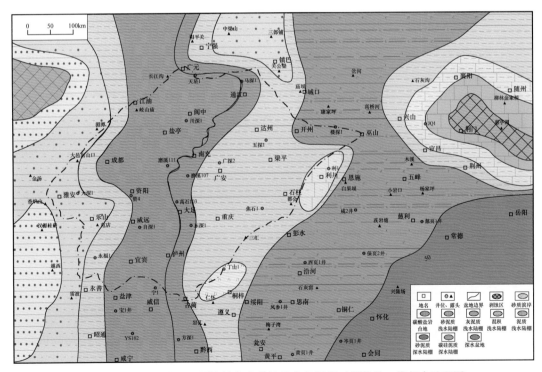

图2-2-1　四川盆地及周缘早寒武世筇竹寺组沉积时期构造—岩相古地理图

与德阳—安岳裂陷类似，裂陷区以深水陆棚沉积为主，筇竹寺组发育了巨厚的富有机质泥页岩。鄂西宜昌—荆门地区，受鄂中古陆的影响，在古隆起周缘筇竹寺组为灰泥质浅水陆棚—碳酸盐岩台地沉积，而古隆起核部仍为剥蚀区。沉积环境对筇竹寺组烃源岩发育具有明显控制作用，在克拉通内部和边缘裂陷区，以深水陆棚沉积为主，可容纳空间大、水体缺氧，有利于有机质保存，发育了巨厚的富有机质泥页岩烃源岩；而在浅水陆棚沉积区，水体相对较浅，还原性弱，不利于有机质生成，导致筇竹寺组泥页岩厚度显著减薄，有机质丰度降低，优质烃源岩厚度小甚至不发育。

二、早寒武世沧浪铺组沉积期构造—岩相古地理

四川盆地及周缘地区沧浪铺组总厚度为65～600m，可进一步划为上下两段（严威等，2021），下段以碳酸盐岩沉积为主，岩性主要为石灰岩、白云岩夹部分碎屑岩沉积；上段以碎屑岩沉积为主，岩性主要为泥岩、砂岩、粉砂岩，局部夹白云质粉砂岩。钻井、露头、地震研究结果表明沧浪铺组沉积早期沉积格局仍受德阳—安岳台内裂陷古地理背景控制，整体表现为西高东低的沉积格局，自西向东依次发育古陆—滨岸—碎屑浅水陆棚—混积浅水陆棚—棚内洼地—清水浅水陆棚—深水陆棚的沉积模式（图2-2-2）。

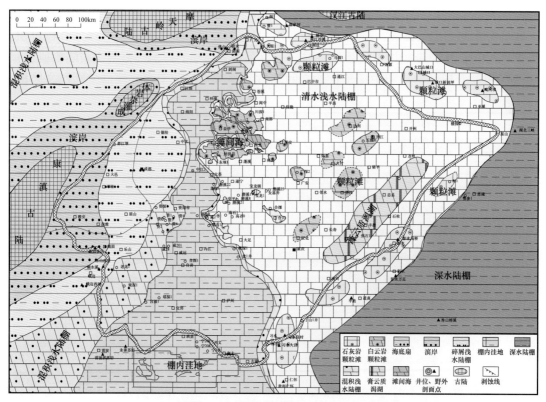

图 2-2-2　四川盆地及周缘早寒武世沧浪铺组下段沉积时期构造—岩相古地理图

以棚内洼地为界，两侧厚度及岩性呈现明显差异。洼地西侧因靠近古陆物源供给充足，主要为碎屑岩沉积区，发育滨岸相、碎屑浅水陆棚相，滨岸相岩性主要为浅灰色—灰黄色块状细砂岩，碎屑浅水陆棚相岩性以浅灰色、灰绿色粉砂岩、泥质粉砂岩为主；

棚内洼地是沧浪铺组沉积早期重要的沉积亚相，表现为沉积厚度较大的地貌低洼区，岩性主要为深灰色、灰黑色泥质粉砂岩夹深灰色泥晶灰岩、泥灰岩，反映低能沉积特征；洼地附近为碳酸盐岩与碎屑岩沉积的交界区，沿洼地边缘展布了混积陆棚相，两类岩性间互沉积。

洼地东侧进入清水浅水陆棚相区，区内岩性以碳酸盐岩沉积为主，指示未被填平的裂陷能有效阻挡古陆区物源向盆内的注入，导致洼地东部形成清水环境，此外，四川盆地东部地区（以下简称川东）建深 1 井沧下段钻井揭示了厚 9m 的膏岩，依据周缘地震相特征刻画建深 1 井区附近发育一北东走向的膏云质潟湖。清水浅水陆棚内部颗粒滩主要分布在棚内洼地东缘、浅水陆棚边缘及环膏云质潟湖边缘三个区带，滩体岩性主要为亮晶鲕粒白云岩、亮晶鲕粒灰岩及结晶白云岩，石灰岩滩体主要环陆棚边缘展布，白云岩滩体主要分布在高磨—北斜坡—川东五探井区附近，角探井即位于该相带，实钻角探井沧浪铺组下段下部主要为厚层砂质灰岩，向上依次过渡为厚层鲕粒灰岩、鲕粒白云岩及粉—细晶白云岩。

深水棚相区主要分布在万源—巫溪—彭水—仁怀一线以东，沧浪铺组下段沉积厚度较大，普遍在 200m 以上，如川东地区鄂参 1 井沧浪铺组下段厚度达 283m，呈现过补偿沉积特征，沉积物以暗色、细粒为特征。

三、早寒武世龙王庙组沉积时期构造—岩相古地理

随着德阳—安岳台内裂陷的填平补齐，龙王庙组沉积时四川盆地已演化成西高东低的缓坡背景（姚根顺，2013；周进高，2014，2015），但东部渝东—鄂西裂陷仍然存在，因此，该时期的岩相古地理格局与灯影组沉积时期相比发生了重大变化。总的来说，龙王庙组沉积时期，在四川盆地形成了"两隆三凹"的向东倾斜的缓坡，"两隆"是上扬子台地与鄂中台地，"三凹"是川东凹陷，湘西黔北凹陷与渝东—鄂西凹陷。海底向海平缓倾斜（坡度通常小于 1°），水体逐渐变深，从近岸高能波浪作用带向下逐渐过渡为深水低能环境，期间没有明显的坡折，形成了一个碳酸盐缓坡沉积环境。

龙王庙组下段沉积期总体表现为宽缓的缓坡沉积环境，广安—合川—安岳—威远—马边以西地貌较高，为内缓坡的白云岩发育区，水体能量相对较大，岩性多以砂屑白云岩、粗晶云岩为主，颗粒滩储层相对较为发育（图 2-2-3）。广安—合川—安岳—威远—马边以东地貌较低，为内缓坡—石灰岩发育区，水体相对安静，能量较低，泥质灰岩发育。三汇—古蔺以东为相对隆起区，沉积环境相对宽阔，岩性以泥质灰岩、白云质灰岩为主，可形成薄层颗粒滩储层；以东为中缓坡石灰岩沉积区，颗粒滩相对不发育。

龙王庙组上段沉积时期，进一步延续蒸发环境，海平面下降，为海退体系域，使得川中地区暴露，滩体面积增大，溶蚀作用发育，形成大套颗粒滩有效储层。而原来为内缓坡—石灰岩发育区，由于海平面下降，形成了相对凹陷而闭塞的潟湖环境，在不断的蒸发作用下，形成了膏盐，且局部可见石灰质潟湖（图 2-2-4）。同样的，在相对宽缓的中缓坡由于海平面下降，水体能量逐渐增大，颗粒滩发育。

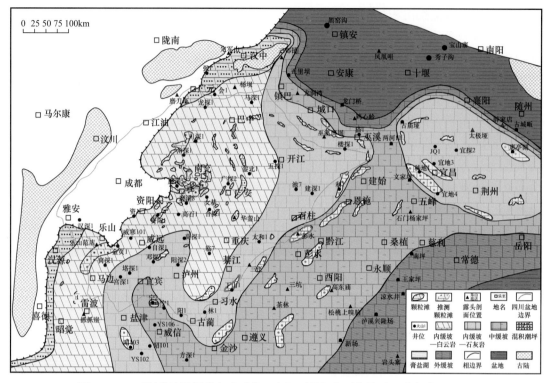

图 2-2-3　四川盆地及周缘寒武系龙王庙组下段沉积时期构造—岩相古地理图

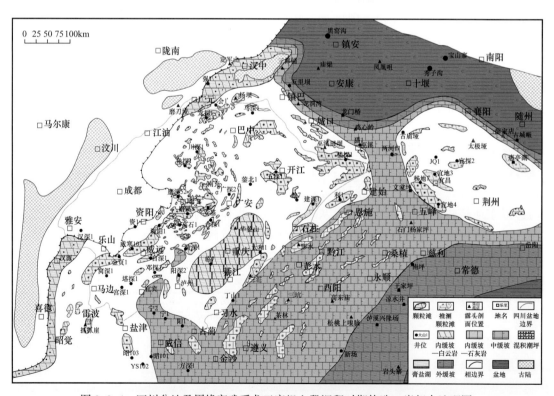

图 2-2-4　四川盆地及周缘寒武系龙王庙组上段沉积时期构造—岩相古地理图

再向东至川东渝东—鄂西地区龙王庙组主要发育中缓坡相及浅缓坡相。中—上扬子地块之间渝东—鄂西一带为相对低洼区，为中缓坡相，岩性主要为石灰岩，其分布范围为城口—巫溪—巫山—恩施—石柱王家坪剖面以东，古庙垭—两河口—文家坪—木溪沟以西地区。内缓坡相主要发育在中缓坡洼地的两侧，龙王庙组岩性下段以石灰岩为主，上段发育颗粒云岩。

四、晚寒武世洗象池组沉积时期构造—岩相古地理

洗象池组沉积时期，四川盆地的古地理继承了早寒武世、中寒武世的西南高，东北低，东西分异的格局，地层西北薄、东南厚，地层厚度表现为填平补齐的特征。受西边的康滇古陆、摩天岭古陆及汉南古陆的影响十分微弱，陆源碎屑供给较小；盆地内部及其周缘为稳定台地，沉积以清水碳酸盐岩及浅水碳酸盐岩沉积建造为主。在川北南江、旺苍、广元及川西北龙门山前缘一带缺失，乐山、威远、自贡、龙女寺一带沉积厚度介于100～300m之间，邻水、永川一带厚约500m，华蓥—重庆为盆地内沉积中心，厚度可达800m，至盆地东南边缘石柱、南川一带厚度600～700m，川东秀山—永顺地区甚至超过1000m（图2-2-5）。

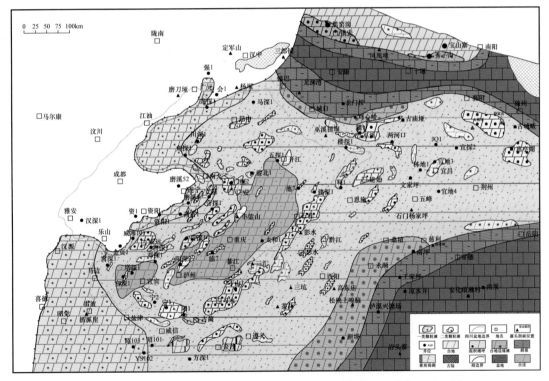

图2-2-5　四川盆地及周缘寒武系洗象池组沉积时期构造—岩相古地理图

通过野外剖面、岩心与薄片观察及钻井资料分析，认为四川盆地洗象池组主体为镶边台地沉积（李文正，2016），台地边缘在现今贵州地区。沉积环境横向变化较大，西部靠近陆地发育混积潮坪，向东逐渐过渡到清水碳酸盐岩台地沉积环境。自西向东（由

陆向海）依次发育混积潮坪、台地、台地边缘、斜坡—盆地亚相。台缘带主要分布在大庸—永顺一带，发育巨厚颗粒滩相沉积，城口—鄂西断裂以北、大庸断裂以东为斜坡沉积，发育斜坡角砾灰岩，局部见膏质潟湖亚相。四川盆地内部主要为碳酸盐岩台地相，可进一步划分为台洼、颗粒滩、白云石云坪等亚相。合川—广安与南川—石柱地区发育两条台内颗粒滩带，重庆—梁平一带发育台内潟湖，呈北东—南西向展布，潟湖边缘发育颗粒滩。

潮坪相主要分布在川西北及川东南一隅，受加里东运动剥蚀影响，川中地区残存较少，在南部呈窄条带状展布。潮坪相沉积处于局限台地向陆侧海岸带，为地形平坦、随潮汐涨落而周期性淹没、暴露的环境。岩性以粉砂质泥粉晶白云岩、泥灰质粉砂岩、泥质泥晶白云岩，为陆源碎屑和清水碳酸盐岩的混合沉积，发育缝合线、交错层理等典型相标志。颗粒滩相主要分布在合川—广安与永安—石柱一带，发育于台洼边缘坡折带上的古地貌高地，沉积水体能量较高，受潮汐和波浪作用的持续影响，发育多种颗粒岩，如砂屑白云岩、鲕粒白云岩、砾屑白云岩等。滩间海位于局限台地内颗粒滩之间，水体环境相对闭塞、安静，以沉积细粒物质为主，沉积灰色—深灰色纹层状泥粉晶白云岩、夹少量颗粒白云岩，伽马曲线形态平直、略有起伏。台内洼地沉积主要分布于重庆—梁平一带，水体环境半封闭，能量低，沉积厚度大，以纹层状泥质泥晶白云岩、粉晶白云岩为主，夹风暴作用形成的薄层白云岩砂屑，如临7井。台缘带分布于大庸—永顺一带，发育巨厚颗粒滩相沉积，城口—鄂西断裂以北、大庸断裂以东为斜坡沉积，发育斜坡角砾灰岩。膏质潟湖相沉积主要分布于川东北地区及川南地区。

第三节 塔里木盆地寒武系岩相古地理

塔里木盆地寒武系自下而上发育下寒武统玉尔吐斯组、肖尔布拉克组、吾松格尔组，中寒武统沙依里克组、阿瓦塔格组，上寒武统下丘里塔格组，其中肖尔布拉克组和吾松格尔组是当前勘探的重点层系。以钻揭寒武系盐下碳酸盐岩的30余口钻井、柯坪地区10个露头剖面点及42条最新处理覆盖全盆地二维地震勘探大测线为基础，以构造—沉积演化为基本切入点，重点开展了以下四个方面的工作：一是地震地质统层与古构造格局再认识，二是台缘带分段差异性刻画及台地类型与演化，三是塔南古隆起刻画，四是满西台洼刻画。

一、早寒武世玉尔吐斯组沉积时期构造—岩相古地理

早寒武世玉尔吐斯组沉积时期主体为深水缓坡（图2-3-1）。震旦纪末的柯坪运动虽然造成上震旦统遭受不同程度的剥蚀，但自南华纪形成的隆坳格局仍得以较好的保存，构成了早寒武世玉尔吐斯组沉积前古地貌。基于柯坪露头群的实测及星火1井等12口钻井及地震同相轴特征，推测认为玉尔吐斯组沉积时期具有深水缓坡的特征。内缓坡平面上主要分布在中央古陆带北缘、柯坪—温宿低隆周缘，以碎屑岩、砂质白云岩和暗色泥

岩互层为主要特征，局部可见薄层颗粒滩，柯坪老砖厂等剖面可以作为典型剖面点。中缓坡则以灰黑色泥页岩、泥质（瘤状）灰岩、泥质云岩为主，垂向上整体表现为一个向上变浅序列，可以划分为富含硅质岩的下烃源岩段、薄层石灰岩和白云岩频繁互层的上烃源岩段及顶部白云岩段，苏盖特布拉克、肖尔布拉克、什艾日克等9个野外剖面点及星火1井均展现出这一特征，厚30～50m，黑色泥页岩累计厚度10～15m，局部受前寒武系裂陷继承性发育厚度明显增大。外缓坡—盆地则主要分布在轮南—古城寒武系台缘带以东区域，塔东1井和塔东2井等所揭示的硅质泥岩、硅质岩及黑色泥页岩正是代表了深海盆地相的基本特征。

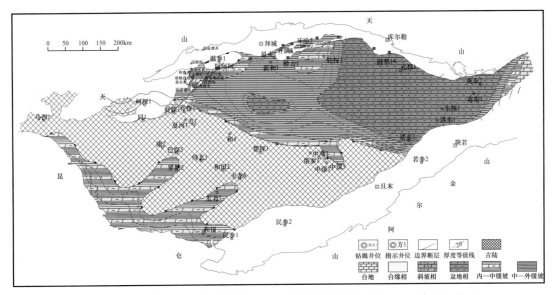

图 2-3-1　塔里木盆地早寒武世玉尔吐斯组沉积时期构造—岩相古地理图

二、早寒武世肖尔布拉克组/吾松格尔组沉积时期构造—岩相古地理

早寒武世肖尔布拉克组沉积时期主体为缓坡—弱镶边碳酸盐岩台地（图 2-3-2）。早寒武世肖尔布拉克组沉积时期，塔里木盆地发育了寒武系第一套浅水缓坡型碳酸盐岩台地沉积组合。依据盆地范围内完钻井、露头区剖面及二维地震勘探大测线对比结果，提出了肖尔布拉克组沉积前盆内发育"三隆两洼"古构造格局，并直接控制了缓坡体系的整体发育特征，尤其是高能储集相的分布。所谓"三隆"是指南部的塔西南古隆和北部的柯坪—温宿低隆、轮南—牙哈低隆；"两洼"是指南北高隆起之间的台内洼地及东部盆地。需要说明的是，虽然采用了"隆起/低隆"的概念，但特指肖尔布拉克沉积时期平缓宏观地貌中的正向地貌单元，继承于同裂谷期的古地貌，裂后沉降阶段的差异沉降使之进一步分异。

塔西南古隆是肖尔布拉克组沉积前最为落实、规模最大的古隆起，位于现今盆地西南方位，划分为东西两段。其中，古隆西段为麦盖提东南80km处至和田一带，长约360km，走向北西—南东；东段从和田至且莫，延伸570km，走向西南—东北。塔西南古

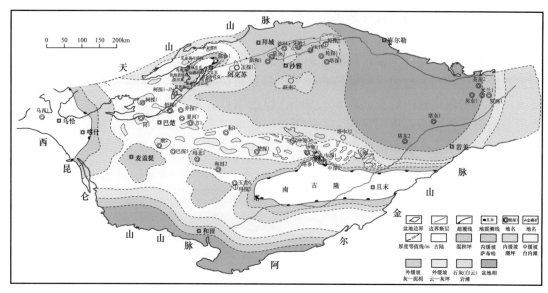

图 2-3-2 塔里木盆地早寒武世肖尔布拉克组沉积时期构造—岩相古地理图

隆起源于前寒武纪，受柯坪运动改造后定型。截至目前，玉龙 6 井和塔参 1 井两口井缺失整个下寒武统，直接由中寒武统进入前寒武系，证实了古隆起的客观存在，而非前人主张的"塔西南洼地"。地震同相轴追踪结果也有力地支撑了这一观点，表现出下寒武统沉积地层依次向南超覆尖灭于古隆侧翼，中寒武统则直接披覆沉积于古隆之上。塔西南古隆北缘整体表现为"台阶式"坡降特点。一方面具有"大平台"的特征，平台自东向西逐渐变宽，平均超过 30km，至现今巴楚隆起和 4 井区达到最大，为 115km。平台之上肖尔布拉克组沉积厚度稳定，以肖尔布拉克组上段为主，为 39～68m，在超过 200km 的距离内沉积厚度仅增加 20m 以上，计算坡度小于 1°。另一个方面，古隆向台内洼地过渡带则地层厚度迅速增大，厚度等值线密度明显加大，由楚探 1 井至和 4 井，肖尔布拉克组厚度迅速由 68m 增大至近 230m，存在一个类似于坡折带的地貌。

柯坪—温宿低隆位于现今乌恰—阿克苏一带，走向南西—北东，延伸长度约 520km，宽约 80km，整体向东、东南方向倾斜，与塔西南古隆和田—且末段近于平行。研究人员之所以将柯坪—温宿古隆和轮南—牙哈古隆定义为低隆区，主要是因为两隆之上或周缘均发育玉尔吐斯组烃源岩，明显有别于塔西南古隆区，推测沉积期二者相对位置低于塔西南古隆区。限于现今柯坪—温宿地区存在多排挤压推覆构造及复杂地貌等因素，地震资料品质尚不能够很好地满足沉积地层刻画要求，柯坪地区露头群剖面是支持论文观点的主要证据资料。柯坪—温宿古隆起的乌西 1 井—同 1 井附近，缺失下寒武统，向东则与塔西南古隆北缘类似，被下寒武统沉积地层超覆。由奥依皮克剖面向其西南方面的昆盖阔坦剖面，再至方 1 井对比证实：肖尔布拉克组沉积稳定，向延伸方向地层逐渐增厚，为 120～200m，无突然增厚的区域，反映出古隆侧缘具均斜地貌的特点。自奥依匹克向东南存在着水体逐渐加深的趋势。最新在奥依匹克剖面获得的混积样品也支持了该时期发育一古隆起的推测，推翻了前人关于该区域为台前斜坡的认识。

轮南—牙哈低隆位于现今轮南至牙哈地区，西以牙哈 5 井—跃南 2 井一带为界、东至塔深 1 井区，整体呈近南北走向，南北长约 170km，东西宽约 80km。虽然目前仅牙哈 5 井钻揭下寒武统，暂无法准确落实肖尔布拉克组的垂向岩相序列，但丰富的前积反射为落实古隆起的分布提供了有力的证据。一是通过盆内 6 口井碳同位素曲线横向对比及薄片岩性分析证实了牙哈 5 井钻揭富藻层段地层归属为肖尔布拉克组上段且为藻白云岩，与周缘的新和 1 井厚层泥晶灰岩相比而言，可以合理推测牙哈 5 井处于一个相对高的地貌，利于早期白云化作用的发生。二是在牙哈 5 井—跃南 2 井处首次刻画出了一条前积反射带，距离新和 1 井 40～60km，推翻了以往新和 1 井为"北部台缘带"的观点；同时，东部沿塔深 1 井发育前积反射带则已经基本成为共识。前积反射带之间区域呈平行—丘状反射，局部可见前积现象。基于这两个方面的证据，提出了轮南—牙哈地区在早寒武世发育一控沉积低隆。

南北两高隆带之间的洼地主体位于现今满加尔坳陷一带，北东—南西走向，目前尚无钻井揭示，主要依据前积反射带、地貌陡坎及前人地磁异常等证据界定，厚度普遍超过 200m，局部可达 260m 以上。在麦盖提附近存在一局部厚度增大区，并且受玛北 1 井—巴探 5 井的低梁遮挡，厚约 120m。另一个洼地则是现今的东部盆地，沉积厚度稳定，40～120m。

依据 22 口钻井、柯坪露头区 10 个剖面点及覆盖全盆地 42 条最新处理二维地震勘探大测线及部分三维地震勘探数据完成了肖尔布拉克组沉积期岩相古地理的恢复重建，发现"三隆两洼"古构造格局对这一时期岩相古地理的分异具有明显的控制作用。即便经过了玉尔吐斯组和肖尔布拉克组沉积时期的填平补齐，肖尔布拉克组上段的古地理分异依然具有强烈的"构造印记"，整体表现为具南高北低、西高东低宏观特征的大型碳酸盐缓坡沉积体系（组合），内部进一步划分为三个围绕古隆发育的缓坡，各自特征不尽相同。早寒武世影响塔里木板块的古洋流方向为北东—西南方向，受古构造格局的影响造成体系内部水体能量的差异，进而影响了三个缓坡的沉积物构成。其中，塔西南古隆北缘及轮南—牙哈低隆的东侧直接面向洋流（广海），水体能量较高，以颗粒滩沉积为主；轮南—牙哈西侧及柯坪—温宿地区能量则相对低，沉积以丘滩复合体为主。据此，将它们分别命名为塔西南古隆北缘颗粒滩为主的坡坪式缓坡、柯坪—温宿低隆丘滩复合体均斜型缓坡及轮南—牙哈低隆丘滩复合体孤岛型缓坡。

古隆北缘颗粒滩为主的坡坪式缓坡发育于塔西南古隆起北缘平缓地貌之上，自古隆带向盆地方向依次发育了古隆、混积坪、内缓坡潮坪、中缓坡颗粒滩、台内洼地、中—外缓坡、盆地等相带，缓坡类型以均斜型为主，局部可见远端开始变陡的现象（如塔中 32 井区）。平缓的地貌及直接面向广海的地理位置使得中缓坡颗粒滩相较发育，分布于麦盖提—巴探 5 井—和 4 井一线至塔中 32 井之间，西宽东窄，宽 50～130km，较古隆略宽，反映出前期填平补齐及缓坡性台地侧向迁移的效应，预测面积达 $4 \times 10^4 km^2$。颗粒滩带以鲕粒滩、砂屑滩沉积为主，垂向上具单层厚度大、滩地比高的特征，如楚探 1 井单层厚度可达 10m，累计厚度 53m，滩地比 77.9%。局部夹有泥粉晶砂屑云岩，构成了结构上的向上变粗的变浅旋回。向南部古隆方向，泥质泥晶云岩的比例增加，开始出现藻云岩及含陆源碎屑的混积沉积特征；向台内洼地方向，鲕粒/砂屑白云岩过渡为白云岩石灰岩互层的低能相带，乃至泥晶灰岩相。

柯坪—温宿低隆丘滩复合体均斜型缓坡是柯坪—温宿地区均斜的地貌和相对局限的水体动能联合作用的结果。自古隆向盆地方向依次发育古隆、混积坪、内缓坡潮坪、中缓坡丘滩复合带、中—外缓坡、盆地等。中缓坡丘滩复合带是该缓坡体系的特色，以准层状藻屑滩覆盖于规模不等的微生物丘之上为主要特征，偶见少数微生物丘嵌于藻屑滩内，表现出"小丘大滩"组合。柯坪露头区剖面及隆起南缘钻井均揭示了这套丘滩复合体，尤其以苏盖特布拉克、昆盖阔坦等露头剖面及舒探1井最为典型，均分布在肖尔布拉克组上段，呈向南进积趋势。微生物丘状体呈上拱丘状，高7～21m，宽达50m；上覆藻屑滩的侧向延伸超出露头范围，仅在肖尔布拉克剖面已至少超过28km（露头长度），预测丘滩复合体面积达 $3.3\times10^4km^2$。

轮南—牙哈低隆丘滩复合体孤岛型缓坡呈"孤岛"状披覆在轮南—牙哈低隆之上，被地势低洼区的中—外缓坡相环绕，缺失内缓坡混积坪—潮坪相带。该缓坡具有明显的东西分异特征，即东侧边缘面向广海，位于"迎风面"位置，相对较陡，以加积—进积为主，推测以丘滩复合体为主，具远端变陡的特点，中—晚寒武世迅速发育成强进积型台缘复合体；西侧亦表现出一定的加积特征，但是相对平缓，具有均斜缓坡的特征。结合牙哈5井的藻格架薄片，推测轮南—牙哈低隆区西侧以低幅微生物丘为主。东西两侧之间区域地震反射以丘状为主，局部可见无固定方向加积—进积特征，可能为微生物丘—丘滩复合体过渡沉积，预测丘滩复合体面积达 $1.38\times10^4km^2$。

进入吾松格尔组沉积期，海平面进一步下降，整体为混积弱镶边碳酸盐岩台地沉积，局部地区表现出碳酸盐岩缓坡的特点，可划分出混积潮坪、局限—半局限台地、潟湖、台地边缘、斜坡、海盆及缓坡7大沉积相、16类亚相及若干微相类型。塔南古隆起、乌恰古隆起及温宿低隆起已经存在，形成了南高北低、西高东低的古地理格局背景，轮南—塔中32井区一带发育弱镶边台缘，预测面积约7080km²，为该地区寒武系第一期台缘，是典型的被动陆缘环境下沉积型建造（图2-3-3）。台缘带的发育为其后形成局限—半局限的环境提供了良好的成岩地貌背景。在局部高地形的位置发育了面积不等的、近平行于台缘带的礁后颗粒滩。

三、中寒武世沙依里克组/阿瓦塔格组沉积时期构造—岩相古地理

中寒武世沙依里克组和阿瓦塔格组沉积时期主体为蒸发潟湖主导的镶边型碳酸盐岩台地（图2-3-4、图2-3-5）。中寒武世进一步继承了早寒武世南北分异的格局，受古（低）隆起幅度的进一步降低、海平面下降及干旱炎热的古气候，塔里木盆地整体表现为蒸发潟湖主导的镶边型碳酸盐岩台地沉积特征。中寒武统镶边型碳酸盐岩台地表现出两个值得注意的沉积现象。一是中寒武世台缘带呈现出明显的分异性：依据新和1井、英买36井等钻井及柯坪地区露头群揭示中寒武统台内蒸发潮坪直接覆盖在下寒武统中缓坡

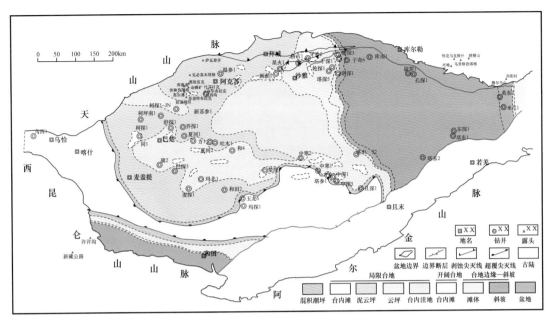

图 2-3-3　塔里木盆地早寒武世吾松格尔组沉积时期构造—岩相古地理图

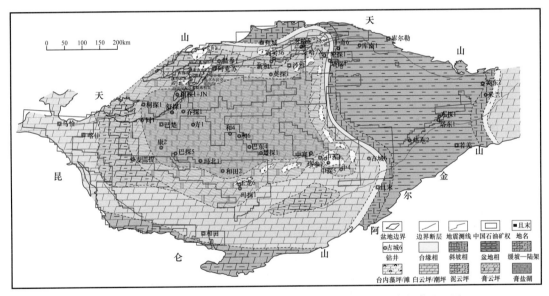

图 2-3-4　塔里木盆地中寒武世沙依里克组沉积时期构造—岩相古地理图

外带之上，可以合理推测北部台缘带至少向北推进了 30km 以上，为弱镶边—镶边型台地边缘；轮南—牙哈地区则进入了强进积强建隆的发育阶段，至少发育了 2～3 期地震资料可识别的台缘礁滩体；古城地区则受塔西南古隆起地貌影响未发育台缘带。二是台地内部表现为一大型蒸发台地，相带发育具明显分带性，即以膏盐湖为中心，向外依次发育膏盐湖、膏云坪与台内滩、泥云坪等亚（微）相带。利用实钻井及区域地震相刻画结果，

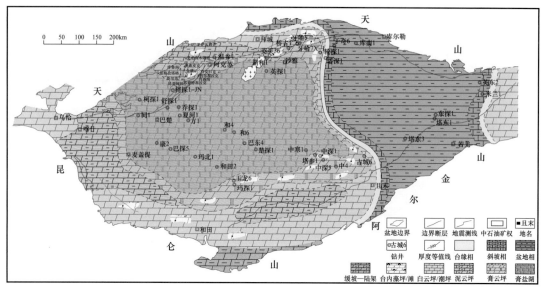

图 2-3-5　塔里木盆地中寒武世阿瓦塔格组沉积时期构造—岩相古地理图

认为中寒武世台地发育规模连片膏盐湖，西至麦盖提—同 1 井区、东至塔中 32 井区、南至中深 1 井区，北边界至新和 1 井附近，面积超过 $14×10^4km^2$，膏盐岩厚度 400～700m，周缘的膏云坪厚 200～400m，面积约 $5.1×10^4km^2$，构成一套封盖性能良好的区域直接盖层。值得注意的是，巴楚地区沙依里克组顶部发育一套 6.0～63.6m 厚度不等的（白云质）石灰岩沉积，一方面说明中寒武世古气候干旱炎热，海侵期沉积的石灰岩尚来不及白云岩化就已被上覆厚层膏盐岩所覆盖保存；另一方面也说明此时的台地克拉通的性质更加明显，地貌更加平缓，至此始于前寒武系的台内裂陷发育形成"两隆夹一坳"古构造格局对台地的影响已经逐渐减弱消失。

四、晚寒武世构造—岩相古地理

晚寒武世主体为泛滩化阶段镶边型碳酸盐岩台地（图 2-3-6）。塔里木盆地内揭示上寒武统地质资料点比较多，且主要集中在巴楚隆起、塔中隆起、塔北隆起北部及塔东地区。晚寒武世，塔东地区沉积岩性以石灰岩与泥质灰岩为主，代表半深海盆地沉积相；塔北、塔中与巴楚隆起上寒武统主要发育一套厚层结晶云岩，部分层位白云岩具颗粒幻影结构，反映了沉积期为开阔台地砂屑滩亚相沉积物，局部发育暗红色泥晶白云岩地层，代表半蒸发台地潮坪亚相沉积物。满西凹陷、塔南隆起两个构造古地理单元内缺乏资料点证实其岩相，但由于满西凹陷内沉积水深加大，推测沉积岩相以石灰质云岩或白云质灰岩为主；塔南隆起内水深变浅，推测沉积岩相以局限台地藻云岩或粉晶云岩为主。

根据区域构造岩相古地理研究及地质资料点的约束，认为晚寒武世由于塔西台地地貌逐渐变得相对平缓，相对海平面较中寒武世升高，沉积格局演化为半局限台地—开阔

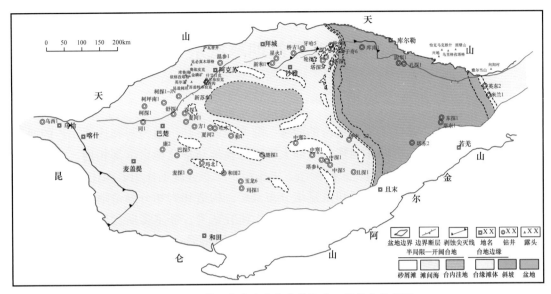

图 2-3-6　塔里木盆地晚寒武世构造—岩相古地理图

台地—台地边缘—斜坡—盆地相组合。开阔台地又可细分为砂屑滩与台地洼地。

　　与早—中寒武世岩相古地理相比，晚寒武世沉积相具有以下三个明显的特征：一是海平面上升，中寒武世广泛发育的膏盐岩沉积被分布广泛的半局限台地成因结晶白云岩覆盖，台地逐渐淹没。岩石组构测井岩相定量解释结果与野外露头观测表明台内滩体广泛发育，面积高达 $7.3 \times 10^4 \mathrm{km}^2$，主要分布在满西台洼周缘，滩体厚度不等，叠合厚度最厚可达 400m 以上；二是阿尔金弧后盆地的形成，轮南—古城台缘带在南部向西展布，塔西台地定型（陈永权，2015）；三是东部台缘带呈现出典型的镶边特征且明显向周缘进积发育，东部台缘带斜坡处发育巨厚的斜坡重力流沉积（郑兴平，2011）。晚寒武世，塔南隆起向南迁移，塔南隆起内主要为局限台地分布区，古隆起自身演化为不连续的水下低隆起，巴楚地区、塔中地区及塔北地区为半局限台地—开阔台地相沉积区，满西地区为继承性台内洼地相分布，塔东地区为继承性盆地相区。

　　值得注意的是，不同类型的台地边缘对台内格局往往能产生重要的影响，缓坡型台缘往往利于广布的台内丘滩体发育，而镶边型台缘对台内水体交换起到一个明显的遮挡作用，水体往往相对局限，不利于高能丘滩体的发育。塔里木盆地晚寒武世岩相古地理恢复结果却表明镶边型台缘与广布的台内丘滩共存的格局。轮南—古城寒武系台缘带内部结构解剖结果表明，晚寒武世轮南和古城地区确实存在强建隆，3～4 期地震尺度台缘带强建隆强进积的特征非常明显，但中部满参 1 井区、羊屋等地区却仍然呈现出弱镶边—缓坡型台缘，为台内水体交换提供了重要保障。台缘带不均衡性发育特征为塔里木盆地晚寒武世这一独特沉积格局提供了合理的解释。

第四节　鄂尔多斯盆地寒武系—奥陶系

一、寒武纪构造—岩相古地理

鄂尔多斯盆地总体位于华北地台的西缘，北为伊盟古陆，西为与祁连海相连的西部大陆边缘盆地、南部与秦岭洋相连的南部大陆边缘盆地与华北地台本部相连。寒武系自下而上发育下寒武统三道撞组、朱砂洞组、馒头组，中寒武统毛庄组、徐庄组、张夏组，上寒武统三山子组，其中徐庄组和张夏组分布最广，构造和岩相分异清晰，代表了寒武纪典型的碳酸盐岩构造—岩相古地理特点。前人研究认为，鄂尔多斯盆地长城纪发育系列大致北东向展布的裂谷，平面上具有堑垒相间的构造格局，由北而南依次是贺兰裂谷、定边裂谷、晋陕裂谷等，其分别与中寒武世的贺兰坳陷、定边坳陷、黄陵—宜川坳陷位置一致，揭示了早期裂谷体系对中寒武世张夏组沉积时期的沉积仍然具有影响。前人对四川盆地德阳—安岳裂陷和梁平—开江海槽的研究也显示，古裂陷往往具有多期活动并对后期沉积具有重要控制作用。

1. 中寒武世徐庄组沉积期构造—岩相古地理

鄂尔多斯盆地在寒武纪经历毛庄组沉积时期—徐庄组沉积时期碳酸盐岩缓坡沉积体系向张夏组沉积时期—三山子组沉积时期镶边台地沉积体系演化。寒武纪早期，随着海侵，首先在坳陷区接受沉积，但分布范围有限。中寒武世徐庄组沉积时期，在大规模海侵作用影响下，盆地范围内广泛接受沉积，隆坳格局和相带分异开始凸显，主要表现在沉积范围更大及古陆面积缩小，在总体保持缓坡格局下发生了相带的向陆退积作用[图2-4-1（a）]。

盆地东北部地区演变为浅缓坡灰坪环境，特别是在浅缓坡之外出现了颗粒滩、风暴沉积、微生物丘等较高能的中缓坡相带。以西缘的苏峪口—青龙山—阴石峡—周家渠一线为界线，该界线以东发育浅缓坡沉积，以西发育中缓坡沉积，当继续延伸至拜寺口—米钵山一带是则发育深缓坡沉积。在南缘，以灵台以南—旬探1井—黄深1井—宜探1井一线为界限，界线以北发育浅缓坡沉积，界线以南发育中缓坡沉积，以南延伸至淳探1井—临汾一线则发育深缓坡沉积。在浅缓坡沉积内部，石嘴山—鄂托克前旗—城川—大台子一线为界限，界线以西发育颗粒滩沉积，以东发育灰坪沉积，南部以龙2井—合探1井—莲1井一线为界限，界线以北发育泥坪沉积，以南发育云坪沉积；再向南，以黄深1井—宜探1井一线为界线，北部发育云坪沉积，南部发育颗粒滩沉积。鲕粒灰岩主要沿内缓坡相外侧及古陆周缘呈带状分布。伊盟古陆东侧主要为中缓坡灰坪，伊盟古陆西侧及盆地中部以中缓坡泥坪为主，环绕盆地西缘、南缘、东缘以颗粒滩沉积、风暴沉积、微生物丘沉积大量出现，表明寒武纪缓坡已明显向台地相过渡。

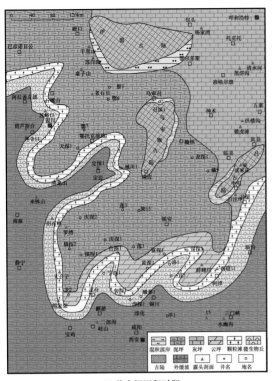

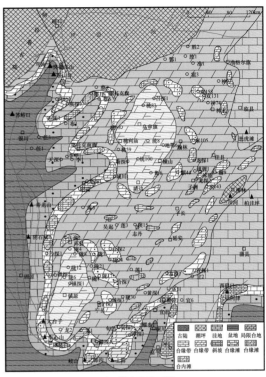

(a) 徐庄组沉积时期　　　　　　　　　　　(b) 张夏期组沉积时期

图 2-4-1　鄂尔多斯盆地中寒武世构造—岩相古地理图

2. 中寒武世张夏组沉积时期构造—岩相古地理

张夏组沉积时期鄂尔多斯盆地隆坳格局和相带分异更加明显，沉积环境也发生了巨大变化，气候由干热转化为相对潮湿，沉积能量明显增大，海侵达到寒武纪的顶峰，形成了广阔的浅海清水碳酸盐岩沉积环境。北部形成新的伊盟古陆和乌审旗古陆，伊盟古陆和乌审旗古陆持续提供物源，盆地大部分表现为白云岩及鲕粒灰岩［图2-4-1（b）］。盆地西缘以桌子山—石嘴山—天深1井—彭阳罗湾—镇探2井一线为界限，界线以西为开阔台地沉积，以东为局限台地沉积。当继续延伸至苏峪口—青龙山—大台子一线时则开始发育台地边缘沉积，至阴石峡—周家渠一线外围开始发育斜坡相。盆地南缘以灵台—旬探1井—淳探1井—洛1井—宜探1井一线为界限，界线以北发育局限台地，以南发育开阔台地，当继续延伸至龙2井—宜5井—河津一线则发育台地边缘沉积，更外围发育斜坡沉积。盆地东缘以临县—兴县—饿虎滩—五寨一线为界限，界线以西发育局限台地沉积，以东发育开阔台地沉积。当继续延伸至河津—临汾一线时则发育台地边缘沉积，平1井—咸阳以南发育斜坡相。局限台地沉积中，神木北部及清水河北部发育少量灰坪。开阔台地沉积中发育少量滩间海沉积。总之，该时期盆地构造—岩相古地理具有以下三方面特点：（1）发育台缘和台内两类颗粒滩；（2）颗粒滩沿台地边缘、台洼边缘和古隆周围分布；（3）颗粒滩是有利储集相带。

晚寒武世三山子组沉积时期，本区海陆格局发生了根本性变化。因为古祁连海开始对华北板块西北部进行俯冲，鄂尔多斯盆地开始抬升，发生海退，以前被淹没的古陆重新出露，伊盟古陆和乌审旗古陆连为一体，台地开始萎缩。

二、奥陶纪构造—岩相古地理

寒武纪末，怀远运动造成华北地台整体隆升，致使鄂尔多斯盆地范围普遍遭受剥蚀，与此同时，隆坳构造格局由北东向转变为南北向，奥陶系在此背景下接受沉积，早奥陶世冶里组—亮甲山组沉积时期主要分布在盆地周缘，至马家沟组沉积早期，除中央隆起外，盆地范围内普遍有所沉积，马家沟组沉积晚期，华北海与祁连海贯通，整个盆地范围均接受沉积，构造和岩性分异也更为清晰，呈现出多级古隆控滩及多级障壁作用的特点。

利用地震—钻井资料，采取残余厚度并结合地层接触关系综合恢复马家沟组沉积早期（马一段—马三段）和晚期（马四段—马五段）构造古地理面貌（图2-4-2）。马家沟组沉积早期盆地北为伊盟古陆，西南为镇原隆起，两者构成所谓的"L"形中央古隆起，中东部为鄂尔多斯坳陷，再往东为吕梁低隆起，鄂尔多斯坳陷又可进一步分为米脂凹陷、桃利庙凹陷和横山凸起，总体表现为"三隆两凹一凸"的特点；马家沟组沉积早期桃利庙凹陷范围很小，横山凸起位于乌审旗—靖边一带，米脂凹陷范围广，北至神木，南到宜川，占据了坳陷的大部分地区。马家沟组沉积晚期古地理格局总体与早期一致，但显示米脂凹陷明显变小，局限在佳县—柳林一带，而桃利庙凹陷范围扩大，占据了鄂克托

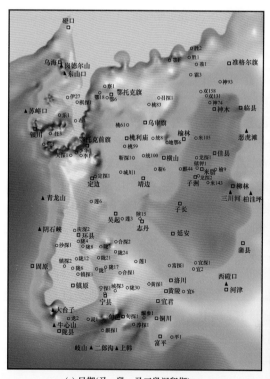 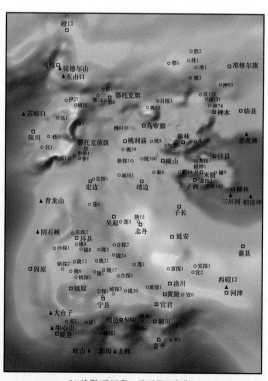

(a) 早期(马一段—马三段沉积期)　　　　(b) 晚期(马四段—马五段沉积期)

图2-4-2　鄂尔多斯盆地马家沟组沉积期古地貌图

前旗—靖边的广大地区，横山凸起也向东迁移至榆林—横山一带，吕梁低隆起向东迁移出盆地范围。上述坳隆特点在地震剖面上有良好显示。

鄂尔多斯盆地奥陶纪构造古地理格局控制了马家沟组沉积期沉积相类型及其平面展布规律。马四段沉积时期、马五$_9$亚段沉积期和马五$_7$亚段沉积期为相对海侵期，华北海越过中央古隆起与秦祁海槽完全沟通，盆地中东部发育台地边缘相、台内洼地、台内滩、滩间海等微相类型，其中中央古隆起和横山凸起等地势较高处，水动力强，广泛发育颗粒滩和白云岩坪沉积，构成了颗粒滩和生物扰动白云岩储层发育的有利相带。马三段沉积时期、马五$_{10}$亚段沉积期、马五$_8$亚段沉积期和马五$_6$沉积期是马家沟组沉积早期高位体系域沉积的典型代表，盆地内发育蒸发台地膏盐潟湖、膏云坪、含膏云坪和泥云坪等沉积微相类型。各沉积相带展布严格受古地理背景的控制，米脂凹陷演化为膏盐潟湖环境，沉积了大套的石膏和岩盐，并在其内部发育多套薄层白云岩储层；中央古隆起周缘发育含膏云坪，构成了膏溶孔储层发育的有利相带。

1. 中奥陶世马三段沉积时期构造—岩相古地理

马三段是马家沟组沉积早期高位域沉积的典型代表，相带展布受古地理背景控制。从地震剖面看，在祁连海域，马三段由西向东超覆于中央古隆起，而在华北地台则由东向西和由南向北分别超覆于中央隆起和伊盟古陆。受中央隆起、吕梁低隆和横山凸起等障壁作用的影响，在强烈蒸发作用下，盆地中东部为蒸发台地沉积，发育蒸发潮坪和膏盐湖亚相。膏盐潟湖分布在米脂凹陷范围，沉积了大套的膏盐岩；蒸发潮坪位于中央古隆起与米脂坳陷之间，近膏盐湖为含膏白云岩坪，而近古陆或古隆起区为泥质云坪，值得注意的是在桃利庙附件存在一个规模较小的泥云质潟湖。中央隆起西南侧，由于直接与秦祁海槽相连，水体含盐度正常，表现为开阔台地沉积，主要为一套灰色泥晶灰岩或含陆源碎屑的泥晶灰岩［图2-4-3（a）］。

2. 中奥陶世马四段沉积时期构造—岩相古地理

马四段是马家沟组最大一期海侵沉积，代表了马家沟组沉积晚期海侵域典型的岩相古地理特点。该时期，华北海越过中央隆起与秦祁海槽完全沟通，中央隆起作为水下隆起，对水体分隔已不起作用，但由于地貌高，水体相对较浅，水动力条件变强，成为台地边缘相带，沉积了大套颗粒岩，以定探1井为例，马四段颗粒岩厚达260m，主要由砂屑灰岩和鲕粒灰岩夹泥晶灰岩组成，因强烈白云石化，目前已转化为残余颗粒白云岩和细晶白云岩，纵向上具有多个旋回叠置的特征；中央隆起以西和以南地区演化为斜坡—盆地环境，以薄层泥晶灰岩、薄层"疙瘩"状石灰岩为主，夹重力流成因的薄层颗粒灰岩和砾屑灰岩，可见由薄层泥晶灰岩组成的滑塌揉皱构造；中央隆起中东部为局限台地，沿古隆起东侧和榆林—横山凸起等古地貌高的位置，发育台内颗粒滩和潮坪微相，部分白云石化；而在桃利庙和米脂坳陷区则演化为台内洼地相带，以泥质泥晶灰岩、"疙瘩"状石灰岩夹风暴成因的薄层生物碎屑灰岩为主，基本未云化［图2-4-3（b）］。与"十二五"相比，"十三五"有两方面进展，一是又强化了盆地中东部马四段小层划分和

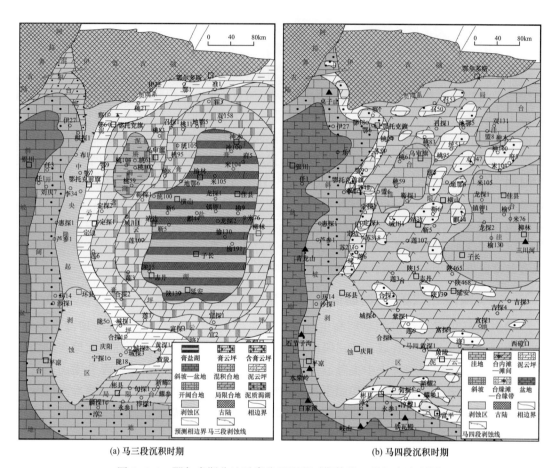

(a) 马三段沉积时期   (b) 马四段沉积时期

图 2-4-3　鄂尔多斯盆地马家沟组沉积时期构造—岩相古地理图

小层岩相古地理研究，将马四段划分马四$_1$、马四$_2$和马四$_3$三个亚段，分别编制了岩相古地理图（图2-4-4），二是明确了颗粒滩主要沿中央古隆起和横山凸起发育。

3. 中奥陶世马家沟组五段沉积时期构造岩相古地理

马五段沉积时期，海平面频繁升降，海水时进时退，形成了鄂尔多斯盆地特有的碳酸盐岩—膏盐岩旋回性沉积，为多套滩体的叠合发育创造了条件，其中马五$_{1-4}$亚段沉积期、马五$_6$亚段沉积期、马五$_8$亚段沉积期、马五$_{10}$亚段沉积期为相对海退期，盆地内发育蒸发台地膏盐潟湖、膏云坪、含膏云坪和泥云坪等沉积微相类型［图2-4-5（a）］。各沉积相带展布严格受古地理背景的控制，米脂凹陷演化为膏盐潟湖环境，沉积了大套的石膏和岩盐，并在其内部发育多套薄层白云岩储层；中央古隆起周缘发育含膏云坪，构成了膏溶孔储层发育的有利相带。马五$_5$亚段沉积期、马五$_7$亚段沉积期、马五$_9$亚段沉积期为短期海侵沉积，华北海越过中央古隆起与秦祁海槽完全沟通，盆地中东部发育台地边缘相、台内洼地、台内滩、滩间海等微相类型，其中中央古隆起和横山凸起等地势较高处，水动力强，广泛发育颗粒滩和白云岩坪沉积，构成了颗粒滩和生物扰动白云岩储层发育的有利相带［图2-4-5（b）］。

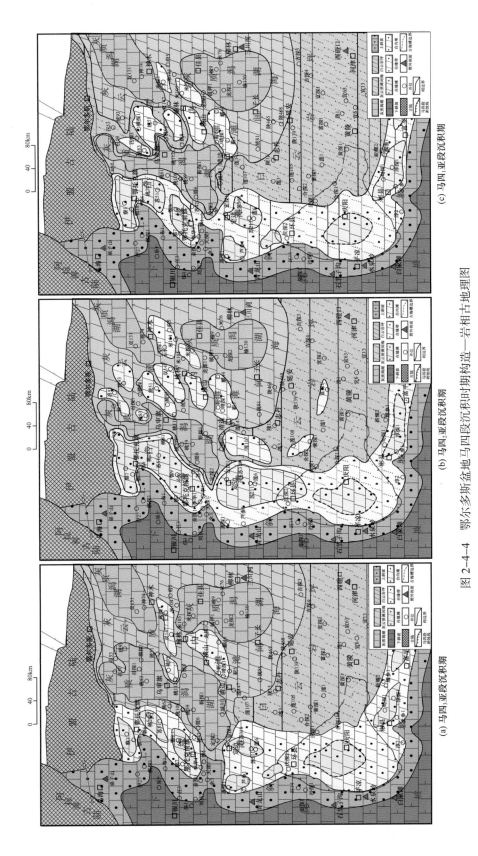

图 2-4-4　鄂尔多斯盆地马四段沉积时期构造—岩相古地理图

(a) 马四₃亚段沉积期　　(b) 马四₂亚段沉积期　　(c) 马四₁亚段沉积期

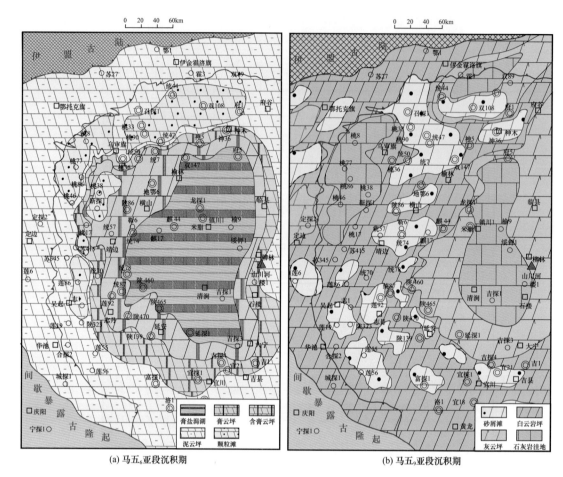

(a) 马五₆亚段沉积期   (b) 马五₉亚段沉积期

图 2-4-5　鄂尔多斯盆地奥陶纪马家沟组沉积时期构造—岩相古地理图

第五节　小克拉通台地构造沉积演化与礁滩分布

一、小克拉通台地构造沉积演化模型

Wilson（1975）认为，一个完整的构造旋回经历三大演化阶段，即裂陷阶段、坳陷阶段和消亡阶段。"十三五"期间，开展了构造演化与台地耦合关系的研究，着重于裂陷、古隆起的形成演化及其对沉积控制作用，建立了小克拉通台地构造沉积演化模型。

1. 台内裂陷、古隆起的发育特点

研究认为，中国三大海相碳酸盐岩盆地元古宇—寒武系发育 3 期古裂陷，分别与哥伦比亚、罗迪尼亚、冈瓦纳超级大陆裂解相对应（郝杰，2004）。四川盆地主要发育 2 期裂陷，如罗迪尼亚期的南华系裂陷（黄汲青，1980；罗自立，1981，1983）、冈瓦纳期的德阳—安岳裂陷（震旦系—寒武系）（宋金明，2013；刘树根，2013；汪泽成，2014；

周进高，2018；冯许魁，2015）；鄂尔多斯盆地主要发育哥伦比亚期裂陷，如长城系的贺兰、定边、晋陕裂陷等（王坤，2018；管树巍，2017；陈友智，2016）；塔里木盆地主要发育罗迪尼亚期裂陷，如南华纪的库满裂陷、塔西南裂陷等（冯许魁，2015）。近年来，通过对德阳—安岳台内裂陷的解剖，认为裂陷的形成与以下三个因素密切相关。（1）超级大陆裂解伴随的区域伸展构造活动是台内裂陷产生的内在动力；（2）断陷作用是台内裂陷形成的关键因素。据地震资料解释，德阳—安岳台内裂陷的边界断裂可能有三期（图 2-5-1），断裂具有由裂陷中心向两侧迁移的特点（周进高，2018）。断陷的结果是在碳酸盐岩台地内部形成"微地堑"，造成裂陷内外间的具有一定的地貌差异，即断陷内地貌低洼，两侧地貌高；（3）差异沉积是台内裂陷隆凹分异加剧的因素。Wilson（1975）认为，热带海洋碳酸盐工厂从热带水面延续到清澈海水之下 100m 之间的范围，但主要产率在顶部的 10m 范围内；Schlager（1981）对巴哈马台地的研究显示，礁的加积率随水深降低，水深小于 5m 的堆积率为 100～2000cm/ka，水深 10～20m 为 50～200cm/ka。由此可见，水深（尤其是水深大于 20m 时）对碳酸盐岩工厂生产率和碳酸盐岩的堆积具有重要影响。断陷作用造成碳酸盐岩台地内部隆凹古地理背景，裂陷内水体较深，碳酸盐岩的生产率低，沉积速率低于沉降速率，导致裂陷内水体越来越深；而裂陷两侧隆起的水体浅，碳酸盐岩生产率高，尤其是发育礁丘时，加积作用显著，沉积速率远大于沉降速率，使得两侧水体愈发变浅。因此，台内沉积差异可导致地貌分异的加剧，这在沉积响

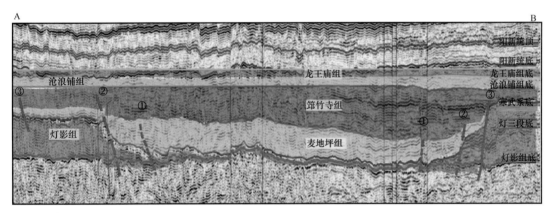

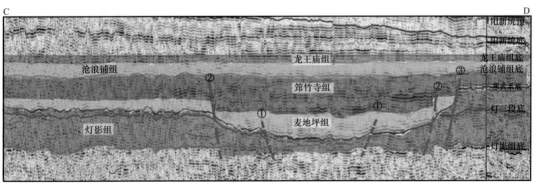

图 2-5-1 德阳—安岳台内裂陷边界断裂地震解释剖面图

应上具有良好记录，如德阳—安岳裂陷裂陷内灯影组厚约200m，而裂陷两侧台地灯影组厚达800～1000m。

除了古裂陷，三大盆地普遍发育古隆起，迄今已发现多期多个古隆起（这里所说的古隆起包括水下隆起和古陆或岛屿），如四川盆地震旦系的川中古隆起（杜金虎，2016）、早古生代的乐山—龙女寺古隆起等（宋文海，1996；许海龙，2012），塔里木古生代的温宿古隆、轮南古隆及塔西南古隆等（何登发，2008），鄂尔多斯盆地的镇原古隆、横山古隆及吕梁古隆等（冯增昭，1991；杨俊杰，2002；汤显明，1993；付金华，2019），这些古隆起与裂陷共同构成了隆坳相间的古构造地理背景，控制了小克拉通台地的类型与演化。

2. 构造演化与台地耦合关系

1）裂陷阶段与孤立镶边台地

从前面讨论的裂陷形成演化特点可以看出，同裂陷期，构造沉积分异明显，随着台内裂陷的形成和扩张，不断将台地分离，切隔成多个大小不一的孤立的碳酸盐岩台地，同时由于裂陷边界同生断裂的控制，台地边缘坡度陡峭，因此，该时期台地往往发展成镶边台地。灯一段—灯二段沉积时期，上扬子地台四川盆地内出现了德阳—安岳裂陷，将上扬子地台切隔，但尚未分离，而中扬子地台和上扬子地台之间由于渝东—鄂西裂陷的存在，构成两个分离的碳酸盐岩台地（图2-5-2）；灯三段—灯四段沉积时期，随着德阳—安岳裂陷由北向南进一步张裂，裂陷将上扬子地台分离，形成两个孤立的碳酸盐岩台地，此时中—上扬子地台演化成三个孤立的碳酸盐岩台地，由于台地边缘受裂陷边界断裂的影响，台前斜坡陡峭，台地边缘以加积为主，具有明显的镶边台地特点。

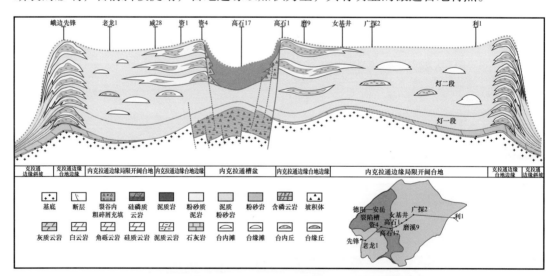

图2-5-2 四川盆地灯一段—灯二段沉积时期镶边台地分布图

2）坳陷阶段早期与碳酸盐岩缓坡

无论是塔里木盆地还是四川盆地，早寒武世早期都是重要的构造转换期，早期裂陷经进一步填平补齐而消亡，至早寒武世中晚期，全面进入坳陷阶段，此时的古地理背景转换成"大隆大坳"构造格局，而隆坳之间往往是广阔而平坦的缓坡，这种构造背景为碳酸盐缓坡的发育奠定了古地理条件。如塔里木盆地经柯坪构造运动后演化"三隆两坳"古构造格局，在塔西南古陆、柯坪—温宿低隆和轮南—牙哈低隆与满西坳陷和满加尔凹陷之间存在宽广的低缓斜坡，而四川盆地经桐湾运动后，尤其是经早寒武世早期米苍山上升运动的影响，乐山—龙女寺古隆起横亘于四川盆地西缘，造成了四川盆地整体呈西高东低的宽缓斜坡背景。因此，构造演化进入稳定的坳陷阶段的早期，缓坡背景控制了碳酸盐岩缓坡的发育，四川盆地龙王庙组沉积时期碳酸盐岩缓坡和塔里木盆地肖尔布拉克期碳酸盐岩缓坡是典型案例。

3）坳陷阶段中晚期与镶边台地

坳陷阶段中晚期，构造演化进入稳定的沉降阶段，碳酸盐岩缓坡在海平面升降和滩体进积退积作用下，由缓坡向台地演化并转换成镶边台地，在温暖潮湿的气候条件下，一般表现为局限台地，如鄂尔多斯盆地寒武系张夏组和马家沟组四段、塔里木盆地的寒武系下丘里塔格组、四川盆地的寒武系洗象池组等，而具备障壁作用和蒸发气候条件下，则往往表现为蒸发台地，如四川盆地寒武系高台组、塔里木盆地寒武系吾松格尔组和沙依里克组等。

3. 构造演化与成藏组合

不同阶段构造演化对油气地质意义不同，裂陷期和坳陷早期是烃源岩发育的两个主要阶段，其中以裂陷期—裂坳转换期烃源岩质优；裂陷期和坳陷期也是储层发育的重要阶段，其中裂陷期台缘带发育，而坳陷期内缓坡颗粒滩及镶边台缘带皆发育，它们均可形成有效的规模储层；而坳陷中晚期蒸发台地发育膏盐岩，是重要的区域盖层，对油气的保持至关重要。

1）裂陷期是主力烃源岩发育阶段

目前，在三大盆地3期裂陷阶段皆发现了有效烃源岩，如鄂尔多斯长城纪裂陷的崔庄组、南华纪裂陷的大塘坡组、震旦纪—寒武纪的筇竹寺组和玉尔吐斯组等。以德阳—安岳裂陷为例，在台内裂陷中已发现三套烃源岩，即灯三段、麦地坪组和筇竹寺组泥质类烃源岩。

灯三段烃源岩发育于震旦系快速张裂期，裂陷内为欠补偿盆地环境，沉积薄，高石17井揭示厚度仅2m，重庆秀山溶溪和城口修齐河剖面显示四川盆地外围裂陷槽亦为欠补偿沉积，为厚1～3m的黑色泥岩、硅质泥岩；台内裂陷两侧陆棚区是沉积中心，主要为暗色泥岩硅质泥岩夹白云岩沉积，据高石1井和高科1井揭示，暗色泥岩厚10～30m，而南江杨坝剖面和旺苍水磨剖面揭示厚25～35m。灯三段烃源岩有机质丰富，TOC介于0.04%～4.73%之间，平均值为0.65%，有机质类型属腐泥型（Ⅰ型），等效R_o介于3.16%～3.21%之间，达到过成熟阶段。研究显示，灯三段烃源岩主要沿裂陷边缘分布。

麦地坪组烃源岩为泥页岩、硅质泥岩和含磷泥岩，有机质丰度较高，TOC含量介于0.52%～4.00%之间，平均值为1.68%。干酪根同位素 −36.4‰～−32.0‰，平均值为 −34.3‰，属典型的腐泥型烃源岩。有机质成熟度高，等效R_o介于2.23%～2.42%之间，达到高—过成熟阶段。烃源主要沿台内裂陷分布，裂陷内厚度大，达10～40m。

筇竹寺组烃源岩是四川盆地乃至上扬子地区最优质烃源岩，TOC 介于 0.50%～8.49% 之间，平均值为 1.95%，其中 TOC 大于 1.0% 的占 71.3%，等效 R_o 介于 2.23%～2.42% 之间，达到高—过成熟阶段。烃源岩的分布受台内裂陷的控制，裂陷内烃源岩厚度最大，一般在 100～150m 之间，台内裂陷两侧烃源岩厚度明显减薄，在西侧威远—资阳地区厚度在 60～80m 之间，向西快速减薄至 20～30m。东侧高石梯—磨溪地区厚度一般在 30～50m 之间。

上述分析显示，台内裂陷一直是灯三段、麦地坪和筇竹寺组烃源岩发育的中心，累计厚度 100～300m，两侧减薄至 50m 以内，随着有机质成熟，烃源岩发育中心演变为生烃和供烃中心，为震旦系—寒武系成藏提供充足烃源。

2）裂陷和坳陷期广泛发育储层

裂陷期和坳陷中晚期镶边台缘带是有利储层发育区。以四川盆地震旦系为例，裂陷期灯影组发育两套储层，分布在灯二段和灯四段，灯四段储层的主要岩性是蓝细菌叠层石白云岩、蓝细菌层纹石白云岩和蓝细菌凝块石白云岩及泥晶白云岩，主要储集空间是岩溶缝洞、洞穴和岩溶角砾间孔洞，孔洞直径 1～15mm 为主，洞穴高 0.5～5m 不等，孔隙度 2.00%～9.89%，平均值为 3.22%，储层厚度一般在 30～80m 之间。灯二段储层的主要岩性是蓝细菌丘滩白云岩，典型特点是具葡萄花边构造，主要储集空间是残余岩溶缝洞，洞径 0.5～5.0cm 为主，大致顺层分布，孔隙度 2.02%～9.88%，平均值为 3.73%，储层厚度大多介于 50～80m 之间。研究显示，沉积相和岩溶作用（包括准同生溶蚀和表生岩溶作用）是上述储层形成的主控因素，相是储层发育的基础，而岩溶作用是储集空间形成的关键因素，至于储层的展布则主要受控于沉积相带，沿台内裂陷两侧台缘带展布，显示出台内裂陷对储层展布具有明显控制作用。

坳陷期早期内缓坡丘滩体是规模储层发育的另一有利区。以四川盆地龙王庙组为例，内缓坡颗粒滩储层主要岩性为残余砂屑白云岩，包括鲕粒白云岩、晶粒白云岩和斑状白云岩；储集空间以溶蚀孔洞为主，次为残余粒间孔、晶间孔和裂缝，溶蚀孔洞大小一般为 2～6mm。岩心和薄片观察显示，溶蚀孔洞由残余粒间孔、晶间孔或微裂隙沟通，形成良好的储—渗系统；大量柱塞样分析显示，孔隙度介于 2.00%～18.48% 之间，平均孔隙度约为 4.28%；测井解释表明，储层纵向发育 2～3 套，厚度 20～50m，平均厚度约为 36m。储层的形成主要受颗粒滩微相、准同生溶蚀和埋藏溶蚀作用的控制，分布于内缓坡颗粒滩与古隆起叠合区。

3）两套成藏组合

裂（坳）陷型烃源岩往往是主力烃源岩，它与裂（坳）陷边缘台缘带构成侧向供烃自生自储型成藏组合。从四川盆地高磨地区震旦系—寒武系气藏剖面看（图 2-5-3），德阳—安岳裂陷烃源岩与裂陷两侧灯二段、灯四段台缘丘滩储集体侧向接触，构成了良好的侧向供烃成藏组合，同时，由于后期构造调整，台内裂陷现今位于高石梯—磨溪构造上倾方向，对高石梯—磨溪构造起到侧向封堵作用，使得侧向供烃侧向封堵成藏十分优越。

裂（坳）陷型烃源岩与上覆台缘或缓坡丘滩体储层通过断裂或不整合沟通可构成远源的下生上储成藏组合。地震资料解释揭示，高石梯—磨溪地区发育了近南北向的裂陷边界断裂和几条近东西向走滑断裂，这些断裂断面陡直，切割了筇竹寺组烃源岩并与龙王庙组沟通，是良好的油气运移通道，加上上覆有高台组膏盐岩直接盖层封闭，成藏条件优越。

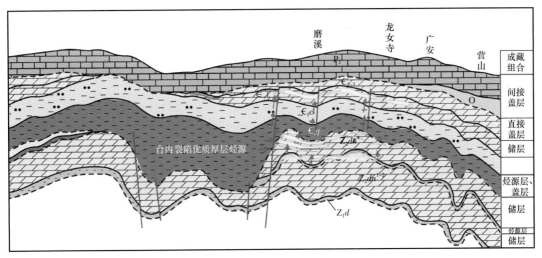

图 2-5-3 高石梯—磨溪地区震旦系—寒武系成藏组合剖面图

以塔里木盆地为例，建立了小克拉通台地构造沉积演化模型（图 2-5-4）。该模型揭示，与裂陷—坳陷演化阶段相对应，分别发育孤立台地—碳酸盐岩缓坡和镶边台地，在同裂陷期，是主力烃源岩的发育阶段，与此同时，在镶边台地边缘发育优质储层；在坳陷早期，以发育缓坡沉积的颗粒滩储层为主，烃源岩发育为辅；坳陷晚期蒸发台地则以发育区域盖层和潮坪相储层为特征，与此相对应，构成了两种成藏组合，即裂（坳）陷烃源岩与裂（坳）陷边缘储层的近源组合，裂（坳）陷烃源岩与缓坡颗粒滩储层和蒸发台地潮坪相储层的远源成藏组合。该模型预示台内具有良好成藏组合和巨大勘探潜力，为拓展台内勘探提供了理论支撑。

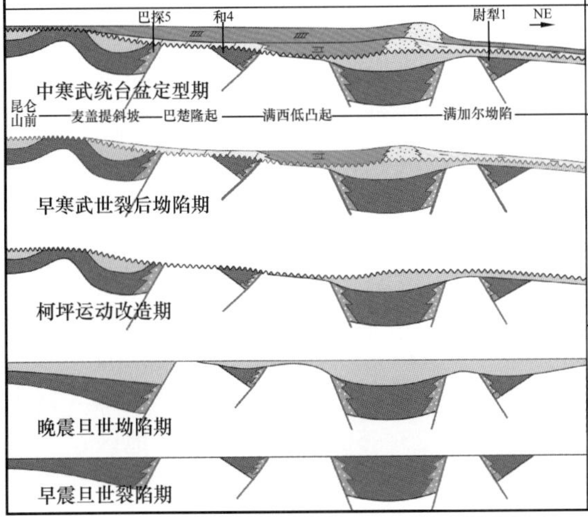

构造沉积演化模式		构造发育阶段	台地类型	生—储—盖组合发育情况	成藏组合
中寒武统台盆定型期		回返期	蒸发台地	潮坪及障壁台缘储层+膏盐岩盖层	裂陷供烃远源成藏组合
早寒武世裂后坳陷期		坳陷期	缓坡	坳陷型烃源岩+缓坡滩带储层	裂陷供烃远源成藏组合
柯坪运动改造期					
晚震旦世坳陷期		裂陷期	镶边台地	裂陷型烃源岩+裂陷边缘储层	裂陷供烃近源成藏组合
早震旦世裂陷期					

图 2-5-4 小克拉通台地构造沉积演化模型

二、沉积模式与礁滩体分布

1. 镶边台地沉积模式与礁滩体分布

1）镶边台地沉积模式

通过本次研究，在前人模式基础上，提出了多滩带镶边台地沉积模式（图2-5-5）。该沉积模式与 Tucker（1981，1990）和 Wilson（1974，1975）的经典模式有相似性也有特殊性，相似性是都有经典的台缘滩带，但本模式进一步指出台缘带展布受早期构造或古地貌控制，特殊性是该模式呈现了台内多滩带的特点，即除了沿台地边缘发育的台缘滩外，台内发育了沿次级古隆和台坳/裂陷边缘分布的台内滩，这些滩体经准同生溶蚀和白云石化作用及晚期岩溶作用改造形成优质储层。此外，该模式揭示存在两种潜在的烃源岩沉积环境，即裂陷型台盆和坳陷型台洼。目前，在四川盆地德阳—安岳裂陷型台盆已发现灯三段沉积时期和早寒武世优质烃源岩，梁平—开江裂陷台盆和蓬溪—武胜坳陷型台洼发育长兴期烃源岩；塔里木盆地满加尔坳陷发现了寒武系玉尔吐斯组烃源岩等。

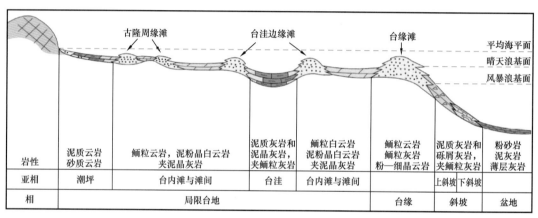

图 2-5-5 鄂尔多斯盆地中寒武世张夏组沉积期镶边台地沉积模式图

2）礁滩体分布

镶边台地模式下，礁滩体主要分布在台缘带、裂陷（坳陷）边缘、次级隆起带或古隆周缘。以塔里木盆地早寒武世—早中奥陶世轮南—古城台缘带为例，台缘礁滩体具有多期叠置或迁移的特点。下寒武统肖尔布拉克组为缓坡沉积，地震剖面上表现为由浅水向深水区的平缓过渡特征；吾松格尔组转变为弱镶边特点，中—上寒武统则演化为强镶边特点，台缘带地震剖面上表现为杂乱反射，与台内及盆地内平行强反射特征形成鲜明对比。台缘带的平面位置整体表现为自早寒武世—早中奥陶世台向塔东盆地迁移的进积型特点。中—下寒武统台缘带的发育位置具有继承性，中寒武统台缘带较下寒武统台缘带向东迁移 10~14km；上寒武统—中下奥陶统台缘带在轮南—满西地区在中寒武统台缘带位置上继续向东部深水盆地相迁移，迁移距离较大，25~50km，且在古城地区，上寒武统—中下奥陶统台缘带的走向与中—下寒武统呈一定角度相交，中—下寒武统在古城地区主要呈南东东走向，上寒武统—中下奥陶统台缘带呈南南西走向。纵向上，轮南—

古城地区中—晚寒武世台缘带表现为 4～5 期叠置强烈进积强镶边型台缘，台缘带顶部遭受明显的暴露剥蚀（图 2-5-6）。

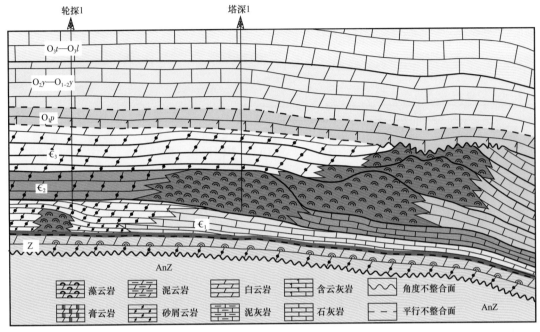

图 2-5-6 塔里木盆地陡坡型台地边缘内部结构模型

2. 碳酸盐岩缓坡沉积模式与颗粒滩体分布

1）碳酸盐岩缓坡沉积模式

碳酸盐岩缓坡最早由 Ahr（1973）提出，Turker（1985）将其定义为从海岸到盆地坡度很小（一般小于 1°）的碳酸盐沉积体系，Read（1989）又将其分为均斜缓坡和末端变陡的缓坡两种类型。目前常用的内中外缓坡模式是 Wright（1992）模式或 Flügel（2004）模式。近几年根据四川盆地龙王庙组和塔里木盆地肖尔布拉克组研究，对前人缓坡模式进行了改进，建立"双滩"缓坡沉积模式（图 2-5-7），该模式有两个突出特点，一是内缓坡滩带分布范围极广，可分为内外两个滩带，其中由或大或小的潟湖分隔。如塔里木盆地肖尔布拉克组内缓坡颗粒滩沿塔西南隆起的北部缓坡和柯坪—温宿隆起的东南缓坡大面积分布，又如四川盆地龙王庙组内缓坡颗粒滩围绕川西古隆起大面积分布等，这些滩带经白云石化和岩溶作用改造成为良好储层；二是在双滩之间发育潟湖，如塔里木盆地肖尔布拉克组沉积期介于三个古隆之间的满加尔潟湖，四川盆地龙王庙组沉积期的川东潟湖，它们是低能沉积物的发育区，也是膏盐岩的潜在发育区。

2）颗粒滩体分布

在经典的缓坡沉积模式中，内缓坡往往分为潮坪、潟湖和沙滩三个亚相，丘滩体则发育在沙滩亚相，新建"双滩"中，以潟湖为中心，其向岸和向海方向分别发育丘滩体，其中，向岸一侧发育的丘滩体范围广，厚度大且云化强，往往成为有利的储层发育区。

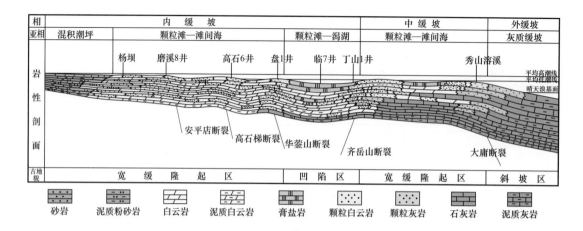

图 2-5-7　碳酸盐岩缓坡"双滩"沉积模式

以龙王庙组为例，内缓坡颗粒滩相的发育受古地貌与海平面升降的控制。古地貌研究揭示龙王庙组沉积时总的表现为西高东低的宽缓斜坡背景，但由于华蓥山断裂、齐耀山断裂等基底断裂活动的影响，在两断裂间发育了北东向延伸浅凹，浅凹将缓坡分隔成三块，西部为威远—磨溪—剑阁台隆、东部为习水—石柱—利川台隆、中间为万州—宜宾台凹（姚根顺，2013），西部台隆区整体水体较浅，水动力强，有利于滩体发育。进一步研究揭示，颗粒滩的发育受台隆区次一级微地貌高的控制，如西部台隆在次级断裂作用下由西往东可分出三个地貌断阶带，磨溪最高，高石梯次之，盘龙场最低，受微地貌控制，沿上述断阶发育三条滩带，依次是磨溪—女基井滩带、威远—高石梯滩带、盘龙场—合川滩带，据地震资料解释，这些滩带宽窄不一，一般 7～8km，宽者可达 25km，呈北东—南西方向延伸，长度延伸可达百余千米。对磨溪地区滩体精细研究显示，滩体的纵向发育受高频海平面变化控制（周进高，2014），以磨溪 11 井、磨溪 12 井、磨溪 17 井等为例，滩体最厚可达 80m，纵向上可细分 3 个大的沉积旋回，每个旋回由 3～4 个滩体组成，构成纵向上变粗沉积序列，有时也可见向上变细序列（颗粒滩与潮坪沉积）。内缓坡颗粒滩十分发育，面积达 20000km²。值得指出的是，在西部台隆背景下，由于德阳—安岳裂陷压实效应的影响，沿该裂陷范围在龙王庙组沉积时期仍然表现为古地理低面貌，岩性以泥晶白云岩为主夹薄层颗粒滩。塔里木盆地肖尔布拉克组缓坡滩体发育及分布具有相似特点，它们主要分布在古隆和潟湖之间宽广的缓坡上，不同的是，肖尔布拉克组发育的是微生物丘滩。

3. 台内裂陷沉积模式与丘滩体分布

"十三五"期间，以四川盆地震旦系灯影组为主要研究对象，通过野外剖面、钻井录井资料和地震剖面解释，深入研究了新元古界与裂陷沉积相关的台地类型及其沉积特点，建立了古老碳酸盐岩"多台缘"沉积模式（图 2-5-8）（周进高，2019），这里的"多"是指多种类型。目前识别出来的台缘类型按发育背景或地理位置可分为三种，即大陆边缘型台缘、裂陷边缘型台缘和坳陷边缘型台缘。这三类台缘具有以下特点。

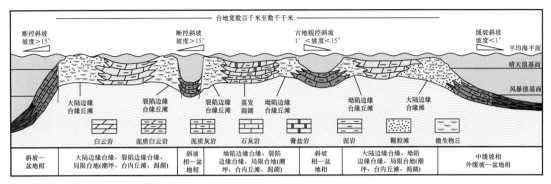

图 2-5-8 古老碳酸盐岩"多台缘"镶边台地沉积模式

大陆边缘型台缘：裂陷边缘台缘带分布在盆地中西部，环绕德阳—安岳裂陷两侧发育，宽 5～10km，长约 500km，向西在什邡一带、向北在广元附近与大陆边缘台缘带相接。在高石梯—磨溪地区的高科 1 井、高石 1 井、磨溪 9 井等井钻揭微生物丘滩体，岩心和成像测井资料显示其与野外观察到的微生物丘滩体具有相同的特点；资阳地区资 4 井及高磨地区高科 1 井、磨溪 9 井等井也揭示台缘颗粒滩较发育，由砂砾屑白云岩、微生物粘结颗粒白云岩组成，单层厚 1～3m，累计厚达 80m，发育斜层理等沉积构造。台缘微生物丘滩体是储层发育的基础，优质储层主要沿台缘带规模分布（杨威，2014；周进高，2015）。

裂陷边缘型台缘：坳陷边缘台缘带发育在盆地东北部，呈"U"形展布，向北西方向在南江一带、向北东在巫溪康家坪一带与被动大陆边缘台缘带相连，相带宽达 20～30km，长约 600km。开江—城口坳陷可能是继承南华系低洼地貌成因，坳陷边缘坡度相对平缓，从地震剖面上看，台缘丘滩空白和丘状反射特征明显，台缘与斜坡界线清楚，下超点也明了，纵向上可识别出 3 期丘滩，呈进积迁移方式叠置，与德阳—安岳裂陷边缘丘滩比，坳陷边缘台缘丘滩前斜坡角度明显变缓，具有低坡度台缘特点。需要指出的是，也有学者将开江—城口地区称为宣汉古隆起，因而把下超点看成是上超，该区到底是坳还是隆，台缘是否存在，仍有待钻探和研究进一步证实。

进一步研究揭示，三类台缘带的形成与演化受控于构造背景，可分为受断控的陡坡台缘和受古地貌控制的缓坡台缘两种类型。受断控的陡坡台缘可发育在大陆边缘也可发育于裂陷边缘，断控台缘微生物丘滩以加积为主，具有较强的障壁作用，台前坡度陡峭，往往发育重力流沉积，宁强胡家坝剖面和峡东剖面可代表典型的大陆边缘型断控镶边台缘，高磨地区则代表了裂陷边缘型断控镶边台缘。古地貌控制的微生物岩缓坡既可以发育在台地边缘又可发育于台内，微生物丘滩体通常表现为前积特点，如遵义松林剖面灯一段。

该模式包含 4 相区 10 种相，即大陆边缘相区、台地相区、台内裂陷相区和台内坳陷相区。其中大陆边缘相区包含斜坡、盆地相带，台地相区包含大陆边缘型台缘相、裂陷边缘型台缘相和局限台地相，局限台地相又可分潮坪、台内丘滩、潟湖亚相，裂陷相区包含台内斜坡、台盆相，坳陷相区包含台洼和台洼斜坡相。

与经典镶边台地相比（Tucker，1985，1990），该模式有两大特色。一是增加了裂陷边缘型台缘带和坳陷边缘型台缘带，其与大陆边缘型台地边缘构成多台缘特点。裂陷边缘台缘带受台内裂陷的控制沿裂陷两侧坡折发育，受同生断裂的影响，以加积为主，由微生物丘和颗粒滩组成，微生物丘由隐生宙菌藻类微生物造架造孔形成，颗粒滩由微生物丘破碎经波浪改造和微生物粘结形成，多旋回丘滩体经多期准同生溶蚀和晚期岩溶作用改造形成优质储层（杨威，2014；周进高，2015）。坳陷边缘台缘带主要受古地貌的影响，一般呈弱镶边或缓坡。另一特点是，裂陷和坳陷内发育台盆—斜坡相，具备烃源岩发育条件。从高石 17 井、资阳 1 井和青川官庄露头剖面看，该相带暗色泥页岩较发育，尤其是灯三段暗色泥页岩累计厚度达 30m，TOC 介于 0.04%～4.73% 之间，平均值为 0.65%，有机质类型属腐泥型（Ⅰ型），等效 R_o 介于 3.16%～3.21% 之间，达到过成熟阶段，为较好烃源岩。

该模式揭示：（1）台地边缘、台内裂陷边缘和坳陷边缘均发育优质的规模储层；（2）台内裂陷和坳陷内发育优质烃源岩；（3）台内裂陷和台内坳陷源储侧向对接构成良好的成藏组合，有利于成藏。因此，从沉积储层角度看，该模式的建立凸显了台内油气勘探潜力。以往，针对碳酸盐岩勘探领域往往集中在大陆边缘型台缘带，认为台内缺乏规模储层和烃源岩，勘探潜力不佳，该模式的建立，不仅表明大陆边缘台缘带发育规模储层，是油气勘探的潜在领域，更重要的是，它还表明在广阔的台地内部，由于裂陷和坳陷的存在而发育良好的含油气系统，使得碳酸盐岩勘探领域从以往的大陆边缘台缘带拓展到广阔的台内，这对于我国小克拉通碳酸盐岩台地勘探具有重大理论意义和实际勘探意义。因为，我国小克拉通碳酸盐岩台地大陆边缘型台缘带在后期造山运动中易于卷入造山带，其含油气系统遭受破坏失去勘探价值，如四川盆地灯影组、长兴组大陆边缘型台缘带现今大多卷入了龙门山造山带和米苍山—大巴山造山带而出露地表，勘探潜力大打折扣；相反，裂陷边缘和坳陷边缘台缘带位于台内刚性基底上，虽经后期构造改造，其含油气系统仍然能较完整保存下来，成为颇具潜力的勘探区带。综上所述，"多台缘"镶边台地模式的建立，不仅可以预测有利储集相带的展布，更重要的是揭示台内具有良好勘探潜力，对我国小克拉通碳酸盐岩台地油气勘探具有重要指导意义。

第三章 中—新元古界—寒武系烃源岩发育机制与生烃潜力

近30年来的油气勘探发现初步揭示，中—新元古界—下古生界蕴含着大量潜在的和未开发的油气资源。"十二五"之前，我国已经在四川、鄂尔多斯和塔里木盆地陆续获得威远气田、靖边气田和塔河油田、塔中油田、哈拉哈塘油田等重大油气发现，确定海相下古生界为有效烃源层。"十二五"期间，国家重大油气科技专项和中国石油、中国石化等油田公司进一步加强对下古生界含油气系统的研究，明确了下寒武统、中—上奥陶统和下志留统为有效烃源层，在四川和塔里木盆地相继获得了安岳气田、涪陵页岩气田、长宁—威远页岩气田、顺北油田、顺南气田等重大油气新发现，不仅实现了常规—非常规天然气勘探的大发展，也支撑了靖边气田、塔中油田、哈拉哈塘油田等的增储上产，累计新增油气地质储量超 $50 \times 10^8 t$ 油当量。

"十三五"期间，本项目在前期研究基础上，继续深化落实下寒武统优质烃源岩的发育机制及分布范围，并超前探索中—新元古界的油气资源潜力。本质上讲，沉积盆地中烃源岩发育程度决定了油气资源潜力，而烃源岩发育又与初级生产力勃发和有机质富集密切相关。因此，明确沉积有机质的主要生物母源及其勃发的古气候、古海洋、古构造环境，成为揭示中—新元古界—寒武系烃源岩发育模式、分布范围和生烃潜力的关键。经过多年的针对性研究，进一步明确了克拉通内裂陷控制了中—新元古界—寒武系优质烃源岩分布，古气候—古海洋—古生物"三要素"协同控制了中—新元古代—寒武纪有机质富集，揭示了华北燕辽盆地14亿年前的中元古代沉积有机质仍具有与显生宙优质烃源岩相当的生油气潜力，四川盆地和塔里木盆地6000m以深超深层的震旦系—寒武系烃源岩/灶也具有高效生气能力，并在近年来的震旦系—寒武系油气大发现中得到证实。研究结果进一步证实我国中—新元古界—寒武系找油气前景广阔，是未来油气勘探的前沿领域和重大接替领域。

第一节 中—新元古界烃源岩形成与分布

"十三五"之前，四川盆地威远气田是中国已发现的唯一一个前寒武系天然气藏，华北雾迷山组碳酸盐岩油藏为"新生古储"型，烃源岩为古近系沙河街组泥质页岩（王铁冠等，2011）。华北燕辽盆地中元古界虽发现多套黑色页岩和大量油气苗，但并未取得规模性油气发现。近年来，中国元古宙年代地层学研究取得重要进展，结合重大地质事件的沉积记录，基本确定中元古界烃源岩主要发育在华北，新元古界烃源岩主要发育在扬子地块和塔里木地块。相比而言，华北地块和扬子地块的中—新元古界烃源岩分布范围广、研究程度高，油气勘探前景值得期待；而塔里木盆地新元古界烃源岩仅在盆地边缘的库鲁克塔格地区有所显示，盆地内部的展布情况仍缺乏资料证实，且埋藏深度大，勘探前景尚不明确。

一、我国中—新元古界烃源岩发育的构造和气候背景

陆壳的周期性张开（超大陆裂解）和闭合（小大陆会聚）是地壳构造运动的主要表现（Nance et al.，1988）。25 亿年以来，至少有五次全球性超大陆汇聚和裂解，分别为早元古代的 Kenorland、中元古代的 Columbia、新元古代的 Rodinia、古生代的 Gondwana 和中新生代的 Pangea（Nance et al.，2014）。其中，Columbia 和 Rodinia 两期超大陆聚散事件明显控制着中国联合大陆的基底拼合及之后的克拉通内裂解（Zhao et al.，2004；Li et al.，2008）。

华北、扬子和塔里木三个古老克拉通陆块是中国联合大陆的最重要组成部分。三个陆块均保存了复杂、完整、又相对独立的前寒武纪演化记录。但与全球典型克拉通相比，都具有规模相对较小、活动性强、后期改造频繁等特征。目前已证实华北陆块、塔里木陆块和扬子陆块内部和边缘至少存在十余个中—新元古代沉降区。为加以区分，将克拉通边缘或内部较大规模伸展作用形成的狭长沉降区称为裂谷，小规模伸展作用形成的狭长沉降区称为裂陷（管树巍等，2017）。中国陆上中—新元古代裂谷和裂陷的发育可被认为是对 Columbia 和 Rodinia 两期超大陆裂解事件的响应。

华北克拉通以中—新元古代裂谷为主，南缘熊耳（1.8Ga）、北部燕辽（1.67Ga）与白云鄂博（1.35Ga）、东南缘徐淮（0.9Ga）裂谷盆地依次打开，且克拉通内部目前尚未发现与聚合事件有关的岩浆记录，暗示华北克拉通可能在整个中元古代一直处于拉伸构造背景（管树巍等，2017）。在燕辽裂谷内，自常州沟组至下马岭组的连续沉积厚度达万米 [图 3-1-1（a）]，持续时间为 1.65—1.32Ga，与 Columbia 超大陆的裂解进程几乎一致，表现为早期裂谷发育时的长城系海相碎屑岩沉积、中期裂谷扩展期的蓟县系碳酸盐岩沉积和晚期裂谷稳定时的下马岭组泥岩沉积等三个阶段，并依次形成串岭沟组砂质泥页岩（1.64Ga）、高于庄组灰质泥岩（1.56Ga）、洪水庄组白云质页岩和硅质页岩（~1.45Ga）、下马岭组硅质泥页岩（1.40Ga）四套富有机质沉积（孙枢和王铁冠，2016）。南缘熊耳裂谷发育崔庄组黑色页岩（1.64Ga），应为串岭沟组同期沉积 [图 3-1-1（b）]。该套烃源岩极有可能在鄂尔多斯盆地西缘和南缘的晋陕、定边和贺兰裂陷槽内也有发育。

扬子克拉通形成于中元古代末期—新元古代早期（1.1—0.85Ga），裂谷盆地则主要发育在 820—635Ma 之间。南华纪以板内拉张活动为主、震旦纪为克拉通坳陷沉积（汪泽成等，2014）。南华纪裂陷盆地主要分布在上扬子克拉通东侧，呈北东向延展，具地垒、地堑式结构。湘桂、康滇裂谷内沉积的一套由粗变细的裂陷层序 [图 3-1-1（c）、（d）（e）]，代表了 Rodinia 超大陆新元古代中后期裂解在扬子克拉通的响应（孙枢，王铁冠，2016）。Sturtian 和 Marinoan 两次全球性冰期事件将湘黔桂等地的原裂谷、坳陷盆地依次"填平补齐"，形成大塘坡组、陡山沱组两套新元古界烃源岩，代表了间冰期、冰后期的富有机质沉积。有证据显示，四川盆地内部深层也可能存在南华纪裂谷盆地，同样为北东向展

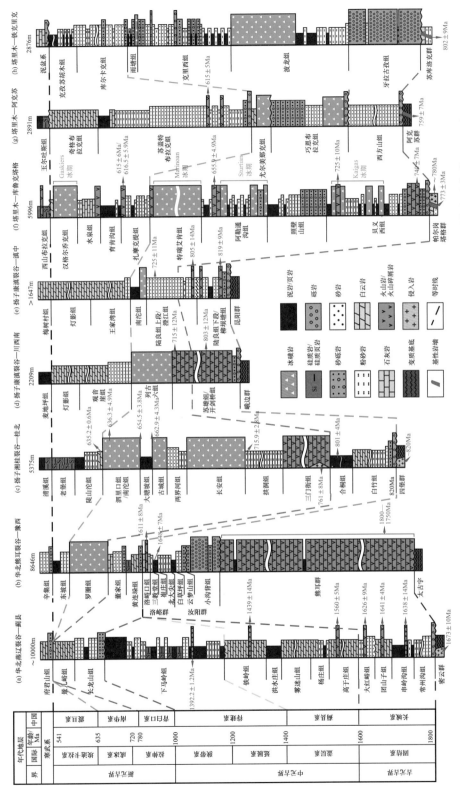

图 3-1-1　中国华北、扬子、塔里木三大克拉通中—新元古代裂谷盆地代表性剖面图（据赵文智等，2019）

布，且受基底断裂控制，并有少量钻井钻遇陡山沱组暗色泥岩（汪泽成等，2014）。至震旦纪末，全球性冰期结束，快速海侵使整个扬子连成一片，广泛发育下寒武统优质烃源岩。

塔里木克拉通与扬子克拉通较为类似，在新元古代早期形成统一的克拉通基底（Xu et al.，2013b；Gao et al.，2015）；之后，进入克拉通内演化阶段。东北缘库鲁克塔格［图 3-1-1（f）］、塔西北阿克苏［图 3-1-1（g）］和塔西南铁克里克地区［图 3-1-1（h）］均发育由粗到细快速变化的裂谷早期充填序列，指示塔里木克拉通依次经历了南华纪断陷、震旦纪坳陷阶段，最终演化成被动陆缘。但南部裂谷的发育与南华纪早期全球性超级地幔柱活动密切相关，表现为北东走向深入克拉通内部的坳拉槽；北部裂谷则主要受控于超大陆边缘大洋洋壳俯冲产生的弧后伸展作用，呈东西向狭长带状贯穿整个盆地，呈现出明显的南北差异（任荣等，2017）。塔里木克拉通裂谷盆地的演化不仅决定了同裂谷期烃源岩的分布，更有可能控制了早寒武世玉尔吐斯组烃源岩的展布，使后者呈现"向前相似"的特点（任荣等，2017）。

由此来看，我国中—新元古界烃源岩的发育与展布均与全球性超大陆裂解期的克拉通内裂谷或裂陷活动有关。这些裂谷作为克拉通最早期盆地，为烃源岩发育提供有利场所；同时裂谷演化过程中，陆源物质输入和上升洋流也为海洋带来大量营养物质，促进初级生产力勃发和有机质制造，最终控制了烃源岩发育和分布。

越来越多的证据也表明，全球性冰期之后的海平面快速上升与局部的盆地发育和裂谷活动耦合，更容易形成富有机质沉积，由此导致气候变化、海平面升降和烃源岩规模性分布之间存在较好的对应关系（Craig et al.，2009）。目前冰期形成与结束的原因尚不清楚。基于显生宙的研究结果认为，冰期形成与低日照量、低温室气体含量有关，而冰期结束则对应着高日照量、高温室气体含量（Meyers，Bernasconi，2005；Algeo et al.，2014）。日照量变化被认为与天文旋回有关，而温室气体含量高低则一般与火山活动和超大陆聚散有关，因此，气候旋回可能最终受控于天文旋回和超大陆旋回（Hays et al.，1976；Kump et al.，2000）。

在太古宙时期，高含量温室气体（CH_4、CO_2、H_2O 等）使得早期地球表面温度可能高达 $55\sim85℃$（Knauth et al.，2003）。蓝细菌等光合作用生物为地球上带来 O_2，同时细菌硫酸盐还原作用抑制 CH_4 释放；Kenorland 超大陆在古元古代初期形成，强的陆地风化作用消耗大量 CO_2，而弱的火山活动使得 CO_2 不能得到有效补充，综合作用使得大气中温室气体含量急剧下降，最终导致休伦冰期（2.4—2.1Ga）形成（Kopp et al.，2005；Strand，2012）。在其间冰期和冰后期，形成了全球最古老的规模性有机碳沉积（图 3-1-2 ①）（Craig et al.，2013）。

进入中元古代，温室气体含量持续降低，温室效应逐渐减弱（Pavlov et al.，2003；Riding，2006）。有报道称，在刚果、安哥拉北部和加蓬南部、印度和格陵兰等地，可能存在 1.7—1.3Ga 期间的中元古代大冰期，但尚待进一步确认。在我国并未发现中元古代冰期记录，可能是与当时的板块位置有关。华北蓟县系数千米厚微生物碳酸盐岩连续沉积也表明，当时气候条件温暖湿润，也因此形成了串岭沟组（图 3-1-2 ②）、高于庄

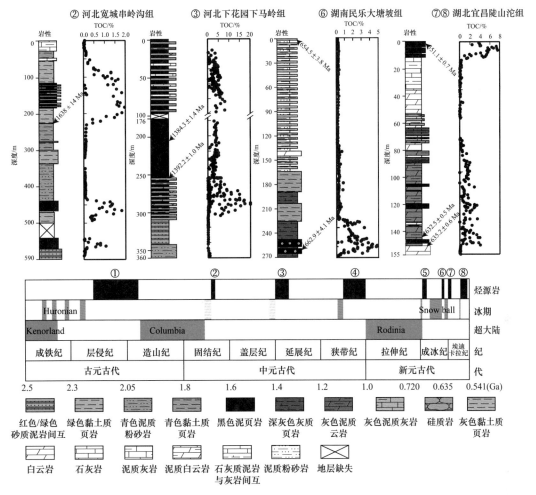

图 3-1-2　中国典型中—新元古界烃源岩有机质丰度剖面（据赵文智等，2019）

组、洪水庄组和下马岭组（图 3-1-2 ③）等数套烃源岩沉积，且有机质含量高，沉积厚度大。巴西 São Francisco 盆地有证据显示，中元古代末期（～1.1Ga）可能存在冰期事件（Geboy，2006）。此次冰期后的全球性烃源岩发育，对应于我国神农架群的郑家垭组（图 3-1-2 ④）。

　　新元古代冰期事件是最为人熟知的。在 Sturtian 和 Marinoan 两次全球性冰期前，发生了 Bitter Springs 同位素负漂移（～800Ma），被认为是一次全球变冷事件，然后发育了 Kaigas 区域性冰川事件（～750Ma）。这次区域性冰川事件的结束在波罗的、北美等地形成了新元古代早期的一套黑色页岩沉积（图 3-1-2 ⑤）。随后的 Sturtian（720—660Ma）和 Marinoan（635—551Ma）两次全球性冰期使地球表层生态环境发生重大转折，但也在间冰期形成了广泛的黑色页岩沉积，分别对应于我国华南的大塘坡组（图 3-1-2 ⑥）和陡山沱组二段（图 3-1-2 ⑦）。埃迪卡拉纪末期的 Gaskiers 区域性冰川事件（～551Ma）在阿曼和我国华南等地也形成了陡山沱组四段（图 3-1-2 ⑧）及其等时黑色页岩的沉积。由此可见，地球在新元古代后期的 0.2Ga 内出现了 4 次不同规模的冰期事件，也被称为

"雪球事件"。从某种角度上讲，或许也可以把这四期冰期看作一次大的冰期事件，类似于 2.4—2.1Ga 前的休伦冰期，同样是由多期不同规模的冰期事件组成。我国华南的大塘坡组、陡山沱组乃至下寒武统筇竹寺组可视为间冰期和冰后期发育的烃源岩。

通过沉积记录和烃源岩层位可以看出，中—新元古界烃源岩多形成于超大陆裂解期，间冰期或冰后期的气温快速转暖、冰川迅速融化所导致的海平面快速上升期。海平面上升使得水体变深，海水覆盖面积变大，陆棚大面积形成；冰川融化使得陆表径流增加，营养物质输入海洋，引起低等生物繁盛。超大陆裂解及冰期后活跃的火山活动释放温室气体和超量放射性物质，也可能导致微生物超速生长（Cheng et al., 2014）。

二、我国中—新元古界烃源岩的最新揭示与发育情况

我国华北、扬子和塔里木三大陆块的元古宙裂谷体系为烃源岩发育提供有利场所，且裂谷发育期丰富的陆源营养物质输入，有利于初级生产力的勃发和烃源岩的形成，因此三大陆块均发育中—新元古界烃源岩。随着油气勘探逐步向深层—超深层、古老地层及非常规等领域拓展，盆地深部及外缘的中—新元古界烃源岩逐渐得到重视。四川盆地、塔里木盆地和鄂尔多斯盆地深部震旦系、南华系和长城系烃源岩的规模性和有效性也亟需证据支持。虽然在中国中—新元古界海相沉积体系中，碳酸盐岩是最主要的沉积岩类型，但大量样品的分析与统计结果表明，高有机质丰度泥页岩才是最主要的烃源岩（陈建平等，2013）。通过地层沉积年龄数据对比（图 3-1-3）和地球化学分析，厘定出以下5 个主要的烃源岩发育期和 7 套主要的中—新元古界烃源岩（表 3-1-1）。

表 3-1-1　我国中—新元古界烃源岩地球化学参数（据赵文智等，2019）

地区	序号	时代	年代 /Ga	TOC（均值）/%	HI/mg/g（TOC）	T_{max}/℃ /R_E/%	厚度 /m
塔里木	7	育肯沟组—水泉组	<0.63	0.2～0.7（0.4）	50	455/	50
扬子	7	陡四段 / 蓝田组	0.58	0.5～14（3.6）	10	510/	12
	6	陡二段	0.63	1.1～3.4（2.9）	5	508/2.8	70
	5	大塘坡组	0.366	0.5～4.9（2.8）	4	/2.3	40
华北燕辽	4	下马岭组	1.39	0.6～20（5.2）	360	440/	250
	3	洪水庄组	1.45	0.4～6.2（4.1）	261	450/	60
	2	高于庄组	1.56	0.2～4.7（1.6）	42	520/	250
	1	串岭沟组	1.64	0.1～2.6（1.2）	28	510/	240
鄂尔多斯盆地	1	书记沟组（北）	—	（3.8）	—	/2.0～3.0	100～400
	1	崔庄组（南）	1.64	0.2～0.8（0.52）	5	580/2.5～3.0	20～40

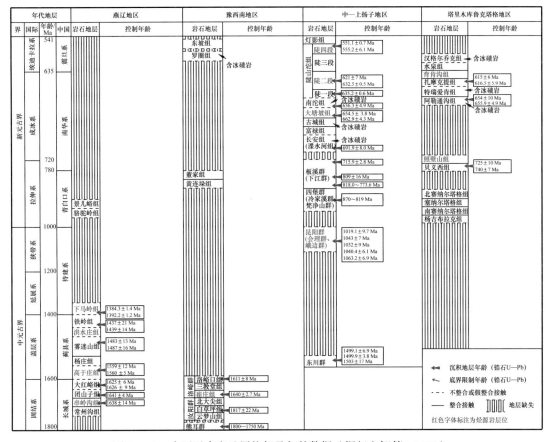

图 3-1-3　中国元古宙地层格架及年龄数据（据赵文智等，2019）

（1）古元古代末期：主要发育在华北陆块。燕辽地区串岭沟组（1.64Ga）黑色页岩平均 TOC 可达 1.2%，有效烃源岩（TOC＞0.5%）厚度 240m（图 3-1-2）。晋南—豫西和鄂尔多斯盆地南缘的崔庄组（1.64Ga）黑色泥岩 TOC 为 0.5%～0.8%，露头出露厚度约 22m。鄂尔多斯盆地北缘长城系书记沟组黑色泥页岩的平均 TOC 达 3.8%，厚100～400m。

（2）中元古代早期：主要发育在华北陆块。燕辽地区高于庄组（1.56Ga）张家峪亚段是一套黑色—灰黑色泥质白云岩和白云质泥岩沉积，最高 TOC 达 4.7%，平均值可达1.6%，有效烃源岩厚度约 250m。

（3）中元古代中期：主要发育在华北陆块。洪水庄组（1.45Ga）和下马岭组（1.39Ga）是燕辽地区最优质的两套烃源岩。洪水庄组黑色泥页岩 TOC 多在 0.5% 以上，平均可达 4.1%，有效烃源岩厚度约 60m；下马岭组黑色页岩 TOC 一般为 3%～5%，最高可达 20% 以上，有效烃源岩厚度约 250m（图 3-1-2）。

（4）中元古代末期：在神农架地区小范围发育。郑家娅组（1.1Ga）黑色页岩 TOC 在1.5%～10.0% 之间，露头出露厚度在 50m 以上。滇西—川西的昆阳群、峨边群的黑色页岩、千枚岩可能也属于同期沉积，但尚缺乏相关 TOC 数据报道。

（5）新元古代后期：主要发育在扬子和塔里木陆块。扬子大塘坡组（0.66Ga）和陡山沱组二段（＜0.63Ga）、四段（0.58Ga，与下扬子蓝田组对应）黑色页岩分别是 Sturtian 冰期、Marinoan 冰期、Gaskiers 冰期后的富有机质沉积，TOC 一般在 1% 以上，有效烃源岩厚度多在 50m 以上（图 3-1-2）。塔里木库鲁克塔格地区的育肯沟组—水泉组，TOC 最高可达 0.7%，厚度 50m 以上，但烃源岩有效性仍有待证实。

上扬子区四川盆地近年来在新元古界—下古生界天然气勘探中屡获突破。安岳气田灯影组天然气藏被认为是来自震旦系灯影组—寒武系筇竹寺组源岩的贡献（孙枢，王铁冠，2016）。灯影组三段泥质烃源岩 TOC 介于 0.04%～4.73% 之间，平均值为 0.65%，川中地区厚度在 10～30m 之间，总生气强度可达 $15×10^8$～$28×10^8 m^3/km^2$，具备形成大气田的气源条件（魏国齐等，2017）。陡山沱组因盆内钻井钻遇较少，前期一度不被看好。近期，根据盆地区域地震的层位解释，汪泽成等（2014）发现灯影组底界以下的反射层具有向古隆起超覆沉积的特征，层位应归属陡山沱组，进而推测资阳古隆起两侧的川西、川东地区可能均存在陡山沱组烃源岩，厚度在 20～60m 之间。而在四川盆地外缘，近两年完钻的鄂阳页 1 井、鄂宜页 1 井和鄂宜地 3 井，相继在宜昌地区的陡山沱组四段和二段发现页岩气显示，进一步证实新元古界烃源岩良好的生油气潜力。

在华北鄂尔多斯盆地，桃 59 井钻遇长城系灰黑色页岩约 3m（未穿），岩屑样品现场热解 TOC 最高可达 3.0% 以上，等效镜质组反射率（R_o^E）值 1.8%～2.2%；近期完钻的济探 1 井在长城系再获 30m 以上厚暗色泥岩，热解 TOC 普遍在 0.2%～0.9% 之间。该套烃源岩在地震剖面上对应一组强反射，指示深部厚层泥页岩的存在。多条地震剖面也显示长城系裂陷槽内普遍发育此套强波反射，进而推测盆地内部长城系规模性烃源岩存在可能性极大（赵文智等，2018）。而在燕辽的冀北凹陷，蓟县系高于庄组、雾迷山组、洪水庄组、铁岭组和待建系卜马岭组均发现液态油苗；下马岭组还发现大量沥青砂岩和原位未成熟—低成熟沥青，被认为是古油藏破坏后的产物（图 3-1-4）。基于层序地层厚度分析、油源对比和成藏史分析，王铁冠等（2016）提出，下马岭组底部古油藏早期成藏的油源可能来自高于庄组，而液态油苗可能源自洪水庄组。由此表明，中元古界烃源岩同样具有好的生油气潜力。

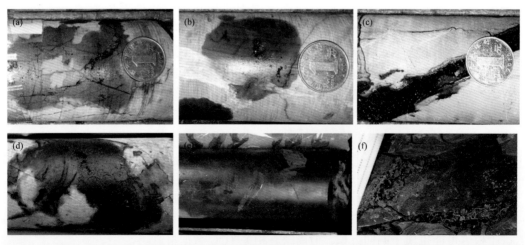

图 3-1-4　燕辽凹陷中元古代油气显示（液态可动油显示：(a) 下马岭组、(b) 铁岭组、(c) 洪水庄组、(d) 雾迷山组、(e) 高于庄组；沥青显示、(f) 下马岭组）（据赵文智等，2019）

与扬子盆地和华北盆地不同的是，塔里木盆地作为我国最大的陆上含油气盆地，经过多年勘探开发，在震旦系、寒武系—古近系等均发现商业油气显示，然而对于台盆区海相原油的油源一直未有定论。目前所发现的油气资源量与盆内烃源岩规模并不相符。下寒武统玉尔吐斯组和中—上奥陶统烃源岩的厚度、广度和有机质丰度并不足以支撑当前的油气发现。因此，塔里木盆地有可能尚未找到真正的主力烃源岩。塔西南、塔西北和库鲁克塔格的震旦系露头均可见数百米厚冰期后暗色泥岩，其中苏盖特布拉克组底部和水泉组可见薄层暗色泥粉砂岩，盆地边缘的柯坪和叶城等地露头也发现南华系暗色泥岩。但在盆地内部，南华系—震旦系沉积物埋深普遍达 8000m 以上，较少有钻井钻遇，烃源岩质量和规模性仍有待证实。

三、中—新元古界烃源岩发育环境及控制因素

从长城系串岭沟组到震旦系陡山沱组，10 亿年内发育 7 套烃源岩，其层位和空间分布均有着一定的客观规律。除了受超大陆旋回和全球性冰期事件控制外，大气、海洋和生物等地球表层生态系统的演化也对生产力勃发、有机质富集和烃源岩发育有着至关重要的影响，至少是在烃源岩发育期存在相互之间的特殊性和耦合性。因此，有必要进一步梳理中—新元古代的大气、海洋和生物演变情况，探索地球表层系统生态演化与烃源岩发育的耦合关系，为中—新元古界生油气潜力和含油气系统的评价提供理论依据，明确其勘探现实性和成藏规模性，为古老油气勘探提供指导方向。

1. 大气背景

近十余年的研究表明，元古宙之前的地球大气圈组成可能以 H_2、CO_2、CH_4 等还原性气体为主，自由氧浓度极低，显著异于显生宙。大气成氧过程对早期地球表层系统和生物圈演化影响巨大。没有大气圈氧化，就不可能有海洋氧化，也可能不会有真核生物或后生动物的发展。而大气成氧过程主要由光合产氧细菌和真核藻类及其产生的氧气与 CH_4、CO_2 等温室气体相互作用、平衡的结果。因此，大气组成的改变在一定程度上影响了烃源岩形成期的古气候特征、古海洋环境和成烃母质。

当前研究一般把大气圈演化划分为 3 个阶段（图 3-1-5）（Lyons et al.，2014）：

（1）2.4Ga 之前：完全无氧或低于现代大气水平（PAL）的 0.01%；

（2）2.4—0.8Ga：大气氧含量开始上升，但仍低于 10% PAL；

（3）0.8Ga 之后：大气氧含量明显上升，达到或接近显生宙水平。

大量地球化学研究表明，由古元古代早期和新元古代两次成氧事件分割的大气圈演化三阶段模式，主体框架应该是对的，并得到广泛接受，但有关大气成氧的细节过程仍有不同看法。

古元古代 2.45—2.35Ga 期间，被认为是地球历史上的首次成氧期，也称为大氧化事件（GOE）（Scott et al.，2008）。所依靠地质记录包括碎屑黄铁矿、富铀易氧化矿物和陆相红层的出现，以及条状带铁质建造（BIF）和厚层菱铁矿规模性沉积的消失等；地球化学记录中最重要的标志则是该时期的"非质量硫同位素分馏"（MIF–S）现象（Farquhar et al., 2002）。实验证实，MIF-S 在有氧条件下不会发生；而当氧含量低于 10^{-5}（<0.01% PAL）时，超紫外线光解会导致 MIF-S，进而产生较大的 $\Delta^{33}S$ 值。因此，2.45Ga 之前普遍存在的 MIF-S，在此后趋于 0，被认为是确定地球上大气氧出现的最可靠证据（图 3-1-5）。该时期大气氧增加可能与早期微生物活动密切相关。

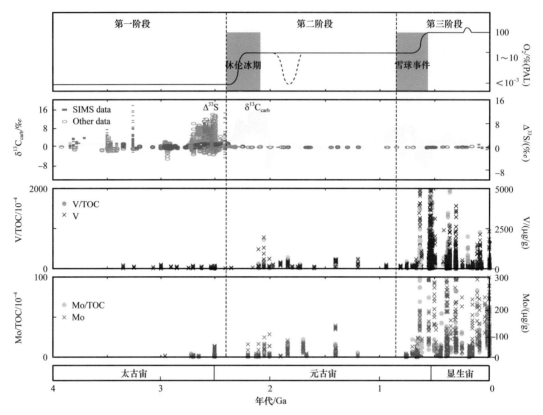

图 3-1-5　地球大气氧含量变化（据赵文智等，2019）

中元古代是地球演化的"中世纪"。与古元古代和新元古代所发现的冰期、增氧、富铁沉积、生物辐射、黑色页岩全球性沉积等重大地质事件记录相比，中元古代显得颇为乏味，地球化学记录也十分"平坦"，一度被认为是"无聊的十亿年（Boring Billion）"。有学者认为，大气氧含量可能仍低于 0.1%PAL，不足以维持动物生存需要，甚至到"雪球事件"前都处于较低水平（Planavsky et al.，2014）。这种大气成氧过程的减缓，甚至停滞的原因目前尚不清楚，推测可能与真核生物演化停滞和富 H_2S 水体广泛发育有关（Lyons et al.，2014）。但基于我国华北地区下马岭组的研究，Zhang 等（2016）提出 14 亿年前的大气氧含量可能已经高达 4%PAL，足以满足海绵等早期动物的呼吸需要。因此，中元古代大气氧含量目前仍存在争议，并成为当前中元古代研究的焦点问题。而这项争议的解决，对进一步认识中元古代地球环境和生态构成有着重要意义。

进入新元古代，真核藻类开始辐射，并成为地球上主要的氧气制造者（Brocks et al.，2017）。全球性黑色页岩的广泛发育也表明当时初级生产力十分庞大，能够在向大气中释放足够多的氧气，并吸收 CO_2、CH_4 等温室气体，使得地球温度下降，使之符合耗氧生物的生存需要。新元古代增氧事件（NOE），可能使得大气氧含量达到或接近显生宙水平，改变了古海洋氧化还原程度，使得海洋深部开始氧化，彻底激发了生命演化进程（Och，2012）。在我国扬子陡山沱组黑色页岩中，Mo、V 等氧化还原敏感性元素的含量突然上升，且与有机质含量共变（图 3-1-5），表明陆上有氧风化显著增强，使得海洋中 Mo、V 的输入通量大幅增加，从侧面反映了当期大气氧含量的一次跃升（Sahoo et al.，2012）。

看似巧合其实又有着必然联系的是，古元古代 GOE 和新元古代 NOE 与休伦冰期、雪球事件的启动时间基本吻合。这表明光合作用产氧细菌和真核藻类消耗大气中的 CH_4、CO_2 等温室气体或抑制其排放，并提供了氧气，进而导致地球降温乃至进入冰期。而大气氧含量升高也促进了真核藻类辐射及后生动物演化，并在氧气制造和消耗方面达到平衡。因此，地球早期大气氧含量的变化，一定程度上反映了初级生产力的变化趋势，也控制了古海洋的氧化还原条件和有机质的埋藏环境，进而决定了烃源岩的形成与否。

2. 有机质母源特征

生物体内有机组成的不同决定了沉积有机质组成的差异性，这是影响烃源岩质量的一个重要因素。显生宙烃源岩的母质生物主要包括浮游藻、底栖藻和细菌三大类（张水昌等，2005）。对于元古宙生物来讲，富有机质沉积物的存在证明它们具有强大的有机质制造能力。然而，元古宙处于生物演化的初始阶段，生命经历了从无到有、从低等到高等、从原核类到真核类等数次革命性演变（图 3-1-6）。同时，元古宙生物一般个体微小，很难在富有机质层段中寻找到相关实体化石的痕迹。在这种情况下，具有明确生物学意义的分子化石（又称生物标志化合物）成为元古宙有机质生源和生命起源研究的主要手

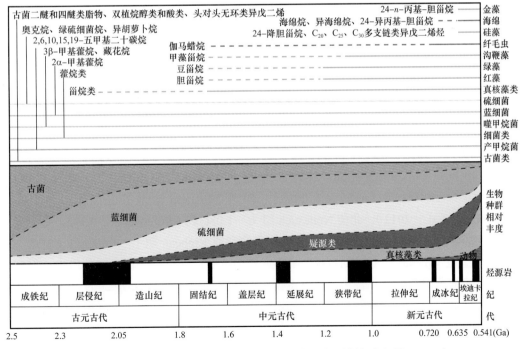

图 3-1-6　元古宙生物演化趋势及生物标志物证据（据赵文智等，2019）

段（Peters et al.，2005；Brocks，Banfield，2009）。因此，元古宙生物，尤其是烃源岩的母质生物研究，必须综合考虑实体化石和分子化石的证据。

研究认为，地球生命可能起源于深海环境中不具光合作用功能的化能自养细菌类（如甲烷菌等）（Kasting，Siefert，2002；Schopf，2006）。分子化石证据显示，最早具光合作用的自养蓝细菌可能始于太古宙（>2.78Ga），并在太古界和元古界富有机质页岩中被大量检出（Brocks et al.，1999；Summons et al.，1999）。根据生命活动特征和硫同位素显著分馏，推断硫细菌可能在太古宙已经存在（Shen et al.，2001），其分子化石在古元古代末期 Barney Creek 组 HYC 页岩（~1.64Ga）中被大量检出（Brocks et al.，2005）。对于真核生物，Brocks 等（1999）曾在澳大利亚 Jeerinah 页岩（约2.69Ga）中检测到最古老的分子化石信息——甾烷。但近年来，古老沉积物中甾烷的原生性鉴定遭遇挑战，这些甾烷类生标可能来自烃类运移、钻井及实验分析中的污染（French et al.，2015）。然而，北美 Negaunee-Iron 组（2.1Ga）发现最古老大型真核藻类 Grypania 实体化石（Han，Runnegar，1992），中国华北地区长城系（1.7—1.6Ga）发现大量具有机壁和多细胞结构的宏观藻类化石（Zhu et al.，1995；Lamb et al.，2009；Peng et al.，2009），从形态学和系统发育关系上，证明真核生物在古元古代已经出现，早于之前认为的中元古代 Roper 群（~1.40Ga）（Javaux et al.，2004；Knoll et al.，2006）。然而，真核生物化石的零散出现和低丰度分布难以将它们归为早期沉积有机质的主要制造者。依据分子化石证据建立的"生命进化树"，也显示早期生命形式和有机质制造者主要为古菌类和原核细菌类，尤其是蓝细菌（Brocks，Pearson，2005b）。

中元古代是地球上菌藻类蓬勃发展的时期，以硫细菌、蓝细菌数量急剧增多和疑源类、真核宏观藻类大量出现最为特征，标志着早期地球生物群落的重大转折（图3-1-6）。疑源类是构成中新元古代数量最多的真核或原核微生物化石，但其分类位置尚待进一步确定。红藻作为元古宙最重要的真核藻类，目前已知最古老的实体化石发现于北美 Hunting 组（~1.20Ga），绿藻和褐藻最早出现的实体化石证据均为北美 Beck Spring 组上部白云岩（~1.20Ga）（Cloud et al.，1969；Butterfield et al.，1990）。张水昌等（2007）在华北下马岭组（~1.40Ga）绿色粉砂质页岩中还发现了沟鞭藻专属生物标志物——三芳甲藻甾烷。然而，整个中元古代的真核藻类演化是非常缓慢的，甚至出现停滞现象，这表现为实体化石的零星检出和黑色页岩中低的甾烷含量。比如，澳大利亚 Roper 群（~1.40Ga）（Dutkiewicz et al.，2003）、华北洪水庄组（~1.45Ga）（崔景伟，2011）、下马岭组（~1.40Ga）（Luo et al.，2015）、西非 Taoudeni 盆地 Touirist 组（~1.10Ga）（Blumenberg et al.，2012）、北美 Nonesuch 组（~1.08Ga）（Imbus et al.，1992）等主要的中元古代烃源岩中的甾烷含量都是极低的。西伯利亚 Riphean 期（~1.10Ga）和巴西 São Francisco 盆地 Vazante 群（~1.10Ga）黑色页岩中虽有甾烷类生物标志物的检出，但相比于来自原核细菌的藿烷类化合物，并不占据优势地位（Marshall et al.，2009；Melenevskii，2012）。由此可见，真核藻类在中元古代虽然已经分化，但仍没有成为沉积有机质的主要来源，主要的母质生物仍为原核和疑源类生物。

进入新元古代，地球在经历了"雪球事件"和 NOE 之后，生物种类开始勃发，藻类快速辐射（Brocks et al., 2017），以海绵为代表的后生动物开始出现（Love et al., 2009；Yin et al., 2015）。在北美 Chuar 群 Kwagunt 组（～0.74Ga）和 Uinta Mountain 群 Red Pine 页岩（～0.74Ga）的岩石抽提物中，虽然仍存在蓝细菌的母源输入信息，但甾烷含量已占据优势地位，且以 $C_{27}-$ 胆甾烷为主，表明真核藻类（尤其是红藻）已成为当时沉积有机质的主要来源（Summons et al., 1988；Vogel et al., 2005）。而在阿曼地区 Huqf 超群（<0.70Ga），C_{29-} 豆甾烷占据优势地位，表明沉积有机质的母质来源以绿藻为主（Grosjean et al., 2009）。在扬子大塘坡组（～0.66Ga）中，生物微体化石已有细菌、藻类、疑源类等 20 多个属种，绝大部分为真核生物；黑色页岩中的甾烷分布存在 C_{29} 优势，且甲藻甾烷大量检出，表明绿藻和沟鞭藻在成冰纪末期已成为沉积有机质的主要贡献者（孟凡巍等，2003，2006）。在陡山沱时期，开始出现类型复杂的宏观藻类、底栖藻类和后生动物化石（Yuan et al., 2011；Chen et al., 2014），黑色页岩中甾烷分布规则，表明红藻、绿藻等真核藻类对沉积有机质均有贡献（Wang et al., 2008）。张水昌等（2001）曾在塔里木盆地前寒武纪地层中发现大量沟鞭藻、硅藻等浮游藻类实体化石和分子化石，进一步证明这些浮游藻类已经成为新元古代烃源岩生烃母质的重要组成部分。可以看出，烃源岩的生烃母质生物在新元古代完成了从原核细菌向真核藻类的转变。由于真核藻类的有机质制造能力和生烃能力远大于原核细菌，此重大转变为烃源岩在新元古代和显生宙的广泛分布提供了生物物质基础。

3. 古海洋环境

元古宙有机质的制造和埋藏均是在海洋中进行的，古海洋化学环境很大程度上影响了烃源岩的形成。而地球早期的海洋环境演化又与大气成氧事件和生物演化密切相关，在此基础上叠加了更为复杂的地质作用与微生物化学作用过程，如古海水中还原性铁沉积、细菌硫酸盐还原作用等，这就使得中—新元古界烃源岩的古海洋发育环境具有很大的争议性（Cheng et al., 2015）。

与大气圈演化的"三段式"类似的是，地史时期的古海洋演化也可以分为三个阶段（图 3-1-7）：

（1）太古宙和古元古代（>1.8Ga）的海洋以无氧、富铁、贫硫酸盐为主；

（2）元古宙大部分时期（1.8—0.58Ga）海洋转化为表层含氧、中层贫铁含 H_2S、深部富铁的分层海洋；

（3）新元古代末期至显生宙（0.58Ga 至今）的海洋表层富氧、中层硫化程度改变、深度适度氧化的状态。

近年来，铁组分、铁同位素、硫同位素、钼同位素等多方面的证据也显示，这种"三段式"古海洋演化模式的主体框架基本上是对的，并对分层海洋模型不断进行扩展和补充，提出近岸浅水到远洋深水依次发育氧化带、NO_3^-—NO_2^- 富集带、Mn^{2+}—Fe^{2+} 富集带、硫化带、CH_4 富集带和深水富 Fe^{2+} 区等多个由不同氧化还原过程控制的动态化学分带（Li et al., 2015）。

传统模型曾认为，2.4Ga 前的 GOE 使得大气和海洋被逐步氧化，太古宙—古元古代还原铁化的深部海洋在中元古代末期被彻底氧化沉淀，从而结束了全球范围内的 BIF 沉积。然而，Canfield（1998）根据硫同位素曲线提出元古宙海洋化学的核心问题是硫化水体的形成。硫的来源则是陆源 SO_4^{2-} 物质的风化输入或火山喷气产生的 SO_2（Reinhard et al.，2009；Gaillard et al.，2011）。氧化态的 SO_4^{2-} 或 SO_2 在元古宙海洋水体中被还原为 H_2S，并逐渐成为控制海洋氧化还原状态的新主导因素，由"富铁海洋"转化为"含硫分层海洋"（Canfield，Raiswell，1999）。海洋表层/亚表层 H_2S 水体的规模可能并不是很大，但却极大限制了海洋中真核生物固氮必须元素（Mo、V 等）的浓度，进而影响了中元古代真核生物演化（Anbar，Knoll，2002）。"含硫分层海洋"概念的提出为元古宙真核生物演化停滞和 BIF 消失提供了较为合理的理论解释，因此，这个观点也被广泛接受并逐渐成为近年来古海洋研究的主流．

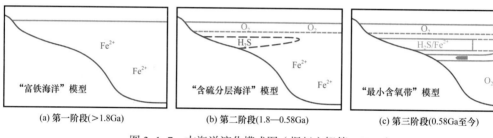

图 3-1-7　古海洋演化模式图（据赵文智等，2019）

对于这种"含硫分层海洋"出现及维持的时间，当前学界认识的分歧较大。普遍认为，海洋表层氧化水体和亚表层硫化水体，直至 1.8Ga 前后才开始规模性出现，明显滞后于 GOE。中元古代海洋的硫酸盐浓度（约 0.5～2.5mmol/L）相比于太古宙（<0.2 mmol/L）大幅增加，但仍远低于现代海洋水平（约 28mmol/L），化变层可能仍处于浅水区（Luo et al.，2014）。华北高于庄组微量元素和古生物化石证据显示，在中元古代早期（1.56Ga），上部含氧水体的自由氧含量可能仅为 0.2μmol/L（Tang et al.，2016），虽然能够满足复杂真核藻类生存的需要（Zhu et al.，2016；Zhang et al.，2018），但仍处于较低水平。这使得古元古代晚期和中元古代可能存在一种过渡性质的海洋状态，即深部含氧量很低，存在高硫酸盐还原，但不含 H_2S，称为"亚氧化"状态（Slack et al.，2007）。华北下马岭组铁组分和黄铁矿硫同位素的高精度分析，进一步证实中元古代海洋并不是一成不变的厌氧硫化，而是呈现周期性波动，底部水体存在铁化、硫化和氧化的动态变化（Wang et al.，2017）。

在新元古代，Rodinia 超大陆裂解和 Gondwana 超大陆组合产生了大规模的火山喷发和海底喷气活动，大量还原性物质输入使深部海洋的氧化时间较表层至少推迟了 0.6Ga，直到 NOE 结束后才得以完成（Lyons，Reinhard，2011）。由于陆源物质风化形成的硫酸盐是海洋中硫的主要来源，硫化水体也主要发育在陆缘海区域，距海岸的最大广度可达100km（Poulton et al.，2010），这个区域也正是生物生存演化和烃源岩发育的区域。因此，元古宙海洋的化学结构和演化进程对生物演化及海相烃源岩的分布和质量起到了至关重要的作用。在现代生物产氧光合作用中，真核浮游生物贡献达99%，而原核细菌贡献仅占 1%，说明真核藻类对有机质埋藏和大气成氧的贡献最大（谢树成等，2011）。海洋中硫化水体的发育限制了真核生物的发育和初始生产力，也就潜在地限制了烃源岩的分布和质量。依据硫同位素分析结果，硫化水体可能始于 1.8 Ga 之前（Poulton et al.，2004），在 BIF 消失之前，但晚于 GOE，与 Columbia 大陆的最早裂解期相吻合（Rogers et al.，2002）；并持续至"雪球事件"和 Rodinia 大陆裂解之后. 这段时期内沉积物中的无机碳同位素、硫同位素及 Mo、Cr 等非传统稳定同位素的相对稳定，也为这一认识提供了地球化学证据（Scott et al.，2008；Lyons et al.，2014；Planavsky et al.，2014）。新元古代末期的 NOE 事件使得海洋深部水体开始氧化（Canfield et al.，2007），需氧型光合生物的生存空间大大拓展，促进了后生动物出现和寒武纪生命大爆发，也为烃源岩发育准备了足够的初级生产力（Li et al.，2018）。因此，新元古代的海洋氧化与真核生物大辐射和烃源岩的全球性分布有着直接相关性。

4. 发育模式

元古宙分层海洋为需氧光合作用生物提供了表层生存空间，也为有机质沉积埋藏提供了底部还原环境。按照优质烃源岩形成的传统观点，这种海洋结构非常适合烃源岩发育，而且应该是全球范围广泛发育。然而，元古宇烃源岩却并不是无处不在的。相反，在长达十几亿年的元古宙地层中，烃源岩都是极其匮乏的，仅在若干个时间段内才有发育。这表明，古海洋演化与生物演化、烃源岩形成虽有着必然联系，但可能并不是真正的控制因素。因为古海洋环境是动态变化的，而生物分异辐射和烃源岩形成则是爆发性、间断性的，且在显生宙和元古宙地层均表现出惊人的一致。从哲学观点来看，古海洋演化是量变的积累，而生物演化和烃源岩形成则是量变到质变的产物。那推动烃源岩形成的控制因素究竟是什么？当前研究结果还难以给予定论。这可能是某种具有旋回性的因素（如冰期旋回、超大陆旋回或天文旋回等）控制了气候、大气、海洋乃至生物的演化，并最终控制了烃源岩形成。

目前针对温室 / 冰室旋回如何影响有机质沉降和烃源岩发育的研究仍处于起步阶段。显生宙烃源岩多通过有机质含量、碳、氮、氧同位素、微量元素等来代表有机质沉降、初级生产力和水体分层，并认为米氏旋回主要通过日照量变化导致温室—冷室气候的旋回、并通过温室环境下初级生产力勃发、水体分层、O_2/CO_2 比率降低等一系列事件的耦合作用，最终控制烃源岩发育（Kolonic et al.，2005；Giorgioni et al.，2015）。基于显生宙时期的研究结果认为，在日照量较高的温室环境下，海平面上升，生物勃发，有机质在浅海陆棚沉积；以有机质消耗为主的反硝化作用在沉积物中进行，对大气—海洋中的氮循环影响不大，氮同位素处于 –2‰~2‰之间，生物勃发得以持续，有机质大量沉积形成烃源岩（Meyers，Bernasconi，2005；Algeo et al.，2014）。而在日照量较低的冰室环境下，海平面下降，有机质沉降进入深海盆地，并在沉降过程中，消耗海水中的溶解氧，形成最小氧化带（OMZ）或大洋缺氧事件（OAE），进而使得反硝化作用主要发生在水体环境，表层海水乏氮，真核生物在蛋白质合成时受限，初级生产力得到抑制，烃源岩不发育（图 3-1-8），（Meyers，Bernasconi，2005；Algeo et al.，2014）。

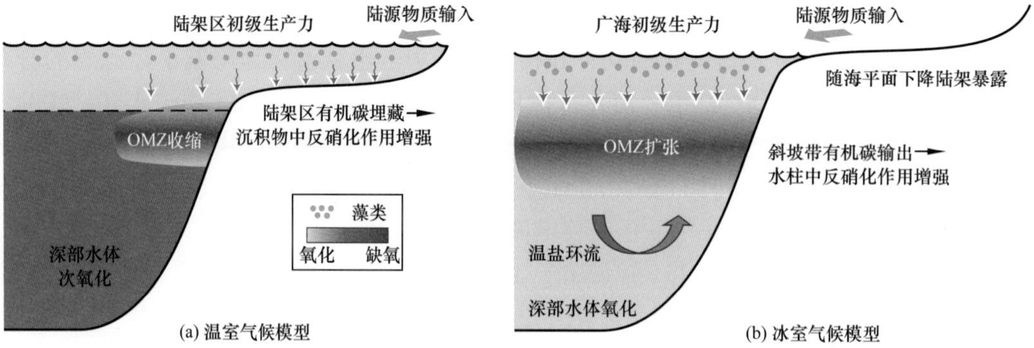

图 3-1-8 温室和冰室古海洋特征以及有机质生产—保存模式（据赵文智等，2019）

OMZ—最小氧化带

近年来，我国下马岭组的研究结果也显示，哈德里环流等大气环流和陆表径流的强弱变化，也会影响烃源岩的发育，而烃源岩非均质性又受控于米氏旋回控制的日照量变化（Zhang et al.，2015）。因此，天文旋回可能是烃源岩发育的先决条件，但生态组成、海洋环境、盆地构造、大气和大洋环流同样是影响有机质生产、沉积和保存的重要因素。

四、中—新元古界烃源岩的分布预测

与下古生界相比，中—新元古界研究资料少，盆地内部资料更是缺乏。因此，中—新元古界烃源岩多是基于露头资料开展岩相古地理研究，并结合原型盆地演化特征，进行厚度和分布范围的预测。根据中国主要含油气盆地的研究现状，现仅对鄂尔多斯盆地和燕辽地区长城系烃源岩、燕辽地区下马岭组烃源岩和中—上扬子区陡山沱组烃源岩的分布进行预测。

1. 鄂尔多斯盆地和燕辽地区长城系烃源岩

长城系烃源岩为当前唯一一套可能在鄂尔多斯盆地内部有所分布，并有可能成为最古老气源岩的烃源岩。从沉积相看，燕辽地区长城系沉积基本呈"厂"字形分布。这与吕梁运动后，北部内蒙古陆、西部大同—五台古陆、东部山海关古陆和沧州古陆等周边古陆不断抬升，在其中间地区形成强烈坳陷有关。根据露头出露情况和烃源岩地化数据，判断为北至张家口、隆化，西至易县、曲阳，东至唐山，南至赞皇的烃源岩分布区（图 3-1-9），基本古地理单位可分为兴隆海槽、宣化海盆和赞皇海盆。其中，兴隆海槽沉积烃源岩厚度大（最大超过250m），为长城纪末期沉积中心，水深在氧化还原界面之下，且在串岭沟沉积时期，可能仍持续坳陷，最大沉积厚度超800m。宣化海盆内沉积烃源岩较薄（10～50m），沉积中心可能在宣化、庞家堡一带，为滨海动荡的潮间带沉积，水体较浅，可能在氧化还原界面附近。南部赞皇海盆可能是赵家庄组沉积期形成的赞皇海槽的继承性发育。赞皇海槽开启时间可能早于燕辽裂谷，但在经过赵家庄和常州沟组沉积期"填平补齐"后，串岭沟组沉积期的沉积水体可能较兴隆海槽要浅，但较宣化海盆要深。因此，燕辽裂谷内串岭沟组烃源岩整体呈现以兴隆海槽为轴部沉积中心，宣化海盆和赞皇海盆为外围次沉积中心的分布情况（图 3-1-9）。

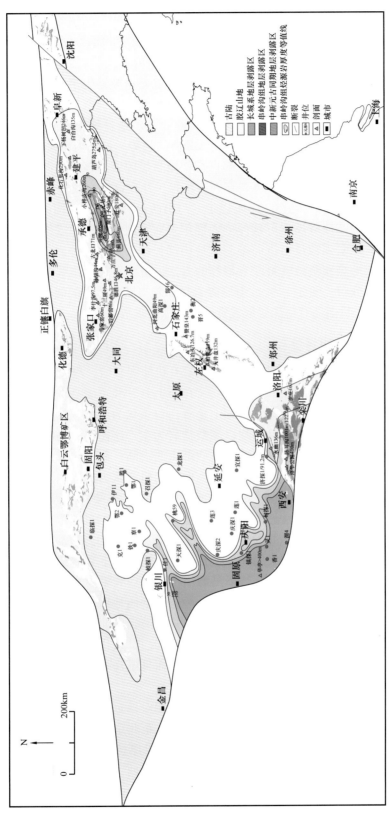

图 3-1-9 华北长城系串岭沟组／崔庄组烃源岩残余厚度分布预测图

华北南缘地区及鄂尔多斯盆地长城系主要为浅海陆棚相，与串岭沟组同期的崔庄组烃源岩以灰黑色页岩、泥岩、粉砂质泥岩为主。靠近华北克拉通西南边缘地区水体较深，沉积厚度较大，烃源岩厚度也较大。在鄂尔多斯盆地西南部，可能受东北方向裂陷槽控制，在槽部地区发育好的烃源岩。地震和航磁资料也显示被显生宇覆盖的鄂尔多斯盆地南部及沁水盆地均发育长城系裂谷，分别为大型箕状断陷型裂谷和地堑型裂谷，边界断层呈铲式发育，断层倾角向深部逐渐变缓。目前鄂尔多斯盆地钻至长城系的井共有54口，反映具有自盆地西南缘向盆内长城系逐渐减薄的趋势。盆地内部桃59井钻遇长城系灰黑色页岩约3m（未穿），说明盆地内部存在长城系烃源岩。该套烃源岩在地震剖面上对应一组强反射，指示深部厚层泥页岩存在。济探1井在盆缘也发现厚30m以上的长城系暗色泥岩，有机质丰度平均值在0.5%以上，与山西永济风伯峪剖面露头一致，勉强达工业标准，所对应强波地震反射可延伸进入鄂尔多斯盆地。多条地震剖面也显示长城系裂陷槽内普遍发育此套强波反射进而推测盆地内部长城系存在烃源岩。因此结合钻井及烃源岩数据，采取地震和重磁资料联合解释的方法，可大致推测出鄂尔多斯盆地内部长城系烃源岩的厚度分布（图3-1-9）。但烃源岩在鄂尔多斯盆地内的展布是否与长城系一致，厚度有何变化，目前还有待深层地震资料和地球化学数据的进一步证实。

2. 燕辽裂陷下马岭组烃源岩

下马岭组是燕辽地区一套典型的中元古界富有机质泥页岩，厚度大、TOC高、成熟度低，仍具有一定的页岩油气勘探潜力。受"芹峪上升"和"蔚县上升"等区域抬升和风化剥蚀影响，下马岭组与下伏蓟县系和上覆青白口系均为不整合接触。下马岭组以细粒碎屑岩为主，而蓟县系和青白口系均以碳酸盐岩为主，这使得下马岭组沉积环境一直存在争议。早期被认为是半封闭古海盆，被西部山西古陆、东部山海关古陆和北部内蒙古陆所包围，在东南或东北方向与外海连通。但后期研究认为北缘内蒙古陆隆起于晚古生代—中生代，而非太古宙—早元古代，故燕辽盆地北向内蒙古陆当时可能并不存在，而是与外海直接连通。下马岭组中部黑色页岩段火山喷发斑脱岩的发现和1392—1366Ma的锆石年龄将其沉积期对应于Columbia超大陆裂解期，被认为是被动陆缘后期的弧后盆地。但下马岭组只见几层规模不大的火山灰，下花园地区的下马岭组顶部还出现叠层石灰岩，指示相对稳定的沉积环境。这与下马岭组沉积前后频繁发生的地壳隆升和岩浆侵入的动荡环境完全不同。根据下花园地区下马岭组全剖面地球化学数据和古海洋环境分析，下马岭组沉积时期古地理环境更应该是开放式海湾，向北与大洋完全连通。通过对下马岭组浅水、深水不同沉积相的古海洋环境分析和底部风化壳的全盆地对比分析，下马岭组黑色页岩沉积环境更有可能是完全开放的，而且下马岭组刚开始沉积时，燕辽海盆已经形成了"西盆东台"的开放式海湾沉积环境。

从燕辽盆地露头剖面对比来看，下马岭组岩性相对稳定，但盆地不同位置的厚度变化较大。自宣龙坳陷向西南，烃源岩厚度逐渐减薄。至北京门头沟和怀来野三坡一带的烃源岩厚度仅为160m和70m；再至易县一带，底部见厚达60m硅质角砾岩层，指示极浅海或陆相沉积，黑色页岩已基本缺失；至易县沙江以西，下马岭组沉积基本尖灭。自宣龙坳陷向西，沉积物厚度减薄更为明显。涿鹿槐树沟地区下马岭组虽各段岩性组合及变化均能与怀来—下花园一带对比，但厚度仅为180m左右，烃源岩厚约60m。再向西至晋冀交界的怀安—阳泉—广灵—灵丘一带，下马岭组出现缺失，可能指示盆地西部边界。燕辽盆地中部最北处的古子坊地区除顶部为红绿色间互泥岩层之外，其余层段均能与其他地区对比。可能是由于古子坊地区的下马岭组保存完整性更好，烃源岩厚度（约170m）也大于南部珍珠泉（约145m）和十三陵（约140m）等地区，与其深水沉积环境一致。再向东南至蓟县地区，下马岭组因抬升剥蚀导致上部地层缺失严重，残厚仅168m，且以贫有机质粉砂质泥岩为主，蓟县东南方向丰润古人庄的下马岭组更是完全缺失。由此推测，蓟县地区沉积水体更浅，初始沉积的黑色页岩厚度应该不大于野三坡地区。兴隆扁担沟地区虽处兴隆海槽位置，沉积巨厚长城系和蓟县系，但下马岭组沉积时期可能已转为台地相，且受山海关古隆起影响，顶部抬升剥蚀严重，残余烃源岩厚度仅100m左右。遵化以东下马岭组更是完全缺失。

自宣龙坳陷向东，下马岭组厚度减薄较南部和西部明显放缓。至承德宽城地区，受冀北坳陷影响，还出现局部增厚现象。承德乌龙叽地区下马岭组烃源岩厚110m左右，且有机质丰度较高，平泉刘家沟、宽城北杖子和双洞子等地的烃源岩厚度也在100m左右，与东部辽西坳陷形成第二个下马岭组沉降中心。辽西坳陷仅在老庄户地区发现厚70m的烃源岩层，向四周均减薄，可能指示一个小的沉降中心。盆地东北部凌源地区下马岭组黑色页岩较薄，向东向南的沉积厚度都快速减薄，喀左扬大门一带下马岭组总厚仅40~50m，苏杖子和南杜家窝铺等地更是减薄为30m以下，可能指示了盆地东部边界。与东西向盆地边界相比，下马岭组南北向边界虽然剖面点不多，但更易确定。北部因内蒙古隆起导致抬升剥蚀，使下马岭组沉积物基本沿尚义—崇礼—赤城—丰宁—隆化—凌源一线，向北完全缺失；南部沿易县—廊坊—宝坻—遵化—青龙—建昌一线，向南基本沉积缺失，可能代表了盆地南部沉积边界。受燕山运动影响，密怀隆起和山海关隆起使得下马岭组在燕辽盆地内部抬升剥蚀严重，残余烃源岩主要分布在燕山东部宣龙坳陷和西部冀北坳陷—辽西坳陷（图3-1-10）。

由此来看，盆地西北部宣龙坳陷的张家口下花园、怀来等地，下马岭组厚度最大，可达450~550m，烃源岩厚度在200m以上，是最重要的烃源岩沉降中心，也是现今烃源岩残余厚度最大的区域。该地区下马岭组烃源岩成熟度较低（低成熟—生油窗早期），且受辉绿岩侵入体影响小，是油气勘探的远景有利区。

3. 中—上扬子区陡山沱组烃源岩

中—上扬子区陡山沱组是华南新元古界最重要的烃源岩层系。陡山沱组与下伏南华系南沱组冰碛岩呈平行不整合接触，主要表现为冰碛砾岩之上沉积了一套厚度比较稳定的白云岩，再之上为黑色碳质泥页岩、钙质白云岩、粉砂质泥岩等沉积，构成了陡山沱组中下部岩性组合，反映了陡山沱组整体处于海侵作用下的台内盆地沉积背景。陡山沱组中上部以粉砂质泥岩、细晶白云岩为主，反映了水体逐渐变浅的台内盆地和局限台地相沉积环境。

陡山沱组岩相古地理分布整体呈现出由西北向东南、沉积环境由浅变深的特征。在上扬子区西缘、南缘分别存在汉南、天全和会泽古陆，在中扬子区存在孝昌古陆，四川

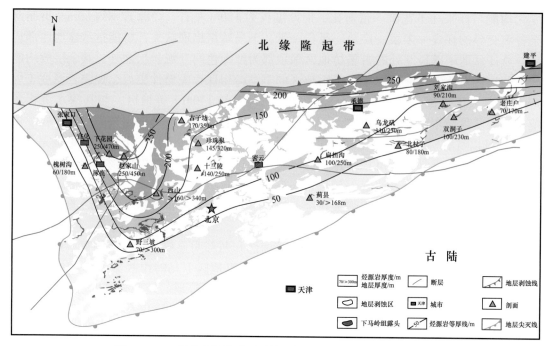

图 3-1-10　华北燕辽盆地下马岭组烃源岩残余厚度分布预测图

盆地内部则发育开江古陆。围绕开江古陆周缘地区形成了一系列砂质滨岸和潮坪潟湖相的白云岩沉积，在其外围地区则广泛分布着砂质、粉砂质的浅水陆棚沉积。深水凹陷多分布在四川盆地外围地区，其中西侧宁强—清平一带发育宁强和清平两个凹陷，水体较深，形成了页岩、砂质页岩沉积；北缘镇巴—城口—保康一带发育深水陆棚沉积，主要形成了一系列的暗色泥页岩沉积，是陡山沱组烃源岩的主要发育区；东侧受鄂西海峡影响发育鹤峰凹陷，沉积水体深，暗色泥岩厚度较大；东南方向则为深水海盆，发育长宁凹陷。由于陡山沱组沉积期的古海洋深部尚未被完全氧化，凹陷中心水体相对安静，多处于缺氧—贫氧环境，有机质保存较好。因此，陡山沱组岩相古地理特征控制了中上扬子区的烃源岩厚度中心和 TOC 高值区的分布。

依据湖北宜昌三峡地区的标准剖面，陡山沱组可划分为四段，烃源岩主要发育在陡二段和陡四段。陡二段主要为黑色碳质页岩夹薄层泥质白云岩、钙质白云岩、暗色泥页岩，厚度为 10～100m；陡四段主要为黑色碳质泥页岩，厚度为 10～50m。川东北城口一带陡山沱组烃源岩厚度较大，符家沟剖面的陡山沱组中上部以黑色碳质页岩、深灰色泥岩和页岩为主，夹少量砂质、粉砂质泥岩，暗色泥页岩纵向厚度可达 280m。贵州遵义一带陡山沱组烃源岩主要为黑色泥页岩，局部夹有泥质粉砂岩和粉砂质泥岩、碳酸盐岩。遵义六井剖面的陡山沱组出露地层 145m，TOC 在 0.1%～4.6% 之间，平均值为 1.5%，达到烃源岩标准（TOC＞0.5%）的厚度可达 115m，其中 TOC＞2.0% 的优质烃源岩厚度在 60m 左右。遵义大石墩剖面的陡山沱组出露泥岩厚度约 13m（出露不全），TOC 在 0.6%～3.3% 之间，平均值为 1.9%。

由此来看，湘鄂西地区烃源岩主要发育在陡二段和陡四段，但四川盆地及周缘地区的陡山沱组烃源岩主要发育在中上部，反映了海平面上升背景下的深水陆棚沉积，达到烃源岩标准的泥质岩纵向厚度在 10～300m 之间，其中达到优质烃源岩标准的暗色泥页岩厚度在 10～250m 之间。初步确定的四个厚度中心分别位于盆地边缘的川西北（广元—绵阳一带）、川东北（镇巴—城口一带）、五峰—秀山地区和盐津—遵义地区，总体厚度为 50～200m（图 3-1-11）。此外在川东古隆起的东西两侧还存在两个次级厚度中心，有效烃源岩厚度为 20～150m。四川盆地内部的有效烃源岩厚度较小，整体在 0～20m 之间，但在部分地区可能存在裂陷区，产生深水泥页岩沉积。总的来看，陡山沱组烃源岩在四川盆地外围和边缘的厚度较大，在盆地内部的厚度则相对较小，仅在川西北、川东北和川南等盆地边缘可能生成工业规模的油气。

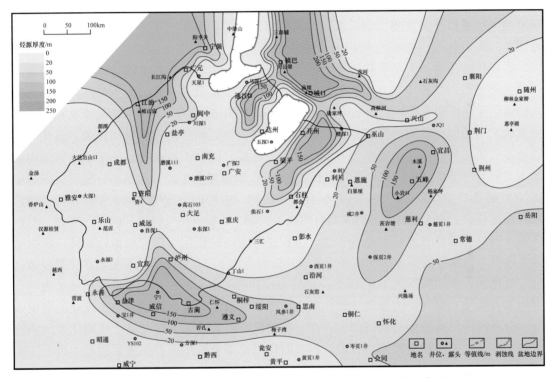

图 3-1-11　四川盆地及邻区下震旦统陡山沱组烃源岩厚度分布图

第二节　下古生界寒武系烃源岩形成与分布

自 21 世纪初，张水昌等（2001）在我国塔里木盆地下寒武统富有机质沉积物中发现大量甲藻甾烷、4-甲基甾烷等生物标志物，提出下寒武统富有机质泥页岩可作为塔里木盆地海相原油的有效烃源岩，进而揭开了围绕寒武系烃源岩的找油勘探。四川盆地下寒武统筇竹寺组厚层烃源岩及古油藏二次裂解生气机制的发现，为安岳气田高效勘探开发提供了理论基础（邹才能等，2014）。因此，下寒武统烃源岩形成机制、分布范围和生烃潜力在近二十年来，尤其是"十二五"和"十三五"期间，得到了广泛关注和深入研究，为塔里木盆地和四川盆地深层—超深层大油气田的连续发现提供了重要的科技支撑。本项目研究期间继续聚焦中—上扬子区和塔里木盆地的下寒武统烃源岩，深化早寒武纪的古气候和古海洋环境认识，进一步明确盆内和盆外下寒武统优质烃源岩的展布范围，为常规—非常规油气勘探提供理论依据。

一、有机质富集机制及主控因素

对富有机质沉积物及有机质富集机制的研究由来已久，但却一直未有定论。基于对古生界和中新生界富有机质沉积物的经验性观测，地质学家发现缺氧环境和富有机质沉积物的出现在时间、空间上存在一致性（Haug et al., 1998）。但富有机质页岩形成存在"保存条件"和"生产力"两方面的争论（Piper，Perkins，2004），前者认为沉积或底水环境的厌氧条件至关重要，而后者认为高的海洋表层初级生产力才是有机质堆积的决定性因素。事实上，上述两个过程并不是相互独立的。

在现代海洋中，大多数初级生产者和富有机质沉积物出现在大陆边缘地区。初级生产者的繁盛可能受控于上升洋流和陆源输入带来的丰富营养元素，而上升洋流和陆源输入的强弱受海洋和季风环流影响（Brandano et al., 2016）。大洋环流和海陆水文循环的季风系统又与不同纬度间的温度差、地球自转角度、海陆相对位置等密切相关。因此可以通过古板块位置的恢复来推断当时的高生产力区域，同时板块位置也决定了日照量和盆地水文情况。虽然许多研究中使用沉积物的 TOC 来重建古生产力。然而，现代沉积岩中的 TOC 并不单单反映生产力，还与颗粒输送机制、生物化学降解、埋藏保存条件、物理稀释作用有关，而这些因素有时又具有内在的关联（Schoepfer et al., 2015）。例如，有机质输入通量和稀释程度都与水深有关，沉积速率能同时作用于保存和稀释条件；有机质输入也受生物组分的固有比例稀释（如碳酸盐岩壳体）；有氧降解是有机质矿化最高效途径，氧化水体中的沉积物 TOC 很低，即使表层初级生产力高；生物扰动作用或物理混合会增加有机质在氧气中的暴露，而孔隙水硫化会使 H_2S 与有机质结合形成硫化的有机组分，对降解作用有较强的抵抗能力；在一些情况下，有机碳含量与黏土矿物比表面积有很好相关性，说明黏土矿物对有机质的吸附作用也是有机质保存的重要因素。以上这些过程使各种 TOC 控制指标的独立评价变得十分困难。

在初级生产力一定的情况下，有机质在沉积矿化之前，必须要经历不同程度的分解过程，而这一过程又严格受氧化还原环境的影响。在氧化条件下，有机质能利用水体或孔隙水中的溶解氧来进行新陈代谢，富氧水体下生物分解有机质最快，且最为高效。当溶解氧被消耗殆尽，生物分解有机质是通过其他氧化剂来进行的，依其分解过程获得自由能大小分别为：硝酸盐、锰—铁（氢）氧化物、硫酸盐，也就是说当溶解氧被耗完以后，硝酸盐首先被作为氧化剂参与到有机质分解，接着进行 Mn 还原和 Fe 还原作用。这些氧化还原带并不是严格分离的，而是存在空间上的叠加，例如，最近有研究表明，*Dietzia cercidiphylli* 在有微量氧气存在的情况下依然可以对水钠锰矿进行还原（王霄等，2018）。当硝酸盐、锰—铁氧化物都被消耗殆尽时，硫酸盐作为氧化剂参与硫酸盐还原反应，进一步分解有机质，该过程产生的 H_2S 是发育硫化水体的决定性因素，当 H_2S 含量大于两倍的 Fe^{2+} 含量时，则会导致水体中 H_2S 累积。当上述所有氧化物都被消耗完之后，产甲烷菌开始通过 C 的氧化还原歧化反应来分解有机质。由此可以看出，缺氧硫化水体发育与否实际是受有机碳、硫酸盐和 Fe^{2+} 浓度协同控制的。

现代太平洋东岸观测结果显示，有机碳向广海方向的降低是控制缺氧环境发育范围的主要原因。现代开阔海洋中，硫化水体多分布于上升流发育海域。这是由于上升流携带的营养盐促进了海洋生产力提高，继而消耗了海水中的溶解氧、硝酸盐和锰—铁氧化物之后，继续还原海水中的硫酸盐，产生了硫化水体（Canfield, Thamdrup, 2009）。因此，现代陆地边缘海洋约占海洋面积的 6%，但却贡献了全球超过 40% 的海洋有机净产量。

从全球角度来看，影响烃源岩发育的终极因素包括板块位置、太阳能量和生物活动，它们又共同作用于气候带分布、大气—海洋环流、海平面变化、地形、水深等因素。这些伴生产物又影响了每个盆地不同的生产力、降解、稀释、和有机质堆积作用（Bradley, 2008）。但从盆地尺度来看，有机质富集受初级生产力、生物—化学降解作用、非有机组分物理稀释和可容纳空间大小四种因素控制，分别代表着有机质的生成、降解、稀释和保存。

因此，有机质富集这一悠久而又极为重要的科学命题并不简单，而是蕴含着丰富着地球表层生态系统的信息。尤其是针对埃迪卡拉纪—寒武纪这一关键地质转折期，地表环境经历了从低氧到富氧的演化、生物种群由简单向复杂进化，同时伴随着全球性冰川的消融期和超大陆的裂解重组。前人针对这一时期的古构造、古气候、古生物等方面已开展了大量研究工作，但由于涉及内容的广泛性及多学科交叉研究的复杂性，许多问题仍未得到圆满解决。我国四川盆地安岳特大型气田和塔里木盆地寒武系油气的发现进一步说明地球系统的关键转折期演化、有机质超量富集与大油气田形成有着必然联系。该时期有机质富集和烃源岩发育机制的研究不仅能为我国下寒武统油气勘探提供理论指导，也能为重塑关键地质转折期的地表生态系统提供重要证据。

二、中—上扬子区下寒武统烃源岩形成与分布

扬子陆块在寒武纪初期可能位于北半球的低纬度区（<30°N），临近华北、澳大利亚、印支等板块，整体处于东冈瓦纳超大陆西侧和原特提斯洋东侧（Zhao et al., 2018），属被动陆缘环境。下寒武统沉积几乎遍布整个扬子陆块，但受沉积相带影响，各相区的地层序列、所含化石类型和保存特征均差异显著，这使得不同相区的岩石地层对比难度较大。以贵州及其邻区为例，在浅水台地区，下寒武统被划分为牛蹄塘组、明心寺组、金顶山组、清虚洞组；而在深水盆地区，下寒武统为一套覆盖在硅质岩之上的黑色岩系，称为渣拉沟组；浅水台地与深水盆地之间的过渡区域则划分为九门冲组、变马冲组、杷榔组和清虚洞组；在四川盆地内部，则划分为麦地坪组和筇竹寺组。在扬子大多数地区，寒武系底部一般发育含硅质、磷质岩层，厚度不等，这些硅、磷质层段与其下伏的埃迪卡拉系灯影组碳酸盐岩之间属淹没不整合型层序界面。寒武系底部含硅质、磷质地层一般含有小壳化石或者小型具刺的疑源类化石，通常从灯影组划分出来作为独立的组级

岩石地层单位，如滇东朱家箐组、贵州戈仲伍组、湖北三峡岩家河组、四川麦地坪组、陕南宽川铺组等。

四川盆地安岳气田的发现确定了筇竹寺组的烃源岩贡献，因此针对该烃源岩的形成与分布的研究对于发现更多的天然气大气田有着至关重要的意义。为便于表述，对中—上扬子区下寒武统暗色泥页岩地层在此统称为筇竹寺组。纵向上看，筇竹寺组表现出一定的变化规律。总体来说，多数剖面下部和中部以高TOC的黑色、深灰色页岩、泥岩为主，局部夹硅质岩、粉砂岩或碳酸盐岩，厚度普遍可达100m以上，是最主要的烃源层段；中上部在大多数地区以浅灰色、灰色粉砂质泥岩、泥质粉砂岩互层为特征，局部地区相变为泥灰岩或灰质泥岩沉积。

在早寒武世早期，中—上扬子地区基本延续了震旦纪末期沉积格局。筇竹寺组一段（简称筇一段）沉积时期，四川盆地及邻区自北西向南东方向发育砂质滨岸—砂泥质浅水陆棚—泥质浅水陆棚—碳硅泥质深水陆棚—泥质浅水陆棚—砂泥质浅水陆棚—剥蚀区—泥质浅水陆棚—碳硅泥质深水陆棚—深水盆地沉积。由于区域性海侵，海平面上升，全区以浅水陆棚沉积和剥蚀区为主，深水陆棚沉积主要存在于德阳—安岳裂陷区、川东北城口—镇巴一带和湘鄂西地区，岩性主要是硅质页岩、碳质泥岩等，富含有机质（图3-2-1）。如裂陷区中部资4井、高石17井等，筇一段以灰黑色碳质页岩为主，夹少量深灰色细砂岩和粉砂岩，为碳泥质深水陆棚微相沉积，在川北地区旺苍县郭家坝村具相似特征；沿裂陷槽并向两侧超覆，两侧为浅水陆棚沉积，沉积深灰色泥岩、粉砂质泥岩和泥质粉砂岩等。在川东北地区，城口—开州裂陷区主要为深水陆棚相，沉积了一套

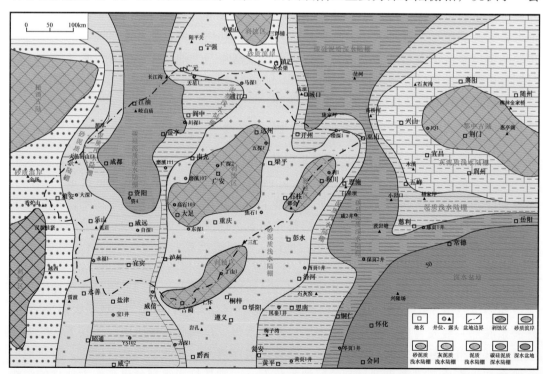

图3-2-1 四川盆地及邻区下寒武统筇一段岩相古地理图

深水相硅质泥页岩。川中古隆起、丁山高地等地区沉积厚度较小或者无沉积，筇一段不发育；在川东及湘鄂西地区主要以砂泥质浅水陆棚沉积为主。

到筇竹寺组二段（简称筇二段）沉积时期，经麦地坪组及筇一段沉积时期沉积物填平补齐沉积后，沉积古地貌背景变得相对平缓，筇二段在全区发育、广覆式沉积，筇二段沉积早期海平面再次上升，海侵范围进一步加大，深水陆棚相沉积范围增大，在四川盆地及邻区以深水陆棚相沉积为主（图3-2-2）。自北西向南东方向依次发育砂质滨岸—砂泥质浅灰陆棚—泥质浅水陆棚—碳硅泥质深水陆棚—砂泥质深水陆棚—泥质浅水陆棚—碳硅泥质深水陆棚—深水盆地沉积。川西地区接受来自康滇古陆及松潘古陆的陆源碎屑物质，以砂泥质浅水陆棚沉积为主，逐渐向德阳—安岳裂陷区过渡为碳硅泥质深水陆棚沉积。川东北地区物源主要来自汉南古陆碎屑物质；受川中古隆起影响，以浅水陆棚沉积为主，沉积一套浅灰色泥岩、泥质粉砂岩等。川东地区及川东南地区于受丁山水下高地影响，以化学絮凝沉积为主，以灰泥质浅水陆棚及混积浅水陆棚为主。湘鄂西地区物源主要受鄂中古陆控制，沉积物以化学沉积为主，发育碳酸盐岩台地及灰泥质浅水陆棚等。

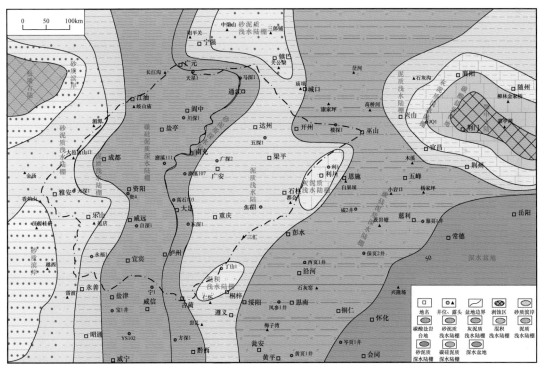

图3-2-2　四川盆地及邻区下寒武统筇二段岩相古地理图

筇竹寺组三段（简称筇三段）沉积时期，四川盆地及邻区的沉积微相类型与筇二段大致相同，但沉积范围有变化，自北西向南东方向依次发育砂质滨岸—砂泥质浅灰陆棚—泥质浅水陆棚—碳硅泥质深水陆棚—砂泥质深水陆棚—泥质浅水陆棚—深水盆地沉积。该时期的海平面缓慢下降，全区以砂泥质浅水陆棚相沉积为主，碳硅泥质深水陆棚

卷 5　中国陆上古老海相碳酸盐岩油气地质理论与勘探

在德阳—安岳裂陷槽北段及蜀南地区局部发育，川东北地区城口—开州裂陷区由笁二段硅碳泥质深水陆棚演变为泥质浅水陆棚微相；川中古隆起及川东地区受川北地区砂质滨岸及鄂中古陆陆源的控制作用，沉积一套砂泥质地层，以浅水陆棚为主（图 3-2-3）。

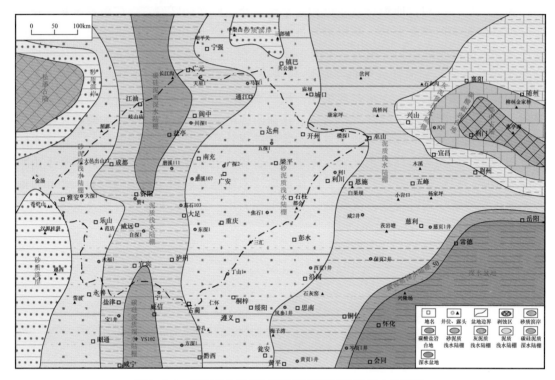

图 3-2-3　四川盆地及邻区下寒武统笁三段岩相古地理图

在上述古地理演化影响，在中上扬子区形成了厚 50~450m，且具有多个厚度中心的下寒武统笁竹寺组烃源岩（图 3-2-4）。其中，四川盆地内部的德阳—安岳裂陷槽内的下寒武统烃源岩厚度最大，200~450m；川中古隆起北斜坡—川西北地区，有效烃源岩厚度同样较大，主要在 250~400m 之间，其中川中古隆起北斜坡烃源条件优越，厚150~300m；在裂陷槽南段的蜀南地区，厚度略小，100~400m；川中台内区的有效烃源岩条件较好，厚 50~150m；在川东北城口—开州裂陷区内有效烃源岩发育厚度200~250m；由于受川中古隆起及川东地区水下高地影响，有效烃源岩厚度较小。

受沉积环境等因素控制，不同构造区第一段、第二段及笁三段有效烃源岩发育厚度不同。笁一段有效烃源岩主要发育在裂陷区和盆地边缘，区域厚度 50~300m。其中在德阳—安岳裂陷区内发育厚度大，厚度 100~300m，为主要的厚度中心；川中古隆起北斜坡向裂陷区过渡，发育较好，厚度 100~200m；由于城口—开县裂陷槽发育，形成深水环境，烃源岩厚度大，为 100~200m；湘鄂西地区厚度为 50~100m；但在盆地中心台内区欠发育，厚度较小。第二段在全盆广覆式沉积，但笁三段整体发海退，有效烃源岩厚度较小，因此可将笁二段及笁三段作为整体进行划分，厚度 50~200m，其中德阳—安岳裂陷区厚度最大，100~200m；川东北地区在城口—镇坪一带的城口—开县

－96－

裂陷槽内的厚度较大，100～150m ；在湘鄂西地区有效烃源岩厚度与川东北地区厚度相当，100～150m ；川中古隆起北斜坡区及台内区第一段发育，其中川中古隆起北斜坡厚100～150m，川中台内区厚 50～150m。

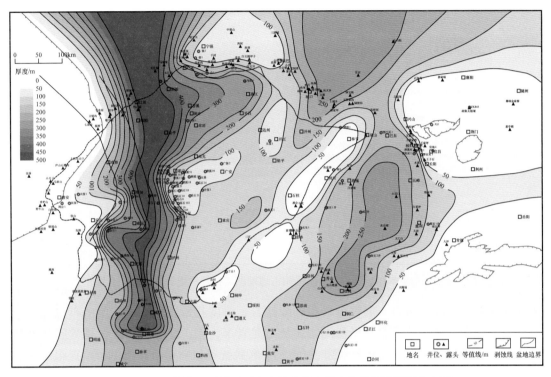

图 3-2-4　四川盆地及邻区下寒武统筇竹寺组有效烃源岩厚度分布图

三、塔里木盆地下寒武统烃源岩形成与分布

塔里木陆块在新元古代末期—寒武纪主体南半球低纬度区（＜30°S）（Zhao et al., 2018）。与华南陆块隔赤道相望，并同处于整体处于东冈瓦纳超大陆西侧和原特提斯洋东侧的被动陆缘环境（Zhao et al., 2018）。受控于超大陆裂解重组和原特提斯洋盆开启扩张，塔里木盆地在南华纪—寒武纪初期整体表现为"南北分异"的构造格局（图 3-2-5），由南部的东北走向地幔柱裂谷和北部的东西走向弧后裂谷断陷—坳陷盆地复合而成（任荣等，2017）。塔里木北部在早寒武世继承早期的构造沉积格局，发育近东西展布的深水陆棚区，大致位于现今塔北隆起和中央隆起带之间；塔里木南部则仍沿着先存的南华纪—震旦纪伸展构造发生沉降，接受沉积。至寒武纪晚期—中奥陶世演变为"东西差异"，由西部稳定台地及东部被动陆缘深水盆地组成。因此，寒武纪早期的塔里木盆地整体为被动陆缘向台内凹陷逐渐转变的构造演化背景，在南北两侧发育大型克拉通内坳陷和克拉通边缘坳陷。

塔里木盆地早寒武世早期地层主要包括玉尔吐斯组与西山布拉克组。其中，玉尔吐斯组分布在盆地中西部，主要为一套黑色含有机质细碎屑岩沉积，在露头区从下向上依

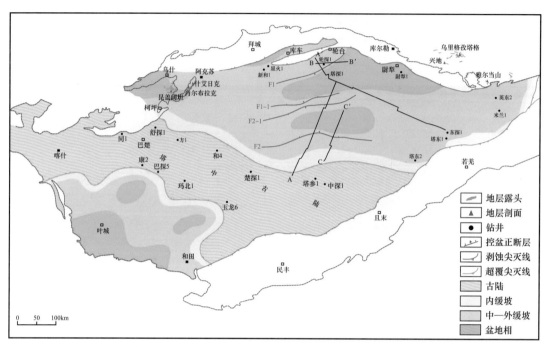

图 3-2-5　塔里木盆地玉尔吐斯组沉积古地理图（据管树巍等，2019，有修改）

次发育硅质岩、硅质页岩、黑色页岩和碳酸盐岩，厚度几米到几十米；西山布拉克组分布于盆地东部，以硅质泥岩、黑色泥岩和灰质泥岩等为主，并在露头区可见其底部发育一套火山岩和硅质岩，厚度几十米到200m。下寒武统玉尔吐斯组和西山布拉克组层状硅质岩记录的热液活动，反映了塔里木盆地早寒武世活跃的伸展构造（管树巍等，2019）。这一构造活动可能是南华纪裂陷断裂在早寒武世发生同沉积构造，并控制了玉尔吐斯组黑色页岩和肖尔布拉克组台缘礁滩的分布。其主要证据包括：

（1）早寒武世的塔里木陆块受控于南天山洋和西昆仑—阿尔金洋被动陆缘，处于伸展背景，为新元古代裂陷边界断裂再次活动提供有利条件；

（2）大规模发育与同沉积断裂活动相关的原地硅质热液沉积构造，如下寒武统玉尔吐斯组底部硅质岩内可见热液喷涌形成的原地流动构造，下伏震旦系奇格布拉克组发育网状裂缝并被硅质脉体充填；下寒武统玉尔吐斯组和西山布拉克组底部与黑色页岩共生的硅质岩为原地低温热液成因，指示同沉积断裂活动存在，为硅质热液提供通道；

（3）玉尔吐斯组向新元古代裂陷内部明显加厚，表现为同相轴变胖、变多，显示断裂控制的同构造沉积特征。

塔里木盆地早寒武世同沉积构造活动不仅控制了盆地形成和沉积充填，还控制了早寒武世中晚期到中寒武世台地、台缘与古地理格局演化（图3-2-6）。其中，同沉积断裂活动强度即断距横向变化引起的沉积差异演化是塔里木从早期"南北分异"演化为晚期"东盆西台"格局的主控因素。以塔中隆起北部为例，在肖尔布拉克组沉积期，同沉积断裂（F2，断裂位置如图3-2-5所示）断距由东向西减小形成"东陡西缓"地形，造成台缘规模向西变小，最终断裂消失、变为缓坡，同时台地差异发育进一步加剧了"东陡西缓"地形；在吾松格尔组沉积时期到中寒武世，受控于相同的相对海平面降低幅度，已有的"东陡西缓"地形造成东部台缘进积距离显著小于西部，台缘逐渐向北东方向弯曲，其中西部地形比较平缓、趋于填平，水深逐渐变浅，发育吾松格尔组局限台地和中寒武统膏盐湖沉积，东部则由于台缘的进一步近于原地生长导致地形高差加剧，形成明显的镶边台地—台缘—台缘斜坡结构，塔里木北部最终演化成"东盆西台"格局，即东部发育深水盆地、西部发育大型碳酸盐岩台地（图3-2-7）。

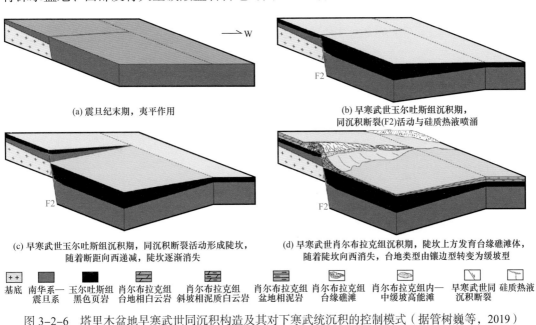

图 3-2-6 塔里木盆地早寒武世同沉积构造及其对下寒武统沉积的控制模式（据管树巍等，2019）

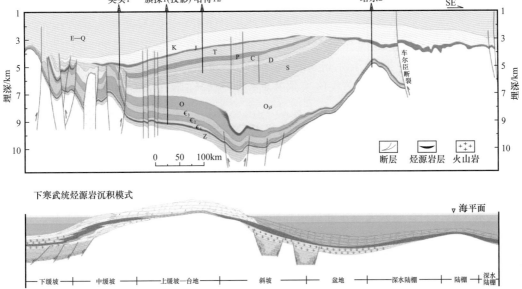

图 3-2-7 塔里木盆地寒武系烃源岩地质剖面与沉积模式

近年来的深层—超深层勘探实践和研究表明，下寒武统下部玉尔吐斯组和西山布拉克组暗色泥岩、硅质泥岩是塔里木盆地深层古生代海相油气的主力烃源岩之一，具有巨大的油气勘探潜力。但目前深层地震资料品质尚不能满足早寒武世同沉积构造精细解释和成图的需要。基于古地理格局、地层分布和烃源岩厚度等数据，编制了下寒武统玉尔吐斯组—西山布拉克组烃源岩分布图（图3-2-8）。

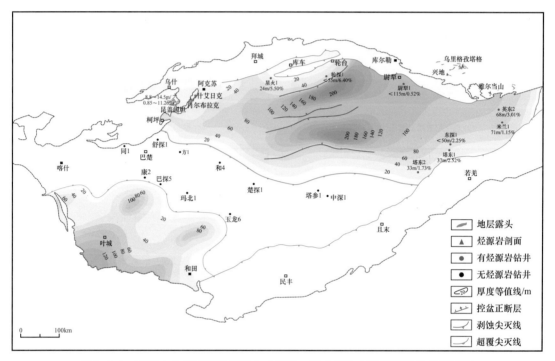

图 3-2-8　塔里木盆地下寒武统玉尔吐斯组—西山布拉克组烃源岩分布预测图

整体上，该套烃源岩受控于早寒武世早期古地理格局，具有南北差异分布。盆地北部烃源岩在塔北—塔中地区存在南北两个近东西向厚度中心，推测最大厚度达200m；轮探1井和星火1井揭示玉尔吐斯组烃源岩厚度在24～55m之间，TOC平均值为5.50%～6.40%；塔西北柯坪露头区玉尔吐斯组烃源岩在不同剖面的厚度为8.8～14.5m，TOC平均值为0.85%～11.26%，最大值达16%以上；塔东1井、塔东2井、东探1井、米兰1井、英东2井和尉犁1井等6口钻井揭示西山布拉克组烃源岩厚度为33～115m，TOC平均值为0.52%～3.01%，最大值接近8%。塔西南露头区的寒武系虽已遭受剥蚀而缺失，但根据古地理格局和沉积环境推测，塔里木南部盆地区沿着北东向新元古代裂陷很可能发育一定规模的同期烃源岩。在塔中古隆起区，虽有很多钻井钻穿寒武系或钻遇前寒武系，但它们普遍缺失玉尔吐斯组和西山布拉克组，如塔参1井、中深1井、楚探1井、玉龙6井、方1井、和4井、巴探2井、玛北1井、康2井、巴探5井，或者不发育烃源岩，如同1井、舒探1井。根据地震资料对烃源岩进行识别和追踪，预测塔里木盆地下寒武统烃源岩的分布面积超过 $20 \times 10^4 \ km^2$。

第三节 古老烃源岩成烃演化与勘探前景

显生宙海相烃源岩的生烃能力已被广泛研究，但多数聚集在生油窗和生气窗的范围、最大生油能力和最大生气能力的评价等指标上，很少讨论有机质母源或烃源岩形成环境差异导致的烃源岩生油生气倾向性。一个很重要的原因是显生宙烃源岩中几乎已经不能排除真核生物对有机质的贡献，而且当前油气发现主力烃源岩大多形成于缺氧环境。而对于元古宙，一个以原核生物为主，记录着真核生物出现并逐步繁盛的时代，古海洋环境也是存在着氧化、铁化、厌氧硫化等的动态变化，烃源岩的母质生物与形成环境，均与显生宙有着显著性差异。

经典石油地质学中的有机质生烃理论认为，具备生烃潜力的沉积有机质主要是可以进行光合作用的浮游藻类，细菌的生烃贡献小到可以忽略不计。然而，在太古宙—古中元古代，在真核生物规模性勃发之前的富有机质沉积，其母质来源只可能是原核生物。而且当初级生产力相对稳定时，底部水体氧化还原条件是决定有机质富集程度和氢指数（HI，常用于评价有机质保存状态和生油气潜力）高低，进而决定生烃潜力大小的关键因素。孢粉学和有机地球化学分析表明，陆相有机质对所有沉积物类型的贡献都十分有限，HI 差异主要来自不同水体环境的有机碳保存质量。一些低成熟烃源岩的地质实例也显示，高 HI 与富 H 脂肪族有机质一般对应着缺氧保存条件，而 HI 较低有机质的保存环境普遍较差。这是由于生物扰动使得自由氧能够进入更深层沉积物，导致更高程度的有机质降解，使 TOC 和 HI 更低。因此，如何识别原核生物对烃源岩沉积有机质的贡献，以及不同环境下的烃源岩生烃能力成为回答古老烃源岩成烃演化与勘探前景这一问题的关键所在。

一、14 亿年前下马岭组烃源岩的生烃潜力

中国华北下马岭组是一套低熟中元古界烃源岩，尚处于有机质热演化的低成熟阶段（R_o^E 约 0.6%），且有机质丰度高，TOC 值在 1%～20% 的范围内变化。高有机质丰度和低有机成熟度消除了在许多太古宙和元古宙盆地由于热蚀变作用导致的原始生源信息丢失或不足的影响。国内学者曾对这套黑色页岩开展了大量成烃潜力模拟实验研究，实验方法包括封闭体系热压模拟和半开放半封闭体系的生排烃模拟等（方杰等，2002；谢柳娟等，2013）。更重要的是，下花园地区厚达 550m 的下马岭组沉积物的底水沉积环境存在弱氧化、铁化（富 Fe^{2+}）缺氧和硫化（富 H_2S）厌氧的动态变化，几乎涵盖了目前已知的中元古代海洋所有水体环境特征（Wang et al.，2017），为研究中元古代有机质的富集机制、生烃潜力及其主控因素提供了难得实例。

本项目将下马岭组自上而下分为 6 个单元（图 3-3-1）。单元 5 下部为灰色泥质粉砂岩，上部则为灰绿色泥质粉砂岩，含大量海绿石沉积，发育铁质条带和铁质结核；单元 4 由下部交替出现的红色/绿色泥岩层和上部绿色粉砂岩/砂岩层组成。中部单元 3 为间互沉积的硅质岩和薄层黑色页岩，但底水环境则被认为是弱氧化的，上层水柱则为中间层

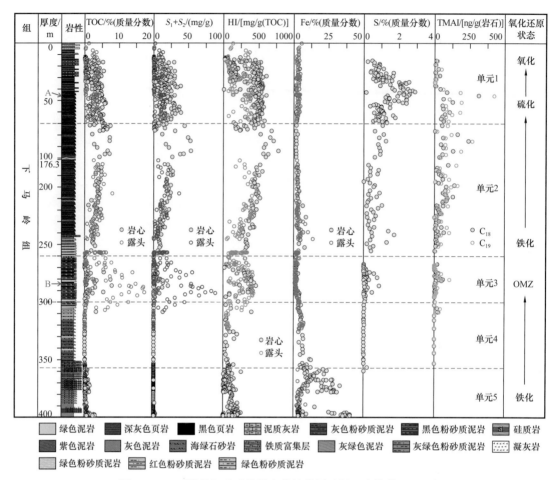

图 3-3-1　下马岭组地球化学参数柱状图（据王晓梅等，2021）

缺氧的 OMZ 环境（Zhang et al.，2016）。单元 2 为稳定沉积黑色页岩，形成于深水缺氧铁化环境，在接近顶部层位，逐渐向硫化转化（Wang et al.，2017）。单元 1 与单元 2 的界限不太明显，但自 70m 深度处，开始出现绿色页岩，指示水体开始变浅。单元 1 下部主体仍为黑色页岩，水体环境延续了单元 2 顶部的缺氧硫化特征（Wang et al.，2017），上部开始出现绿色/灰色页岩和黑色页岩的频繁间互沉积。单元 1 的 TOC、HI 和微量元素富集等地球化学指标也指示底层水氧化和厌氧环境的频繁转换底水氧化程度相比于单元 2 开始上升，再向上已可见明显波浪扰动的沉积证据，指示水体深度降至风暴浪基面左右；至顶部发育叠层石灰岩，说明下马岭组沉积后期进入潮坪环境，有机质沉降埋藏基本结束（Zhang et al.，2017）。

　　整体来看，下马岭组各单元沉积物的 TOC 和 HI 含量差异较大（图 3-3-1）。单元 5 的富铁沉积物中极低的 HI 被认为是受到氧化铁的异化铁还原对有机质的矿化降解作用所致（Canfield et al.，2018）。TOC 的最低值位于单元 4，绿色泥岩和红色泥岩均贫有机质，TOC 一般小于 0.1%，HI 在 50mg/g（TOC）之下，被认为是发生了强烈的氧化降解（Wang et al.，2017）。TOC 最大值出现在单元 3。相比于单元 4，TOC 急剧升高，部分黑色页岩样品 TOC 超过 20%，但间互沉积硅质岩样品的 TOC 仅为 1% 或更低。单元 3 沉积物的 HI 与岩性相关，总体在 300～500mg/g（TOC）之间。TOC 最稳定层段为单元 2，下部 TOC 在 2%～4% 之间，上部在 3%～8% 之间。自下而上，单元 2 沉积物的 HI 则呈逐步上升趋势，最高可达 700mg/g（TOC），与显生宙 II_1 型干酪根相当。单元 1 不同岩石类型的 TOC 差别较大，黑色页岩 TOC 在 2%～6% 之间，而绿色 / 灰色页岩 TOC 仅为 0.1%～1.0%。HI 与 TOC 大致为协同变化，与单元 3 具有相似性。受沉积时的初级生产力和底层水体氧化还原程度的影响，下马岭组的 TOC 最高值所对应样品和剖面深度与 HI 并不一致。HI 最高值出现在单元 2 顶部硫化环境下的黑色页岩，而 TOC 最高值则出现在单元 3 的 OMZ 环境下的黑色页岩（图 3-3-1）。

本项目进一步对采自河北下花园地区的元基 1 井中的两个样品（A 和 B）进行了封闭环境下的黄金管热模拟实验，体系压力为 30MPa。该实验方法可以通过分步热解法实现未熟烃源岩的人工熟化，来获取干酪根初次裂解生油和生气量，常被用来模拟干酪根的生烃过程。实验所选择的样品 A 和 B 分别采自单元 1 的硫化环境沉积段和单元 3 的 OMZ 环境沉积段。两个样品的热解 T_{max} 都在 440℃ 左右，处于生油窗早期阶段。取自单元 1 的样品 A 的 TOC 虽仅为 5%，但 HI 高达 560mg/g（TOC），而取自单元 3 的样品 B 的 TOC 可高达 12%，但 HI 仅为 361mg/g（TOC）。

根据干酪根样品热解过程中的阶段和累计生油量可以看出，TOC 含量较低（5%）的样品 A 的生油量明显高于 TOC 较高（12%）的样品 B（图 3-3-2）。样品 A 在 340℃（Easy% R_o=0.74%）的阶段产油量约为 204.1mg/g（TOC），同一温度点样品 B 的产油量为 66.4mg/g（TOC）。样品 A 的最大累计产油量约为 499.2mg/g（TOC），是样品 B 最大产油量，为 201.6mg/g（TOC）的 2.5 倍。产油量差异反映有机质的生油潜力上存在明显差异。阶段和累计产油量随温度的变化趋势也显示，两个干酪根样品生成液态油所对应的温度范围（320～400°C）和热成熟度范围（Easy% R_o=0.64%～1.26%）基本一致。样品 A 在同样温度点的生油转化率也要明显高于样品 B，如 340°C 时，样品 A 的生油转化率约为 81.6%，而样品 B 仅为 65.1%。

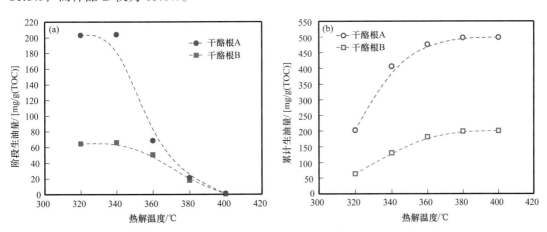

图 3-3-2　下马岭组干酪根样品分步热解实验中的阶段（a）和累计（b）生油量（据王晓梅等，2021）

图 3-3-3 显示了 2 个干酪根样品模拟实验过程中气体产物累计产率随 Easy%R_o 的演化。尽管样品 B 产油量相对较低，但最大累计烃类气体（C_{1-5}）产率［139.6mL/g（TOC）］明显高于样品 A［103.8mL/g（TOC）］，表明两个样品的生油气特征存在明显差异。样品 A 为倾油特征，而样品 B 则相对倾气。样品 A 的 C_{2-5} 气态烃累计产率［15.6mL/g（TOC）］略高于样品 B［13.3mL/g（TOC）］，但两个干酪根样品初次裂解生成 C_{2-5} 的温度范围（320～425℃）基本一致，表明下马岭组干酪根在高演化阶段初次裂解产物主要是甲烷气。此外，样品 B 的 CO_2 累计产率最高可达 87.2mL/g（TOC），高于样品 A［57.1mL/g（TOC）］；但 H_2S 累计产率仅为 0.43mL/g（TOC），低于样品 A［（29.0mL/g（TOC）］。这种显著差异很可能是因为样品 A 沉积于厌氧硫化环境，含硫有机化合物含量较高；而样品 B 沉积于弱含氧环境，有机质氧化程度更高。

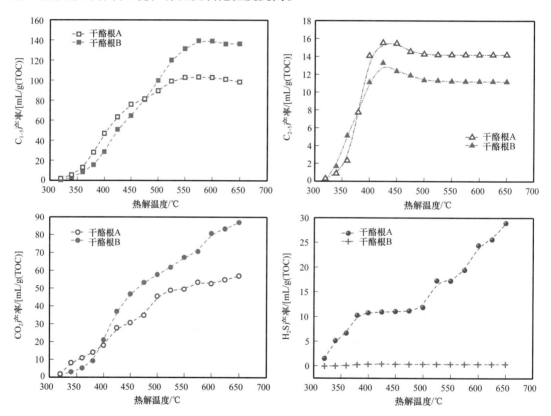

图 3-3-3　下马岭组干酪根各类烃类气体的累计产率随热解温度演化曲线（据王晓梅等，2021）

将下马岭组黑色页岩与显生宙代表性烃源岩样品相比，可以看出，下马岭组的有机质丰度（TOC）并不亚于松辽盆地白垩系青山口组、鄂尔多斯盆地三叠系延长组及欧洲北海盆地的白垩系等已经证实的可形成巨型油气田的主力烃源岩（图 3-3-4）。然而，与显生宙烃源岩不同的是，下马岭组不同单元黑色页岩的生烃潜力表现出明显差异。单元 1 和单元 2 的黑色页岩（样品 A 为代表），其生烃能力与松辽盆地白垩系烃源岩相当，有机质类型可能主要为 Ⅰ 型或 Ⅱ₁ 型。尽管 TOC 最高值只有 5%～8%，但 HI 可高达 750mg/g（TOC），如样品 A 的 TOC 为 5%，HI 为 560mg/g（TOC）（表 1）。而单元 3 的黑色页岩（样品 B 为代表），其生烃能力与鄂尔多斯盆地烃源岩三叠系相当，有机质类型可能主要为 II_2。尽管 TOC 可高达 20%，但 HI 最高只有 400mg/g（TOC），如样品 B 的 TOC 为 12%，HI 为 361mg/g。两个代表性样品的生烃能力差异也得到了黄金管生烃热模拟实验的证实。这表明，中元古代沉积有机质与显生宙具有类似性，高初级生产力固然是有机质沉积富集和后期生油气的必要条件，而且在相同沉积环境下，高初级生产力也对应着高生烃潜力。然而，初级生产力并非是生烃潜力大小的唯一决定性因素，有机质类型对生烃潜力的影响更大。

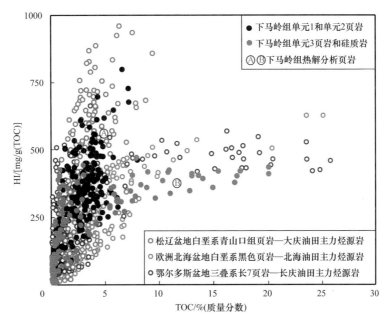

图 3-3-4　下马岭组黑色页岩及显生宙代表性烃源岩的 TOC 和 HI 关系图（据王晓梅等，2021）

二、中国中—新元古界—寒武系油气资源的勘探前景

中国三大克拉通中—新元古代—寒武纪裂谷体系为烃源岩发育提供有利场所，但多期构造叠加改造和多次沉积中心转移使得中国海相沉积呈现"时间相对连续、空间差异分布"特点。中国中—新元古界—寒武系沉积序列总体相对完整，但各陆块均存在不同程度的沉积间断，受原始沉积缺失和后期抬升剥蚀的双重影响，残余烃源岩的层位及分布呈现明显的区域差异。整体上看，中国中—新元古界—寒武系油气勘探前景具以下 5 个明显特点（图 3-3-5）。

（1）时代老，分布范围差异大。中元古界烃源岩主要分布在华北，最古老沉积为 1.8Ga 前的长城系；新元古界—寒武系烃源岩主要分布在扬子和塔里木，华北南缘虽有发现，分布范围十分有限；

（2）黑色泥页岩和黑色泥质碳酸盐岩是最主要烃源岩类型。碳酸盐岩沉积厚度在三大克拉通海相沉积体系中都占据主导地位，但有机质丰度普遍偏低，纯碳酸盐岩的 TOC 一般都在 0.2% 以下，不能达到烃源岩评价标准（>0.5%）。黑色泥页岩和黑色泥质碳酸

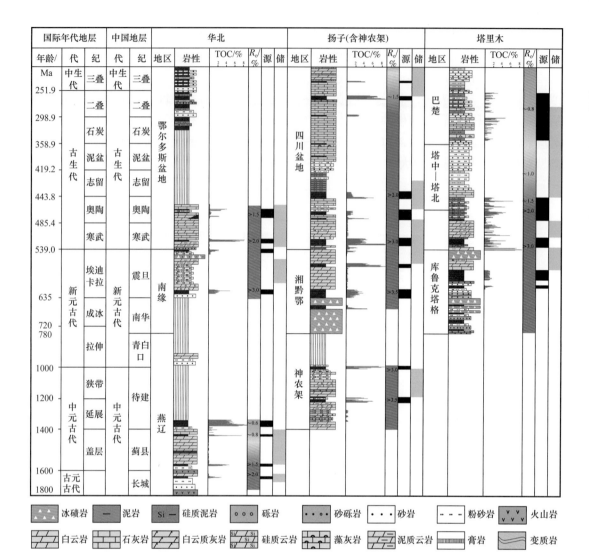

图3-3-5 中国中—新元古界—寒武系烃源岩分布、有机质丰度、成熟度和源储关系

盐岩的有机质丰度普遍较高，TOC 基本上都在 0.5% 以上，绝大多数层段都可在 1.0% 以上，部分可在 5.0% 以上，达到好烃源岩或优质烃源岩标准；

（3）有机质热演化程度差异大。四川盆地和鄂尔多斯盆地的中—新元古界—寒武系已处于过成熟的干气阶段，勘探目标只可能是天然气。塔里木盆地热演化程度稍低，寒武系烃源岩虽已过"生油窗"，但已生成原油可能尚未完全裂解，勘探上可油气并举。燕辽地区洪水庄组和下马岭组烃源岩受后期频繁且长时间抬升剥蚀影响，一直未遭受深埋，成熟度较低，烃源岩尚处于"生油窗"内，仍具有古老原生石油勘探的可能性。长城系和高于庄组烃源岩在中元古代可能已经历深埋生烃过程，热演化程度高，油气勘探应以寻找次生天然气藏为主。

（4）源—储组合优。中国中—新元古代—古生代烃源岩层系多，纵向叠置关系明显。烃源岩与碳酸盐岩或砂岩等优质储集岩呈互层产出，烃类产物可顺利排出并近源成储，有利于形成规模油气藏。寒武系烃源岩生烃贡献已得到证实，中—新元古界烃源岩的厚度和有机质丰度与古生界完全可比。因此，在鄂尔多斯、扬子和塔里木等盆地的深层—超深层的有利保存区，仍有发现规模整装油气田的潜力。

（5）中—新元古界油气资源前景仍不明确。已发现中元古界烃源岩多位于华北北缘的燕辽盆地，鄂尔多斯盆地深层是否发育长城系规模烃源岩，仍有待证实。新元古界烃源岩在扬子湘黔鄂地区和塔里木库鲁克塔格地区等均有发现，有机质丰度和烃源岩厚度均达优质烃源岩评价标准，但四川盆地和塔里木盆地深层是否发育南华系—震旦系烃源岩，仍有待证实。

第四章 震旦系—下古生界碳酸盐岩储层特征与分布

我国深层古老海相碳酸盐岩储层成因和分布预测是油气勘探亟须解决的关键科学问题之一。本章以塔里木盆地、四川盆地和鄂尔多斯盆地震旦系—奥陶系储层成因和分布规律解剖为切入点，综合露头、钻井资料和地震资料，以薄片观察、储层地球化学和模拟实验为手段，开展储层成因和分布规律研究，提出了深层古老海相碳酸盐岩储层具有相控性、继承性大于改造性的地质认识，明确了深层古老海相碳酸盐岩储层的规模性和可预测性，尤其在古老微生物白云岩储层成因、白云石化成储效应、深层碳酸盐岩孔隙发育和保存机理等领域进展明显。

第一节 碳酸盐岩储层类型与成因概述

一、碳酸盐岩储层类型

考虑物质基础、地质背景和成孔作用三个储层发育条件，结合勘探生产的实用性，形成了海相碳酸盐岩储层类型划分方案见表4-1-1（赵文智等，2012a；赵文智等，2013；赵文智等，2014），并为大多数地质工作者所认可。

二、碳酸盐岩储层成因

深层碳酸盐岩储层成因不外乎受控于以下三个因素的叠加改造，但主控因素的不同构成不同成因类型的储层。三个控制因素分别是：（1）礁滩相沉积是储层发育的物质基础，即使是白云岩和岩溶型储层；（2）储层孔隙主要形成于表生环境，可以是沉积原生孔隙，也可以是早表生及晚表生的淡水溶蚀形成的次生溶孔（洞）；（3）埋藏期孔隙的改造作用主要是通过溶蚀（有机酸、TSR及热液等作用）和沉淀作用导致先存孔隙的富集和贫化，虽然对孔隙新增的贡献不大，但却是深层优质碳酸盐岩储层形成的重要作用。这一观点从孔隙发育阶段的角度深化了储层成因认识。

1. 礁滩沉积是储层发育的物质基础

白云岩储层分为两类，一是保留或残留原岩礁滩结构的白云岩储层，二是晶粒白云岩储层。前者的原岩肯定为礁滩相，沉积原生孔为主，少量溶蚀孔洞，后者通过"锥光""荧光"等原岩结构恢复技术，发现原岩也为礁滩沉积，最为典型的案例是四川盆地二叠系栖霞组细—中晶白云岩储层，原岩为砂屑生物碎屑灰岩，晶间孔和晶间溶孔实际上是对原岩粒间孔、粒内孔（体腔孔）和溶孔的继承和调整，并非为白云石化作用的产物。塔里木盆地英买力地区下奥陶统蓬莱坝组细—中晶白云岩储层的原岩同样为礁滩相沉积。值得探索的是细—中晶白云岩的原岩颗粒结构易于恢复，而中粗晶白云岩、粗晶白云岩、巨晶白云岩的原岩结构难以恢复，这可能受控于以下两个方面的原因：一是原岩颗粒粒度大于白云石晶体粒度时，原岩颗粒结构易于恢复，原岩颗粒粒度小于白云石晶体粒度时，原岩颗粒结构难以恢复；二是晶粒粗的白云石晶体经历了更强烈的重结晶作用，或本身就是沉淀成因的，不存在原岩组构恢复的问题。

表 4-1-1　中国海相碳酸盐岩储层成因分类及典型实例

储层类型			储层发育的岩性基础	典型实例
相控型	礁滩储层	台缘带礁滩储层（镶边台缘及台内裂陷周缘礁滩储层）	礁灰岩，与礁相关的各种生屑灰岩，鲕粒灰岩，白云石化成礁滩白云岩	四川盆地德阳—安岳上震旦统灯四段台内裂陷周缘礁滩储层、开江—梁平二叠纪—三叠纪长兴组—飞仙关组沉积时期海槽周缘礁滩储层、塔里木盆地塔中北斜坡上奥陶统良里塔格组台缘带礁滩储层
		碳酸盐岩缓坡礁滩储层	生物碎屑灰岩、鲕粒灰岩、砂屑灰岩等，白云石化成礁滩白云岩，保留原岩结构	四川盆地高石梯—磨溪寒武系龙王庙组、塔里木盆地寒武系肖尔布拉克组颗粒滩储层
	白云岩储层	沉积型白云岩储层（回流渗透白云岩储层）	鲕粒灰岩、砂屑灰岩、藻礁灰岩等，白云石化成礁滩白云岩，残留部分原岩结构	
		沉积型白云岩储层（萨布哈白云岩储层）	膏云岩，位于膏岩湖和泥晶白云岩过渡带	塔北牙哈地区中—下寒武统、鄂尔多斯盆地奥陶系马家沟组上组合
		埋藏—热液改造型白云岩储层	原岩是多孔的颗粒灰岩，易发生白云石化，残留部分原岩结构或晶粒白云岩	塔里木盆地上寒武统及下奥陶统蓬莱坝组、四川盆地下二叠统栖霞组—茅口组、鄂尔多斯盆地马家沟组中组合白云岩储层
成岩型	岩溶储层	内幕岩溶储层（层间（顺层）岩溶储层）	岩性选择性，洞穴及孔洞主要发育于层间岩溶面之下的泥粒灰岩、粒泥灰岩中	塔北南缘一间房组—鹰山组、塔中鹰山组、四川盆地茅口组顶部岩溶储层
		内幕岩溶储层（断溶体储层）	断裂及裂缝两侧的泥粒灰岩、粒泥灰岩易发生溶蚀形成沿断裂或裂缝分布的溶蚀孔洞	塔北英买1、2井区一间房组—鹰山组岩溶储层，塔里木盆地顺北地区一间房组—鹰山组岩溶储层
		潜山（风化壳）岩溶储层（石灰岩潜山）	岩性选择性，潜山面之下的泥粒灰岩、粒泥灰岩易发生溶蚀形成溶蚀孔洞	塔里木盆地轮南低凸起、塔河地区一间房组—鹰山组岩溶储层
		潜山（风化壳）岩溶储层（白云岩风化壳）	原岩为白云岩、石灰质白云岩、白云质石灰岩，灰质易溶形成溶蚀孔洞，使储层物性得到改善	塔北牙哈地区中—下寒武统—蓬莱坝组、鄂尔多斯盆地马家沟组上组合

溶蚀模拟实验证实岩溶缝洞的发育具有岩性选择性（沈安江等，2015），主要发育于泥粒灰岩中，颗粒灰岩、粒泥灰岩和泥晶灰岩中少见，并为塔里木盆地一间房组—鹰山组岩溶缝洞（孔洞）围岩的岩性统计数据所证实。岩溶缝洞的发育离不开不整合面、层间岩溶面和断裂，但岩溶缝洞的富集受岩性控制。

2. 沉积和表生环境是深层碳酸盐岩储层孔隙发育的重要场所

碳酸盐岩储层孔隙有三个成因：一是沉积原生孔隙；二是早表生成岩环境不稳定矿物（文石、高镁方解石等）溶解形成组构选择性溶孔；三是晚表生成岩环境碳酸盐岩溶蚀形成非组构选择性溶蚀孔洞。尽管碳酸盐岩的高化学活动性贯穿于整个埋藏史，但最为强烈的增孔事件发生在表生环境，因为只有表生环境才是完全的开放体系，富含 CO_2 的大气淡水能得到及时补充，溶解产物能及时被搬运，为规模溶蚀创造了优越条件，而且这些溶蚀孔洞为埋藏成岩流体提供了运移通道。尽管碳酸盐岩原生孔隙难以保存或因溶蚀扩大而难以识别，但粒间孔、格架孔等原生孔隙在塔里木盆地和四川盆地深层碳酸盐岩储层中是很常见的。

3. 埋藏环境是碳酸盐岩储层孔隙调整（贫化和富集）的场所

埋藏环境通过溶蚀作用可以新增孔隙这一观点已为地质学家们所接受。通过塔里木盆地、四川盆地和鄂尔多斯盆地碳酸盐岩储层实例解剖，认为埋藏期碳酸盐岩孔隙的改造作用主要是通过溶蚀（有机酸、TSR 及热液等作用）和沉淀作用导致先存孔隙的富集和贫化，先存孔隙发育带控制埋藏溶孔的分布，开放体系高势能区是孔隙建造的场所，低势能区是孔隙破坏的场所，封闭体系是先存孔隙的保存场所。通过先存孔隙的富集和贫化导致深层优质储层的形成，其意义远大于孔隙的新增（沈安江等，2015）。

4. 白云石化与热液作用对碳酸盐岩储层孔隙的贡献

白云石化在孔隙建造和破坏中的作用，长期以来都是争论的焦点，由于深层碳酸盐岩储集空间主要发育于礁滩（白云岩）中，白云石化被认为对孔隙有重要的贡献（Hardie，1987；Montanez，1994；Vahrenkamp，1994）。然而，近期研究认为白云石化作用对孔隙的贡献被夸大，白云岩中的孔隙部分是对原岩孔隙的继承和调整，部分来自溶蚀作用（赵文智等，2014），但白云石化作用对早期孔隙的保存具重要的作用。与石灰岩相比，白云岩在埋藏环境具有更大的脆性和抗压实—压溶能力，缝合线不发育，这些特性为深层白云岩孔隙（原生孔、表生溶孔和埋藏溶孔）的保存提供了坚固的格架，减小了胶结充填的风险。

热液是指进入围岩地层且温度明显高于围岩（>5℃）的矿化流体（White et al.，1957）。拉张断层上盘、走滑断层、拉张断层和走滑断层的交叉部位是热液活动的优选。热液对主岩的改造体现在三个方面：一是"热液岩溶作用"（Dzulynski，1976；Sass-Gustkiewicz，1996；Graham，2006）形成溶蚀孔洞，甚至可造成岩层的局部垮塌和角砾岩化，形成储集空间；二是交代围岩或沉淀白云石形成热液白云岩；三是沉淀热液矿物充填先存孔隙和断裂/裂缝。所以，热液活动在局部范围可以形成溶蚀孔洞，但其规模存在不确定性，受控于热液活动的规模，而且主体以热液矿物沉淀破坏先存孔隙为主。但热液活动需要有断裂、不整合面和高渗透层作为热液的通道，其对先存储集空间的指示意义大于建设作用。

第二节　微生物碳酸盐岩储层类型与成储机制

微生物碳酸盐岩是非常重要的油气储层，尤其是古老微生物白云岩。东西伯利亚地区新元古界发育晚里菲期和晚文德期两套微生物白云岩规模储层，孔隙度达到 10% 以上，油气可采储量达 $22 \times 10^8 t$（Tong et al.，2018）；中国四川盆地灯影组微生物白云岩储层的天然气储量规模在万亿立方米以上，孔隙度达到 6%～12%；华北任丘、牛东地区蓟县系微生物白云岩储层的孔隙度可以达到 10%～15%。针对微生物碳酸盐岩分类不够系统、岩石类型及组合的环境意义不明确、岩相古地理重建缺乏沉积模式关键问题，通过对塔里木盆地、四川盆地和鄂尔多斯盆地两个隐生宙剖面和三个显生宙剖面详细的岩类学和岩石组合序列研究，取得的地质认识为岩相古地理重建和储层预测提供了依据。

一、微生物碳酸盐岩分类、沉积环境与沉积模式

微生物碳酸盐沉积是由底栖的原核或真核微生物群落通过捕获或粘结碎屑颗粒，或由微生物引发的碳酸盐沉淀而成的碳酸盐沉淀物（Burne，1987；Riding，2000），构成微生物碳酸盐沉积的微生物组分主要包括细菌、藻类、真菌、参与生物膜和微生物席生长的物质（Riding，1991）。

Riding（2000）将微生物碳酸盐岩划分为叠层石、凝块石、树枝石和均一石四类。Kalkowsky（1908）定义的叠层石为内部结构呈纹层状紧密排列的生物沉积灰岩。Riding（2011）根据叠层石的内部结构、宏观特征和微生物沉积之间的作用方式等特点，将叠层石细分为骨骼叠层石、粘结叠层石、细粒叠层石、泉华叠层石、陆生叠层石五类。凝块石指宏观上呈凝块状的底栖微生物沉积，这种微生物碳酸盐岩有着不规则的颗粒形态，可细分为钙化微生物凝块、粗糙粘结凝块、树枝凝块石、泉华凝块石、沉积后—生物扰动形成的凝块石、增生型凝块石和次生凝块石七类。树形石由微生物钙化而成，不是由颗粒粘结而成，呈厘米级灌木状枝体。均一石是一种相对无结构、隐晶质或泥晶质、凝块或树枝状结构、宏观结构缺少清晰纹层的微生物碳酸盐沉积。

梅冥相（2007）将核形石和纹理石补充到微生物碳酸盐岩中，建立了微生物碳酸盐岩的六分方案。纹理石指发育纹理化构造的泥晶灰岩，纹理化构造单个纹理的厚度在 0.5～1.5mm 之间，不同于水平状叠层石，是一种未受改造的有机纹理。核形石是指由微生物粘结或引发碳酸盐沉淀形成的球状、椭球状核形构造，大小为毫米—厘米级，常与凝块石共生，发育于前寒武纪及显生宙地层中，杨仁超（2011）将核形石分为椭球状同心纹层核形石、椭圆形不规则纹层核形石、叶状不连续纹层核形石及迷雾状核形石四种类型。

Shapiro（2000）按照构造尺度将微生物碳酸盐岩划分为大型构造（＞1m）、中型构造（0.5～1m）、小型构造（1～50cm）和微型构造（＜1cm）四类。大型构造指微生物碳酸盐岩形成的岩层特征，如微生物层、微生物丘等；中型构造指微生物碳酸盐岩的形态特征，如柱状、穹隆状、锥状、团块状等；小型构造指中型构造内部用裸眼能够观察到的微生物碳酸盐岩结构，如波状、纹层状、泡沫状、叠层状等；微型构造指显微镜下能够观察到的微生物碳酸盐岩显微结构与组分，包括钙化微生物残留体、沉积物和胶结物等。

研究人员通过对塔里木盆地上震旦统奇格布拉克组、下寒武统肖尔布拉克组，四川盆地上震旦统灯影组、中三叠统雷口坡组，鄂尔多斯盆地下奥陶统马家沟组微生物岩岩石学特征研究，提出了形态特征和构造尺度相结合的微生物碳酸盐岩分类方案。形态特征包括层状、丘状、波状、柱状、穹隆状、锥状、泡沫状、团块状、球粒状、树枝状、均一状、层纹状；构造尺度可分为大型构造（＞1m）、中型构造（0.5～1m）、小型构造（1～50cm）、微型构造（＜1cm）。不同形态特征对应不同构造尺度。

层状形态特征属岩层特征，主要对应于大型构造（＞1m）。丘状形态特征虽然也属岩层特征，但丘体的大小可以对应大型构造（＞1m）、中型构造（0.5～1m）和小型构造（1～50cm），在露头1～50cm大小的微生物丘或灰泥丘也是非常常见的。波状、柱状、穹隆状和锥状主要指叠层石的形态特征，柱状、穹隆状和锥状体的大小（包括波峰或波谷间的距离）主要对应小型构造，但中型构造尺度的波状、柱状、穹隆状和锥状体也常见，甚至偶见大型构造尺度的波状、柱状、穹隆状和锥状体。泡沫状和团块状主要指凝块石的形态特征，泡沫状凝块石主要对应微型构造，需要在显微镜下才能观察到的显微结构与组分，而团块状凝块石主要对应中型构造和小型构造，1cm～1m的凝块石团块常见，甚至偶见大型构造尺度的凝块石团块。球粒状主要指核形石和鲕粒的形态特征，除核形石外，越来越多的证据表明很多鲕粒也是微生物成因的（梅冥相，2012）。树枝状形态特征主要对应小型构造和微型构造，而且以厘米级的树枝为主。均一石和纹理石也属于岩层特征，主要对应于大型构造。

需要指出的是灰泥丘的归属问题。灰泥丘指具有明显的丘状几何形态，与上下及相邻地层在几何形态、灰泥含量及矿物组分等方面具明显差异的地质体，主要由灰泥、泥级球粒灰泥、微晶方解石和微生物构成，通常被解释为微生物作用下的原地堆积（Kaufmann，1998），应该纳入微生物碳酸盐岩分类体系中。另外，微生物粘结（藻）砂屑碳酸盐岩、藻砂屑碳酸盐岩的成因也与微生物作用有关，理论上也应纳入微生物碳酸盐岩分类体系中，但在Dunham（1962）碳酸盐岩分类体系中的绑结岩（boundstone）和泥粒灰岩（grainstone），已经有它们的位置。

与Riding等（2000、2011）、梅冥相等（2007）、Shapiro等（2000）的分类方案相比，表4-1-1的分类方案是一个更适用于露头和井场的系统分类方案，同时岩石类型及组合的环境意义更加明确，为微生物碳酸盐岩沉积环境恢复和沉积模式的建立奠定了基础。

二、微生物碳酸盐岩沉积模式

隐生宙和显生宙微生物碳酸盐岩类型和组合序列有很大的差异。隐生宙多为原地的微生物碳酸盐岩建造，反映以低能（潮汐作用为主）开放的潮汐—缓坡沉积体系为主，显生宙除原地的微生物碳酸盐岩建造外，还发育高能相带的藻砂屑/生物碎屑等颗粒碳酸盐岩、异地沉积的颗粒（包括角砾）碳酸盐岩和膏盐岩，反映高能台缘、斜坡、局限台地和波浪作用为特征的波浪—镶边沉积体系。

1. 缓坡沉积体系微生物碳酸盐岩沉积模式

塔里木盆地肖尔布拉克西沟剖面上震旦统奇格布拉克组、四川盆地南江杨坝剖面上震旦统灯影组两个隐生宙剖面代表了宏体生物出现之前，以微生物碳酸盐岩为主导的沉积特征。此时，以微生物为主导的海洋生态体系（Blumenberg，2012；Lenton，2014；赵文智等，2019），加上大气和海水普遍缺氧，大气环流作用弱（Planavsky，2014；Lyons，2014），形成三个沉积响应特征：一是隐生宙海洋以潮汐作用为主，波浪作用弱，风暴浪作用偶尔发生，这是导致隐生宙高能颗粒滩沉积不如显生宙发育的主要原因；二是隐生宙以碳酸盐岩缓坡为主，没有明显的镶边台缘，这是因为缺宏体造礁生物和碳酸盐生产率低，难以形成坚固抗浪格架的缘故；三是隐生宙气候潮湿，膏盐岩地层不发育。据此，根据沃尔索相律（Walther，1894），建立了缓坡沉积体系微生物碳酸盐岩沉积模式（图 4-2-1）。

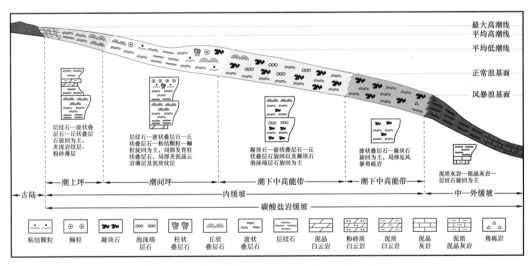

图 4-2-1　缓坡沉积体系微生物碳酸盐岩沉积模式

碳酸盐缓坡指从海岸到盆地坡度很小（一般坡度小于 1°～2°）的碳酸盐沉积体系（Tucker，1985），Wright（1992）根据风暴、波浪和潮汐影响程度将碳酸盐岩缓坡划分为内缓坡、中缓坡、外缓坡和盆地。外缓坡—盆地位于风暴浪基面之下，中缓坡位于风暴浪基面和正常浪基面之间，内缓坡位于正常浪基面与平均低潮线之间，平均低潮线之上为潮坪环境，以潮汐作用为主（笔者在本书中将潮坪/萨布哈环境从内缓坡剥离出来）。

外缓坡—盆地主要为大型纹理石碳酸盐岩及灰泥丘建造，含硅质结核及条带，夹深灰—黑色薄层泥岩，以四川盆地南江杨坝剖面灯一段、灯四段下部为代表。中缓坡主要为大—中型泡沫状、团块状凝块石碳酸盐岩建造，常见凝块石角砾（2～15cm），夹小—中型穹隆状、柱状、锥状结构叠层石碳酸盐岩，以塔里木盆地肖尔布拉克西沟剖面奇格布拉克组奇三段、四段、四川盆地南江杨坝剖面灯二段下部、灯四段上部为代表。内缓坡主要为大—中型波状叠层石碳酸盐岩建造，夹薄层微生物粘结藻砂屑/鲕粒/砾屑碳酸盐岩和小型凝块石碳酸盐岩，以塔里木盆地肖尔布拉克西沟剖面奇格布拉克组奇二段、四川盆地南江杨坝剖面灯二段上部、灯四段上部为代表。潮坪环境主要为大—中型层（丘）状微生物碳酸盐岩建造，夹藻砂屑碳酸盐岩、泥质碳酸盐岩、深灰—黑色泥质粉砂岩和粉砂质泥岩薄层、灰色中层状石英砂岩，以塔里木盆地肖尔布拉克西沟剖面奇格布拉克组奇一段、四川盆地南江杨坝剖面灯三段为代表。

无论是剖面的垂向序列还是平面展布特征，均展示了沉积环境的能量分带、可容纳空间大小对微生物碳酸盐岩岩石类型和组合序列的控制，高幅度的叠层构造代表可容纳空间充足的较深水沉积环境，微波状叠层构造代表可容纳空间不足的浅水沉积环境，风暴浪、波浪和潮汐作用可以形成规模不等的凝块石角砾或藻砂屑碳酸盐岩夹层。随水体变浅，微生物碳酸盐岩呈灰泥丘→凝块石碳酸盐岩→叠层石碳酸盐岩→席状、丘状微生物碳酸盐岩的变化特征。风暴浪基面之下以灰泥丘建造为主，风暴浪基面和正常浪基面之间以大—中型凝块石碳酸盐岩建造为主，正常浪基面与平均低潮线之间以小—中型叠层石碳酸盐岩建造为主，平均低潮线之上的潮坪环境以大—中型席状、丘状微生物碳酸盐岩建造为主。高频海平面变化可导致不同相带岩石组合序列的频繁交替。

大规模的潮汐—缓坡体系微生物碳酸盐沉积主要见于隐生宙，如东西伯利亚地区新元古界发育里菲期—文德期发育两套潮汐—缓坡背景的微生物白云岩，碳酸盐岩缓坡面积达到 $400 \times 10^4 km^2$（Howard，2012），但显生宙在特定的地质条件下，如以潮汐作用为主和缺宏体生物及以微生物为主导的生境，同样可以发育潮汐—缓坡体系微生物碳酸盐沉积。

2. 镶边沉积体系微生物碳酸盐岩沉积模式

塔里木盆地阿克苏什艾日克剖面下寒武统肖尔布拉克组、鄂尔多斯盆地靳2井下奥陶统马家沟组五段代表了显生宙宏体生物出现之后，微生物碳酸盐岩、高能礁滩相沉积和膏盐岩并存的沉积特征。此时，以宏体生物为主导的海洋生态体系（赵文智等，2019），加上大气和海水普遍富氧，大气环流作用强（Lyons，2014），形成三个沉积响应特征：一是显生宙海洋波浪作用和潮汐作用并存，障壁海岸以波浪作用为主，风暴作用也很常见，潮坪环境以潮汐作用为主，这是显生宙高能礁滩相沉积比隐生宙发育的主要原因；二是显生宙以镶边台地为主，即使是碳酸盐岩缓坡，也因造礁生物的繁盛和高碳酸盐生产率，很快演变为镶边台地；三是微生物碳酸盐岩的规模发育往往与高盐度海水有关，导致微生物碳酸盐岩、高能礁滩相沉积、膏盐岩共生（塔里木盆地阿克苏什艾日克剖面肖尔布拉克组虽然未出现膏盐岩，但其上覆地层吾松格尔组就是大套的膏盐岩），暗示了障壁岛的存在。据此，根据沃尔索相律（Walther，1894），建立了镶边沉积体系微生物碳酸盐岩沉积模式（图 4-2-2）。

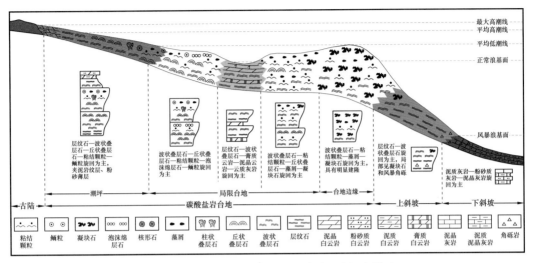

图 4-2-2　镶边沉积体系微生物碳酸盐岩沉积模式

镶边碳酸盐岩台地指碳酸盐岩台地与盆地之间有明显的坡折，斜坡坡度 60°以上，边缘发育障壁礁或滩，内侧发育低能潟湖，潟湖向陆方向过渡为陆源碎屑海岸，向海方向逐渐过渡为浅水碳酸盐岩台地，干旱气候条件下，潟湖中还会有蒸发岩沉积（Tucker，1990）。

盆地相主要为黑色泥页岩夹硅质岩条带和泥质粉砂岩，水平纹层发育，厚度薄分布广，为欠补偿沉积，以塔里木盆地玉尔吐斯组为代表。台缘前斜坡（下斜坡）主要为灰黑色大型纹理石碳酸盐岩及灰泥丘建造，发育的水平纹层为微生物痕迹，以塔里木盆地肖尔布拉克组下段—肖尔布拉克组中$_1$亚段为代表。台缘前斜坡（上斜坡）主要为灰黑色中—微型泡沫状、团块状凝块石碳酸盐岩建造，夹藻砂屑碳酸盐岩，常见凝块石角砾（5~15cm），以塔里木盆地肖尔布拉克组中$_2$亚段为代表。镶边台缘主要为浅灰色中厚层微生物粘结（藻）砂屑碳酸盐岩、藻砂屑碳酸盐岩建造，发育交错层理，以塔里木盆地肖尔布拉克组中$_3$亚段下部、鄂尔多斯盆地马四段—马五$_{10}$亚段、马五$_7$亚段为代表。碳酸盐岩台地主要为浅灰色大—中型波状叠层石碳酸盐岩建造，常伴生核形石（鲕粒）碳酸盐岩、微生物粘结藻砂屑碳酸盐岩、（泥质）泥晶灰岩或（泥质）泥晶白云岩，潟湖中可见少量小—中型穹隆状、锥状叠层石碳及微—小型泡沫状、团块状凝块石，以塔里木盆地肖尔布拉克组中$_3$亚段上部、鄂尔多斯盆地马五$_9$亚段—马五$_8$亚段、马五$_6$亚段中部为代表。蒸发潟湖主要为膏盐岩、膏云岩建造，夹（泥质）泥晶碳酸盐岩及少量微生物粘结（藻）砂屑碳酸盐岩，以鄂尔多斯盆地马五$_9$亚段—马五$_8$亚段、马五$_7$亚段、马五$_6$亚段下部、马五$_6$亚段中部、马五$_6$亚段上部为代表。潮坪环境主要为黄灰色薄层泥质碳酸盐岩、浅灰色大—中型层（席）状、丘状微生物碳酸盐岩建造，见少量泥质和陆源碎屑，以塔里木盆地肖尔布拉克组上段为代表。

与潮汐—缓坡体系微生物碳酸盐岩沉积模式相似，无论是剖面的垂向序列还是平面展布特征，均展示了沉积环境的能量分带、可容纳空间大小对微生物碳酸盐岩岩石类型和组合序列的控制。风暴浪基面之下的盆地相区以黑色泥页岩、硅质岩建造为主，风暴浪基面和正常浪基面之间的台缘前斜坡，下斜坡以大型纹理石碳酸盐岩建造为主，上斜坡以灰黑色中—微型泡沫状、团块状凝块石碳酸盐岩建造为主，正常浪基面之上的镶边台缘以微生物粘结（藻）砂屑碳酸盐岩、藻砂屑碳酸盐岩建造为主，碳酸盐岩台地以大—中型波状叠层碳酸盐岩建造为主，蒸发潟湖以膏盐岩和膏云岩建造为主，潮坪环境以大—中型层（席）状、丘状微生物碳酸盐岩建造为主。高频海平面变化可导致不同相带岩石组合序列的频繁交替。

大规模的波浪—镶边体系微生物碳酸盐沉积主要见于显生宙，但隐生宙在特定的地质条件下，同样可以发育波浪—镶边体系微生物碳酸盐沉积，如四川盆地川中地区德阳—安岳台内裂陷周缘的灯影组微生物碳酸盐沉积，虽然灯影组沉积期上扬子板块主体为碳酸盐岩缓坡背景。但德阳—安岳灯影组沉积期台内裂陷周缘的镶边既非典型的镶边台缘，又不是沉积型镶边，而是构造型镶边，恰恰通过灯影组沉积时期微生物碳酸盐的沉积作用，逐渐由灯二段沉积时期的构造型镶边向灯四段沉积时期的碳酸盐岩缓坡迁移（沈安江等，2020）。

三、微生物碳酸盐岩储层成因特殊性和分布规律

针对叠层石和凝块石碳酸盐岩比其他类型碳酸盐岩和其他类型微生物碳酸盐岩具有更佳储层发育潜力这一科学问题，通过现代微生物沉积物特征研究，微生物有机质早期低温降解生酸模拟实验和晚期热解生酸模拟实验、早期沉淀和交代白云石成因模拟实验，明确了微生物碳酸盐岩储层成因特殊性和分布规律。

1. 现代微生物沉积物特征研究和三个模拟实验

1）现代微生物沉积物特征

现代巴哈马台地微生物碳酸盐沉积特征研究揭示：湖底固结或半固结的叠层石灰岩（或沉积物）与湖岸半固结的碳酸盐泥相比，具有更高的初始孔隙度和微生物有机质含量。通过现代内蒙古新巴尔虎左3个盐湖、6个非盐湖沉积物特征比较研究揭示：（1）无论是盐湖还是淡水湖泊，没有微生物作用的条件下，沉积期没有原生白云石沉淀；（2）湖底中央下部沉积物中的白云石矿物是准同生期交代成因的，高盐度主控交代白云石的形成；（3）在淡水湖泊水体（低盐度）中，即使有微生物的作用，也不会出现原白云石沉淀及交代白云石（沈安江，2022）。

2）微生物有机质早期低温降解生酸模拟实验

微生物有机质早期低温降解生酸模拟实验采用铜绿微囊藻作为准同生—早成岩期微生物有机质低温降解的有机质来源，模拟自然水解、有氧降解、硝酸盐还原、Fe氧化物还原4个阶段的微生物有机质降解作用，分别模拟叠层石灰岩微生物有机质降解、凝块石灰岩微生物有机质降解的产物及丰度（图4-2-3）。

自然水解路径无论是叠层石灰岩还是凝块石灰岩，生酸强度低，有机酸类型单一，各不相同。有氧降解路径凝块石灰岩的生酸强度明显高于叠层石灰岩，虽然有机酸类型

依旧相对单一，但完全一致。硝酸盐还原路径无论是叠层石灰岩还是凝块石灰岩，生酸强度达到高峰，有机酸类型多样，但各不相同。Fe氧化物还原路径生酸强度介于有氧降解路径和硝酸盐还原路径之间，有机酸类型多样，但各不相同。

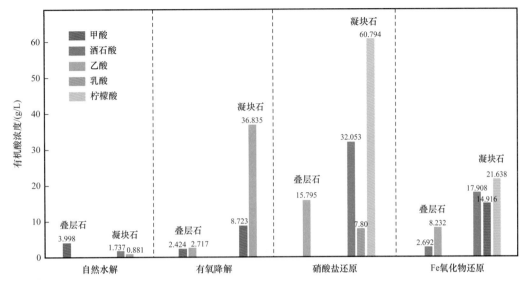

图 4-2-3　叠层石和凝块石灰岩微生物有机质低温降解路径与降解产物、浓度关系图

凝块石灰岩和叠层石灰岩具有较高的生酸强度，尤其是凝块石灰岩，这与不同类型微生物灰岩中微生物有机质丰度的差异有关。巴哈马台地现代微生物沉积物特征研究已经揭示叠层石灰岩具有很高的微生物有机质丰度，湖岸半固结碳酸盐泥的微生物有机质含量很低。层（席）状和丘状微生物灰岩的沉积背景与湖岸半固结碳酸盐泥沉积相似，均处于时而暴露时而被淹没的沉积环境，不利于微生物的繁盛，虽然未做微生物有机质早期低温降解生酸模拟实验，但生酸强度应该远小于叠层石灰岩。凝块石灰岩的沉积水深大于叠层石灰岩的沉积水深（韩作振等，2009；王月等，2011），故巴哈马台地现代微生物沉积未见凝块石灰岩，但可以推测凝块石灰岩微生物有机质含量不亚于叠层石灰岩，并导致凝块石灰岩的生酸强度高于叠层石灰岩。纹理石灰岩是指发育纹理化构造（0.5～1.5mm）的泥晶灰岩，其沉积水深大于凝块石灰岩（郝雁等，2018；吴亚生等，2020），并往往与黑色泥岩伴生，有机质含量很高，可以成为好的烃源岩，但不能作为储层，有机质晚期热解生烃过程中伴生大量有机酸，对紧邻烃源岩的储层有改造作用。

微生物有机质类型和丰度相同的微生物灰岩，硝酸盐还原的生酸强度大于Fe氧化物还原的生酸强度大于有氧降解的生酸强度大于自然水解的生酸强度，干旱气候背景条件下的碳酸盐岩—膏盐岩沉积体系有利于硝酸盐还原生酸和Fe氧化物还原生酸作用的发生。

综上所述，不同类型的微生物灰岩受微生物有机质丰度和降解途径的不同，生酸强度和类型有很大的差异，碳酸盐岩—膏盐岩沉积体系凝块石和叠层石灰岩的生酸强度最大。

3）微生物有机质晚期热解生酸模拟实验

选取三组样品开展实验：第一组为取自柴达木盆地古近系的微生物灰岩样，TOC=0.30%，S_1=0.04mg/g，S_2=0.18mg/g，HI=60mg/g，R_o=0.42%；第二组为取自泌阳凹陷古近系的灰色泥岩，TOC=2.64%，S_2=15.83mg/g，HI=600mg/g，R_o=0.38%；第三组为取自禄劝茂山剖面中二叠统的泥灰岩，TOC=3.33%，S_1=1.11mg/g，S_2=13.9mg/g，HI=403mg/g，R_o=0.42%。上述样品现今处于未成熟—低成熟阶段，地质历史上未经历生烃高峰，是生烃和生酸模拟实验的理想样品。

实验结果（图4-2-4）研究表明微生物灰岩的油产率、烃气产率均不亚于灰色泥岩、泥灰岩，具备生烃的潜力，与黑色泥岩相比，虽然不是优质烃源岩，但有规模，可能是现实的烃源岩。模拟实验进一步揭示，微生物灰岩热解生烃过程中还伴生 CO_2 气体和有机酸的形成，而且产率远大于灰色泥岩和泥灰岩。

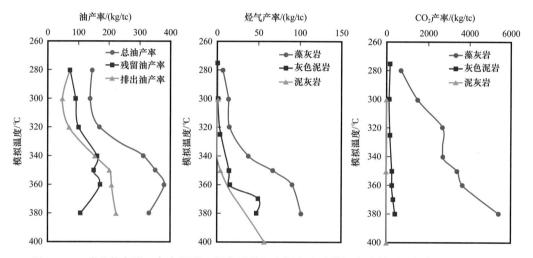

图4-2-4 微生物灰岩、灰色泥岩、泥灰岩热解生烃和生酸模拟实验结果（据胡安平，2019）

4）微生物诱导原白云石沉淀模拟实验

Land（1998）在地表温压条件下（<50℃，数米深压力），经过32年的地质过程，也未能通过无机途径产生原白云石沉淀，使人们把目光转向有机成因上。微生物灰岩的存在足以说明并不是所有的微生物都能诱导白云石沉淀，可能与特殊类型的微生物有关。Vasconcelos等（1995）通过实验指出硫酸盐还原菌能够诱导白云石的沉淀，Warthmann等（2005）通过实验指出产甲烷菌能够诱导白云石的沉淀，Kenward等（2013）将实验室沉淀的白云石与拉戈阿韦梅利亚咸化海岸的白云石进行比较，两者具相似的球形和低有序度特征，进而推断特殊类型的微生物（硫酸盐还原菌、产甲烷菌）是沉淀原白云石的条件。

考虑到古老微生物白云岩主要发育于碳酸盐岩—膏盐岩沉积体系，与高盐度有关，笔者开展了嗜盐古菌诱导原白云石沉淀实验，发现高嗜盐古菌细胞浓度、高盐度、介质高 Mg/Ca 比是碳酸盐岩—膏盐岩沉积体系诱导早期低温原白云石沉淀的重要条件。

研究用于诱导原白云石沉淀的三株嗜盐古菌分别为 *Natrinema* sp. J7-1、J7-3、LJ7，成矿条件为［Ca^{2+}］浓度 10mmol/L，［Mg^{2+}］浓度 100mmol/L，［CO_3^{2-}］浓度 20mmol/L，

［SO_4^{2-}］浓度分别为0mmol/L、1mmol/L、29.8mmol/L、100mmol/L，温度45℃，转速150r/min，培养时长72h。在相同盐度（200‰）条件下，*Natrinema* sp. J7-1、J7-3、LJ7细胞浓度（OD600）分别为0、1.0、1.5、2.0、2.5（注：细胞浓度用吸光度表示，测试波长为600nm，即OD600）。实验结果显示，*Natrinema* sp. J7-1、J7-3、LJ7三株嗜盐古菌诱导原白云石沉淀的细胞浓度（OD600）下限分别为1.5、2.0和1.5［图4-2-5（a）、（b）、（c）］。本书还开展了嗜盐古菌细胞浓度相同的条件下，随盐度变化的原白云石沉淀情况，给定嗜盐古菌 *Natrinema* sp. J7-1的细胞浓度为2.0，盐度为100‰时，沉淀文石，无原白云石沉淀［图4-2-5（d）］，盐度为140‰时，沉淀原白云石和单水合方解石，盐度为200‰时，沉淀原白云石和文石，盐度为280‰时，全为原白云石沉淀［图4-2-5（e）］。更为有趣的是在没有嗜盐古菌参与的条件下，盐度在140‰、200‰、280‰时，均为文石沉淀，未见原白云石沉淀［图4-2-5（f）］。SO_4^{2-}浓度不影响嗜盐古菌诱导原白云石沉淀［图4-2-5（e）、（f）］，这是碳酸盐岩—膏盐岩沉积体系富［SO_4^{2-}］条件下嗜盐古菌仍能诱导原白云石沉淀的重要原因。嗜盐古菌诱导沉淀的原白云石为低有序度白云石（<0.4）。

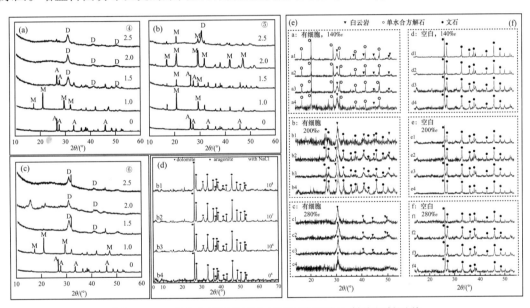

图4-2-5 嗜盐古菌诱导原白云石沉淀实验X射线衍射图谱

（a）在盐度200‰和嗜盐古菌J7-1细胞浓度（OD600）>1.5时出现原白云石沉淀；（b）在盐度200‰和嗜盐古菌J7-3细胞浓度（OD600）>2.0时出现原白云石沉淀；（c）在盐度200‰和嗜盐古菌LJ7细胞浓度（OD600）>1.5时出现原白云石沉淀；（d）在盐度200‰和嗜盐古菌J7-3细胞浓度（OD600）>2.0时未出现原白云石沉淀；（e）在嗜盐古菌J7-3细胞浓度（OD600）>2.0时，盐度>140‰时出现原白云石沉淀，a1、b1、c1代表［SO_4^{2-}］浓度为0，a2、b2、c2代表［SO_4^{2-}］浓度为1，a3、b3、c3代表［SO_4^{2-}］浓度为29.8，a4、b4、c4代表［SO_4^{2-}］浓度为100；（f）在没有嗜盐古菌参与的情况下，即使有与（e）同等的盐度，也没有原白云石沉淀，d1、e1、f1代表［SO_4^{2-}］浓度为0，d2、e2、f2代表［SO_4^{2-}］浓度为1，d3、e3、f3代表［SO_4^{2-}］浓度为29.8，d4、e4、f4代表［SO_4^{2-}］浓度为100。

综上所述，高嗜盐古菌细胞浓度（>1.5）、高盐度（>100‰）是诱导早期原白云石沉淀的两个必要条件，虽然本实验成矿介质设定的Mg/Ca比为10，但Mg/Ca比介于

2～10 可能更有利于嗜盐古菌诱导原白云石沉淀（Qiu et al.，2019）。

2. 微生物碳酸盐岩储层成因

现代微生物沉积物特征、现代盐湖沉积物特征研究和微生物有机质早期低温降解生酸模拟实验、微生物有机质晚期热解生酸模拟实验、微生物诱导原白云石沉淀模拟实验揭示微生物碳酸盐岩储层的成因有其特殊性，提出了"三元"控储地质认识。

1）叠层石和凝块石沉积是微生物碳酸盐岩储层发育的物质基础

前已述及，微生物碳酸盐岩包括叠层石、凝块石、树枝石、均一石、核形石和纹理石六类（梅冥相，2007）。我国中新生代微生物碳酸盐岩储层主要发育于陆相湖盆中，如中国东部诸盆地及柴达木、塔里木古近系微生物碳酸盐岩储层（张振城等，2004；张长好等，2012；张永胜等，2017；林春明等，2019；徐斐等，2020），既有叠层石和凝块石灰岩，又有叠层石和凝块石白云岩，手标本呈蜂窝状，储层物性极佳，叠层石和凝块石白云岩储层主要分布于碳酸盐岩—膏盐岩沉积体系，白云石化对储层的发育似乎没有实质性的影响。我国前寒武系及古生代海相微生物碳酸盐岩储层以叠层石和凝块石白云岩为主，主要分布于碳酸盐岩—膏盐岩沉积体系，如四川盆地灯影组、嘉陵江组、雷口坡组一段至三段和塔里木盆地寒武系盐下叠层石和凝块石白云岩储层，未发生白云石化的叠层石和凝块石灰岩往往致密无孔，如四川盆地雷口坡组四段（王浩等，2018），白云石化对储层的发育似乎具有重要的控制作用。

无论是叠层石和凝块石灰岩储层，还是叠层石和凝块石白云岩储层，储集空间以原生藻格架孔为主，白云石化对孔隙的新增没有实质性的贡献。巴哈马台地现代微生物沉积物特征研究也揭示，叠层石灰岩具有很大的初始孔隙度，这些孔隙一部分为沉积原生孔，一部分为微生物有机质腐烂形成的孔隙，这些孔隙不但构成了我国中新生代湖相叠层石、凝块石灰岩和叠层石、凝块石白云岩储层的主要储集空间，前寒武系及古生界海相叠层石、凝块石白云岩储层的储集空间同样是对初始孔隙的继承和调整，初始孔隙发育的叠层石和凝块石沉积是储层发育的物质基础。对于我国古老海相叠层石和凝块石白云岩储层而言，这些初始孔隙是如何在经历漫长埋藏地质过程中得以保存的，这是后文要讨论的微生物碳酸盐岩储层成因的另外两个控制因素。

2）微生物有机质降解和热解生酸是初始孔隙得以保存的关键

巴哈马台地现代微生物沉积物特征研究不但揭示了叠层石灰岩具有很高的初始孔隙度，而且富含微生物有机质，这些微生物有机质的腐烂不但可以释放大量的初始孔隙，其早期低温降解和晚期热解生成的有机酸有利于初始孔隙在经历漫长埋藏地质过程中的保存，这是微生物碳酸盐岩储层发育的第二个主控因素。

微生物有机质降解和热解生酸模拟实验揭示，由于叠层石和凝块石沉积的微生物有机质最丰富，降解和热解的生酸量大，使得叠层石和凝块石碳酸盐岩在经历漫长的埋藏地质过程中始终处于酸性环境，除有机酸溶蚀成孔外，更有利于初始孔隙的保存，这很好地解释了古老叠层石和凝块石白云岩储层仍能像古近系叠层石、凝块石碳酸盐岩储层一样，孔隙中很少有亮晶方解石或白云石胶结物，优质储层呈蜂窝状并保持原岩沉积组构的原因。

同时，碳酸盐岩—膏盐岩体系因石膏的沉淀导致 $[SO_4^{2-}]$ 浓度降低，有利于硝酸盐还原生酸和 Fe 氧化物还原生酸作用的发生，生酸强度明显提高，更有利于初始孔隙的保存。埋藏环境石膏的溶解产生的 $[SO_4^{2-}]$ 有利于硫酸盐还原反应（TSR）和溶蚀孔洞的发育。

3）碳酸盐岩—膏盐岩体系微生物碳酸盐岩易于发生早期白云石化导致优质储层主要发育于叠层石和凝块石白云岩中

现代盐湖沉积物特征研究及微生物诱导原白云石沉淀模拟实验揭示碳酸盐岩—膏盐岩沉积体系易于发育沉淀和交代两类早期低温白云岩。虽然白云石化对储集空间的新增没有实质性的贡献，白云岩储层中的孔隙是对原岩孔隙的继承和调整（赵文智等，2018），但早期白云石化有利于初始孔隙的保存（李开开等，2018；熊鹰等，2018），表现在四个方面：一是早期白云石化导致早期固结和密度加大，利于保留沉积原生孔；二是微生物白云岩的抗压溶能力远大于石灰岩，在石灰岩中常见的压溶缝合线在白云岩中几乎见不到；三是深埋环境白云石比石灰岩更容易被有机酸溶解形成次生溶孔（郑剑锋等，2017；贾连奇等，2016；佘敏等，2014）；四是白云岩比石灰岩具有更大的脆性，易于发生机械破碎产生裂缝和砾间孔。

综上所述，碳酸盐岩—膏盐岩沉积体系叠层石和凝块石碳酸盐岩高初始孔隙度、富微生物有机质含量、微生物有机质早期降解和晚期热解生酸、易于发生早期白云石化导致叠层石和凝块石碳酸盐岩储层成因别于其他类型的碳酸盐岩和其他类型的微生物碳酸盐岩，储层发育潜力更佳，以叠层石和凝块石白云岩储层为主。

3. 微生物碳酸盐岩储层分布

"三元"控储地质认识揭示微生物碳酸盐岩储层主要发育于碳酸盐岩—膏盐岩沉积体系的叠层石和凝块石沉积相带，岩性主要为叠层石和凝块石白云岩。

1）微生物碳酸盐岩储层主要分布于叠层石和凝块石沉积相带

不同地质历史时期均可能发育潮汐—缓坡体系和波浪—镶边体系微生物碳酸盐沉积，但隐生宙以潮汐—缓坡体系为主，显生宙以波浪—镶边体系为主。

从潮汐—缓坡体系微生物碳酸盐沉积模式可知，叠层石碳酸盐岩主要分布在正常浪基面与平均低潮线之间的内缓坡相带，凝块石碳酸盐岩主要分布在风暴浪基面与正常浪基面之间的中缓坡相带，凝块石沉积水体的深度大于叠层石（由雪莲等，2011）。从波浪—镶边体系微生物碳酸盐沉积模式可知，叠层石碳酸盐岩主要分布在正常浪基面与平均低潮线之间的碳酸盐岩台地（潟湖），凝块石碳酸盐岩主要分布在风暴浪基面与正常浪基面之间的台缘前斜坡。

2）微生物碳酸盐岩储层主要发育于碳酸盐岩—膏盐岩沉积体系

胡安平（2019）研究认为，碳酸盐岩—膏盐岩沉积体系随气候由潮湿向干旱迁移，由下向上依次发育凝块石白云岩、藻砂屑白云岩、叠层石白云岩、席（丘）状微生物白云岩、膏云岩、膏盐岩、石盐岩性组合序列，反之亦然，气候突变会导致某种岩性的缺失，这为通过古气候研究，预测碳酸盐岩—膏盐岩组合储层的分布提供了依据。

中国海相层系发育三套碳酸盐岩—膏盐岩组合：一是灯影组—中—下寒武统，以塔里木盆地和四川盆地为代表；二是下奥陶统，以鄂尔多斯盆地为代表；三是中—下三叠统，以四川盆地为代表，同时，中国东部诸盆地及柴达木、塔里木古近系也发育碳酸盐岩—膏盐岩组合，规模优质微生物白云岩储层勘探值得期待。

第三节　白云岩储层成因和深层储层孔隙保存机理

深层除继承性岩溶缝洞型石灰岩储层外，以基质孔型白云岩储层为主。虽然白云岩储层的孔隙主要是对原岩孔隙的继承和调整，白云石化本身不建造孔隙（沈安江，2015），但无法解释多孔礁滩灰岩埋藏白云石化后储层品质的巨大差异，深层白云岩埋藏溶蚀孔洞的成孔机理及分布规律、孔洞保存机理及分布样式也是深层白云岩储层评价和预测面临的科学问题。

一、白云岩成因与白云石化孔隙效应

1. 白云岩成因类型

碳酸盐岩分类方案很多（Folk，1959；Dunham，1962），但多以结构分类为主，尚欠缺意见统一的成因分类方案。Warren（2000）总结并讨论了十种白云石化作用模式，对不同白云石化作用的发育机制和背景进行了分析，但未能形成一个系统的、成熟的白云岩成因分类方案。研究通过综合白云岩的岩石学特征、形成环境和时间序列，将白云岩划分为三类六亚类（表4-3-1），这一分类方案的特点是提出白云岩类型是时间序列和形成环境演化的函数，随着时间的推进（由早到晚，由同生期到埋藏期）和成岩环境的演化（由潮湿到干旱，由低温压到高温压，由淡水、海水到埋藏、热液成岩介质），不同类型白云岩依次出现，各类白云岩之间的成岩域、特征域的界线清晰，各类白云岩之间的演化线索清楚，更具系统性和连续性，该方案利于将不同成因白云岩放在同一框架下进行对比分析。

从形成阶段看，白云岩总体形成于（准）同生期和埋藏期两个阶段。

（准）同生期低温白云岩的发育与古气候古环境演化密切相关，随气候由潮湿向干旱的变迁（温度、盐度和碱度逐渐升高），依次发育海水（岛屿）白云岩、微生物白云岩、蒸发（萨布哈或渗透回流）白云岩，直至成层的膏盐岩沉积。

微生物白云岩中很难见到伴生的膏盐岩结核或充填物，而蒸发白云岩往往伴生有膏盐岩结核或充填物，这是因为微生物最适宜生存的温度为30~45℃、盐度35‰~100‰、碱度pH值大于8.5~9，当温度、盐度和碱度参数高于这一指标时，微生物难以生存，微生物白云岩为蒸发白云岩替代，当盐度大于350‰、pH值大于10~12时，蒸发白云岩为层状膏盐岩替代。这里的海水（岛屿）白云岩应该定义为潮湿气候下形成的早期低温白云岩，由于大量实例来自现代海洋的岛屿环境，故称为海水（岛屿）白云岩，但不仅限于岛屿环境，被认为与地热对流或地形驱动的水流引起的海水白云石化有关。

表 4-3-1　与 Dunham（1962）石灰岩分类相对应的白云岩分类（据沈安江，2016，有修改）

Dunham 的石灰岩分类	可识别的原岩结构					沉积结构不可识别的晶粒结构（晶粒粒径 /mm）
	沉积时原始结构组分未被粘结在一起				沉积时原始结构组分被粘结在一起	
	含灰泥（黏土或粉砂级碳酸盐）			缺少灰泥，颗粒支撑		
	灰泥支撑		颗粒支撑			
	颗粒含量<10%	颗粒含量>10%				
	泥晶灰岩	粒泥灰岩	泥粒灰岩	颗粒灰岩	粘结岩	结晶灰岩
与 Dunham 石灰岩分类相对应的白云岩分类	泥晶云岩	粒泥云岩	泥粒云岩	颗粒云岩	礁云岩 藻丘云岩	粉晶云岩（0.03～0.10）
						细晶云岩（0.10～0.25）
						中晶云岩（0.25～0.50）
						粗晶云岩（0.50～2.00）
						巨晶云岩（>2.00）

　　低温白云石有沉淀（原白云石）和交代两种成因，其中，微生物白云岩为沉淀成因的原白云岩，海水（岛屿）白云岩和蒸发白云岩为交代成因白云岩，以藻云岩、泥粉晶白云岩和由泥粉晶构成的礁（丘）滩相白云岩为主，保留原岩结构。一个完整的早期低温白云岩地层序列应该是随气候由潮湿向干旱的变迁，海水（岛屿）白云岩、微生物白云岩、蒸发白云岩、膏盐层依次出现，但由于古气候古环境演化的不完整性，这三类白云岩和膏盐层在地质记录中并不一定连续出现。四川盆地雷口坡组由下至上发育多个微生物白云岩—蒸发白云岩—层状膏盐岩旋回序列，缺早期代表潮湿气候背景的海水（岛屿）白云岩；四川盆地震旦系灯影组只发育微生物白云岩，缺代表潮湿气候背景的海水（岛屿）白云岩和极度干旱气候背景的蒸发白云岩、层状膏盐岩；鄂尔多斯盆地马家沟组上组合发育多个蒸发白云岩—层状膏盐岩旋回，夹少量微生物白云岩，反映总体为极度干旱气候条件的间歇性淡化；南海西沙群岛石岛中—上新统只发育海水（岛屿）白云岩，气候未达到干旱阶段（图 4-3-1）。

　　埋藏白云岩的原岩可以是早期低温白云岩，也可以是石灰岩，以交代、重结晶和次生加大的形式发生，形成残留颗粒结构和晶粒结构两类白云岩，残留颗粒同样由晶粒白云石构成。随着埋藏白云石化程度的增加（埋藏深度增大、温度升高和白云石化作用时间加长），白云石晶体粒径逐渐增大；白云石晶体粒径大于原岩颗粒粒径时，原岩颗粒结构难以保留，白云石晶体粒径小于原岩颗粒粒径时，原岩颗粒结构易于保留。这是造成晶粒白云岩（细晶白云岩、中晶白云岩、粗晶白云岩、巨晶白云岩）有的仍残留原岩颗粒结构，有的无残留颗粒结构的根本原因，显然，原岩的颗粒结构越细，埋藏白云石化程度越强，越不利于原岩颗粒结构的保留，这也很好地解释了残留颗粒结构主要见于细—中晶白云岩中的原因。

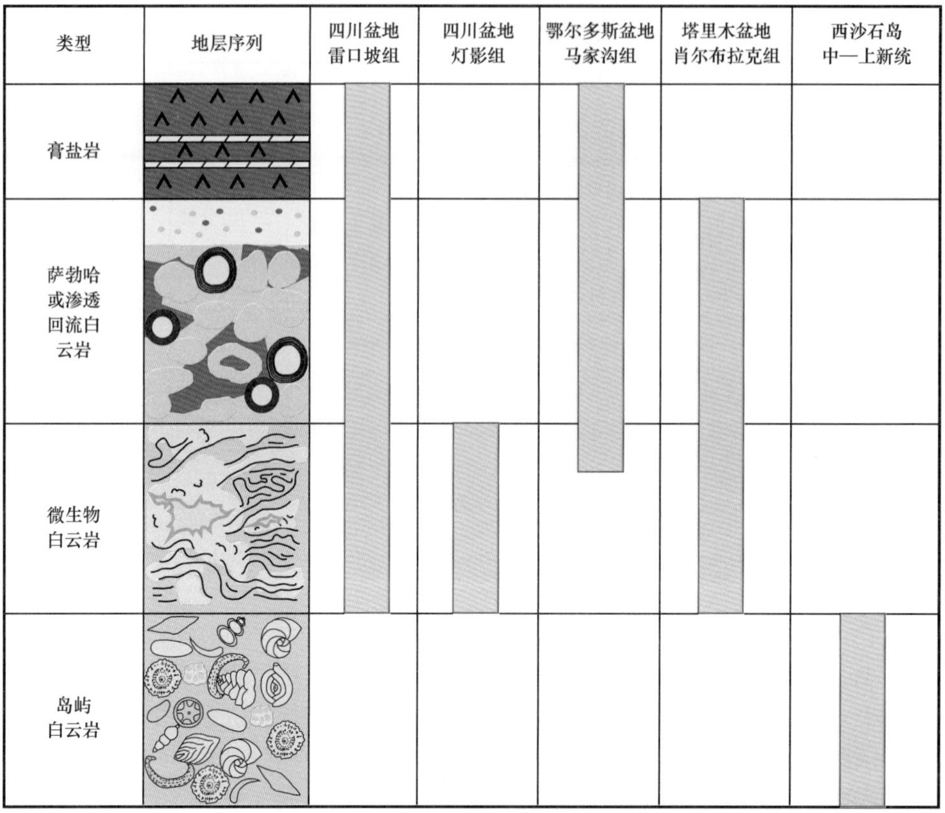

图 4-3-1　早表生期低温白云岩发育序列

构造—热液白云岩是埋藏期由构造—热液作用形成的白云岩，形成时间上和埋藏深度上可脱离正常的埋藏演化序列，与构造活动相关。常发育有两种产状，并往往伴生石英、萤石、金属硫化物（黄铁矿、方铅矿、闪锌矿）等热液矿物。一是沿断裂系统、不整合面等深源流体通道发育的白云岩体，呈透镜状、斑块状和栅状分布，以交代或重结晶的中—粗晶白云岩体为主，原岩为石灰岩或白云岩；二是沿断裂系统、不整合面、溶蚀孔洞分布的粗—巨晶白云岩，以沉淀的鞍状白云石为主，围岩为石灰岩或白云岩。

总之，上述白云岩类型的划分方案总体上应属于成因分类，随着时间的推移和成岩环境的变迁，依次出现不同类型的白云岩，更加突出了白云岩类型间的连续性和系统性。自然界中的所有白云岩都可以在上述时间序列和形成环境（表 4-3-2 的分类方案）中找到相应的位置。

2. 白云石化孔隙效应

白云石化作用对白云岩储层孔隙的贡献一直存在争议，经历了"增孔论"（Murray，1960；Weyl，1960）和"减孔论"（Lucia et al.，1994）之争后，Warren 指出受原始沉积组构和白云化流体量控制白云石化作用可增孔、减孔或保存孔隙（沈安江等，2015）。国内学者更强调白云石化作用对早期基质孔隙的保存作用，本书通过重点实例剖析，提出了白云石化作用发生阶段是影响基质孔埋藏演化与保存的关键因素。

表4-3-2　白云岩类型、时间序列、形成环境及识别特征

白云岩类型	形成阶段	形成环境	富镁云化流体来源	岩石特征	地球化学特征	储集空间类型	实例
海水（岛屿）白云岩		正常海水环境，潮湿气候，尤其是岛屿经常受大气淡水影响的地区，温度20~40℃	海水	生物碎屑白云岩，藻砂屑白云岩，少量微生物白云岩，原岩结构保留完好	白云石有序度低（0.4左右），碳氧同位素低正值（1‰~3‰PDB），锶同位素与同期海水相当，稀土元素高 Sr含量，低Mn、Fe和较高Sr含量，氧同位素及白云石年龄与地层年龄相当或略晚，白云石氧同位素地质温度计20~35℃	粒间孔、粒内孔等原生孔及溶孔扩溶孔	南海西沙群岛石岛中—上新统
（准）同生期同生期低温白云岩	微生物白云岩	同生或准同生期	湖盆或蒸发潮坪，温度30~45℃，盐度35‰~100‰，碱度pH值>8.5~9	浓缩海水	藻纹层/叠层/藻格架白云岩，颗粒白云岩，凝块石	白云石有序度低（0.4~0.5），碳同位素低正值（0~3‰PDB），氧同位素低正—低负值（0~-8‰PDB），并随埋深增加大具负偏的趋势，锶同位素、稀土元素与同期海水相当，白云石同位素年龄与地层年龄相当或略晚，氧同位素地层地质温度计30~35℃，富Fe、低Sr和Mn	藻格架孔及溶蚀孔洞	Abu Dhabi现代潮坪；四川盆地震旦系灯影组
	蒸发白云岩		边缘海萨布哈或蒸发潟湖，温度>45℃，盐度100‰~350‰，碱度pH值>9~10	浓缩海水	含石膏结核或斑块泥晶白云岩，滩（丘）礁白云岩，常见石膏充填孔隙	白云石平均有序度0.6~0.7，碳同位素低负值（-2‰~2‰PDB），氧同位素低负值（-8‰~-4‰PDB），锶同位素高于同期海水，稀土元素配分模式与同期海水相似，Fe、Mn含量总体偏低，不发光或发暗橙色光，氧同位素绝对年龄与地层年龄相当或略晚，白云石氧同位素地质温度计35~60℃	膏模孔、铸模孔、格架孔、粒间孔	塔里木盆地中—下寒武统蒸发潟湖白云岩

续表

白云岩类型		形成阶段	形成环境	富镁云化流体来源	岩石特征	地球化学特征	储集空间类型	实例
埋藏期结晶白云岩	残留颗粒结构白云岩		浅中埋藏环境，孔隙中的封闭存水，最高温度近100℃，有机质处于未—半成熟阶段	地层水，浓缩海水	残留颗粒结构，但颗粒由粉细晶中晶白云石构成，半自形—自形晶	白云石有序度0.5~1.0，并随晶体的变大和自形程度的提高，有序度逐渐提高，碳稳定同位素低负值—高正值（0~3‰ PDB），氧稳定同位素低负值—高负值（-4‰~-8‰ PDB），并随晶体变大和自形程度提高，向高负值偏移，锶同位素变接近海水值	粒间孔、格架孔、铸模孔	川东北飞仙关组鲕滩白云岩
	晶粒结构白云岩	埋藏期	中深埋藏环境，温度>100℃，有机质处于成熟阶段，有机酸、TSR，盆地热卤水	地层水，浓缩海水	细晶、中晶、粗晶白云石，粒状结晶结构，镶嵌它形—半自形—自形晶	轻稀土元素含量大于重稀土元素的配分模式，较高的Fe、Mn含量，包裹晶体同位素地质温度计（D47）具有较高温度80~120℃，与氧同位素的一致生，不同期次白云石的绝对年龄均晚于地层年龄	晶间孔、晶间溶孔	四川盆地柄组霞组
构造—热液白云岩			浅—超深埋藏环境，构造活动相关的富镁热液流体，温度>120℃，盐度>12%	构造活动相关的富镁流体	中粗晶、巨晶白云岩，伴生较状白云石、闪锌矿等热液矿物，鞍状白云石面，具弯曲晶面，波状消光	相对较低有序度（0.6~0.8），高包裹体均一温度（120~250℃），氧稳定同位素严重亏损（-8‰~-15‰ PDB），强烈盐度（12‰~25‰），定年数据发光或不发光互，锶同位素（$^{87}Sr/^{86}Sr$）明显高于其赋存的围岩地层，同位素定年揭示不同期次鞍状白云石的绝对年龄均晚于地层年龄	晶间孔、晶间溶孔、溶蚀孔、溶蚀孔洞	四川盆地柄组霞组和茅口组

注：表中的地球化学数据来自相关实例的实测数据，其中，同位素定年数据来自昆士兰大学同位素实验室，同位素测温数据来自加洲大学同位素实验室，其他测试数据来自中国石油集团碳酸盐岩储层重点实验室。

1）同（准）生期云化作用的孔隙保存效应

同（准）生期云石作用有微生物、海水和蒸发泵云化作用（Warren，2000），可将沉积物在同（准）生期转换为白云岩，提高基质孔的抗压能力。以塔里木盆地柯坪—巴楚地区下寒武统肖尔布拉克组微生物白云岩图4-3-2（a）、（b）、（c）为例，该区肖尔布拉克组主要储集岩为藻格架白云岩、藻砂屑白云岩和泡沫绵白云岩，发育格架孔（孔洞）、粒间孔和窗格孔等，平均孔隙度为2.32%～5.50%，最大超10.00%，储集性能好。分析显示，该类岩石能发育规模优质储层与白云石化作用发生较早不无关系。露头和薄片显示，白云岩组构与微生物生长活动密切相关，地球化学上表现出有序度低（0.4～0.6）、碳同位素偏正（小于2‰）、氧同位素略偏负（0～-4‰），为同沉积期微生物白云石化作用。也就是说，在格架孔、粒间孔及窗格孔形成的同时，岩石同步经历白云石化作用，致使埋藏期具有较强的抗压实能力。因此尽管格架孔宽高比大、窗格孔远大于颗粒组构，经历长期埋藏演化后，仍未见显著的压实减孔现象。白云石化作用发生较早是该类储层规模优质发育的关键。

2）白云石化作用滞后对孔隙丢失的影响

白云石化作用可在沉积物进入浅埋藏期后发生，如渗透回流白云石化作用（Warren，2000）。该阶段上覆沉积物厚度加大，在云化改造前经受较强的胶结或压实作用改造，致使孔隙丢失严重。以塔中地区肖尔布拉克组为例，该区肖尔布拉克组主要由晶粒白云岩构成［图4-3-2（d）］，恢复原岩结构后可知为鲕粒白云岩［图4-3-2（e）］，厚53m，占地层厚度近80%，顶部覆盖泥质泥晶云岩。鲕粒白云岩发育粒间孔为主［图4-3-2（e）］，少量铸模孔和生物碎屑体腔孔。储层孔隙度主要分布于2.0%～4.0%之间，最大4.8%，平均孔隙度为2.4%，物性总体偏差。测井解释显示几乎无Ⅰ类储层发育，Ⅱ类储层在鲕粒云岩段占比小于10%。大规模的鲕滩沉积本具有发育规模优质储层的潜力，但钻探结果显示储层质量差、不具规模性。分析显示与白云石化作用发生相对较晚有关。

岩石学和地球化学及岩相发育特征揭示该区肖尔布拉克组鲕粒白云岩形成于浅埋藏期渗透回流白云石化作用，有三个方面依据：（1）薄片观察显示鲕粒白云岩中鲕粒间多为线接触［图4-3-2（e）］，且胶结物与鲕粒阴极发光相同［图4-3-2（f）、（g）］，反映在白云石化作用之前，已经历较强的胶结和压实作用；（2）地球化学上，鲕粒白云岩有序度高（0.8～1.0）、碳和氧同位素弱偏负（C：0～-0.5‰；O：-7‰～-5‰）、较高锰和低锶含量（Mn＞200μg/g，Sr＜100μg/g）、锶同位素接近海水值、稀土配分同海水，代表浅埋藏成岩环境；（3）分布上，鲕粒白云岩发育于塔中平台区，北邻满加尔洼陷，南接塔西南古隆起，靠近古隆起处潮坪相泥质泥晶云岩比例升高，满足渗透回流发育的背景。

由于白云石化作用发生较晚，鲕粒抗压实能力弱，更长时间的胶结和压实改造导致孔隙度显著降低［图4-3-2（e）］。面孔率统计可知，由于浅埋藏压实和胶结作用导致的粒间孔减小量近15%，显著降低储层质量。

更有甚者，由于白云石化作用缺位导致鲕滩储层孔隙几乎完全丢失，如四川盆地齐岳山剖面飞仙关组。该剖面发育厚达30m以上、侧向延伸15km的鲕滩沉积（Qiao et al.，2017），由于未经历白云石化作用改造，粒间孔被完全充填，表现为两种形式：一种是鲕粒经渗流带大气水胶结物固化后，粒间孔被埋藏期压溶作用产生的方解石完全充填〔图4-3-2（h）〕；另一种是鲕粒未发生暴露，海底胶结后进入埋藏期发生塑性变形，导致粒间孔完全丢失〔图4-3-2（i）〕。从反面证明了白云石化作用缺位，导致厚达数十米的鲕粒灰岩基本不发育储层。

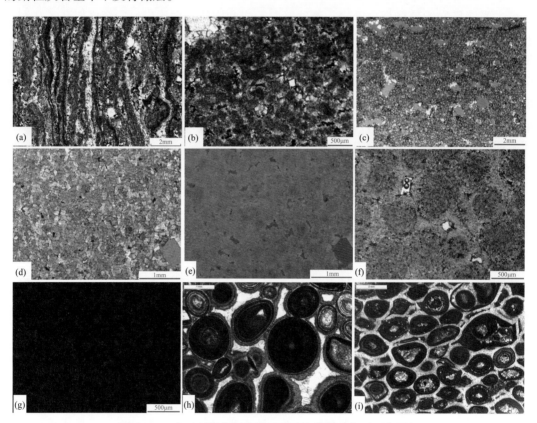

图4-3-2 白云石化作用阶段对孔隙演化影响典型照片图版

（a）藻格架白云岩，格架孔发育，$\epsilon_1 x$，1885.6m，ST1井，铸体薄片；（b）藻砂屑颗粒云岩，粒间孔发育，苏盖特布拉克剖面，肖尔布拉克组，蓝色铸体；（c）泡沫棉白云岩，球状藻密集发育，鸟眼孔发育，肖尔布拉克剖面，肖尔布拉克组，蓝色铸体，单偏光；（d）晶粒白云岩，晶间孔发育，$\epsilon_1 x$，7767.6m，CT1井；（e）鲕粒白云岩，粒间孔发育，局部见颗粒为线接触，受压实作用改造，$\epsilon_1 x$，7767.6m，CT1井，视域同（d），光源与薄片间加滤纸进行原岩结构恢复；（f）鲕粒白云岩，环边胶结物发育，残留粒间孔$\epsilon_1 x$，CT1井；（g）阴极发光显示昏暗发光，少量白云石发橘色光，视域同（f），显示鲕粒与胶结物发光特征相同；（h）鲕粒灰岩，渗流带环边胶结发育，粒间孔被晚期粒状方解石晚期充填，飞仙关组，四川盆地齐岳山剖面；（i）鲕粒灰岩，文石质等厚环边胶结发育，受压实作用改造鲕粒和胶结物同时发生变形，粒间孔完全丢失，飞仙关组，四川盆地齐岳山剖面

3）埋藏期白云石化作用对孔隙演化的两面性

埋藏期云化作用对孔隙演化的影响受原岩性质控制。塔里木盆地永安坝剖面下奥陶统蓬莱坝组中部发育厚度约200m的白云岩，夹少量石灰岩，横向延伸可达上百千米（乔占峰等，2012），规模较大。白云岩以晶粒白云岩为主，夹少量叠层石云岩。细中晶白云岩晶间孔和晶间溶孔发育〔图4-3-3（a）、（b）〕，孔隙度可达10.42%，平均孔隙度4.23%，最大渗透率337.83mD，平均渗透率15.34mD，可构成优质储层；粗晶白云岩和

粉细晶白云岩基质孔隙欠发育［图4-3-3（c）］，基本不构成有效储层。构成优质储层的细中晶白云岩仅占白云岩段约30%，占比近40%的粗晶白云岩储层相对欠发育，不同类型白云岩发育储层的潜力差异与白云石形成过程有关。

蓬莱坝组白云岩一直认为是埋藏白云岩成因（乔占峰等，2012），但岩石学和地球化学分析显示其并非埋藏期一次性形成，至少存在两种成因：（1）准同生期形成的白云岩在埋藏期进一步重结晶而成（称为Ⅰ型埋藏白云岩），主要为中—细晶白云岩；（2）石灰岩在埋藏期直接交代而成（称为Ⅱ型埋藏白云岩），主要为粗晶白云岩。两种白云岩具相似的地球化学特征，随有序度升高，具氧同位素降低、锶同位素升高、锶含量降低、锰含量升高的趋势，代表典型的埋藏白云岩特征，揭示两种白云岩最后的云化流体来源可能一致。但岩石学上两种白云岩存在显著的差别：Ⅰ型埋藏白云岩的白云石排列明显受原岩组构控制［图4-3-3（a）、（b）］，揭示其经历埋藏云化之前已经是白云石，埋藏白云石化导致先期白云石的重结晶，因此晶体排列受原岩组构控制；而Ⅱ型埋藏白云岩的白云石不受先期组构约束，晶体内部见颗粒结构［图4-3-3（c）］，白云石化始自于残留粒间孔或缝合线［图4-3-3（d）］，且原颗粒和胶结物阴极发光特征均一，代表埋藏期颗粒灰岩被白云石直接交代而成。

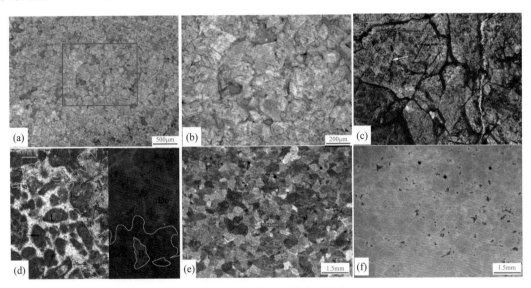

图4-3-3　埋藏白云岩典型图片
（a）细晶白云岩，晶间溶孔发育，永安坝剖面蓬莱坝组；（b）细晶白云岩，注意白云石排列受原岩结构控制，现晶间孔为粒内溶孔转换而成，永安坝剖面蓬莱坝组，视域见（a）中方框；（c）粗晶白云岩，白云石晶体内可见颗粒结构（黄色箭头），永安坝剖面蓬莱坝组；（d）云质砂屑灰岩，颗粒结构清晰，部分发生白云石化（Do），左侧为普通薄片，右侧阴极发光照片显示云化部分发橘黄色光，可见云化自粒间孔开始，永安坝剖面蓬莱坝组；（e）中晶白云岩，半自形—他形，晶间孔发育，蓝色铸体薄片，栖霞组二段，矿2井，2423.55m；（f）视域同（e），光源与薄片间加滤纸进行原岩恢复后可见明显的颗粒结构，晶间孔实为粒间孔

尽管两种白云岩初始都为颗粒沉积物，但由于白云石化作用过程不同导致白云岩结构和储层物性差异（图4-3-4）。Ⅰ型埋藏白云岩在埋藏白云石化作用改造前已经历了准同生白云石化作用，粒间孔和粒内溶孔得以较大程度的保存，并且在经历埋藏云化后仍

得以继承，只是形态上转变为晶间（溶）孔（图 4-3-4）。相比之下，Ⅱ型埋藏白云岩主要表现为对先期颗粒灰岩残留孔隙的充填作用（图 4-3-4），造成原储层规模的减小。

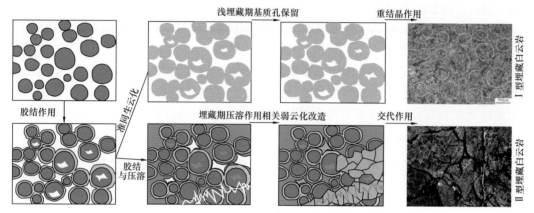

图 4-3-4　埋藏白云石化路径对储层发育的控制模式图

相似特征见于川西北地区栖霞组，细—中晶白云岩中以晶间孔和晶间溶孔为主要储集空间（胡安平等，2018），但恢复原岩结构后可知晶间溶孔是继承自原粒内溶孔和粒间溶孔 [图 4-3-3（e）、（f）]，属Ⅰ型埋藏白云岩，储层主体主要由于经历了早期白云石化作用而继承自准同生期形成的孔隙，并非由埋藏白云石化作用直接形成。

实例对比分析可知，规模白云岩储层孔隙的主体是继承自早期基质孔隙，早期云化作用是基质孔隙能否保存的关键，是白云岩储层规模化发育的保证。（准）同生期白云岩即使经历埋藏期白云石化作用改造，也多表现为白云石的重结晶和孔隙类型的转换，对储层物性的影响有限。而如果未经历（准）同生云化作用的孔隙性灰岩，埋藏期云化交代作用更多是表现为对孔隙的充填破坏，会显著影响原储层的规模性。总之，（准）同生云化作用是白云岩储层规模化发育的关键因素。

二、深层埋藏溶蚀孔洞成孔机理

针对碳酸盐岩埋藏溶蚀孔洞预测的难题，笔者通过碳酸盐岩溶蚀模拟实验揭示埋藏溶蚀孔洞发育主控因素和分布规律，为埋藏溶蚀孔洞预测提供理论依据。

碳酸盐岩高温高压溶蚀模拟实验指岩石和流体在开放—封闭体系、动态—静态环境和不同温压条件（常温 -400℃、常压 -100MPa）下，逼近真实埋藏成岩环境定量模拟岩石内部的岩石—流体化学反应，原位分析反应后流体的组分与含量、渗透率实时检测，揭示深层碳酸盐岩储层孔隙发育主控因素、规模和分布规律（范明等，2011；佘敏，2019）。

1. 碳酸盐岩埋藏溶蚀孔洞平面发育特征

为了探索埋藏溶蚀孔洞的平面分布规律，选取砂屑石灰岩和砂屑白云岩样品，开展不同温压条件下储层物性对溶蚀强度影响模拟实验。砂屑石灰岩的孔隙度 4.44%，渗透率 3.6mD，砂屑白云岩的孔隙度 19.76%，渗透率 1.71mD。模拟实验结果显示随着温度和压力的升高，白云岩溶解产物的离子浓度比石灰岩溶解产物的离子浓度大得多［图4-3-5（a）］，但这并不是因为白云岩的溶解度随温度压力的升高变得比石灰岩大，而是因为砂屑白云岩比砂屑石灰岩的孔隙度要大得多，溶蚀强度不但受溶解度控制，还受样品的比表面积控制。这说明埋藏环境下岩石的孔隙大小和连通性控制溶蚀强度，甚至比矿物成分（体现在溶解度上）的控制作用更强（范维等，2017）。这很好地解释了龙王庙组白云岩埋藏及热液溶蚀作用形成的溶蚀孔洞主要受地质界面（暴露面、层序界面、不整合面和断裂系统）控制的原因，先存的储集空间，尤其是白云岩在高压过程中往往容易形成裂缝，为有机酸、TSR和热液等埋藏溶蚀介质提供了通道，好的孔隙度和连通性增大了白云岩的溶蚀强度，导致大量埋藏溶蚀孔洞沿先存的孔隙发育带和地质界面发育。

2.碳酸盐岩埋藏溶蚀孔洞垂向发育特征

开展地层条件下有机酸浓度与碳酸盐岩溶蚀量关系、温度与碳酸盐岩溶蚀量关系、温度—有机酸浓度—碳酸盐岩溶蚀量关系模拟实验，定量认识埋藏背景下温度、有机酸浓度、碳酸盐岩溶蚀量的相关性。实验样品为石灰质云岩（方解石含量49.70%，白云石含量49.20%）。实验采用连续流—开放体系，流速恒定为0.20mL/min。

1）有机酸浓度与碳酸盐岩溶蚀量关系模拟实验

有机质热成熟过程会产生侵蚀性有机酸的认识已达成共识（蔡春芳等，1997；刘文汇等，2006；肖礼军等，2011；范明等，2009；黄思静等，2010），但几乎未开展有机酸浓度与溶蚀量关系的定量研究。本次开展了相同温度和压力下，同一碳酸盐岩样品在不同浓度有机酸地层水中的溶蚀实验。结果显示地层水中有机酸浓度等量增加时，碳酸盐岩溶蚀量呈加速增加，另外一个重要的现象是，在同等压力和有机酸浓度的条件下，随着温度的升高，碳酸盐岩饱和溶蚀量是降低的，即溶解度随温度升高而降低［图4-3-5（b）］。

2）温度与碳酸盐岩溶蚀量关系模拟实验

埋藏环境下温度对碳酸盐岩溶蚀具有重要的控制作用（肖林萍等，1997）。温度升高加速化学反应和离子扩散的速度，然而，由于碳酸盐体系中CO_2的影响，温度升高会降低碳酸盐矿物的溶解度（黄思静等，2010）。地层水中复杂的离子成分更加剧了碳酸盐岩溶蚀的复杂性，一方面，地层水中Na^+、K^+、Cl^-等中性离子会产生离子强度效应，以及SO_4^{2-}产生的离子对效应，均会提高碳酸盐矿物的溶解度；另一方面，地层水中的Ca^{2+}、Mg^{2+}会产生同离子效应，导致碳酸盐矿物溶解度的减小（黄思静等，2010）。为了明确温度对碳酸盐岩埋藏溶蚀的控制作用，开展了温度与溶蚀量关系模拟实验。

实验结果［图4-3-5（c）］表明在50～160℃范围和相同流体、压力条件下，随温度升高，碳酸盐岩在含有机酸地层水中的饱和溶蚀量总体呈下降趋势，与前述的模拟实验结果一致，不同的是，高盐度地层水中碳酸盐岩的溶蚀量与温度关系具有缓慢下降—缓慢上升—快速下降的特征，而前述实验是持续稳定下降的。碳酸盐岩溶蚀量在80～100℃范围内出现明显增加，这可能由于碳酸盐溶解度随温度增加而降低，而高盐度地层水中盐效应和离子对效应引起碳酸盐矿物溶解度增加，两种效应的相互叠加导致碳酸盐溶解度与温度的复杂关系。

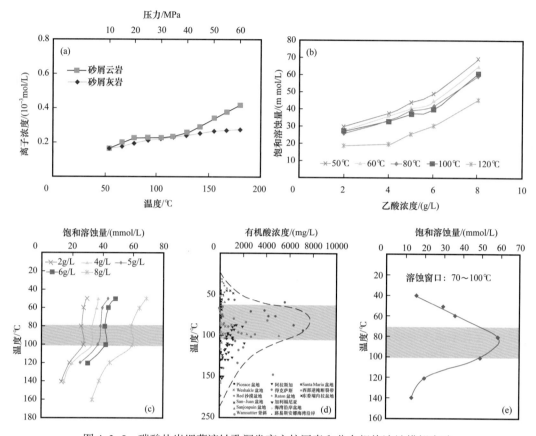

图 4-3-5　碳酸盐岩埋藏溶蚀孔洞发育主控因素和分布规律溶蚀模拟实验

（a）储层物性对溶蚀强度影响模拟实验（石灰岩离子浓度 Ca^{2+}，白云岩离子浓度 $Ca^{2+}+Mg^{2+}$）；（b）有机酸浓度与碳酸盐岩溶蚀量关系模拟实验；（c）温度与碳酸盐岩溶蚀量关系模拟实验；（d）全球有机酸浓度与地层温度相关性统计（远光辉等，2013）；（e）温度—有机酸浓度—碳酸盐岩溶蚀量关系模拟实验

3）温度—有机酸浓度—碳酸盐岩溶蚀量关系模拟实验

基于有机酸浓度、温度与碳酸盐岩溶蚀量相关性模拟实验结果，同时，参考全球地层水中有机酸浓度与地层温度统计结果［图 4-3-5（d）］，确定不同地层温度及对应的有机酸浓度，开展温度—有机酸浓度—碳酸盐岩溶蚀量模拟实验。实验结果［图 4-3-5（e）］表明，碳酸盐岩溶蚀量与地层温度的关系具有先增后降的特征，在 70～100℃形成一个溶蚀高峰窗口。温度低于 70℃时，虽然碳酸盐岩具有较高的饱和溶蚀度，但此时烃源岩刚进入生烃窗口，生成的烃和有机酸均有限，难以形成大量的埋藏溶蚀孔洞；温度高于100℃时，碳酸盐岩的饱和溶蚀度降低，生成烃和有机酸的量也随着烃源岩的高成熟而大幅降低，更难以形成大量的埋藏溶蚀孔洞。

模拟实验结果表明，在真实地层条件下碳酸盐岩埋藏溶孔的形成呈事件式发生，在特定深度段的温度（70～100℃）、有机酸浓度等条件的匹配下可以形成大量的孔隙，是成孔高峰期，明确了成孔高峰期的温度、深度、有机酸浓度条件，为通过埋藏史、温压史和流体史恢复，预测埋藏溶孔的富集程度提供了依据。

上述 4 个模拟实验揭示高渗透层和地质界面（暴露面、层间岩溶面、不整合面、断裂系统等）、酸性流体浓度、温度主控埋藏溶蚀孔洞的发育和分布。平面上，埋藏环境下的溶蚀作用主要沿高渗透层和地质界面分布，高渗透层和地质界面是有机酸、TSR、热液等溶蚀性强的成岩介质的最佳通道。垂向上，埋藏溶孔的生成呈事件式发生，在 70～100℃温度段（对应的深度段视地温梯度的不同而改变）存在一个"成孔高峰窗口"，而且与烃源岩生烃高峰窗口是一致的，显然与烃源岩大量生烃的同时也伴生大量有机酸的生成有关。

三、埋藏溶蚀孔洞分布样式

埋藏期通过有机酸、TSR 及热液等作用可以形成埋藏溶孔，这一观点已为大多数储层地质学家们所接受。但深层碳酸盐岩储层研究不仅是埋藏溶孔的形成机理和分布规律问题，埋藏溶蚀过程中孔隙的保存机理和孔喉结构的变化正成为近期研究关注的焦点，对深层白云岩储层评价和钻前油气产能评估具重要的意义。

为了研究埋藏溶孔分布样式的控制因素，选用孔隙型白云岩、裂缝—孔洞型白云岩、孔隙型石灰岩、裂缝型石灰岩 4 组样品，在与埋藏史对应的 5 组温压点开展了岩性和孔隙组合对溶蚀效应影响模拟实验。

模拟实验结果揭示，对于孔隙型白云岩储层，埋藏成岩介质呈弥散状进入孔隙体系，增加了溶蚀的比表面积，增加的是基质孔隙度，白云岩溶蚀前后孔隙度增加 2%～3%，渗透率增加 4.75～7.48mD，依旧保留孔隙型孔隙组合类型。对于裂缝—孔隙型白云岩储层，由于裂缝的存在，埋藏成岩介质大多沿着裂缝运移（裂缝起到流体运移高速通道的作用），很少呈弥散状进入孔隙体系，沿裂缝形成扩大的溶缝及溶蚀孔洞，增加的是缝洞孔隙度而非基质孔隙度，渗透率可以增加三个数量级，孔隙组合类型由裂缝—孔隙型向缝洞型转变。

对于孔隙型石灰岩储层，埋藏成岩介质虽然最初也呈弥散状进入孔隙体系，但由于石灰岩比白云岩易溶得多，持续的溶蚀作用将导致孔隙格架的全部溶蚀或垮塌，形成缝洞型孔隙组合。对于裂缝型或裂缝—孔隙型石灰岩储层，与裂缝—孔隙型白云岩储层一样，由于裂缝的存在，埋藏成岩介质大多沿着裂缝运移（裂缝起到流体运移高速通道的作用），很少呈弥散状进入孔隙体系，沿裂缝形成扩大的溶缝及溶蚀孔洞，增加的是缝洞孔隙度而非基质孔隙度，渗透率可以增加三个数量级，孔隙组合类型由裂缝型、裂缝—孔隙型向缝洞型转变。

总之，岩性和孔隙组合对埋藏溶孔的分布样式具重要的控制作用。对孔隙型白云岩而言，经历埋藏溶蚀后，孔隙度增大，但孔隙组合类型未变，依旧为孔隙型；对裂缝—孔隙型白云岩，持续的埋藏溶蚀会导致孔隙组合向缝洞型转变。对石灰岩储层而言，初始孔隙类型不管是孔隙型、裂缝—孔隙型还是裂缝型，经历持续的埋藏溶蚀作用后，均可能转换成缝洞型孔隙组合。这很好地解释了中国深层古老海相碳酸盐岩储层的孔隙组合特征，缝洞型储层可见于石灰岩和白云岩地层中，而孔隙型储层主要见于白云岩地层中。

第四节 震旦系—奥陶系碳酸盐岩储层有利区预测

碳酸盐岩储层包括礁滩、岩溶和白云岩储层，其中，礁滩和白云岩储层主要是相控的，沉积相研究是储层预测的基础。在台内裂陷刻画和礁滩体分布研究基础上，针对礁滩和白云岩储层，开展塔里木盆地、四川盆地和鄂尔多斯盆地震旦系—奥陶系储层预测工作。

一、四川盆地震旦系—寒武系储层有利区预测

1. 灯影组储层有利区预测

灯影组储层的发育主要受到沉积微相及岩溶作用的控制，储层发育厚度较大。如灯四段储层厚度在 33～148m 之间，平均厚度约 70m，结合地震资料预测灯四储层厚度从 30m 到 100m 不等，储层最厚的区域集中在东侧台缘区。

1）灯二段储层分布预测

灯二段储层，其主要岩性是具葡萄花边构造的藻白云岩，原岩是藻叠层石白云岩、藻层纹石白云岩和藻凝块石白云岩。葡萄花边胶结物充填后残余的部分缝洞，是灯二段储层最主要储集空间。灯二段储层主要发育在"富藻段"，累计厚度 50～290m 不等，储层厚度介于 8～280m 之间，平均厚度为 60m。

灯二段储层的形成受微生物丘滩和准同生溶蚀作用的控制，微生物丘滩相就是主要储层发育的有利区。最有利区分布在德阳—安岳裂陷槽两侧台缘丘滩相，次有利区分布在台内丘滩相，再次之为台内微生物云坪相，其形成的储层在盆地范围内大面积分布。

2）灯四段储层分布预测

灯四段储层，岩性是藻白云岩，其次为粉—细晶白云岩、岩溶角砾白云岩，其中藻白云岩主要为层纹石白云岩、叠层石白云岩和凝块石白云岩。储层厚度 50～200m 不等，纵向上主要发育在中上部，从台缘带到带内储层均有分布，台缘带储层厚度一般大于 110m、单层厚度大且基本稳定分布；台内厚层厚度一般小于 100m、单层厚度薄且分布不稳定，台内不同井储层厚度差异较大，30～110m 不等。

灯四段储层的形成受岩溶作用和沉积微相双重控制，但储层分布则与微相和岩溶古地貌相关，最有利储层分布在台缘微生物丘与岩溶古地貌高部位叠合部位，如大足—安岳—射洪一带，其次是台内微生物丘与古地貌高部位叠合区。

2. 川中地区龙王庙组储层有利区预测

龙王庙组总体上属于一个三级层序，包括海侵体系域和高位域。龙王庙组海侵体系域由含泥质纹层的泥晶白云岩和含生物扰动和潜穴的泥晶白云岩组成，高位域由向上变浅颗粒滩组成。特别是在高石梯地区，颗粒滩主要发育在龙王庙组上部（高位域）；磨溪地区古地貌稍高，在低位域也发育颗粒滩，总的来看，颗粒滩主要发育在高位域，受四

级海平面变化控制。除受高频旋回，颗粒滩横向分布还受控于古地貌，古地貌相对高的地区如磨溪，滩体较发育，单旋回滩体厚度较大，2~10m 不等，甚至部分滩体厚度可达 10m 以上，古地貌相对低的地区如高石梯，滩体厚度则薄。总的来说，古地貌和海平面变化共同控制滩体发育的特点，滩体纵向叠置，横向迁移，从主体区向外围滩相储层逐渐向上部迁移。

依据龙王庙组古地貌恢复，表明古隆起北斜坡存在微古地貌差异，三台—西充为低洼区，推测发育泥晶白云岩，岩性较致密，古地貌高区如盐亭地区、西充—蓬安一带为古地貌高区，推测滩体发育。

3. 洗象池组储层有利区预测

川中地区受郁南运动影响，洗象池组与奥陶系多以平行不整合接触关系为主。此次运动造成的暴露时间较短，岩溶作用较发育，形成的溶蚀孔洞以小的弥散状溶孔为主。加里东末期构造运动强烈，地层抬升并遭受剥蚀，致使四川盆地西部洗象池组大面积缺失或直接出露，与上覆地层之间发育显著的大型角度不整合，在郁南运动基础上对洗象池组储层再次改造，形成大型构造不整合面岩溶风化壳。

图 4-4-1 为川中地区洗象池组加里东末期滩相岩溶发育模式，依据当时古地貌背景，可划分为地层缺失区、暴露剥蚀区与埋藏区。缺失区内洗象池组被剥蚀殆尽，高台组或下寒武统直接出露地表遭受风化剥蚀。暴露剥蚀区洗象池组出露地表，遭受大气淡水淋滤区，受垂直渗流与水平潜流双重影响，表生岩溶和氧化作用强烈，产生溶沟、溶缝及溶洞。值得一提的是，洗象池组滩相地层主要发育在上段，当靠近洗象池组尖灭线附近时，地层剥蚀量大，导致较好的滩相储层的物质基础丧失，虽然岩溶作用强烈，但改造作用极其有限，储层欠发育，如磨溪 27 井，洗象池组残余厚度 55.7m，测井解释无储层。靠近奥陶系尖灭线附近时，洗象池组剥蚀量有限，滩相储集体物质基础保留较多，为后期有效的岩溶改造奠定了物质基础，如磨溪 107 井，地层残余厚度 83.5m，储层厚 12.0m。埋藏区洗象池组未遭受加里东末期剥蚀作用，地层保留完整，以顺层岩溶作用为主，岩心可见不规则溶孔溶洞发育。此区地层厚度较大，滩相储层叠加后期岩溶改造作用可形成孔隙型滩相白云岩优质储层，如高石 16 井测井解释储层厚 27.4m，合 12 井储层厚 35.3m，广探 2 井储层厚 43.9m。

洗象池组继承了龙王庙组与高台组沉积期的古地理格局，滩体刻画表明川中地区洗象池组滩相沉积主要分布在西充—广安—潼南地区，且该区位于奥陶系尖灭线附近，岩溶作用强烈，可有效地改善储集体物性，为滩相岩溶储层最有利区。而且多口钻井揭示洗象池组剥蚀带附近含气性好，录井显示活跃，并有 4 口井（南充 1 井、高石 16 井、磨溪 23 井、宝龙 1 井）测试获得工业气流，表明具备良好的勘探潜力。

二、塔里木盆地震旦系—奥陶系

塔里木盆地具有典型叠合复合盆地特征，发育 6 个区域性不整合、4 套烃源岩、2 类储层、8 套储—盖组合，造就了该盆地勘探领域在纵向上层系多、横向分布广、油气藏类

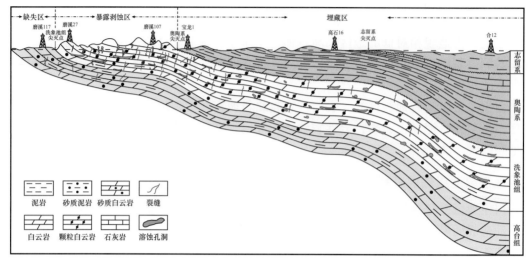

图 4-4-1　川中地区加里东末期洗象池组岩溶储层发育模式图

型多等特点。依据储层类型、成藏特征，海相碳酸盐岩油气系统划分为上、中、下三套勘探组合，上组合为中—上奥陶统缝洞型石灰岩岩溶储层，大型古隆起及斜坡整体连片含油气；中组合为上寒武统—下奥陶统，沿不整合面或断裂发育滩断双控的白云岩储层，中古 70 井、中古 71 井等获油气发现；下组合为震旦系—中—下寒武统，形成近源优质区域储—盖组合，中国石油中深 1 井、轮探 1 井，京能集团的柯探 1 井获重大油气发现。目前中组合、下组合整体处于风险勘探阶段。

1. 震旦系奇格布拉克组

塔里木盆地内中国石油钻揭下组合震旦系白云岩井 11 口，轮探 1 井奇格布拉克组测井解释 Ⅱ 类孔洞型储层 5.5m/1 层，平均孔隙度 3.0%，Ⅲ 类储层 19.5m/3 层，平均孔隙度 1.6%。中国石化发现桥古、雅克拉两个凝析气藏：雅克拉奇格布拉克组共投产井 3 口，累计产油 5.6×10^4t，气 0.612×10^8m³；桥古 1 井区于 2012 年上交探明储量天然气 17.7×10^8m³、凝析油 53.93×10^4t。

奇格布拉克组白云岩储层发育受到有利沉积相带、高频暴露和角度不整合面的共同控制，在优势相带发育的基础上，主要叠加 3 期建设性储层成岩作用，分别是准同生期溶蚀作用、震旦纪末期风化壳岩溶作用、晚海西期埋藏热液溶蚀作用。内缓坡潮坪丘滩相带与震旦系顶部风化壳相叠加区域是奇格布拉克组白云岩储层发育最有利的区带，因此顶部潜山白云岩储层最发育，稳定分布于柯坪至塔北隆起区域，区内露头及井下均表现出较高的储地比。如肖尔布拉克西沟剖面奇格布拉克组白云岩 Ⅰ 类、Ⅱ 类储层厚 53.7m，优质储层储地比达 30.9%；星火 1 井上震旦统白云岩储层厚 24.5m，储地比达 16.9%；旗探 1 井上震旦统白云岩储层厚 72m，储地比为 28.3%。储层主要储集空间为粒内（间）溶孔、晶间（溶）孔、藻架孔和溶洞。

2.下寒武统肖尔布拉克组—吾松格尔组

1）塔中北斜坡

塔中地区位于塔里木盆地中央隆起带上。目前共完钻井4口，其中中深1C井下寒武统 $6861\sim6944m$，5mm油嘴，日产气 $158545m^3$，中深5井累计产气 $13173m^3$。

寒武系盐下肖尔布拉克组高能相带发育，地震预测塔中北斜坡以颗粒滩相为主，厚度约100m，分布面积 $5748km^2$，是规模储层形成的基础。地震地层研究结果表明，寒武系沉积前整体表现为东高西低的古地貌特征，在研究区中部存在两个明显的地貌破折带，受古地貌控制，地层厚度变化呈现明显的差异。通过开展地震属性分析及波形聚类分析，得到肖尔布拉克组地震相图［图4-4-2（a）］。平面上看，肖尔布拉克组中部地貌平台区发育大面积的颗粒滩，东部古地貌高部位以藻云坪为主，西部古地貌底部位则以白云坪为主［图4-4-2（b）］。已有钻井显示明确优质储层发育在肖尔布拉克组滩相白云岩中，岩性主要为（残余颗粒）细晶白云岩、砂屑白云岩及鲕粒白岩，发育蜂窝状溶蚀孔洞、网状裂缝，孔洞内残存沥青，储层类型为裂缝—孔洞型。中寒1井肖尔布拉克组测井储层孔隙度 $2.6\%\sim6.3\%$，平均孔隙度 3.9%；CT扫描孔隙度 $3.0\%\sim16.6\%$，平均 7.3%（$n=15$）。

2）麦盖提斜坡

麦盖提斜坡钻探有玉龙6井和京能集团的柯探1井，其中柯探1井在吾松格尔组台内颗粒滩储层 $3686\sim3698m$ 射孔获重大突破，折日产气 $40\times10^4m^3$，无油无水。

受古地貌控制，肖尔布拉克组的厚度南西薄、北东厚，麦盖提斜坡肖尔布拉克组的厚度在 $90\sim240m$。整体来讲，巴楚及麦盖提斜坡为一套内缓坡—中缓坡内带藻丘、砂屑滩和潮坪相泥云坪沉积，藻丘、砂屑滩为有利相带。纵向上，丘滩体的总厚度在 $70\sim115m$，单个滩体的厚度在 $1\sim23m$，平均厚度2.6m，横向上累计滩体在 $23m\sim180km$ 连片发育，展布面积达 $4.3\times10^4km^2$。已知的钻井主要发育藻丘和颗粒滩两类相控型白云岩储层，孔隙类型以溶蚀孔洞、藻格架孔和粒间孔为主，藻砂屑滩孔隙度 $0.85\%\sim6.69\%$，平均值为 4.6%，藻丘孔隙度 $0.76\%\sim3.57\%$，平均值为 1.55%。推测麦盖提斜坡的储层以颗粒滩为主，较巴楚地区更优。上述规模烃源岩及肖尔布拉克组丘滩相白云岩储层与中寒武膏盐岩构成有效的生—储—盖组合，有利面积近 $4\times10^4km^2$。

3）温宿低凸起周缘

野外建模研究表明，受温宿低凸起控制，肖尔布拉克组沉积时期发育碳酸盐缓坡沉积，温宿低隆控制了阿克苏地区肖尔布拉克组沉积，平面分5个相带，混积带→礁丘复合带→藻屑滩带→下缓坡云灰岩带→下缓坡灰泥岩带，野外剖面主体位于内缓坡混积带→内—中缓坡礁丘复合带、藻屑滩带（图4-4-3）。从南北向的沉积相对比剖面来看，昆盖阔坦向陆方向至奥依匹克剖面剖面约58km范围内地层与颗粒滩带厚度逐渐减薄或超覆尖灭，向广海方向萨瓦普齐剖面又变薄。藻丘平面上分布较广，受温宿古隆起控制，相序变化，自南向北藻丘规模逐渐变小，以昆盖阔坦—苏盖特布拉克地区规模最大。野外露头储层研究表明，肖尔布拉克组发育滩坪型、丘滩型和颗粒滩型3类储层，主要为中

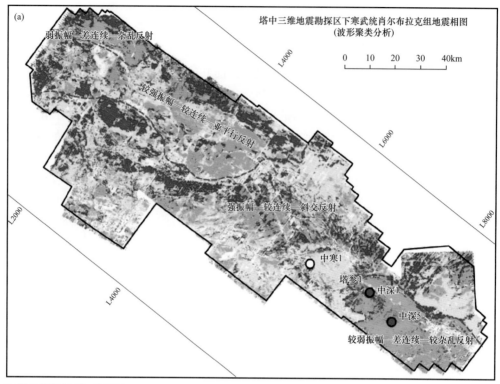

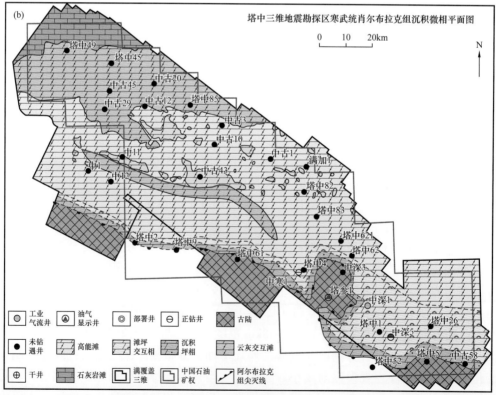

图 4-4-2 塔中地区肖尔布拉克组地震相、沉积相图

孔隙度—中低渗透率型，局部中高孔隙度—中低渗透率型，相控作用明显。主要发育粒内溶孔、粒间溶孔、格架孔、晶间溶孔、溶蚀孔洞 5 种孔隙，属中孔隙度—中低渗透率型储层，孔隙度 2.5%～10%，渗透率 0.01～100mD。基于野外露头古隆起控滩认识，认为温宿低隆东缘对称发育规模高能相带。

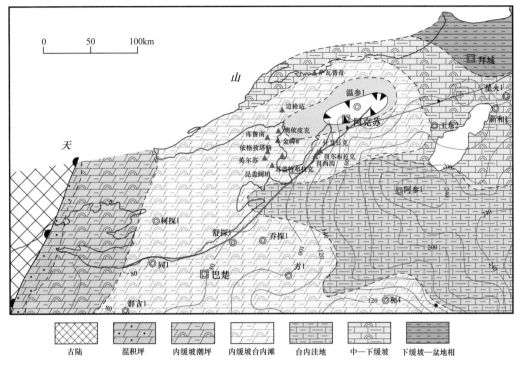

图 4-4-3　温宿低凸起周缘肖尔布拉克组沉积相图

3. 下奥陶统蓬莱坝组

早奥陶世古地貌形态控制了蓬莱坝组碳酸盐岩缓坡沉积体系的发育，沿 3 个局部古隆起向盆地方向依次发育内缓坡潮坪、内缓坡颗粒滩、中缓坡颗粒滩、中缓坡台洼、中缓坡外带、外缓坡 / 盆地 6 种主要的沉积相带。蓬莱坝组总体发育潜山型及内幕型两类白云岩储层，早期白云石化及后期岩溶作用控制了蓬莱坝组规模优质储层的分布。

潜山型白云岩储层发育率高，颗粒滩相沉积为基础。从巴楚永安坝剖面、柯坪水泥厂剖面及蓬莱坝组钻井物性统计表明，蓬莱坝组孔隙度主要介于 2%～6% 之间，少量达 6%～10%。准同生期及蓬莱坝组顶面的暴露溶蚀，进一步优化白云岩储层。从柯坪水泥厂等野外剖面发现蓬莱坝组与鹰山组之间的沉积间断时间较长，缺失地层约 6—8Ma，准同生暴露溶蚀形成大量早期孔隙，均位于高频旋回的上部（郑剑锋等，2012）。

内幕白云岩储层厚度较大，主要发育在蓬中段和蓬下段，Ⅰ 类、Ⅱ 类储层厚度达 40～120m，储地比 20%～30%，发育孔隙型储层和裂缝—孔隙型储层。塔北南斜坡、塔中北斜坡及麦盖提上斜坡三个有利勘探区带颗粒滩储层宽 50m～180km，预测有利面积达 $3.6\times10^4km^2$。

三、鄂尔多斯盆地寒武系—奥陶系

鄂尔多斯盆地寒武系—奥陶系主要发育颗粒滩型和风化壳岩溶型白云岩两类储层，纵向上分布在奥陶系马家沟组和寒武系三山子组、张夏组。"十二五"期间及以前着重研究了风化壳岩溶型白云岩储层，"十三五"期间则强化了颗粒滩型储层研究。

1. 颗粒滩储层成因与分布预测

主要岩性是鲕粒白云岩、砂屑白云岩、晶粒白云岩及微生物白云岩。鲕粒白云岩主要发育在张夏组和三山子组及马四段，砂屑白云岩则发育于马家沟组台缘和台内颗粒滩，晶粒白云岩在各层段均有分布，微生物白云岩常常与马家沟组台内颗粒滩共生（因测井难以区分，微生物白云岩统计到台内颗粒滩储层中）。储集空间主要为原生孔（如粒间孔和微生物格架孔）、次生孔隙（如晶间孔）和溶孔溶洞，此外，还有少量裂缝。物性统计表明，颗粒滩储层的孔隙度为 2%～18.03%，平均孔隙度为 6.16%，绝大多数分布于 2%～6% 之间，占比 52.9%；渗透率为 0.002～203.15mD，平均渗透率为 6.81mD，绝大多数分布于 1～10mD，占比 48.1%。

颗粒滩微相和准同生溶蚀作用是储层发育的主控因素。颗粒滩旋回与孔洞发育程度及物性之间具有正相关关系 [图 4-4-4（a）]，即在向上变浅的颗粒滩旋回中，越往上靠近高频层序界面（短暂间断面），孔洞越发育，物性也越好，这说明孔洞的发育与高频海平面下降引起的准同生溶蚀作用相关。当然，早期形成的溶蚀孔洞部分可能经历过表生期岩溶作用的改造，这种改造在中央隆起强烈剥蚀区比较明显，尤其是张夏组、三山子组、马四段甚至中组合的颗粒滩相直接暴露地表，遭受长期的淋滤溶蚀的区域，溶沟溶洞较发育，其中充填了上覆的铝土质黏土。据此预测了颗粒滩储层的有利分布区 [图 4-4-4（b）]。张夏组储层主要分布在台缘带和庆阳—横山古隆起周围（粉红色区域）；马四段储层主要发育在沿中央古隆起展布的台缘带和沿横山—志丹展布的台内低隆颗粒滩带（红线区域）；中组合储层分布在中央古隆起的东坡和横山—志丹低隆颗粒滩带（黄色区域）。

2. 岩溶型储层成因与分布

岩溶型储层主要发育在马一段、马三段和马五段上组合（图 4-4-10），目前以马五段上组合研究最为详细，从大量钻井岩心看，产层的主要岩性是（含）膏模孔细粉晶白云岩和粉晶白云岩。储集空间为膏模孔、溶洞及微裂缝。物性统计表明，颗粒滩储层的孔隙度为 2%～18.03%，平均孔隙度为 6.16%，渗透率分布于 0.002～203.15mD 之间，平均渗透率为 6.81mD。

岩溶型储层的形成受沉积微相和岩溶作用的控制，岩溶储层基本发育在含膏白云岩和膏质白云岩坪环境，但储层的保持取决于充填矿物及充填程度，而岩溶古地貌又控制了充填矿物类型和充填程度，因此，有利储层的分布主要与微相和岩溶古地貌相关，（含）膏（质）白云岩坪与岩溶高地、岩溶斜坡或岩溶残丘叠合的地区有利于储层的形成和保存，据此预测了乌审旗—靖边、横山—延安是储层有利分布区，而佳县—米脂是储层次有利分布区。

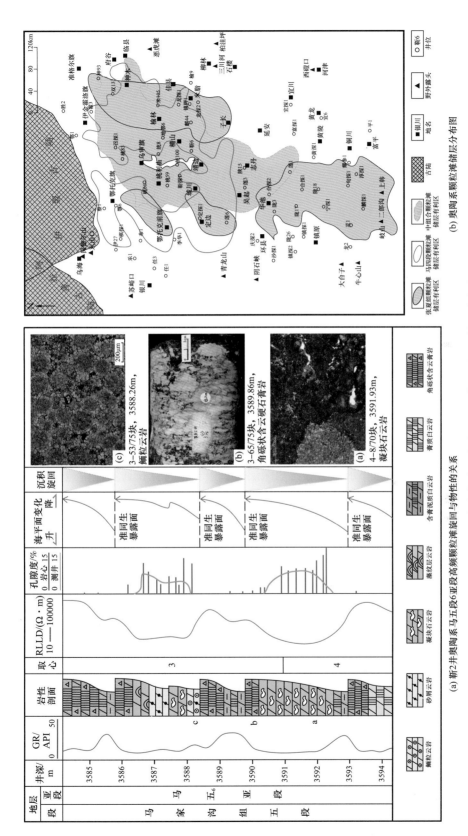

(a) 斯2井奥陶系马五段6亚段高频颗粒滩旋回与物性的关系

(b) 奥陶系颗粒滩储层分布图

图 4-4-4　鄂尔多斯盆地寒武系—奥陶系颗粒滩储层分布特征

第五章 元古宇—下古生界油气成藏特征与分布规律

我国三大克拉通海相碳酸盐岩主要分布于沉积盆地下构造层,具有年代老、埋藏深、时间跨度大、成藏历史复杂的特点。以三大克拉通盆地元古宇—下古生界为重点研究目标,在油气成藏特征及分布规律方面取得进展。

(1)总结我国古老碳酸盐岩油气藏特点,与国外碳酸盐岩大油气藏以构造型为主不同,我国油气藏更为复杂,可划分为三大类11小类,其中断控型油气藏为我国最新发现类型。

(2)深化我国深层古老海相碳酸盐岩油气成藏过程认识,指出多源灶多期生烃和跨重大构造期成藏是处于叠合盆地深部的古老海相碳酸盐岩含油气系统最显著的成藏特征,也是深层古老海相碳酸盐岩复杂成藏演化的核心规律。明确存在聚集型古油藏、半聚半散型"泛油藏"、滞留烃源灶三类烃源灶。液态烃裂解型"三灶"实际上是指地质条件下三种赋存状态的液态烃晚期裂解成气形成的气源灶。并基于不同盆地热史,建立塔里木"冷盆"液态烃跨构造期成藏和四川盆地"热盆"天然气跨构造期成藏两类成藏机制。

(3)基于克拉通盆地形成演化及构造—古地理重建的新认识,提出了相比大型克拉通而言,中国小克拉通更易于受区域构造及基底构造影响,克拉通内发生构造分异现象。通过对四川、塔里木、鄂尔多斯等盆地深层构造研究,将克拉通盆地构造分异分为三大类,分别为拉张构造环境下的构造分异、挤压环境下的构造分异以及多期活动的断裂线性构造带。

(4)指出克拉通内构造分异控制了沉积古地理格局及沉积相带展布,控制规模成藏要素分布与规模成储的认识,提出了三类有利富集带,包括紧邻裂陷的台缘带复式聚集带、断裂—颗粒滩叠合的复式聚集带、走滑断裂控制的油气藏聚集带。

(5)以构造分异控藏认识为指导,研究四川盆地震旦系—寒武系、塔里木盆地寒武系—奥陶系、鄂尔多斯盆地中东部奥陶系开展油气成藏主控要素,明确了各盆地油气富集规律。

第一节 油气藏类型

我国已发现碳酸盐岩油气藏数量众多,类型多样。按照传统石油地质学,碳酸盐岩油气藏可分为三大类:构造油气藏、地层—岩性油气藏及复合油气藏。每一大类又可根据圈闭形态进一步细化。然而,这种分类主要按照油气藏共性原则进行分类,并未突出碳酸盐岩油气藏的特点。因此,不同学者从不同角度对碳酸盐岩油气藏进行分类。如有学者从油气藏演化角度，强调古油气藏的保存与改造，将碳酸盐岩油气藏分为原生型油气藏和改造型油气藏；部分学者从烃源出发，将碳酸盐岩油气藏分为内生型油气藏和外生型油气藏。更多学者从其所研究工区碳酸盐岩油气藏角度出发，提出适合本地区的分类，如针对鄂尔多斯盆地奥陶系气藏，较统一的看法是古地貌油气藏；再如针对塔北塔河奥陶系油气藏，提出古风化壳潜山（丘）型和岩溶储集体型两类油气藏。总之，截至目前尚未有统一的碳酸盐岩油气藏类型划分方案。基于此，笔者在大量气藏类型解剖研究和统计分析基础上，提出碳酸盐岩油气藏类型划分方案。

一、油气藏类型划分

从勘探需求出发，油气藏类型划分要达到两个目的：一是要反映相同类型油气藏的共性和不同油气藏类型的差异性；二是要能反映油气藏形成的规律性和可预测性。通常地，按圈闭的成因进行油气藏分类更具预测性，能够充分反映各种类型油气藏的分布规律，进而科学地预测一个地区可能出现的油气藏类型，对不同类型的油气藏采用不同的勘探思路及不同的勘探开发部署方案。本次研究在大量解剖塔里木、四川及鄂尔多斯三大盆地碳酸盐岩油气藏基础上，提出我国古老海相碳酸盐岩油气藏特征的分类方案。

本次分类遵循以下两条原则：（1）分类的科学性，即分类应能充分反映圈闭的成因，反映各种不同类型油气藏之间的区别和联系；自然界地质作用因素复杂，圈闭和油气藏在其形成和演化过程中，往往不仅仅受某一种单一地质因素控制，而是多种地质因素共同作用的结果。因此，在对碳酸盐岩油气藏进行分类时，要强调圈闭形成的主导因素。（2）分类的实用性，即分类应能有效地指导油气藏的勘探开发的生产实践，并且比较简便实用。

本次碳酸盐岩油气藏类型划分，首先将碳酸盐岩油气藏分为构造型、地层—岩性型及复合型三大类。在各大类中，按照圈闭形成的主导因素进一步划分类型。地层—岩性型大类中，又可分为风化壳型（指岩溶作用形成的岩性圈闭）和礁滩型（指受礁滩沉积相控制的岩性圈闭）；构造型大类中，可进一步分为构造型（指背斜、断块、鼻状构造等构造圈闭）和断裂相关的成岩圈闭，其中后者是碳酸盐岩地层中特有的圈闭类型，这类圈闭的形成是由于断裂活动导致热液白云岩化作用和埋藏岩溶作用发生而形成网栅状储集体，因而可将这类圈闭形象称为网栅型圈闭。复合型大类中，可进一步划分为岩性—构造复合型、岩性—地层复合型。碳酸盐岩油气藏分类详见表5-1-1。

国外碳酸盐岩大油气田以构造型油气藏为主，而中国古老海相碳酸盐岩大油气田则以风化壳和礁（丘）滩等地层—岩性油气藏为主。以下重点介绍我国碳酸盐岩地层—岩性油气藏基本特征。

二、典型油气藏实例

1. 古地貌油气藏

所谓的碳酸盐岩古地貌油气藏是指岩溶古地貌起伏不大、呈大范围的"准平原化"地形背景下的受地层不整合控制的风化壳油气藏。其特点是储层受古地貌与沉积相控制明显，气藏分布受古地貌和储层非均质性或低渗透地层遮挡控制，鄂尔多斯盆地奥陶系风化壳气藏就属于典型岩溶古地貌气藏（图5-1-1）。

表5-1-1　我国古老碳酸盐岩油气藏圈闭类型

大类	圈闭主导因素	圈闭类型	
		类	亚类
地层—岩性型	岩溶作用形成岩性圈闭	风化壳型	古地貌型
			古潜山（块断型、潜山型）
			顺层岩溶型
			层间岩溶型
	沉积相控制岩性圈闭	礁（丘）滩型	台缘礁（丘）滩型（生物礁型、颗粒滩型、礁/丘滩复合型）
			台内礁（丘）滩型（颗粒滩型、点礁型）
构造型	断裂及相关成岩作用圈闭	断裂相关成岩圈闭型（网栅型）	裂缝型
			网栅状白云岩型、网栅状灰岩型
	构造圈闭	构造型	背斜、断块、鼻状构造
复合型	复合因素作用	岩性—构造复合型	礁/丘滩—构造复合、岩溶—构造复合、白云岩—构造复合
		岩性—地层复合型	地层尖灭型、不整合—成岩相变型

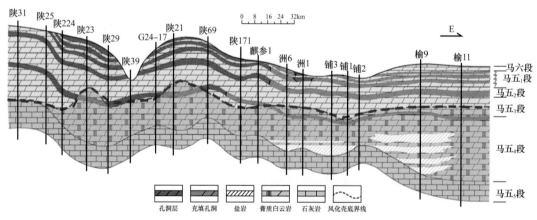

图5-1-1　鄂尔多斯盆地奥陶系岩溶古地貌图

2. 古潜山油气藏

这里的古潜山油气藏区别于裂谷盆地中的古潜山（如渤海湾盆地古近系不整合面以下古老碳酸盐岩不整合油气藏）。特指发育在中西部克拉通盆地中古隆起构造带，古隆起遭受多期剥蚀后形成的古潜山地貌，具峰林耸立、沟壑纵横等地貌特点。古潜山形成后，虽经历多期构造作用，但古潜山原始形态基本保留，可称为残丘型古潜山。与这类古潜山相关的圈闭，称之为残丘型古潜山圈闭。塔北隆起轮南地区奥陶系古潜山是残丘型古潜山油气藏的典型实例如图 5-1-2 所示。

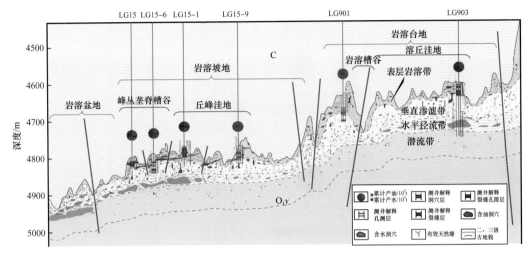

图 5-1-2　塔北隆起轮古西奥陶系古潜山地貌特征

3. 顺层岩溶型与层间岩溶型油气藏

顺层岩溶型油气藏是指发育在古隆起围斜部位的顺层岩溶储集体内的油气藏，一般位于古潜山油气藏向斜坡延伸部位。层间岩溶型油气藏是指受层间岩溶储集体控制的油气藏。这两类油气藏的共同特点是储层以缝洞型为主，圈闭为不同规模级次的岩溶孔洞和裂缝组成，油气分布受控于缝洞型储层，呈似层状分布特点，属于地层—岩性油气藏范畴。储层的形成是由层间岩溶作用、顺层岩溶及构造作用叠加形成，油气藏富集依赖岩溶孔洞和裂缝的发育，储集体为管道状溶洞系统与裂缝构成的网络。发育在塔里木巴楚—塔中下奥陶统鹰山组顶部的油气藏及北美著名的 Knox 岩溶不整合油气藏都属于这种类型（图 5-1-3）。

4. 礁（丘）滩型油气藏

礁（丘）滩型油气藏按储集体类型可分为生物礁（丘）油气藏和颗粒滩油气藏，按储集体的沉积环境又可分为台缘带礁（丘）滩型油气藏及台内礁（丘）滩型油气藏。这类油气藏的储层分布受沉积相控明显，而且台缘带与台内的礁（丘）滩体在储层类型、发育规模有较大差异，使得台缘带与台内的礁（丘）滩体油气成藏条件与富集程度不同。因此，从勘探实用角度，采用"台缘带礁（丘）滩型油气藏"和"台内礁（丘）滩型油气藏"分类方案更为合适。

1）台缘带礁（丘）滩型

台缘带礁（丘）滩型油气藏是指发育在台缘带礁（丘）滩体圈闭中的油气藏统称，包括台缘带生物礁（丘）油气藏、台缘带颗粒滩油气藏、台缘带礁（丘）滩体油气藏。这类油气藏发育在大型台缘带背景上，由相似成藏条件决定的礁（丘）滩油气藏群组成

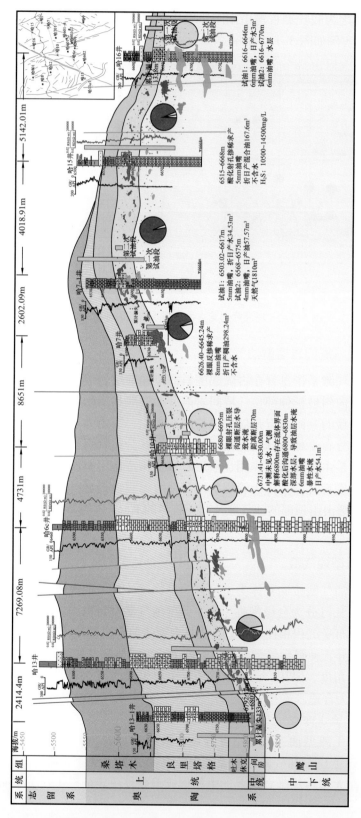

图 5-1-3 哈拉哈塘地区油气分布特征

的，纵向上相互叠加、横向上复合连片，可形成油气富集区。目前已在塔里木盆地塔中Ⅰ号坡折带良里塔格组发现台缘带礁滩大油气田、四川盆地开江—梁平海槽台缘带礁滩大气田。近期，在四川盆地发现震旦系灯影组德阳—安岳裂陷槽周缘发育灯四段优质藻（丘）滩型储层，整体表现为构造背景控制下的岩性气藏群，规模巨大，进一步明确台缘带礁（丘）滩型油气藏的勘探前景。

下文以四川盆地长兴组—飞仙关组台缘带礁滩气藏为例，阐述台缘带礁滩气藏的地质特征。

（1）"下礁上滩"叠合发育，礁滩复合体厚度大，但储层非均质性强。在龙岗台缘带，长兴组发育生物礁滩复合体，由三期生物礁及生屑滩以加积作用方式形成岩隆带，厚度较围岩多 150~200m。生物礁储层主要位于长兴组顶部，以白云岩储层为主，有效储层厚度 20~50m，孔隙度 4%~12%，渗透率 0.2~60mD。飞仙关组鲕滩主要分布在中下部的飞仙关组一段（简称飞一段）、飞仙关组二段（简称飞二段），平面展布范围大于生物礁。飞仙关组储层受鲕滩分布控制，以白云岩为主，但横向变化较快。

（2）生物礁气藏以岩性气藏为主，"一礁一藏"特征明显（图 5-1-4）。鲕滩气藏受构造影响较大，总体表现为岩性圈闭背景下受局部构造控制的复合型气藏。台缘带与构造叠合发育区，构造圈闭发育，构造型气藏和构造—岩性复合型气藏为主，如川东北构造带已发现飞仙关组鲕滩气藏中属构造型气藏占 15%，属岩性—构造复合型气藏占 50%。

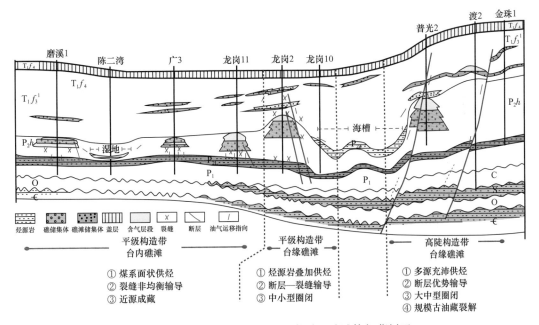

图 5-1-4　四川盆地长兴组—飞仙关组礁滩体气藏剖面

（3）储层气水关系复杂，缺乏统一的气水界面，具有多个气水系统。如龙岗 7 井—龙岗 28 井之间长兴组发育 17 个气水系统，各区块内均发育水层，向构造低部分水体增大，各井气水界面不一致。飞仙关组发育 24 个气水系统，其中 9 个纯气藏，10 个边（底）水型气藏，5 个纯水层。靠近华蓥山断裂带的龙岗 28 井—龙岗 27 井，构造较变形强度较大，在构造低部位主要发育底水，构造高部位发育纯气藏。

（4）气藏压力较为复杂，既有高压气藏、超高压气藏，也有常压气藏。总体规律是台缘带礁滩气藏以常压为主，如龙岗台缘带礁滩气藏压力系数普遍在 1.00～1.05 之间；部分为高压气藏，如铁山坡、龙岗 27 井区、天东、南门场、铁山等生物礁气藏。台内礁滩气藏以高压、超高压为主，如龙岗 11 井气藏。从储层类型看，白云岩储集体以常压为主，石灰岩储集体以高压为主。从构造变形看，强挤压变形区利于高压气藏形成，如龙岗 27 井区、沙罐坪、射箭河、铁山气藏等。

（5）气藏大小受储集体与构造背景控制，台缘带气藏规模大。气层和含气层厚度统计表明，龙岗台缘带气层单层厚度一般在 10～60m 之间，平均厚度 30m，累计厚度一般可达 50～80m；川东北飞仙关组鲕滩气藏（含）气层厚度在 40～359m 之间，平均厚度在 100m 以上。台内礁滩气藏气层和含气层累计厚度多在 5～10m 之间。目前已发现的大中型气田均集中在海槽两侧的台缘带，而台内礁滩气田均属于小型气田。

2）台内礁（丘）滩油气藏

台内礁（丘）滩型油气藏按储集体类型可分为颗粒滩型油气藏和生物礁型油气藏（点礁为主）。

台内点礁气藏发育在长兴组，目前已发现双龙场礁、卧龙河礁、张家场礁、广安礁、板东礁、石宝寨礁、龙岗 11 礁等一批点礁气藏。这类气藏储量规模受控于礁体大小，目前已发现点礁气藏中，单个气藏的储量普遍小于 $50 \times 10^8 m^3$，均表现为超压、超高压特征，如双龙场礁气藏压力系数达到 2.24，龙岗 11 礁气藏压力系数为 1.51。

台内颗粒滩气藏按颗粒滩类型可进一步划分为鲕滩气藏、生物碎屑滩气藏、砂屑滩气藏、砾屑滩气藏等类型，储层类型既有白云岩又有石灰岩。四川盆地台内颗粒滩气藏发育层位多，不同层位颗粒滩气藏类型不同，如长兴组以生物碎屑滩气藏为主，飞仙关组以鲕滩气藏为主，嘉陵江组和雷口坡组则发育砂屑滩气藏。这类气藏主要特点是含气层系多、单层厚度薄、互层状分布。如飞仙关组鲕滩气藏，在台缘带储层厚度一般在 30m 以上，普光 2 井飞仙关组储层厚达 358m；而在台内储层厚度明显变薄，龙会场、铁山地区飞仙关组鲕滩储层厚度平均为 15m 左右。

台内颗粒滩气藏的另一个特点是油气水分布受局部构造控制，更多情况下表现为构造—岩性复合气藏。这是由于颗粒滩储层分布范围广，单个滩体的储层面积也较大，油气水分布更易于受局部构造控制。以川东地区铁山北飞仙关组鲕滩气藏为例。铁山北构造发育的两个倾轴断层（铁①号断层、铁③号断层）及其夹持的断背斜形成构造圈闭，由于鲕滩储层向北减薄直至尖灭，与构造圈闭叠加后形成一个岩性侧变—构造复合圈闭（图 5-1-5）。

5. 断层相关成岩圈闭型（网栅型）

断层相关成岩圈闭型（网栅型）近年来勘探不断突破，成为油气勘探新的关注类型。该种类型多发育于大型走滑断裂带或多期断裂叠加部位，断裂形成垂向上多层沟通，平面上网栅状分布的立体流体活动通道，在埋藏期或构造活动期，地质流体沿断裂活动，形成差异溶蚀、充填等改造行为，形成沿断裂展布的圈闭类型。塔里木盆地哈拉哈塘油田和顺北油田就是这种类型的典型实例（图 5-1-6、图 5-1-7）。目前，奥陶系碳酸盐岩油气储量规模有望达到 $25×10^8t$。目前三级储量当量 $17.32×10^8t$（石油 $9.85×10^8t$、天然气 $9376×10^8m^3$），其中探明储量：石油 $6.04×10^8t$、天然气 $4534×10^8m^3$。在外围区，哈拉哈塘周缘、英买 2 外围、阿满低凸起、哈德逊东南部埋深小于 8000m，有利面积 $1.08×10^4km^2$，石油资源量 $6.9×10^8t$。

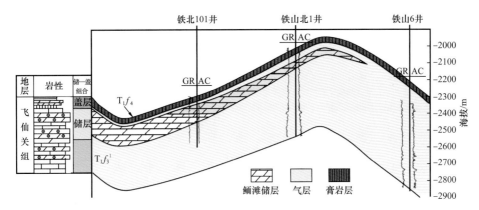

图 5-1-5 铁山北飞仙关组鲕滩气藏剖面图

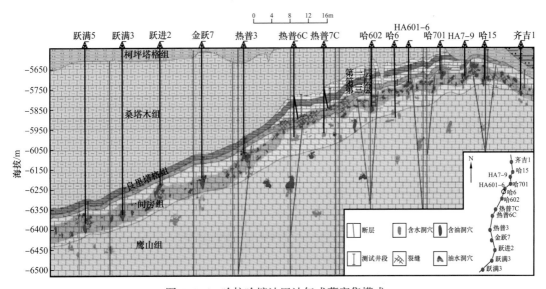

图 5-1-6 哈拉哈塘油田油气成藏富集模式

哈拉哈塘油田的深大断裂带断裂呈网栅状展布，勘探实践证明，断裂具有"控储、控藏、控富"的特点，同时具有沿断裂垂向多层成藏的特点。总体上，该种类型油气藏沿断裂成排成带展布，一旦突破，可快速实现领域展开。我国叠合盆地构造复杂，构造活动区带多，该种类型油气藏勘探前景巨大。

上面讨论了几种重要的油气藏类型。实际上，自然界单一因素控制油气藏类型的现象较少，更多情况是多因素主导作用。因此，多数地质条件下，碳酸盐岩油气藏以复合

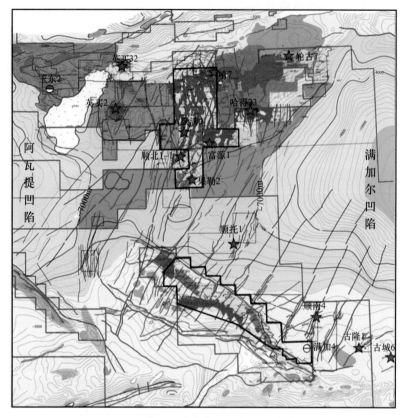

图 5-1-7 塔北—塔中古生界断裂带控藏评价

油气藏为主。从目前勘探发现而言，我国碳酸盐岩复合油气藏主要有两类：一类是与构造圈闭复合油气藏，如川东北鲕滩岩性体与构造圈闭复合，形成鲕滩—构造复合油气藏，铁山坡、渡口河、罗家寨等鲕滩气藏就属于此类；另一类是地层—岩性复合油气藏，可以是生物礁与鲕滩油气藏的复合，如台缘带生物礁与颗粒滩复合气藏；也可以是岩溶缝洞型与颗粒滩油气藏的复合，如塔北鹰山组缝洞型油气藏。

第二节 油气成藏演化

中国海相叠合盆地普遍经历了多阶段复杂构造变革，多类型盆地原型垂向叠置、空间差异分布，对成藏要素配置及成藏过程具有重要控制作用。位于沉积盆地底部的元古界—下古生界由于经历多期构造演化且普遍经历较大埋深，埋藏史、热史和成藏史异常复杂。多源灶、多期生烃和跨重大构造期成藏是处于叠合盆地深部的古老海相碳酸盐岩含油气系统最显著的成藏特征，也是深层古老海相碳酸盐岩复杂成藏演化的核心规律。

一、多源灶多期生烃

"源控论"是石油地质理论的核心内容之一。理论的要义是油气勘探首先要确定烃源灶分布，然后围绕烃源灶勘探就有发现油气藏的最大机会。传统上，以海相泥页岩为常规海相烃源岩形成的烃源灶。近年来，基于复杂成藏过程的认识，对烃源灶的认识不断深化，其时空分布的认识对于油气最终成藏具有重要指示意义。多源灶多期生烃是深层复杂成藏理论的新进展，指出存在三类烃源灶，油气成藏普遍具晚期性，液态烃裂解型"三灶"既是生烃母质富集过程，又是常规、非常规两类资源晚期规模成烃与富集成矿的重要条件。

　　液态烃裂解型"三灶"实际上是指地质条件下三种赋存状态的液态烃晚期裂解成气形成的气源灶（图5-2-1），一是聚集型古油藏的藏内裂解，二是半聚半散型"泛油藏"途中裂解、三是滞留烃源灶内的液态烃晚期裂解。

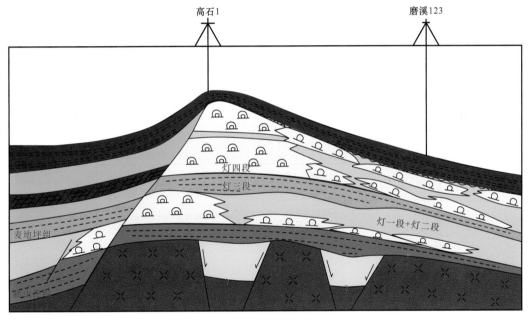

图 5-2-1　液态烃裂解型"三灶"赋存状态示意图

　　液态烃裂解型"三灶"物质基础充分，成气效率高。与干酪根相比，液态烃裂解生气的时期偏晚，且生气量大，这一点已经被模拟实验所证实。在高温高压、半开放体系中的生气母质类型、数量及其生气时限，深入探讨了高成熟—过成熟阶段天然气物质来源、烃源岩中滞留烃的成藏贡献等科学问题，通过逼近地下环境排烃模拟实验和不同赋存状态有机质成气机理研究，发现液态烃裂解成气期（最佳时机为 R_o=1.6%～3.2%）晚于干酪根，产气量是等量干酪根的4倍，晚期成藏潜力巨大（图5-2-2）。液态烃裂解

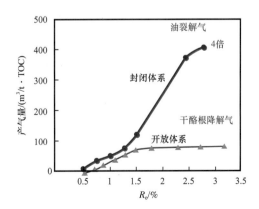

图 5-2-2　干酪根与液态烃裂解生气产率对比

生气的量是同等干酪根的2～4倍。这就在机理上证明了液态烃裂解型"三灶"为海相碳酸盐岩层系天然气成藏的主要贡献者。高温压生烃模拟实验表明,液态烃裂解型"三灶"裂解供气时限长,可延长至新近纪,为天然气晚期成藏提供充足气源。

油气的裂解过程伴随相态转化,压力的变化会在一定程度上影响其热稳定性。不同温度和压力条件下的裂解实验表明,相对于温度,压力的变化对原油的裂解速率的影响要微弱得多,且而裂解速率对压力的响应并非是线性增加或降低,存在一个极大值(Behar et al.,1996)。在海相盆地中原油裂解气是天然气的主体,由于深部地层地温较高,为原油裂解提供了有利的地质条件,埋深越大原油裂解气的资源量可能更大。最近在四川盆地震旦系—寒武系发现了丰富的原油裂解气也印证了这一观点。原油裂解实验结果证明,油藏中的原油在没有明显催化的地质条件下很难裂解,完全裂解需要很高的地温。四川盆地由于古地温梯度较高,古生界海相地层大部分地区的古地温可能超过230℃(图5-2-3),在长兴组—飞仙关组,尽管大部分地区地温低于230℃,但由于TSR作用降低了原油的稳定性,促进了原油裂解转化成气的过程,原油裂解成气完全裂解的地温降低到120～160℃。因此,长兴组—飞仙关组烃类均以气态存在,勘探仍然以天然气为主。

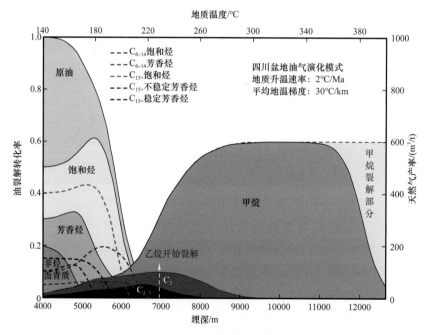

图5-2-3 四川盆地液态烃裂解及族组分演化模式

正是由于液态烃裂解的时限长,才使得天然气能够跨构造期晚期成藏。以四川安岳大气田为例(图5-2-4),二叠纪—中三叠世,震旦系—下寒武统有机质达到成油高峰阶段,油气向隆起带顶部及上斜坡运移,资阳古圈闭、安岳古圈闭、威远古斜坡及磨溪—高石梯地区形成规模较大的古油藏。晚三叠世以来的前陆盆地堆积厚达3000～5000m的地层,使得震旦系—寒武系被深埋,即使在乐山—龙女寺古隆起轴部,震旦系—寒武系埋深达到 7000~8000m，地层温度超过 200℃。如此高温，使得震旦系—寒武系古油藏及分散液态烃大量裂解成气，成为重要的气源。

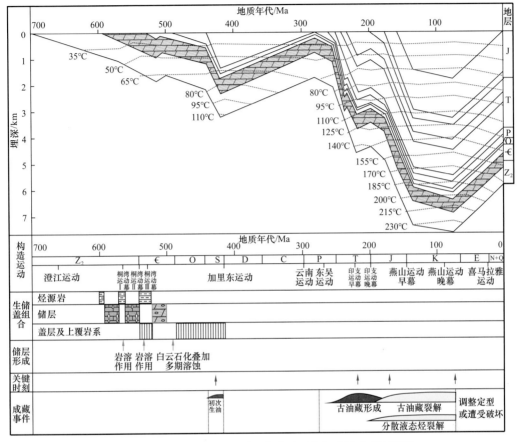

图 5-2-4 四川盆地震旦系—寒武系天然气晚期成藏事件图

据中国海相大气田的成藏期统计（表 5-2-1），大部分气田或气藏的主成藏期都比较晚，其主力源灶往往以液态烃裂解为主。如四川盆地川东北地区的礁滩气藏，多以古油藏裂解为主，磨溪—荷包场地区的气藏主力源灶多以古油藏和半聚半散液态烃联合贡献。

表 5-2-1 中国海相大气田成藏期统计

盆地	大油气田	储层	主成藏期	源灶类型
塔里木	塔中、古城	O	E—N	古油藏 + 源内滞留烃
四川	罗家寨、渡口河、普光、龙岗、元坝等	P—T	N—Q	古油藏
	天东、大天池、卧龙河、福成寨	C	N—Q	古油藏
	磨溪、高石梯、龙女寺、荷包场	Z—€	N—Q	古油 + 半聚半散液态烃
	威远、资阳	Z	N—Q	古油藏型
鄂尔多斯	靖边	O	K	煤系为主

　　"三灶"是常规—非常规天然气有序共生的重要条件。以四川盆地震旦系—寒武系为例，充足的液态烃裂解型气源供给，不但向邻近储层供气，形成了震旦系灯影组的缝洞型气藏和寒武系龙王庙组孔隙型常规气藏（图5-2-5），而且还在寒武系筇竹寺组页岩气和志留系龙马溪组两套烃源岩中形成了非常规页岩气藏（图5-2-5）。由于"三灶"的充分供烃，从烃源岩到储层，均形成规模天然气资源，常规—非常规天然气在空间上有序共生。

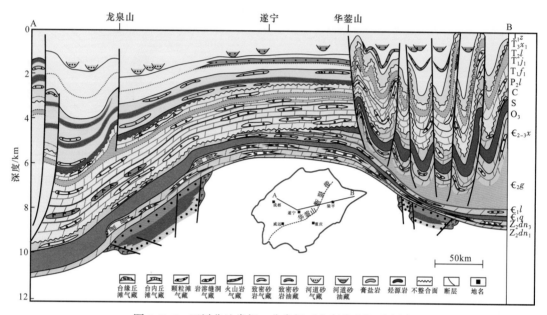

图5-2-5　四川盆地常规—非常规"有序共生"示意图

二、跨重大构造期成藏

　　我国海相盆地主要发育在一系列小型古板块之上，经历多期构造演化。多期构造叠加影响控制油气成藏诸要素配置并进而控制油气聚集和分布。其中对成藏要素影响最显著的构造变革是最关键的，研究和识别重大构造变革期对于油气成藏规律至关重要。张水昌等（2011）提出重大构造变革是指对盆地内部结构有明显改造、区域上普遍发生且可以对比的构造事件。它不仅控制了盆地的形成演化、构造转换和叠置样式，还深刻地影响了油气成藏主控因素和成藏过程及圈闭中烃类流体的性质。笔者认为重大构造变革的划分应遵循以下两个原则：一是遵循普适性。虽然对构造事件的幕次性、全球性和等时性的争论从未停止，但整体上显生宙以来全球各大陆的构造演化总体上可划分为加里东、海西等构造旋回已得到充分证实，并且现代高精度地质测年研究表明各构造旋回在各大陆延续时间也大体一致，具有全球性构造事件的可对比性即同时性。因此，划分要明确体现受统一的板块运动造成的全球性构造周期性和阶段性的特征；二是重视特殊性。在认识构造运动具有阶段性并可全球对比的基础上，必须明确不同构造演化阶段在不同构造部位，但在不同构造部位受应力背景等条件联合控制，存在构造样式、沉积充填、温压条件的差异。而同一演化阶段的多期内幕构造运动虽然性质相近，但在活动强度、沉积响应等方面存在显著不同，体现同一阶段构造活动的多幕性和时空差异性。

跨构造期成藏认识，就是认识经历复杂构造运动及成藏演化过程后，深层古老海相碳酸盐岩规模成藏的基本条。其内涵是指"递进埋藏"和"退火受热"相耦合，烃源岩长期处于液态窗，逃过了多期构造运动破坏，液态烃保存量超过以往。该认识回答了海相碳酸盐岩液态烃长期保存、晚期成藏的问题。本次研究深化了跨构造期成藏认识，提出两种跨越机制，一种是烃源岩长期处于液态窗，最大限度地规避构造破坏；另一种是烃类相态转换、多源灶晚期生气、继承性构造保存等多因素叠加，天然气跨构造期成藏。重要进展体现在回答了深层古老层系天然气规模聚集、有效保存的问题。

1. 液态烃跨构造期成藏机制

勘探发现，塔里木盆地深层埋深 7000m 以深仍然存在液态烃。这些液态烃如何跨越多期重大构造运动的破坏而得以保存至今，其核心原因是部分古老烃源岩在"退火"地温场与递进埋藏的耦合作用下，使得一部分烃源岩在很长时间里都处在生液态石油烃的范围内（图 5-2-6），液态窗持续时间可达 0.4Ga 之久。成藏解剖显示，在塔里木盆地台盆区所发现的油藏和气藏，有相当多的都是晚期形成的，仅在距今 2—5Ma 左右的时间形成。

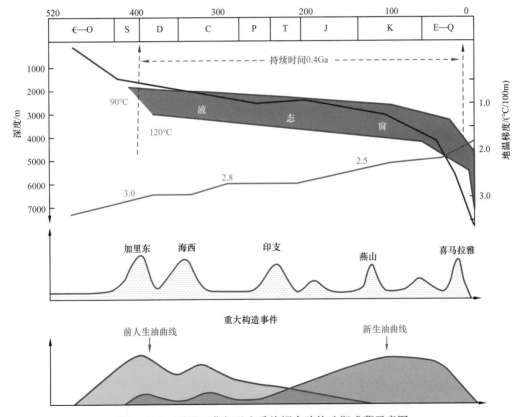

图 5-2-6　递进埋藏与退火受热耦合跨构造期成藏示意图

根据烃源岩的埋藏史，可以将塔里木盆地下古生界烃源岩埋藏演化分为三种类型（图5-2-7），即持续埋藏型（如满西1井）、早深埋、晚抬升型（如塔东2井）、晚期快速深埋型（如轮古38井）。晚期快速深埋型主要发生在古隆起区，如塔北隆起，这部分烃源岩沉积后直至新生代之前，埋藏较浅，有机质热演化长期处于液态窗阶段，直到新生代深埋后才进入高成熟阶段。这种长期处于"液态窗"范围内的烃源岩面积约 $15×10^4 km^2$，初步评价 $85×10^8 t$，较前期评价增加2倍，提升了台盆区碳酸盐岩石油勘探潜力，增强了深层找油信心。

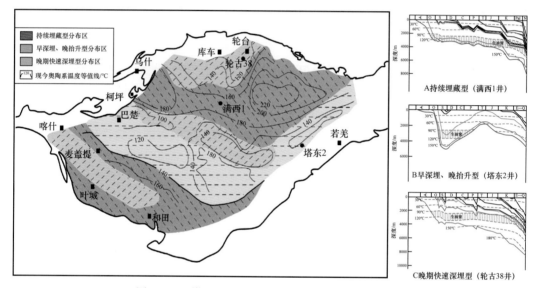

图5-2-7 塔里木盆地海相烃源岩埋藏史类型与分布

2. 天然气跨构造期成藏

第二种跨越机制的关键是烃类相态转换、多源灶晚期持续生气、继承性构造保存等多因素叠加，天然气跨构造期规模成藏。

1）烃类相态转换是跨构造期成藏的重要途径

我国深层普遍经历古油藏形成、油裂解成古气藏、晚期调整形成今气藏三个阶段（图5-2-8），因为持续深埋，普遍进入高成熟—过成熟阶段，跨越"液态窗"、进入"气态窗"，能够形成大气田。包裹体揭示的油气充注事件都包含古油藏形成（液态烃包裹体，均一温度100~160℃）、原油裂解气成藏（气液两相包裹体，均一温度大于160℃左右）。

2）液态烃裂解时限长，有利于油气保存和晚期供烃

无论地温梯度高的四川盆地、还是地温梯度低的塔里木盆地，都经历了液态烃的裂解，而且时限很长，有利于晚期持续供烃和跨构造期成藏。如四川盆地海相深层以天然气为主，甚至部分地区 C_{2+} 气体发生裂解，经历了较长的裂解时限，全天候生气（图5-2-3）；塔里木盆地原油裂解不充分，完全裂解的时机更晚、时限更长。模拟实验表明，蜀南地区凝析油完全裂解的温度可达240℃，这也是液态烃裂解时限长的佐证。

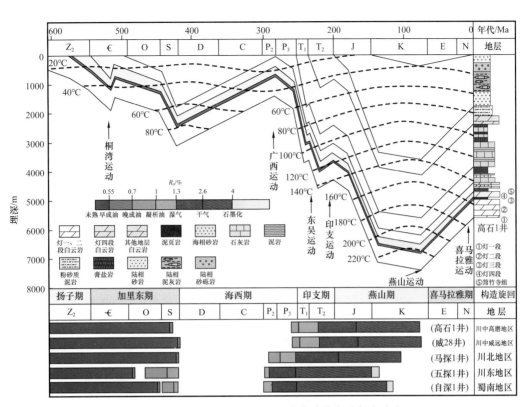

图 5-2-8　高石 1 井震旦系烃源岩热演化与油气充注史

此外，前人研究指出，甲烷是最稳定的烃类，在催化条件下，稳定性可达 700℃，在没有催化剂存在条件下可保存至 1200℃以上（Takach，1986）。这也表明，深层跨构造期成藏具备晚期持续供烃的物质基础。

3）多源灶晚期持续生气为跨构造期成藏提供物质来源

地质条件下发育多种类型的气源灶，既包括干酪根裂解型，又包括液态烃裂解型。液态烃裂解型气源灶则更加多样，包括聚集型古油藏的藏内裂解、半聚半散型"泛油藏"途中裂解、滞留烃源灶内的晚期裂解。多类型的源灶晚期持续生气为跨构造期成藏提供物质来源。

以四川高石梯—磨溪大气田的形成为例，说明多源灶供烃的成藏模式。以沥青含量 0.5% 等值线及浑圆状沥青的出现勾勒出古油藏边界，主要在古隆起高部位及陡坡带，而在缓斜坡上沥青含量低，液态烃总体上富集程度不高，但局部又有集中现象，呈"半聚半散"状分布。储层沥青的不同赋存状态及其与岩石矿物的伴生关系，反映出烃类多期充注、晚期裂解（图 5-2-9）：两期充注、晚期降解形成两期沥青环带；早期充注、晚期裂解形成的沥青发育网格孔；两期充注、重族分沉淀形成两期沥青，呈上下分布；早期充注、晚期裂解形成的沥青呈单环带分布。多种赋存状态储层焦沥青的发育，是多种源灶持续供烃的直接标志。

4）继承性构造保存是跨构造期成藏的关键要素

由于我国叠合盆地多旋回发育的地质特征，大油气田形成以后的晚期保存至关重要。

以四川盆地高石梯—磨溪大气田的形成为例，一个关键要素就是高石梯—磨溪地区长期处于继承性古隆起发育区，表现为油气的有利指向区。虽然古隆起经历了多期构造的叠加，但从桐湾期到喜马拉雅期古隆起轴部由北向南迁移，但高石梯—磨溪地区继承性发育、稳定性强（图5-2-10），在资阳地区早期为古隆起高部位，喜马拉雅期为斜坡带；威远地区早期为斜坡带，喜马拉雅期为构造高部位。但是，多期构造活动、特别是喜马拉雅运动对油气藏破坏改造严重，在受构造影响较小的高石梯—磨溪地区规模成藏，形成大气田，在构造破坏严重的盆地边缘则油气藏完全破坏。

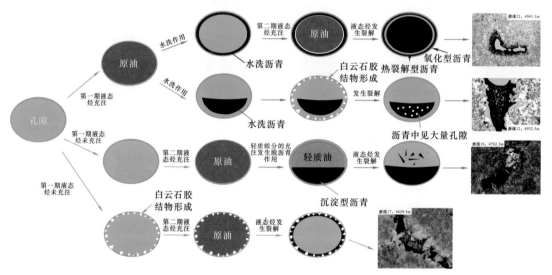

图 5-2-9　多赋存状态储层沥青反映的液态烃充注与裂解

3. 烃类相态保存下限与跨构造期成藏

1）原油热稳定性

原油热稳定性有两种含义：一是独立相原油的消失温度，即纯油藏的最大保存温度；二是原油完全消失的温度，即液态可动烃类基本消失。Claypool 等提出原油转化率为 62.5% 时独立相原油将消失。但也有观点认为原油转化率约达到 51% 时，独立相原油就开始消失。研究表明，地质条件下二者对应的原油保存温度差别不大。本研究采用的原油转化率为 62.5%。原油裂解模拟实验如图5-2-11所示，一般埋藏条件下（2℃/Ma，20℃/km），100MPa 压力条件下，独立相原油消失的温度约为 200℃，此时原油的保存下限可达到 9km 以上。150MPa 的油藏保存温度比 50MPa 的高出接近 30℃，保存深度下移约 2.5km。可见，高压对于原油的热稳定性影响显著，在深层油气资源评估及勘探开发中应给予足够的重视。

2）天然气热稳定性研究

为了简化计算，结合之前文献的实验结果及 HSC 软件的数据库，将以下 13 种产物用在本模型中：其中分子包括 H_2、CH_4、C_2H_2、C_2H_4、C_2H_5、C_2H_6，自由基有 CH、CH_2、CH_3、C_2H、C_2H_3，原子为 H 和 C。这些物质的热力学数据 HSC Chemistry 数据库内已有 CH_4（g）＝C+$2H_2$（g）。

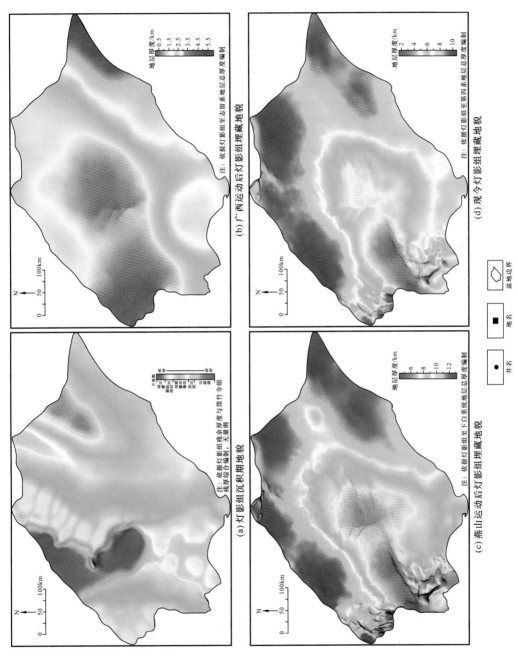

图 5-2-10　四川盆地震旦系顶界古构造演化及古隆起轴部迁移图

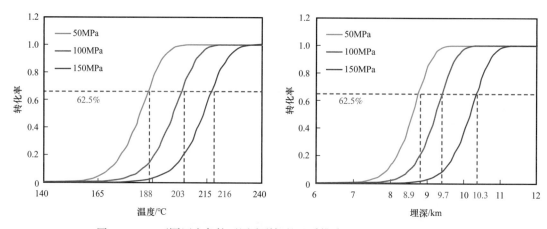

图 5-2-11　不同压力条件下原油裂解的地质推演（2℃/Ma，20℃/km）

当 delta Gibbs 自由能小于 0 时，反应可正常进行。因此理论上，正常压力条件下甲烷裂解应当发生在温度大于 550℃以上（图 5-2-12、图 5-2-13）。

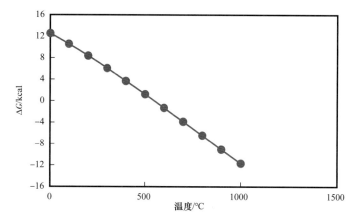

图 5-2-12　甲烷裂解成氢气和碳反应的 Gibbs 自由能随温度的变化关系

研究进一步分析了压力对甲烷裂解热力学平衡的影响，压力研究范围为 10～1000MPa（图 5-2-14）。压力升高明显导致甲烷裂解产物的平衡浓度降低。压力增加一般不改变平衡曲线的形状，但会使其移向更高的温度，即压力的增加可抑制甲烷的裂解。

3）地质条件下烃类相态保存下限

根据原油裂解气态烃产物在不同热成熟度下的产率，可以计算出甲烷、乙烷、丙烷、丁烷/戊烷的生成和裂解动力学参数（图 5-2-15）。Kinetics 模拟值能与实验结果较好地拟合，说明这些动力学参数可信度较高。可见，乙烷的热稳定性最高，丙烷次之，丁烷/戊烷的最低。基于这些动力学参数可预测，一般埋藏条件下，重气烃随温度和埋深的演化规律如图 5-2-16 所示。丁烷/戊烷在 200℃，埋深 9km 左右开始裂解，而丙烷完全裂解需要的温度和埋深为 210℃和 10km，乙烷的热稳定性最高，能保存至 250℃和 11km。同样的，假设地温梯度为 2℃/Ma，可计算获得甲烷的裂解曲线（图 5-2-17）。预测出地质条件下甲烷需要温度高达 1000℃才裂解完全，此时埋深约为 20km。

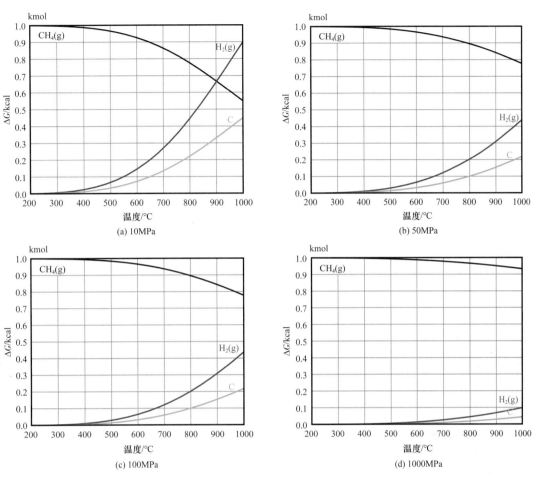

图 5-2-13　不同压力条件下 CH$_4$、H$_2$ 和碳的反应平衡浓度随时间的变化

随着压力增大，甲烷裂解平衡浓度逐渐降低

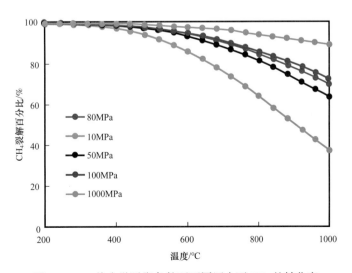

图 5-2-14　热力学平衡条件下不同压力下 CH$_4$ 的转化率

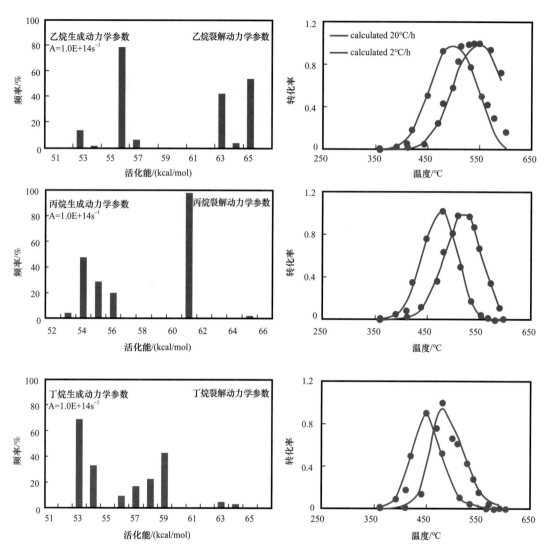

图 5-2-15　乙烷、丙烷、丁烷／戊烷的生成（蓝色）和裂解（红色）
动力学参数及模拟值与实验结果拟合曲线（右）

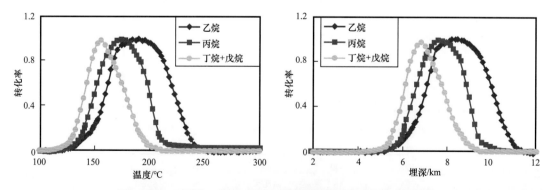

图 5-2-16　乙烷、丙烷、丁烷／戊烷随温度和埋深的演化规律

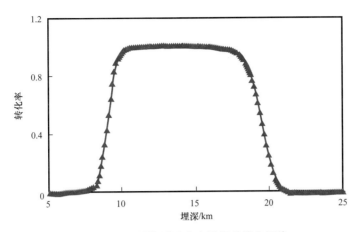

图 5-2-17　甲烷随温度和埋深的演化规律

把原油及各种气态烃的保持深度下限及对应的热成熟度进行汇总（图 5-2-18），可以看到，原油裂解先后顺序主要由各组化学反应所需的活化能决定，按照平均活化能的高低进行。在有机质热演化初期，由于环境中的热应力不能够提供足够的势能使得原油中的各组分发生裂解反应，原油处于相对稳定阶段。自成熟阶段后期（EasyR_o>1.0%），原油在不断升高的热应力作用下逐渐发生热裂解作用（例如饱和烃基上的 C═C 键断裂生成短链脂肪烃，芳烃和初焦的脱甲基反应等），原油裂解逐渐进入湿气阶段。此时甲烷的产率较低，主要因为生成甲烷的活化能较高，尚不能顺利进行。随着热应力的继续增高，原油裂解率持续增大，生成的重烃气发生二次裂解作用，即 C_{2-5} 脂肪族链上的 C═C 键断裂生成甲烷。在 EasyR_o 大于 2.5%、埋深约 9km 时，原油几乎裂解殆尽。此时，除了原油裂解生成的甲烷，重烃气还在进行大量的二次裂解，丁烷/戊烷、丙烷依次消失。最终，在 EasyR_o 大于 3.5%、埋深约 11km 时，乙烷也全部转化为甲烷。各种原油裂解产物中，甲烷的热稳定性最高，一般地质条件下（2℃/Ma，20℃/km）在埋深 18km 才开始发生分解，且能保存至地下深度大于 20km。甲烷及各重烃气保持深度下限的提出为深层超深层天然气的组成特征、资源储量及勘探部署提供了重要理论依据。

4）烃类相态保存对跨构造期的影响

液态烃相态长期保存，使得深埋地质条件下石油能够最大限度地规避构造运动的破坏，是石油实现跨构造期成藏的内在机制和物质基础。采用 ResForm 软件对塔中和塔北地区深度小于 10km 的区域面积进行大致估算，得出塔北地区新增原油可勘探面积（7～10km）约 $2.2×10^4km^2$；塔中地区新增原油可勘探面积（7～10km）约 $2.0×10^4km^2$。并且，由于原油保存下限的下延，或可形成塔中—塔北连片含油气富集区。这对于塔里木盆地深层超深层油气勘探开发具有重要理论意义。

在一般地质条件下（2℃/Ma，20℃/km），天然气中各组分甲烷、乙烷、丙烷和丁烷/戊烷的保持深度分别为 20km、11km、10km 和 9km。这说明深部高压条件能够天然气能够长期保存，原油裂解生气、重烃气进一步裂解生气可以持续至近万米深层，这是天然气跨构造期成藏的内在机制和物质保障。

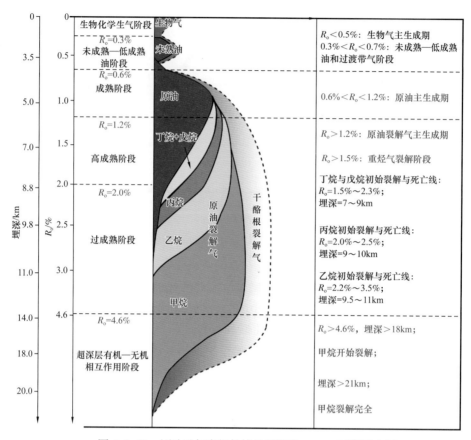

图 5-2-18　原油及气态烃保持的埋深及 EasyR。下限示意图

第三节　海相碳酸盐岩大油气田分布规律

中国三大克拉通盆地深层古老海相碳酸盐岩油气资源丰富，具备形成大中型油气田的物质基础，其形成与分布受控于有效烃源岩、优质盖层与有利储集相带时空配置，勘探潜力巨大。为了揭示海相碳酸盐岩油气规模成藏形成条件和规律，以盆地构造演化为主线，创新克拉通构造分异认识，明确受构造—沉积分异控制，烃源灶的分布范围、有利储层的发育条件及油气成藏主控要素的时空配置关系，进而明确油气分布的规律。

一、克拉通内构造分异内涵与形式

克拉通一般指具有厚层刚性大陆地壳（或岩石圈）、长期保持相对稳定、较少遭受变形的广大区域。克拉通盆地区地壳厚度稳定，结晶地壳和"花岗岩层"的厚度都相对较大。克拉通盆地的基底和地壳底面都比较平缓，持续下沉可达几亿年之久，基底通常为平缓的大型碟状坳陷。克拉通盆地中含有丰富的油气资源，研究克拉通盆地的岩石圈结构与盆地含油气性的关系，对有效了解盆地类型的不同及其油气资源富集规律的差异很有帮助。

大型克拉通盆地，如北美克拉通，构造—沉积分异集中在克拉通边缘，而克拉通内部相对稳定，隆坳格局主要由逆冲和挤压作用形成。中国克拉通盆地具规模小、活动性强等特征，在经历多旋回构造运动之后，克拉通边缘盆地多卷入俯冲消减带或造山带而被强烈改造与破坏，现今保存较完整部分以克拉通盆地为主，是海相碳酸盐岩油气赋存的主体。受区域构造活动影响，克拉通盆地并非"铁板"一块，存在构造变形与构造沉降差异性，这种差异性对岩相古地理展布以及油气地质条件有显著的控制作用。

"十二五"以来，随着我国油气勘探向深层进军，克拉通盆地发育的海相碳酸盐岩逐渐成为勘探的重点。勘探已证实我国塔里木、四川、鄂尔多斯等大型盆地海相层系油气资源丰富，油气富集受大型古隆起控制外，还与克拉通内裂陷等因素有关。"十三五"期间，本项目加大了克拉通成盆期构造—古地理研究，揭示了小克拉通更易于受区域构造活动影响而产生克拉通内构造分异现象。

1. 克拉通盆地构造分异内涵

分异作用是自然界常见的一种地质作用过程，如岩浆分异、沉积分异、地域分异等，分异作用最终导致地质要素在空间分布上呈现规律性变化。"构造分异"术语尚未见确切的定义，但已在少量文献中出现。陈国达（2005）研究亚洲大陆中部构造演化—运动史，提出亚洲大陆中部壳体存在东部、西部历史—动力学的构造分异现象，而陆内地幔热能聚散动力学机制是导致构造分异的主要因素。汤良杰等（2012，2015）强调构造差异性及其对油气成藏有控制作用，虽未提及"构造分异"，实际上这种构造差异性是构造分异所致。

所谓的克拉通盆地构造分异是指在克拉通盆地受构造应力、先存构造、地幔热能聚散动力学等因素影响，形成差异性构造变形及其有规律变化，主要表现为克拉通盆地的块断活动、差异隆升与剥蚀、基底断裂多期活化等，形成了诸如克拉通内裂陷、古隆起、古坳陷、深大断裂带等构造单元，对地层层序、沉积作用、岩相古地理及油气成藏要素有明显的控制作用。

克拉通盆地构造分异取决于外部环境和内部因素。从外部环境看，板块的俯冲碰撞及开裂所产生的区域构造应力为克拉通盆地的构造分异提供外动力，如古华南大陆板块新元古代晚期的扩张裂解导致华南陆内裂谷的形成，这一伸展构造作用一直可持续到早古生代奥陶纪才结束。从内部因素看，克拉通盆地中先存构造如基底拼合带、基底断裂等，在后期构造作用下产生"活化"，为构造分异提供内动力，如四川盆地开江—梁平裂陷的形成与北西向基底断裂活化有关。

2. 克拉通盆地构造分异型式

通过对四川、塔里木、鄂尔多斯等盆地深层构造研究，将克拉通盆地构造分异分为三大类，分别为拉张构造环境下的构造分异、挤压环境下的构造分异及多期活动的断裂线性构造带（图5-3-1）。各大类又可根据变形样式进一步细化（表5-3-1）。

1）拉张环境下的构造分异

主要有两种形式，即陆内裂谷和克拉通内裂陷。

陆内裂谷主要发生克拉通盆地形成初期，具规模大、沉积巨厚、初期伴随火山活动等特征，裂谷充填地层可达数千米至上万米，存在多个层序界面。陆内裂谷的形成与大陆裂解有关，如在全球 Rodinia 超大陆裂解的构造动力学背景下，扬子地块和华夏地块在晋宁 II 期拼合形成统一的华南古大陆板块发生裂解，板块周缘分裂出微板块，上扬子克拉通内部在南华纪发育陆内裂谷；华北克拉通中元古代裂谷则是 Columbia 超大陆裂解的动力学背景下的产物（翟明国，2011，2013）。然而，对叠合盆地深层的中新元古代陆内裂谷，由于埋深大、钻井资料少，裂谷分布特征认识程度低。

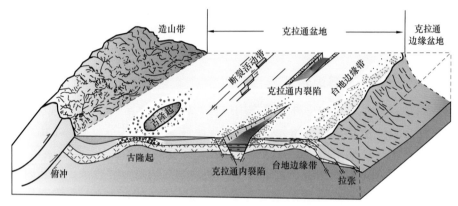

图 5-3-1 克拉通盆地构造分异示意图

克拉通内裂陷是在区域拉张构造作用下克拉通盆地形成的断陷，具"早断—晚坳"的演化特征，规模较小，充填地层厚数百米至上千米，没有明显火山活动，重、磁、电等地球物理剖面上响应特征不明显。如四川盆地德阳—安岳裂陷，晚震旦世为碳酸盐岩台地背景上的裂陷，深水沉积为主，厚度薄，发育"葡萄花边"的瘤状泥质泥晶白云岩、泥晶白云岩，裂陷边缘往往发育纵向加积明显的丘滩或礁滩复合体，在地震剖面上有明显的响应特征；早寒武世为陆棚背景上的裂陷，通常发育厚层泥页岩，裂陷外围发育的泥页岩厚度明显减薄。

2）弱挤压—拉张环境下的构造分异

弱拉张—挤压环境下的构造分异可以划分为克拉通内凹陷或台内凹陷、差异剥蚀型古隆起及同沉积古隆起三种类型（表 5-3-1）。

克拉通内凹陷或局部台内凹陷形成于弱构造应力环境，受古地貌或差异沉降控制所形成。如鄂尔多斯盆地奥陶系、四川盆地中—上寒武统及中—下三叠统、塔里木盆地下寒武统肖尔布拉克组等。

差异剥蚀古隆起是在整体抬升背景下，因差异剥蚀作用形成的古隆起，对上覆地层沉积有一定的控制作用。地层厚地区经剥蚀后的残余地层厚度大，表现为岩溶古地貌高；反之，地层薄地区经剥蚀后的残余地层厚度小，表现为岩溶洼地。遭受剥蚀后的地层与上覆地层呈假整合接触。如四川盆地桐湾期古隆起、塔里木盆地柯坪运动古隆起等。

表 5-3-1　我国克拉通盆地构造分异特征表

构造分异型式		基本特征	示意图	实例	勘探发现
拉张	陆内裂谷	主要发生在克拉通盆地形成初期，多为中新元古代。规模大，充填地层可达数千米至上万米，初期伴随强烈火山活动；存在多个层序界面，继承性演化特征明显。重、磁、电响应特征明显		扬子克拉通南华系裂谷，华北克拉通中元古界裂陷槽，塔里木克拉通南华系	安岳气田灯二段+灯四段，普光、龙岗等礁滩气田
	克拉通内裂陷、台内凹陷	发生在克拉通碳酸盐岩台地内，具早断—晚坳特征，台缘带特征明显，"下统上滩"，没有明显火山活动。电磁响应特征不明显		四川盆地震旦纪德阳—安岳裂陷，开江—梁平中—晚二叠世裂陷，塔里木晚震旦世	安岳气田龙王庙组—多斯奥陶系盐下，塔北轮探1，中深1
弱拉张或挤压	克拉通内凹陷、台内凹陷	弱构造应力环境下，受古地貌或差异沉降控制形成的克拉通内凹陷或内凹陷局部台内凹陷		鄂尔多斯盆地奥陶系，四川盆地中—上寒武统及中—下三叠统，塔里木盆下寒武统白尔布拉克组	
	差异剥蚀型古隆起	整体抬升背景下，因差异剥蚀作用形成的古隆起，对上覆地层沉积有一定控制作用		四川盆地桐湾期古隆起，塔里木盆地柯坪运动古隆起	安岳、威远灯影组气田
	同沉积型古隆起	碳酸盐岩台地生长发育过程中，可以是水下隆起的同沉积古隆起，对碳酸盐岩沉积相、沉积厚度及短暂剥蚀有明显控制作用		四川盆地川中加里东期同沉积古隆起，塔里木中—上寒武统—下奥陶统西台东盆分异	安岳龙王庙组气田，川中北斜坡沧浪铺组

（续表）

	构造分异型式	基本特征	示意图	实例	勘探发现
挤压	褶皱型/块断型古隆起	碳酸盐岩地层在强烈的挤压构造作用下发生褶皱而形成的古隆起、发育区域性角度不整合面、不整合面上下两套地层在构造特征或沉积环境发生重大变革		川中古隆起、塔北古隆起、塔中古隆起、庆阳古隆起	安岳气田、塔中油气田、哈拉哈塘、轮南等油田
走滑	深大断裂线性构造变形带	（1）显性断裂：断裂活动在地表、物探资料上有明显特征，表现为高角度、线性展布，易于识别；（2）隐性断裂：断裂活动造成的断层落差与上覆沉积层中产生的变形、变位并不明显，不易识别		塔北隆起斜坡区多组断裂带、塔中隆起近东西向断裂带、四川盆地川中—川西多组断裂带、鄂尔多斯盆地北东向断裂带	顺托油田、满深1井、南充15号断裂带茅口组

碳酸盐岩台地同沉积古隆起是指碳酸盐岩台地生长发育过程中形成的同沉积隆起，可以是水下隆起，对碳酸盐岩沉积相、沉积厚度及短暂剥蚀有明显控制作用。主要特征表现为以下四个方面：（1）古隆起区地层薄、翼部地层厚；（2）古隆起区水体浅、颗粒滩发育；（3）随着同沉积古隆起不断"生长"，不同层系颗粒滩发生规律性迁移；（4）古隆起高部位易于受海平面升降影响，可形成多期暴露侵蚀面。如川中古隆起在加里东期早寒武世沧浪铺组沉积期—志留纪为同沉积古隆起、塔里木盆地中—上寒武统—下奥陶统西侧台地东侧盆地分异等。

3）强挤压环境下的构造分异

碳酸盐岩地层在强烈的挤压构造作用下发生褶皱而形成的古隆起，发育区域性角度不整合面，不整合面上下两套地层在构造特征或沉积环境发生重大变革。

褶皱型古隆起是指碳酸盐岩地层在强烈的挤压构造作用下褶皱而成的古隆起，是区域构造运动产物。主要特征如下：（1）古隆起定型后覆盖区域性不整合面，不整合面下伏地层广遭强烈剥蚀，与上覆地层角度不整合接触；（2）不整合面上下两套地层在构造特征及沉积环境发生重大变革。如塔里木盆地塔中古隆起、鄂尔多斯盆地庆阳古隆起等。

4）走滑环境下的构造分异

主要表现为深大断裂线性构造变形带。一般地，盆地周缘发育成排成带的逆冲断层及褶皱。盆地腹部主要发育高角度断裂，断裂性质多表现为压扭性质，可见花状构造。这些断裂经历了多期构造运动和多期活动，现今的断裂形态应是多期活动的结果。对于这类在地震剖面上可识别的断裂，可称为显性断裂（汪泽成等，2005，2008），如塔北隆起的主要断裂在地震剖面上表现为近乎自立状，在经历加里东期—早海西期、晚海西期、印支—燕山期、喜马拉雅期等多期构造运动后，形成了不同走向的断裂带。然而，由于埋深大、断层断距小、深层地震分辨率有限等原因，大多数断裂在地震剖面上无法识别，只能借助地质与地球物理资料的蛛丝马迹进行综合判断，这类断裂可称为隐性断裂（汪泽成等，2005，2008），断裂的多期活动对沉积体系、储层及成藏同样具有重要影响，如塔北隆起斜坡区多组断裂带、塔中隆起近东西向断裂带、四川盆地川中—川西多组断裂带、鄂尔多斯盆地北东向断裂带。

二、克拉通内构造分异对成藏要素与成藏组合的控制

1. 克拉通内构造分异对沉积相的控制

大型克拉通如北美克拉通构造—沉积分异主要分布在克拉通边缘。与大型克拉通相比，我国小克拉通易于发生克拉通内构造分异，对沉积古地理及沉积相带展布的控制明显，奠定了控制成藏要素分布的物质基础。

1）拉张环境下台缘带发育模式

构造运动对台地的形成具有明显的控制作用，古地形的高低及坡度的陡缓对海侵过程中形成的沉积物有强烈的控制作用。当岸坡陡的时候，海岸水动力强，形成一些较粗粒且结晶较好的碳酸盐岩，如生物碎屑灰岩、砂屑灰岩、亮晶鲕粒灰岩等；若坡度平缓、

波浪消能，水动力弱，则形成泥晶灰岩、泥质灰岩等。特别是在台地边缘区，由于具有相对较高的地形，则在外海波浪的作用下可以形成粗粒的碎屑滩，甚至形成生物礁；相反在没有任何古地形的高地，或是一个向海倾斜斜坡，则将是较深水的泥质灰岩或泥晶灰岩的沉积。在台地发育过程中构造的变动和断裂的作用可以进一步引起地形的变化，进而改变沉积环境，造成沉积物的变化。因此，古地形控制了台地的类型和沉积物的性质和沉积相。

镶边型台缘带沉积模式，是指发育在克拉通台地边缘或克拉通内裂陷边缘具有高能的浅滩及礁带，具有礁、滩复合特征，一般具纵向加积生长特点、厚度大，有利于形成优质储集体。如四川盆地北部边缘震旦系灯四段台缘带、中二叠世栖霞组川西台缘带、塔里木盆地塔中良里塔格组台缘带、鄂尔多斯盆地西缘及南缘奥陶系台缘带。

断控型台缘带沉积模式，是指发育在克拉通内裂陷边缘受同沉积断层控制，且在同沉积断层掀斜作用形成的构造高部位发育高能的浅滩及礁带，在断块低部位发育滩间海泥晶灰岩沉积。典型实例为四川盆地德阳—安岳裂陷北部震旦系灯二段断控型台缘带（图 5-3-2）。受多排同沉积断层控制，往往会形成同沉积断层控制的多阶台缘带。

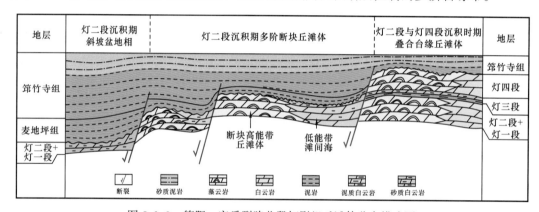

图 5-3-2　德阳—安岳裂陷北段灯影组丘滩体分布模式图

区域伸展构造环境导致晚震旦世中—上扬子克拉通发生构造分异，受同沉积断裂活动控制，四川盆地内部发育德阳—安岳裂陷、中—上扬子之间发育城口—鄂西台内裂陷。台内断陷沉积水体较深，发育薄层泥质云岩、石灰岩，断陷周缘的台缘带沉积古地貌高，水体能量强，沉积了规模发育的微生物白云岩丘滩体（图 5-3-3），为灯影组规模孔洞型储层的发育奠定了良好的物质基础。

德阳—安岳裂陷北段灯影组沉积期发育多排同沉积断裂（赵璐子等，2020），断裂将灯影组台缘带分割为多个断块。断块高部位发育微生物丘滩体，如蓬探1井夹持在两条断层之间，距断层 0.5~1.6km，灯二段发育凝块石、藻纹石等丘滩体，储层厚度 291m，孔隙度为 4%~12%。紧靠断层的蓬探101井灯二段取心段可见大量的砾屑、砂屑，定向排列，为高能破碎产物。地震预测，德阳—安岳裂陷北段梓潼—广元一带，灯二段台缘厚度 600~1000m，灯四段台缘厚度 300~450m，台缘宽度介于 40~120km 之间，台缘丘滩体面积超 $1.5×10^4km^2$。此外，四川盆地川北地区中—晚二叠世也存在类似的断控型台缘带，值得勘探重视。

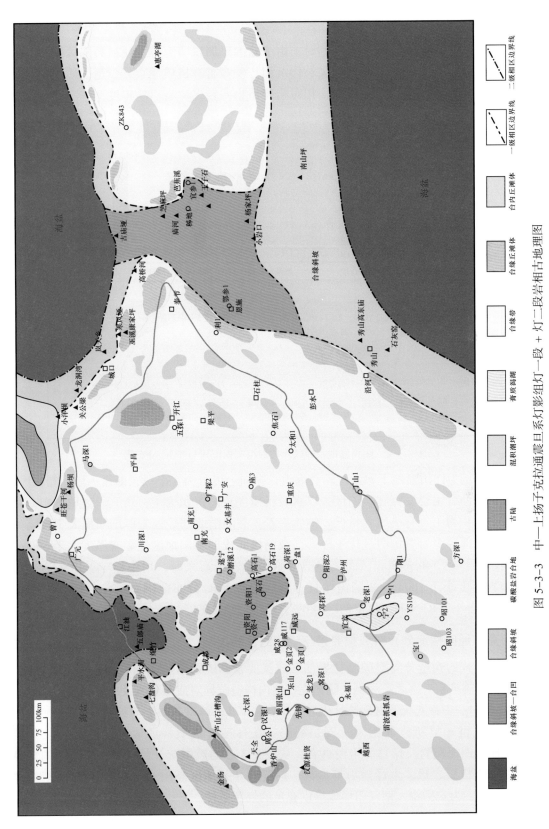

图 5-3-3 中—上扬子克拉通震旦系灯影组灯一段 + 灯二段岩相古地理图

2）拉张环境下裂陷槽充填模式

当沉积古地理背景为碎屑岩陆棚时，由于陆源碎屑供应充分，使得裂陷区沉积厚度远大于台地区。在裂陷早期表现为欠补偿沉积，发育富有机质泥页岩，是优质烃源岩发育的关键时期；裂陷晚期快速沉积，相对粗碎屑物质较多，有机质丰度低，不利于泥页岩优质烃源岩发育（图 5-3-4）。

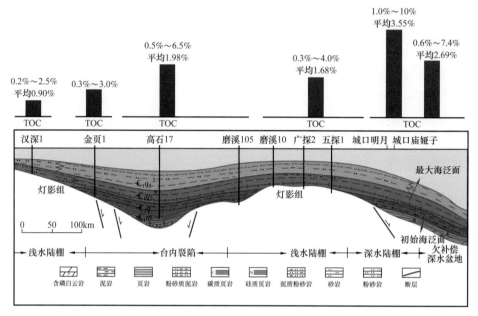

图 5-3-4　四川盆地及邻区筇竹寺组沉积模式与 TOC 分布图

典型实例为四川盆地下寒武统筇竹寺组，纵向上可分为 3 个段，即第一段、第二段、第三段。前两者主要发育在裂陷区，以富有机质泥页岩沉积为主；第三段区域分布，以砂质泥岩沉积为主，有机质含量低。整体来看，裂陷槽北部烃源岩厚度明显大于裂陷南部，裂陷内部烃源岩质量明显优于外部。裂陷槽北段即绵阳地区烃源岩厚度大于 600m，中—南段最厚达 340~450m，而裂陷槽两侧烃源岩逐渐减薄，川中遂宁、川东达州地区烃源岩厚度小于 100m。裂陷内筇竹寺组烃源岩 TOC 分布范围 0.5%~6.5%，平均值 1.98%，裂陷外 TOC 分布范围 0.3%~4.0%，平均值约 1.0%。

2. 克拉通内构造分异对成藏要素与成藏组合的控制

不同型式的构造分异对碳酸盐岩油气成藏要素、成藏组合、油气分布有重要影响。以四川盆地震旦系—寒武系为例，阐述克拉通内构造分异对成藏要素及成藏组合的控制。

1）德阳—安岳克拉通内裂陷对优质烃源岩分布及近源成藏组合的控制

晚震旦世—早寒武世德阳—安岳裂陷，发育三套优质烃源岩，包括灯三段泥质岩、麦地坪组泥质岩及筇竹寺组泥页岩。从表 5-3-2 的数据统计结果看，裂陷区的烃源岩厚度、有机碳含量、生烃潜力等参数，均要比相邻地区高出 2~3 倍，分布面积超过 $6.0×10^4km^2$，为安岳特大型气田形成提供充足的烃源条件。

克拉通内裂陷两侧发育台缘带高能相带，有利于形成优质储集体。如德阳—安岳裂陷东侧的磨溪—高石梯地区发育灯四段微生物丘（滩）体，开江—梁平裂陷两侧发育长兴组台地边缘礁滩复合体。丘滩体或礁滩体经白云石化及岩溶作用改造，形成带状分布的优质储层，紧邻裂陷生烃中心，构成有利的近源成藏组合，有利于油气运聚成藏与富集。

表5-3-2　德阳—安岳克拉通内裂陷与邻区烃源岩对比表

层位	评价参数	威远以西	德阳—安岳裂陷区	高石梯—磨溪—龙女寺	川东地区	备注
筇竹寺组	厚度/m	100～200	350～450	150	200	川东地区为露头样品（168块）；其余均为钻井岩心样品（458块）
	有机碳含量TOC/%	0.8～2.0	1.8～2.8	0.8～1.2	0.8～2.4	
	生气强度/（$10^8m^3/km^2$）	20～40	60～140	10～20	20～30	
	成熟度R_o/%	2.0～2.4	2.0～2.4	2.0～3.6	3.5～4.5	
麦地坪组	厚度/m	0～25	50～100	0～5	—	样品为钻井岩心（46块）
	有机碳含量TOC/%	0.5～0.8	1.0～3.0	—	—	
	生气强度/（$10^8m^3/km^2$）	5～10	16～40	—	—	
	成熟度R_o/%	2.0～2.4	2.2～2.4	—	—	
灯影组三段	厚度/m	0～5	10～30	10～20	5～10	川东地区为露头样品（38块）；其余均为钻井岩心样品（126块）
	有机碳含量TOC/%	0.5～0.9	1.0～1.2	0.6～1.0	0.5～0.7	
	生气强度/（$10^8m^3/km^2$）	0～2	4～12	4～6	2～5	
	成熟度R_o/%	2.0～2.4	2.8～3.0	3.2～3.6	4.0～4.4	

2）构造分异对碳酸盐岩规模储集体的控制

海相碳酸盐岩规模储层形成受控于原始沉积物质及成岩改造作用"双重因素"控制。克拉通构造分异不仅对礁、滩分布有控制作用，而且对碳酸盐岩成岩改造有重要影响（图5-3-5），主要表现在：（1）沉积期构造分异，有利于高能环境丘滩体/颗粒滩体规模分布、早期白云石化及岩溶作用；（2）后沉积期构造分异有利于表生期规模溶蚀及埋藏期建设性成岩作用；（3）最佳成储途径为高能丘滩体→准同生岩溶/白云石化→表生期岩溶→埋藏白云石化→晚期裂缝。正是因为有利相带与多期建设性成岩作用叠加，使得深层—超深层碳酸盐岩仍发育规模有效储层。

总结四川盆地震旦系—中三叠统碳酸盐岩储层发育特点，存在四类与构造分异相关的碳酸盐岩规模储层（表5-3-3）。（1）沿克拉通内裂陷两侧分布的台缘带丘滩体或礁滩体，具带状分布、储层累计厚度大等特征，如安岳—德阳裂陷两侧的灯影组、开江—梁平裂陷两侧的长兴组与飞仙关组；（2）同沉积古隆起及斜坡区发育的颗粒滩体，经白云石化及岩溶作用叠加改造，可形成大面积分布的优质储层，如磨溪地区寒武系龙王庙组；

（3）褶皱型古隆起及斜坡区分布的风化壳岩溶储集体，具分布面积广、缝洞发育、储层非均质性强等特征，如川中古隆起灯影组、泸州—通江古隆起的茅口组；（4）沿深大断裂带分布的热液白云岩体，具沿断裂带分布特征，如盆地中部15号基底断裂对中二叠统栖霞组—茅口组白云岩分布控制明显。

	构造分异	储层机制	规模储层	分布模式
后沉积期	走滑断裂	断层破碎带、深部岩溶、热液白云岩	沿断裂条带状分布	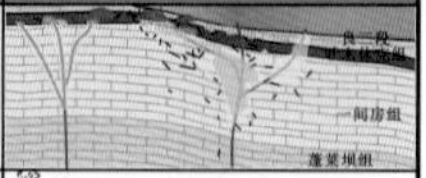
	褶皱隆升剥蚀作用	表生期溶蚀	沿不整合面准层状分布	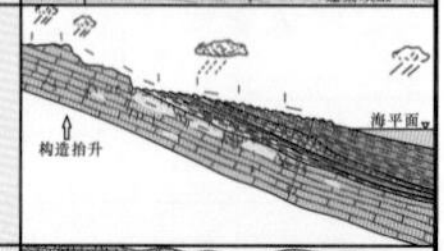
	构造抬升侵蚀作用			
沉积期	同沉积古隆起	准同生期白云岩化及岩溶作用	颗粒滩体储集体环古隆起分布	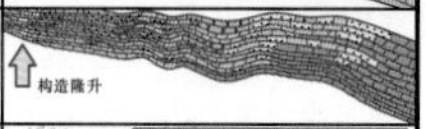
	差异构造沉降		颗粒滩体储集体环台凹分布	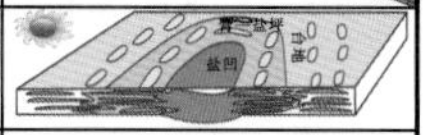
	拉张裂陷作用		礁（丘）滩体环裂陷分布	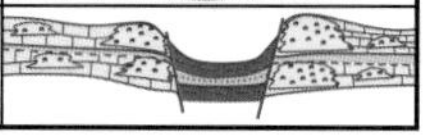

图 5-3-5　不同时期构造分异对碳酸盐岩储层的控制作用示意图

表 5-3-3　四川盆地碳酸盐岩储集体特征与气藏类型统计表

构造带	层位	分布区	储集体类型	分布预测	储层厚度/m	孔隙度/%	储集空间	主要气藏类型	已发现气田
克拉通内裂陷侧翼的台缘带	灯四段	德阳—安岳裂陷东翼台缘带	微生物丘滩体	长500km，宽4~15km	36~150	2.0~9.3，平均4.2	溶孔、溶洞、洞穴及裂缝	丘滩体圈闭	威远、安岳
	长兴组	开江—梁平裂陷两翼台缘带	生物礁、滩复合体	长650km，宽2~4km，面积9500km²	10~45	2.0~15.8，平均5.2	粒间溶孔、晶间孔为主	生物礁圈闭	龙岗、普光等
	飞仙关组	开江—梁平裂陷两翼台缘带	鲕粒滩	长650km，宽5~10km，面积15000km²	6.7~90	2.0~26.8，平均8.4	粒间溶孔为主	鲕粒滩圈闭	罗家寨、铁山坡等
同沉积古隆起	龙王庙组	磨溪—高石梯地区	颗粒滩	9650km²	10~70	2.0~15.1，平均4.8	溶孔、粒间孔、晶间孔及裂缝	颗粒滩圈闭	安岳
	洗象池组	合川—广安	颗粒滩	3000~4500km²	5~30	2.0~11.0，平均2.8	粒间孔、溶洞及裂缝	颗粒滩圈闭	高16井、磨溪23井等多口井获气

续表

构造带	层位	分布区	储集体类型	分布预测	储层厚度 /m	孔隙度 /%	储集空间	主要气藏类型	已发现气田
差异剥蚀型古隆起	灯影组	合川—广安—南充	颗粒滩—风化壳岩溶储集体	4000~5000km²	30~70	2.0~6.0，平均 3.0	缝洞、洞穴	地层型圈闭、地层—岩性复合圈闭	磨溪、龙女寺含气构造
褶皱型古隆起	南充—通江古隆起茅口组	川中—川西	颗粒滩—风化壳岩溶储集体	10000~13000km²	15~30	1.0~7.0，平均 3.1	缝洞、洞穴	地层型圈闭、地层—岩性复合圈闭	南充 1 井等井获工业气流
深大断裂带	15 号基底断裂带	卧龙河—广安—绵阳	热液白云岩体	长 350km、宽 10~60km	5~35	1.0~15.7，平均 3.4	孔隙、溶洞、裂缝为主	断裂—岩性复合圈闭	双探 1 井等获高产

3）构造分异对地层—岩性圈闭（群）分布的控制

古老海相碳酸盐岩大油气田的油气藏类型以地层—岩性型为主，因而搞清地层—岩性型圈闭分布的主控因素将有助于评价勘探有利区与优选目标。

构造分异对碳酸盐岩地层—岩性圈闭分布有控制作用（表 5-3-3）。克拉通内裂陷侧翼的台缘带通常发育生物礁圈闭、丘滩体圈闭、颗粒滩圈闭等，这些圈闭呈"串珠"状沿台缘带分布。同沉积古隆起，受颗粒滩分布控制，通常发育颗粒滩岩性圈闭、上超尖灭型圈闭，呈集群式大范围分布特点，如川中古隆起龙王庙组岩性圈闭群。差异剥蚀型古隆起及褶皱型古隆起通常发育地层型、地层—岩性复合型圈闭，如磨溪地区灯影组、川中地区茅口组。与深大断裂热液白云岩相关的圈闭，以断裂—岩性复合型圈闭为主，但受断裂后期活动影响，早期的复合型圈闭被改造为断块型圈闭，如双探 1 井栖霞组圈闭。

4）多期构造分异叠合有利于形成大油气田

安岳气田是四川盆地近年来发现的震旦系—寒武系特大型气田，发育灯影组、龙王庙组两套主力含气层。该气田形成的主控因素可概括为"四古"控制，即古裂陷控制生烃中心、古丘滩体控制优质储层、古地层—岩性圈闭控制油气成藏、古隆起控制油气富集。

如前述，安岳气田所处位置经历多期构造分异作用，不同时期构造分异的叠合为"四古"要素空间匹配创造了有利条件，是特大型气田形成的关键因素。（1）晚震旦世—早寒武世形成的德阳—安岳裂陷对生烃中心、灯影组台缘带丘滩体有控制作用；（2）桐湾运动形成的资阳、磨溪古隆起，有利于灯影组风化壳岩溶储层及沿台缘带分布的地层—岩性古圈闭；（3）早寒武世晚期—志留纪形成的同沉积古隆起控制了寒武系颗粒滩及岩性古圈闭的分布；（4）加里东晚幕运动形成的乐山—龙女寺古隆起及其继承性发育，不仅有利于形成震旦系—奥陶系风化壳岩溶储层，而且有利于形成古油藏；（5）燕山晚期—喜马拉雅期，随着威远背斜的隆升，安岳地区位于乐山—龙女寺古隆起低部位，德阳—安岳裂陷充填的泥质岩为安岳气田天然气向上运移提供良好的侧向封堵条件，是古老气田得以保存的关键。

三、克拉通内构造分异控制的三类油气富集带

前期研究表明，克拉通盆地发育的大型古隆起、台缘带控制油气富集。勘探实践表明，并非所有的古隆起均存在油气富集的有利条件，如鄂尔多斯盆地中央古隆起奥陶系，尽管储层条件优越，但缺乏有利的成藏组合条件，含油气性差，勘探未有发现。

如前所述，克拉通内构造分异不仅对沉积相带展布有控制作用，还对成藏要素组合及油气富集有明显的控制作用，因而基于构造分异对成藏组合控制的认识，分析油气富集区带，认为存在三类与构造分异密切修改的油气富集带。

1. 裂陷周缘台缘带复式聚集带

裂陷周缘台缘带复式聚集带是指克拉通内裂陷两侧台缘带有利于油气富集。克拉通内裂陷发育优质烃源岩，裂陷两侧的台缘带发育礁（丘）滩体储层，断裂及不整合面可作为优势输导体系，构成良好的近源成藏组合条件。从圈闭类型看，台缘带发育的礁（丘）滩体是有效的圈闭类型，且沿台缘带呈集群式分布。

四川盆地德阳—安岳裂陷台缘带灯影组是典型实例。德阳—安岳裂陷北段台缘带即为典型的台缘带复式聚集带。蓬探1井灯二段测试天然气 $121.89 \times 10^4 m^3/d$，角探1井灯影组测井解释厚层气层，沧浪铺组测试获得 $51.62 \times 10^4 m^3/d$ 高产工业气流、东坝1井灯影组测试获得高产工业气流，展示良好苗头。北段台缘带不同气藏气水界面不统一，蓬探1井与磨溪8井灯二段气水界面相差379m，磨溪52井与角探1井灯影组气水界面相差近2000m，表现出岩性气藏群规模分布特征，具有万亿立方米级储量巨大勘探潜力。

除四川盆地德阳—安岳裂陷灯影组台缘带外，塔里木盆地古城—轮南台缘带的寒武系—奥陶系、鄂尔多斯盆地西缘及南缘的奥陶系、四川盆地龙门山山前带的栖霞组均具备良好的成藏条件，是寻找大油气田的重点领域。

2. 断裂—颗粒滩叠合的复式聚集带

相对稳定的克拉通盆地背景上发育的碳酸盐岩台地，由于台地地势平坦且相对开阔，除台地边缘高能环境发育礁滩体外，台地内部受微古地貌影响，水体较浅高地势区可发育大面积颗粒滩，是碳酸盐岩规模储集层的重要类型。根据颗粒滩发育的古地理环境，可分为三大类：古隆起斜坡带颗粒滩、盐凹周缘颗粒滩、台凹周缘颗粒滩。

近年来深层台内滩油气勘探取得重要发现，展示良好潜力。如塔里木盆地轮探1的寒武系—震旦系、中深1井的寒武系盐下、中古70井的蓬莱坝组；四川盆地川中灯四段台内滩评价井、角探1井与蓬探1井的沧浪铺组、充探1井的雷三段2亚段；鄂尔多斯盆地奥陶系马家沟组中组合的桃38井、统74井在马五段获高产气流。大面积分布的台内滩储层能否规模成藏，取决于沟通烃源的输导体系发育程度。研究表明，台内滩发育

层系烃源岩往往不发育，纵向上也远离烃源岩层，不具备近源成藏的条件，断裂疏导是成藏的关键。也就是说，断裂—颗粒滩叠合是重要的油气聚集带。四川盆地川中古隆起斜坡带海相碳酸盐岩发育灯影组、沧浪铺组、龙王庙组、栖霞组、茅口组、长兴组、飞仙关组等多层系颗粒滩，北东向、北西向等多组断裂发育，控制了复式天然气聚集带。

断裂—颗粒滩叠合的复式聚集带在三大盆地中均发育，是值得勘探重视的重点区带，如四川盆地川中—川西地区海相多层系，塔里木盆地温宿、塔南、乌恰比3个古隆起斜坡带寒武系丘滩体，鄂尔多斯盆地中东部奥陶系等。

3. 走滑断裂控制的油气藏聚集带

克拉通盆地深层—超深层普遍发育高角度的走滑断裂，不仅可以形成有效储层，而且断裂沟通烃源在断裂相关的储集体内聚集成藏，形成走滑断裂控制的油气藏聚集带。

该聚集带以塔里木盆地塔北—塔中地区奥陶系为典型代表。走滑断裂具有显著的控储、控藏和控富集特征。走滑断裂错断、破碎、溶蚀形成的缝洞体系为良好储集空间，超深层（>8000m）仍发育良好储层。断裂向下断穿寒武系玉尔吐斯组烃源岩，成为油气纵向运移的"高速公路"。在主干断裂带，油气多次充注，油柱高度大，油气明显富集。目前实钻证实最大油柱高度为580m，顺北1—12H井油柱高度达510m，满深1井为297m。塔北—塔中古生界发育多达70条Ⅰ级、Ⅱ级主干断裂，其中，富满区块有34条，总资源量约$10×10^8$t，勘探潜力巨大。

四、三大克拉通重点层系油气富集规律

1. 四川盆地震旦系—寒武系富集规律

四川盆地震旦系—寒武系是四川盆地目前发现已发现天然气规模最大，同时也是未来勘探潜力最大的领域之一。据2016年完成的《中国石油第四次油气资源评价》，四川盆地常规天然气主要赋存于震旦系—寒武系碳酸盐岩层系，其中，震旦系三级资源量$26239×10^8m^3$，其中探明$4484×10^8m^3$；寒武系三级资源量$20941×10^8m^3$，其中探明$4415×10^8m^3$，仍处于勘探的早—中期，勘探潜力巨大，是天然气加快发展及西南大气区建设的重点领域。根据克拉通内构造分异控制油气成藏分布的基本认识，震旦系与寒武系两大含气系统具有不同的成藏主控要素及天然气分布规律。

1）震旦系含气系统成藏主控要素及分布规律

震旦系含油气系统是一个被证实的含油气系统。目前，已在四川盆地威远、安岳等地区发现大气田并获探明储量，是中国新元古界发现的第一个具商业价值的原生型气藏为主的含油气系统。此外，在湘鄂西褶皱带宜昌等地，勘探证实了灯影组具有良好的含气性，且在陡山沱组发现了页岩气。这套含油气系统发育在南华系冰期之后的沉积岩层中，可称为"后冰川期含油气系统"，是环冈瓦纳大陆北缘分布的埃迪卡拉含油气系统组成部分。

（1）成藏主控要素：三套有效烃源岩，供烃条件优越，环德阳—安岳裂陷筇竹寺组烃源中心区资源量最大。灯影组具有震旦系陡山沱组、灯二段及寒武系筇竹寺组三套烃

源岩，分布面积广、厚度大、TOC 含量高，是灯影组规模成藏的基本保障；桐湾多幕运动，控制灯二段、灯四段两套规模藻云岩岩溶储层，大面积分布；晚震旦世—早寒武世发育的德阳—安岳裂陷控制灯影组台缘带与台内带分异沉积，台缘、台内均发育优质储层；多套烃源岩与储层"三明治式"直接接触，近源成藏、源储配置条件优越，有利于高效成藏。且筇竹寺组整体覆盖于灯影组储层之上，源盖一体，除盆地边缘及威远等晚期强烈构造区外，整体保存条件优越，有利于规模成藏。

（2）成藏富集规律：环德阳—安岳裂陷周缘：裂陷周缘灯二段、灯四段台缘带与筇竹寺组烃源中心直接接触，成藏条件最为优越，目前威远气田、安岳气田均处于这个相带。近期磨溪北斜坡蓬探 1 井灯二段获勘探突破，揭示了太和气区勘探巨大潜力；盆地周缘灯影组残余台缘带：该相带与陡山沱组、筇竹寺组斜坡—盆地相优质烃源岩构成优质源储配置关系，在保存条件优越地区可规模成藏。台内丘滩发育带：受桐湾运动控制，灯四段台内丘滩经风化岩溶作用形成集群发育的规模储集体，且与筇竹寺组烃源岩直接接触，勘探据前景；岩性—构造气藏和构造—岩性气藏是灯影组两类重要气藏类型，处于长期稳定的低幅度构造区安岳气田以岩性—构造气藏为主，在现今构造斜坡区构造—岩性气藏应是下一步主要发现气藏类型。

2）寒武系含气系统成藏主控要素及分布规律

寒武系含油气系统是以筇竹寺组泥岩为主力烃源岩，沧浪铺组、龙王庙组、洗象池组多套碳酸盐岩储层构成的"一源多储"，多层立体成藏的含油气系统。目前，仅安岳气田龙王庙组探明储量达 $4460 \times 10^8 m^3$，是十分重要的勘探领域。

（1）成藏主控要素：下寒武统筇竹寺组烃源岩位于三套储层底部，下生上储，供烃条件好；受加里东同沉积古隆起控制，围绕古隆起周源多套碳酸盐岩高能滩体规模发育，多层体垂向叠置，具有多层成藏条件；碳酸盐岩储层发育受古地形与古陆联合控制。寒武系是典型的混积环境，没有陆源碎屑混入且处于较高地貌的清水高能环境是储层发育的最有利区域。烃源岩与储层非直接接触，断裂疏导与有利保存条件控制天然气规模聚集。

（2）成藏富集规律：环加里东古隆起周缘富集带受古隆起控制，除部分地区受陆缘影响外，为颗粒滩发育有利区，与筇竹寺组生烃中心紧邻，条件最为有利。近期磨溪北斜坡角探 1 井沧浪铺组获勘探突破，揭示了太和气区寒武系立体多层系勘探巨大潜力；断裂输导体系控制多层系天然气富集。对于寒武系而言，断裂是最高效的输导体系，控制天然气富集。与供烃期匹配的断裂发育区是寻找天然气藏的关键部位，各层气藏分布及规模与输导断裂匹配不均衡分布；构造背景下的岩性、地层—岩性气藏是寒武系含气系统最主要的气藏类型。由于寒武系滩体普遍较薄，多滩体叠区最有利于规模成藏，同时又受断裂输导条件控制，一定构造背景无疑是最为有利的圈闭及保存条件，因此，以局部圈闭为背景的多套寒武系颗粒滩储层发育区是天然气富集有利区。

2. 塔里木盆地寒武系—奥陶系油气富集规律

"十二五"期间，本项目围绕塔北、塔中两大油气区，开展了奥陶系岩溶储层形成机制与分布预测、缝洞型油气藏成藏条件与富集规律、有利区带评价与目标优选三方面工作，取得三项创新性进展，指导了哈拉哈塘亿吨级油田的发现。一是发现大台地、多期不整合控制了层间岩溶储层多层系规模发育，塔北、塔中奥陶系内幕层间岩溶呈现"多层系立体含油气"特征；二是提出了塔北、塔中两大隆起区油气沿不整合面准层状分布，具有小油藏、大油田、整体连片含油气的特征，断裂和岩溶控制油气富集；三是形成了地球物理缝洞雕刻技术和水平井布井技术，助推了哈拉哈塘百万吨油田产能建设。

"十三五"以来，本项目跳出塔北、塔中两大隆起区奥陶系，针对塔北—塔中过渡带奥陶系断控油气藏、寒武系盐下两大领域开展理论技术攻关，取得多项创新进展，发现了十亿吨级富满油田，塔北—塔中奥陶系连片含油态势日渐明朗。寒武系盐下勘探获得突破，展现良好勘探潜力。

1）塔北—塔中奥陶系油气分布规律

塔北—塔中地区矿权总面积 $3.4×10^4km^2$，矿权内奥陶系资源量石油 $21.5×10^8t$、天然气 $1.4×10^{12}m^3$，已采集三维地震勘探数据面积 $2.09×10^4km^2$，先后在塔北隆起发现轮古、英买 2、哈拉哈塘等多个油气田，在塔中隆起发现塔中Ⅰ号气田，近期在塔北—塔中过渡带获得重大勘探突破，发现富满油田，实现了塔北—塔中连片含油。塔北—塔中奥陶系累计上交三级储量油气当量 $16.93×10^8t$，其中探明石油地质储量 $7.02×10^8t$，天然气 $5179×10^8m^3$。

（1）成藏主控要素：塔北—塔中奥陶系油气有序分布的格局主要受储层类型与输导体系两因素控制。从储层类型看，塔北、塔中隆起区主要发育连片分布的岩溶型储层，阿满过渡带主要发育条带状分布的断控型储层，隆起区岩溶型储层与低梁区断控型储层有序分布。隆起区岩溶型储层主要受不整合与岩溶作用控制，平面上沿不整合面准层状分布，纵向上可呈现多期缝洞层状叠置，岩溶缝洞单元横向规模大，钻井上表现为直井实钻可见数十米的放空，且取心沿裂缝溶蚀特征明显，常见砂泥岩充填、岩溶角砾等现象。阿满过渡带断控型储层沿断裂呈条带状分布，储层中的洞穴、裂缝的分布明显受断裂控制，洞穴横向宽度小，据估算不超过 5m，但储层纵向延伸远，钻井上表现为直井直接钻遇放空少或规模漏失率低。断控型储层的形成主要与走滑断裂带活动有关，溶蚀现象不明显，为构造活动作用下碳酸盐岩断裂破碎带中形成的空腔型洞穴。从输导体系看，塔北、塔中隆起区奥陶系油气输导体系为走滑断裂 + 不整合面，阿满过渡带油气沿走滑断裂垂向运移输导。塔北—塔中地区油气主要来自下寒武统玉尔吐斯组烃源岩，源储之间相隔超过 2000m，油气输导体系对油气成藏异常重要。塔北、塔中隆起区发育北东向、北北东向、北北西向走滑断裂，是沟通烃源岩、储层的良好通道。此外，隆起区奥陶系发育多期次不整合，对油气横向运移具有积极作用，构成走滑断裂 + 不整合面复合输导体系，使得隆起区油气呈片状分布。阿满过渡带发育北东向走滑断裂，是油气运移的主要通道，且由于断控型储层分割性强，相互之间连通性差，因此，阿满过渡带奥陶系油气主要沿走滑断裂垂向运移，使得该区奥陶系油气分布呈条带状。

（2）成藏富集规律：纵向上，塔北—塔中地区奥陶系发育良里塔格组——一间房组、鹰二段、鹰四段——蓬莱坝组三套油藏，不同地区含油层系有差异。塔北隆起主要含油层位为一间房组—鹰二段，往南部阿满过渡带含油层位下移，变为鹰二段、鹰四段，油气沿断裂纵向树状分布。塔中隆起主要含油层位为良里塔格组、鹰山组。平面上，油气分布具有明显的分区差异性。北部塔北隆起、南部塔中隆起油气藏连片分布，走滑断裂周缘富集，阿满过渡带油气沿走滑断裂呈条带状分布，走滑断裂控制油气分布的特征较为明显。这就构成了塔北—阿满过渡带—塔中隆起油气有序分布的格局。

2）阿满过渡带断控型油气藏特征与富集规律

阿满过渡带奥陶系断控油气富集主要受低梁区区域构造背景、烃源岩条件与低地温场及走滑断裂控制下的储层发育与油气充注控制。

（1）成藏主控要素：有利区域构造背景为阿满过渡带烃源岩、储层发育的提供有利条件，为断控型大油气田形成奠定基础。阿满过渡带现今处于塔北、塔中两大隆起区夹持的低梁带，但从区域构造演化看，阿满过渡带长期与塔北、塔中地区处于统一台地区，具有相似的构造背景。早—中加里东期，塔北—阿满—塔中为统一的碳酸盐岩台地，为寒武系烃源岩发育、奥陶系一间房组—鹰山组岩溶缝洞体的形成提供了良好沉积基础；晚加里东期随着塔中、塔北两大隆起的形成，阿满过渡带成为南北向的鞍部，但也为该区烃源岩持续埋藏演化提供了有利条件；中生代以来，盆地北部沉降，南部抬升，阿满过渡带成为库车前陆盆地的前缘斜坡，也成为海相、陆相两大油气运聚的指向区。有利的烃源岩条件与低地温场。阿满过渡带奥陶系油气藏来自寒武系玉尔吐斯组烃源岩。最新研究表明，玉尔吐斯组烃源岩分布受控于前寒武系裂坳体系展布，阿满过渡带正处于南华系—震旦系裂坳体系中心区，推测发育厚层玉尔吐斯组烃源岩，厚度可能比塔北隆起区大。低地温场背景使得寒武系烃源岩在深埋条件下仍处于生油—生气早期阶段，是阿满过渡带断控大油气区形成的重要因素。该区自奥陶纪以来一直处于退火降温状态，现今地温梯度介于 19.4～28.5℃/km，"递进埋藏"与"退火受热"耦合作用，使寒武系烃源岩长期处于"液态窗"范围内，长期为大油气田形成供烃。走滑断裂控制下的储层发育与油气充注。阿满过渡带发育多组北东向走滑断裂，形成于加里东期，海西期有活动。目前已发现的油气藏纵向上均聚集在奥陶系碳酸盐岩顶部，平面上均沿断裂带条带状展布，展现了走滑断裂控储控藏作用明显。

（2）成藏富集规律：走滑断裂对储层的改造有利于形成断控缝洞系统。该区奥陶系主要为相对均一的碳酸盐岩，刚性碳酸盐岩在断裂作用下易于破碎，岩溶顺着断裂、裂缝溶蚀扩大，形成沿走滑断裂分布的断控储层。走滑断裂是油气运移、充注的主要通道。主干走滑断裂向下断至基底，沟通烃源岩，形成油气垂向输导的"高速公路"。勘探实践证实，主干走滑断裂带油气多期充注特征明显，充注强度大，油气富集程度高；次级走滑断裂带油气充注强度弱，具有油、气、水同层的特征；走滑断裂带之间的钻井油气充注特征不明显。

3）寒武系盐下油气勘探潜力分析

塔里木盆地中寒武统发育大面积膏盐岩盖层，下寒武统发育广覆式优质烃源岩与大面积优质白云岩储层，构成优质的源—储—盖成藏组合，是盆地油气勘探的重大战略接替领域。

（1）关键成藏要素：发育玉尔吐斯组优质烃源岩。下寒武统玉尔吐斯组主要为斜坡—盆地相烃源岩。阿克苏—柯坪地区露头和盆地内钻井揭示，玉尔吐斯组厚度为12～30m，TOC为2%～19%，新近完钻的轮探1井钻揭玉尔土斯组烃源岩22m，岩性以泥岩、石灰质泥岩为主，TOC最小值2.87%，最大值13.39%，平均值为9.5%。玉尔吐斯组烃源岩分布受前寒武系裂坳体系控制，主要分布在盆地北部坳陷和塔西南地区，巴楚隆起上缺失，在盆地内的面积约为$29×10^4km^2$。最新研究发现，玉尔吐斯组厚值中心位于前寒武系裂坳中心区，主要分布在北部坳陷阿满过渡带、塔西南地区麦盖提斜坡中段。发育肖尔布拉克组—吾松格尔组有效储层。下寒武统发育肖尔布拉克组、吾松格尔组两套储层，分布受古地形与台缘带的控制，具体来看，受前寒武系西南高、北东低古地形控制，肖尔布拉克组为缓坡沉积。由盆地西南往北东方向，依次发育潮坪相、内缓坡、中缓坡、外缓坡、盆地相。其中内缓坡—中缓坡发育滩坪型、丘滩型和颗粒滩型3类相控型白云岩储层，面积约$12×10^4km^2$。吾松格尔组沉积期为弱镶边台地，发育混积潮坪滩、弱镶边台缘及礁后滩3类储层，台缘与礁后滩储集性能良好。吾松格尔组弱镶边台缘储层为寒武系第一套台缘，分布于轮南—塔中32井区，塔深1井钻探揭示岩性主要为藻粘结白云岩、藻砂屑白云岩、细—中晶白云岩，孔隙度1.4%～6.8%。礁后滩是吾松格尔组重要的储集类型，轮探1井钻揭吾松格尔组礁后滩储层51m，岩性以藻砂屑白云岩、鲕粒—砂屑白云岩等为主，储集空间以粒间（溶蚀）孔、晶间孔为主，孔隙度3.1%～3.5%。混积潮坪滩主要沿古陆周缘分布，岩性以颗粒白云岩、藻云岩为主，与泥质白云岩频繁互层发育，孔隙类型以晶间微溶孔、粒间溶孔为主。三类储层总面积约$1.3×10^4km^2$。

发育中寒武统膏盐岩有效盖层。中寒武世，塔里木盆地轮南—古城台缘带由侧积型沉积转变为加积生长型沉积，台地也随之由开阔台地变为蒸发台地，沙依里克组—阿瓦塔格组主要发育蒸发台地—台缘—斜坡—盆地沉积。台地内相带呈环带状分布，由内往外以此为盐湖、膏盐湖、膏云坪、泥云坪等，其中盐湖、膏盐湖沉积厚层膏盐岩。中寒武统膏盐岩、膏云坪盖层主要分布在巴楚隆起、阿瓦提凹陷、塔中隆起北部、塔北隆起中西部以及阿满过渡带，面积约$26×10^4km^2$。大面积分布的膏盐岩为寒武系盐下规模油气聚集提供良好的盖层条件。

（2）成藏富集规律：寒武系盐下油气勘探潜力巨大，是塔里木盆地最具勘探价值的领域之一。根据烃源岩、储层、盖层、构造四方面因素，评价优选出寒武系盐下有利区5个，分别是塔中北斜坡（$0.8×10^4km^2$）、古城—肖塘南（$0.7×10^4km^2$）、温宿周缘（$1.2×10^4km^2$）、麦盖提上斜坡（$3.5×10^4km^2$）、轮南低凸起（$0.25×10^4km^2$），总面积$6.45×10^4km^2$。

3. 鄂尔多斯盆地中东部奥陶系天然气富集规律

鄂尔多斯盆地东部奥陶系马家沟组发育蒸发台地与局限—开阔台地交互沉积，形成了多套咸化潟湖亚相膏盐岩与潮坪亚相白云岩/灰岩交替互层的纵向岩性序列。马一段，马三段、马五$_{10}$亚段、马五$_8$亚段、马五$_6$亚段、马五$_4$亚段为海退期，环盐洼带主要发育蒸发潮坪亚相膏云岩和藻云岩，盐洼带主要发育咸化潟湖亚相膏云岩和膏盐岩；马二段，马四段，马五$_9$亚段、马五$_7$亚段、马五$_5$亚段、马五$_1$亚段、马五$_2$亚段、马五$_3$亚段为海侵期，主要发育潮坪亚相藻云岩、灰云岩，以及开阔台地相云灰岩和灰岩。由于马五$_6$亚段厚层膏盐岩的封隔作用，致使马家沟组形成"盐上"和"盐下"两套成藏系统。上覆马五$_{1-5}$亚段为"盐上"含气系统，主要发育风化壳气藏，例如靖边气田及其邻区。马五$_7$亚段至马一段为"盐下"含气系统，在环中央古隆起东侧以风化壳气藏为主，向盐洼中心逐渐过渡为顺层岩溶和内幕白云岩气藏，目前已发现多个富气井区，但暂未提交规模储量。

奥陶系盐下历经三十年勘探，大致经历了地质探索和初步发现两个阶段。1989—2007 年为地质探索阶段，先后完钻了榆 9 井、陕参 1 井、青 1 井、陕 15 井、陕 139 井、府 5 井等，上述探井虽未取得勘探突破，但建立了盆地东部奥陶系较为完整的岩性序列，深化了天然气地质认识。2008—2018 年为初步发现阶段，在环中央古隆起东侧的马五$_{1-5}$亚段相继取得突破，形成了以靖边气田为代表的下古生界风化壳气藏富集区。近年来，在"上古生界侧向供烃成藏"认识的指导下，在环中央古隆起东侧的马五$_{6-10}$亚段相继发现了统 99 井、桃 59 井、苏 295 井、莲 20 井、莲 92 井、统 74 井等六大富气井区，近 20 口井获工业 / 低产气流，初步实现了"靖边下面找靖边"的构想。同时，持续探索东部盐洼中央区勘探潜力，已部署探井中 5 口井获低产工业气流，初步拉开了盆地东部盐洼区的勘探序幕。

（1）关键成藏要素：发育规模优质烃源岩。上古生界海陆过渡相泥质岩与煤系广覆式生烃、大面积供气，是环中央古隆起东侧马五$_{1-5}$亚段风化壳气藏的主要气源已得到广泛共识，本文不再赘述。从目前大量探井的地化测试与测井综合解释来看，奥陶系盐下烃源岩主要分布在海退期的马五$_{6-10}$亚段、马三段和马一段。

马一段烃源岩主要为云质泥岩，TOC 介于 0.3%～1.0% 之间，平均值为 0.45%，氯仿沥青 "A" 含量 0.09%～0.51%，平均值为 0.28%，综合评价为差—中等烃源岩；干酪根元素 H/C 介于 0.71～1.27 之间，平均值为 1.08，O/C 介于 0.19～0.32 之间，平均值为 0.24，综合评价干酪根类型以腐泥—腐殖 II_2 型为主；等效 R_o 介于 1.87%～2.68% 之间，平均值为 2.21%，热解最高峰温度 T_{max} 介于 596～624℃，平均值为 598℃，综合评价热演化程度处于过成熟阶段。

马三段烃源岩主要为白云质泥岩，TOC 介于 0.3%～0.5% 之间，平均值为 0.48%，氯仿沥青 "A" 含量 0.06%～0.48%，平均值为 0.21%，综合评价差—中等烃源岩；干酪根元素 H/C 介于 0.37～1.40 之间，平均值为 0.58，O/C 介于 0.04～0.69 之间，平均值为 0.13，综合评价干酪根类型以腐殖—腐泥 II_1 型为主；等效 R_o 介于 1.65%～2.41% 之间，平均值为 2.06%，热解最高峰温度 T_{max} 介于 594～609℃，平均值为 603℃，综合评价热演化程度处于过成熟阶段。

马五$_{6-10}$亚段烃源岩以泥质云岩和云质泥岩为主，TOC 介于 0.3%～2.0% 之间，平均值为 1.07%，氯仿沥青 "A" 含量 0.001%～0.011%，平均值为 0.003%，综合评价中等烃源岩；干酪根元素 H/C 介于 0.31～1.05 之间，平均值为 0.51，O/C 介于 0.03～1.00 之间，平均值为 0.10，综合评价干酪根类型以腐泥—腐殖 II_2 型为主；等效 R_o 介于 1.53%～2.30% 之间，平均值为 1.86%，热解最高峰温度 T_{max} 介于 366～600℃，平均值为 458℃，综合评价热演化程度处于高成熟阶段。

综合上述三套烃源岩地球化学指标来看，层系由下至上，TOC 含量逐渐增高，热演化程度逐渐降低，有机质类型以 II 型为主，综合评价为较差—中等烃源岩。

发育规模优质储集层。盆地东部奥陶系盐下发育多套储集层系，岩性主要为藻云岩和膏质云岩。根据储集空间类型可划分为三大类，分别为晶间孔型、溶蚀孔洞型和裂缝型。其中，晶间孔型又可细分为藻云岩晶间孔型、泥云岩晶间孔型和颗粒滩晶间孔型；溶蚀孔洞型可细分为含膏/膏质云岩溶蚀孔洞型、颗粒滩溶蚀孔洞型和泥云岩溶蚀孔洞型；裂缝型可细分为压溶缝型、成岩缝型和构造缝型。

综合分析认为，微古地貌与古断裂分别在沉积和成岩两个阶段控制着盐下有效储层的发育。一是沉积期，古地貌高部位水体能量相对较强，主要发育高能颗粒滩，易于准同生期白云岩化，例如桃 38 井区和统 73 井区有效储层厚度较大，物性较好；古地貌低部位则水体能量相对较弱，多发育泥质云岩和云质灰岩，不利于后期白云岩化，例如桃 104 井区、桃 3 井区、陕 24 井区和青 1 井区有效储层厚度较薄，物性相对较差。二是准成岩期（马家沟组沉积期末），区域构造抬升发育大量张剪性断裂，同时伴随 0.12Ga 长期风化剥蚀，致使断裂带内发育大量溶蚀孔洞和微裂隙，有效改善了储层的储集性能，例如苏 2 井、靳 10 井—靳探 1 井、靳 6 井—统 74 井发育的多层系层间岩溶。

发育优质输导通道。从目前勘探现状来看，盆地东部盐下发育两条流体运移优势通道，由古断裂带和有效储层叠合而成。通道内高产气、水井与断裂—储层发育带叠合良好，呈北东—南西向条带状展布，马五₇亚段、马四段较为明显，初步形成了定边—乌审旗和吴起—靖边—榆林—神木二条流体运移优势通道。

在定边—乌审旗通道，马五₇亚段有 3 口工业气流井（≥$4×10^4m^3/d$）和 2 口低产气流井（<$4×10^4m^3/d$），马五₉亚段有 1 口工业气流井和 3 口低产气流井，马四段有 8 口低产气流井，马三段有 3 口低产气流井。

在吴起—神木通道，马五₇亚段有 7 口工业气流井（≥$4×10^4m^3/d$）和 10 口低产气流井（<$4×10^4m^3/d$），马五₉亚段有 2 口低产气流井，马四段有 2 口低产气流井，马三段有 3 口低产气流井。从上述两个优势运移通道的高产井、低产井数量和解释气层厚度来看，北部定边—乌审旗通道的天然气勘探潜力明显好于南部的吴起—神木通道。

（2）成藏富集规律：上古生界、下古生界"双源"供烃，盐下气源供给充足。上古生界海相泥质岩和煤系在盆地广泛分布，是下古生界天然气成藏的主力烃源层。在定边、吴起"供烃窗"附近，上古生界生烃强度大于 $20×10^8m^3/km^2$，可为下古生界储层提供充足气源。下古生界海相泥质岩受古地理环境控制，局部烃源岩累计厚度达 40m，生气强度达 $8×10^8m^3/km^2$，可作为盐下气源的重要补充。

膏盐岩层连续分布，封盖条件好。东部盐下马五₆亚段厚度为 60～120m，以膏岩、泥膏岩及盐岩为主，封盖能力强，能够保证天然气长距离运移后的有效保存。

东部盐下发育马五₇亚段、马五₉亚段、马四段和马三段等多套储层，具有多层系复合含气的特征。但受上古生界"供烃窗"位置、下古海相泥质岩分布、烃类运移输导体系等差异化影响，寻找盐下天然气富集区亦较为复杂。从目前来看，盐下天然气勘探潜力主要取决于上古气源侧向供烃量和供烃范围，其次取决于下古海相泥质岩的生烃贡献量。综合分析认为，盆地东部乌审旗—定边地区和榆林—靖边地区是盐下未来两大有利勘探区，有望形成两个千亿立方米规模储量区。

两大有利区下古生界烃源岩相对发育，利于上古生界、下古生界"双源"供烃。乌审旗—定边有利区马五$_{6—10}$亚段烃源岩累计厚度20～35m，马三段烃源岩累计厚度20～40m，马一段烃源岩累计厚度10～20m。榆林—靖边有利区马五$_{6—10}$亚段烃源岩累计厚度20～40m，马三段烃源岩累计厚度15～40m，马一段烃源岩累计厚度15～25m。

两大有利区均位于流体运移优势通道内，断裂与储层复合输导气态烃可远距离运移。乌审旗—定边有利区马五$_7$亚段储层厚度4～8m，马五$_9$亚段储层厚度4～6m，马四段储层厚度20～80m；榆林—靖边有利区马五$_7$亚段储层厚度6～12m，马五$_9$亚段储层厚度6～10m，马四段储层厚度40～100m。两大有利区均位于构造上倾方向，低幅构造—岩性圈闭易于富集成藏。

鄂尔多斯盆地东部奥陶系盐下具备上古生界、下古生界"双源"供烃条件，资源基础较好。中央古隆起发育定边和吴起两个上古生界"供烃窗"，可长期持续供烃。下古生界海相烃源岩主要分布在与外海连通较好的乌审旗洼陷，亦可垂向—侧向供烃，可作为盐下气源的重要补充。

断裂带—储层发育带双带叠合输导，上古生界、下古生界气源可长距离运移。古断隆（微幅古隆起与古断裂）不但控制优质储层展布，同时可有效输导上古生界、下古生界气源侧向运移与聚集，是盐下天然气勘探的重点区带。

局部低幅构造—岩性圈闭富集高产。区域岩性相变为天然气聚集提供了侧向封堵，低幅构造圈闭为天然气富集提供了有利场所。

第六章　四川盆地震旦系—寒武系万亿立方米大气区形成与分布

震旦系—下古生界勘探主要经过了三个勘探阶段，分别是威远气田发现、安岳大气田发现、蓬莱含气区的勘探突破。地质认识取得重大进展，首次发现四川盆地晚震旦世—早寒武世发育德阳—安岳克拉通内裂陷，明确了川中震旦系—寒武系大气区形成的主控因素，即大型古裂陷控制生烃中心、台缘带与古岩溶控制优质储层、台缘带与古隆起控制油气聚集。近年来，针对川中古隆起斜坡区，建立大型古隆起斜坡区碳酸盐岩成藏新模式，指出同沉积断层控制台缘带沉积分异，负向地质单元以细粒沉积为主，正向地质单元以丘滩体为主，上倾方向受致密层遮挡，斜坡区可规模成藏等认识的基础上，部署风险探井蓬探 1 井、角探 1 井在震旦系灯二段及寒武系沧浪铺组获得重大突破，拉开蓬莱含气区规模勘探的序幕。

第一节　四川盆地震旦系—寒武系勘探历程及安岳大气田发现

四川盆地震旦系—下古生界勘探始于 20 世纪 40 年代，历经 80 余年，可划分为三个主要勘探阶段，即威远震旦系灯影组大气田发现（1964—1967 年）、乐山—龙女寺古隆起的发现和持续探索（1970—2010 年）、勘探突破和整体评价（2011 年至今），先后发现了威远气田、资阳含气构造、安岳大气田、蓬莱含气区，已成为四川盆地常规气规模增储的重点领域。

一、威远震旦系灯影组大气田的发现

1940 年在威远背斜高部位钻威 1 井，下二叠统完钻，未获油气。1963 年对威基井加深钻探，1964 年 9 月，钻至井深 2848.5m 进入灯影组顶部见气侵，井漏；中途测试获气 $7.98\times10^4\sim14.5\times10^4 m^3/d$，发现了威远灯影组气藏。其后，威 2 井加深钻探至震旦系，1965 年 8 月 5 日在灯影组中测获气 $74.1\times10^4 m^3/d$。1965—1967 年石油工业部在四川组织"开气找油大会战"，在威远完成震旦系探井 18 口，获气井 12 口，获天然气探明储量 $400\times10^8 m^3$，发现了新中国成立以来的第一个大气田。

二、乐山—龙女寺古隆起发现和勘探

1. 乐山—龙女寺加里东古隆起的发现

20 世纪 70 年代初期，四川石油管理局以震旦系为目的层，对四川盆地周边的地面背斜构造实施钻探，如大两会、曾家河及长宁等，钻井 5 口（会 1 井、曾 1 井、强 1 井、

宁1井、宁2井），全部产水，揭示灯影组储层发育，但保存条件不利。

1964—1965年四川石油管理局基于威远构造钻井地质资料，首次编制出威远地区加里东期末的古地质图，认为威远地区处于向西抬升的古侵蚀斜坡。1970年，四川石油管理局地质勘探开发研究院编制了川西南部加里东期末古地质图和下古生界残余厚度图，认为古隆起中心在成都—资阳—乐山—芦山之间，核部剥蚀至寒武系。1972年四川地调处根据地震普查资料，编制了四川盆地加里东期末古地质图，并认为古隆起轴部有雅安、乐山、南充三个高点，正式将其命名为乐山—龙女寺古隆起。

乐山—龙女寺古隆起发现指导勘探部署转战盆内。在龙女寺构造部署女基井，1976年2月完钻，井深6011m，为当时中国第一口深井，获得了四川盆地侏罗系到基底完整地层剖面，证实乐山—龙女寺古隆起向川中延伸，新发现二叠系、奥陶系、寒武系和震旦系共4个产气层，初步认识到古隆起对油气富集可能有控制作用。

20世纪80年代后期，大量地震勘探工作在盆地内全面展开，横贯盆地中西部的5条区域地震大剖面，为进一步认识古隆起特征创造了有利的条件。这一时期研究表明，乐山—龙女寺古隆起以鼻状横亘于盆地的中西部，西高东低，主高点在雅安、乐山一带，轴线东端次高点在遂宁—龙女寺一带，面积达$6.25 \times 10^4 \text{km}^2$（图6-1-1）；在古隆起范围内，发现了一批如高石梯、安平店、磨溪、盘龙场、龙女寺等震旦系地腹构造圈闭，圈闭面积达到上千平方千米；古隆起顶部和上斜坡是油气富集的有利区，其东高点区获气的可能性更大。指出古隆起地区发育印支期古圈闭，资阳—资中、高石梯—磨溪等是重要勘探目标。

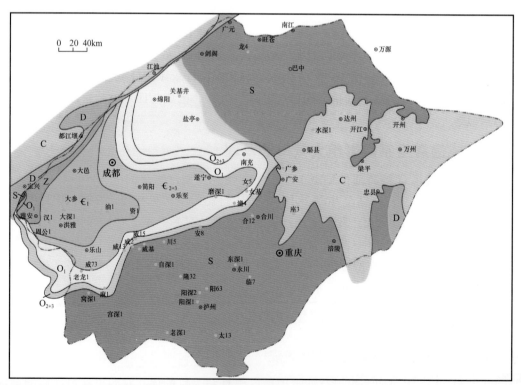

图6-1-1 四川盆地二叠纪前古地质图（1990年）

2. 资阳震旦系古圈闭的勘探

为了落实资阳古圈闭，从 1991 年至 1996 年陆续部署地震测线 90 条，累计 3623.25km。1993 年 1 月在资阳古圈闭高点、今构造为一鼻突顶部钻探资 1 井，在灯影组中测获工业气流（$13.13 \times 10^4 m^3/d$），完井试油在流压 15.233MPa 下获气 $5.33 \times 10^4 m^3/d$、水 86m^3/d。截至 1996 年底，资阳古圈闭的 7 口探井全部完钻，获工业气井 3 口、干井 1 口、水井 3 口。

3. 钻探科学探索井

通过"八五""九五"科技攻关研究，进一步论证了古隆起的形成及后期演化，并对威远—川中地区震旦系岩溶地貌进行了研究，明确提出古隆起顶部及上斜坡带是油气聚集的有利地区。基于攻关成果，1998 年在高石梯构造部署科学探索井高科 1 井，探索古隆起轴部震旦系—寒武系的含气性。高科 1 井灯影组显示油气良好，岩心孔、洞、缝发育，测井解释含气层 8 层，厚 31.2m；灯四段中测产纯气 $0.7 \times 10^4 m^3/d$。因对灯二段气层的认识不足，对其能否形成工业性产量没有足够的信心，决定只对灯四段试油；但最终因封隔器坏损、套管变形、未能完成试油工作。

这期间还对古隆起西段的周公山、东段的安平店及下斜坡的盘龙场等构造进行了钻探，在灯影组均发现白云岩孔洞型储层。周公 1 井、盘 1 井产水，安平 1 井灯影组油气显示良好，测井解释气层厚 40m 以上，后因尾管固井事故，试油不彻底，仅获微气。

4. 威远构造寒武系气藏的勘探

2004 年，随着对威远构造展开老井上试工作，威远气田寒武系洗象池组气藏的勘探取得了重大突破，通过老井上试工作，威 42 井、威 78 井、水 2 井等井相继在寒武系洗象池组测试获工业气流。同年，在威远构造顶部部署钻探了寒武系预探井威寒 1 井，该井于 2004 年 10 月 12 日开钻，2005 年 4 月 16 日钻至井深 2620m 完钻。通过完井试油，该井在龙王庙组测试获气 $3.99 \times 10^4 m^3/d$、水 192m^3/d；在洗象池组通过两次酸化改造测试获气 $0.12 \times 10^4 m^3/d$，证实了寒武系气藏的存在。

2005—2006 年，为了搞清威远气田洗象池组气藏在平面上的分布特征及气藏含气边界，相继在威远构造顶部及外围地区部署钻探完成了威寒 101 井、威寒 102 井、威寒 103 井、威寒 104 井、威寒 105 井等 5 口评价井，完井试油 5 口井在洗象池组测试成果均为干层。综合分析认为试油结果可能受到试油工作不彻底的影响。

三、安岳大气田发现

风险探井高石 1 井获得突破后，施行总体部署、整体勘探、动态调整、分步施行、分区探明的勘探思路，高效、快捷地探明了寒武系龙王庙组和震旦系灯影组特大型气田，取得了较好的社会效益和经济效益。

1. 实施风险勘探，高石梯构造震旦系气藏突破

围绕古隆起震旦系—下古生界，勘探与生产分公司组织多家单位，开展了多轮次目标评价工作，2006—2009 年，针对震旦系—下古生界先后实施风险探井 3 口（磨溪 1 井、宝龙 1 井、汉深 1 井）。磨溪 1 井长兴组获气，完钻于上二叠统龙潭组。宝龙 1 井在下寒武统沧浪铺组完钻，龙王庙组储层不发育，洗象池组测试获气 $1.35 \times 10^4 m^3/d$。汉深 1 井震旦系储层发育，产水。

针对勘探出现的问题，西南油气田公司组织油田研究院、中国石油勘探开发研究院、川庆物探公司等多单位联合攻关，系统研究古隆起构造演化过程、沉积储层特征，对二维地震勘探区、三维地震勘探区地震老资料处理攻关。结果表明，川中高石梯—磨溪地区处于古隆起轴线较高部位，有利于油气聚集；磨溪—安平店构造圈闭面积超过 $500 km^2$，高石梯构造圈闭面积近 $350 km^2$，震旦系灯影组、寒武系龙王庙组、洗象池组发育储层，分布面积较大。根据攻关研究成果，2009 年 12 月，螺观 1 井、磨溪 8 井（现磨溪 19 井位置）、高石 1 井井位建议被采纳。

2010 年 4 月、8 月，螺观 1 井和高石 1 井相继开钻。螺观 1 井主要目的层为寒武系龙王庙组，希望钻遇类似盘 1 井的优质储层。2011 年 1 月该井完钻于下寒武统沧浪铺组，钻探结果表明龙王庙组颗粒滩相存在，但胶结严重，储层致密，没有试油。

高石 1 井目的层为灯影组、龙王庙组和洗象池组。2011 年 6 月 17 日，高石 1 井完钻，测井解释震旦系灯影组白云岩储层厚度达 276m，其中气层厚 150m，平均孔隙度 3.7%，差气层厚 42m，平均孔隙度 2.5%（图 6-1-2）。

2011 年 7 月试油，灯二段射厚 52.5m，测试获气 $102.14 \times 10^4 m^3/d$，硫化氢含量 $14.7 g/m^3$，产层中部 5345.0m 处的折算压力系数为 1.1。灯四下段射厚 36.5m，测试获气 $3.73 \times 10^4 m^3/d$，硫化氢含量 $13.94 g/m^3$。产层中部压力 55.405MPa，压力系数 1.1。灯四段上亚段射厚 105m，测试获气 $32.28 \times 10^4 m^3/d$，硫化氢含量 $15.9 g/m^3$。

高石 1 井震旦系获高产工业气流，是继威远之后，乐山—龙女寺大型古隆起勘探 40 多年来的又一重大发现，使人们看到了震旦系巨大的勘探开发潜力。

2. 磨溪构造寒武系龙王庙组特大型气田的发现

2011 年，按照中国石油"立足于寻找大气田，立足于构造气藏，立足于尽快总体控制，立足于做深入细致工作"的总体要求，西南油气田编制了整体勘探方案：针对高石梯—磨溪构造主体整体实施三维地震勘探 $790 km^2$，探井 7 口（高石 2 井、高石 3 井、高石 6 井；磨溪 8 井、磨溪 9 井、磨溪 10 井、磨溪 11 井），评价震旦系灯影组，同时继续探索龙王庙组滩相储层的含气性。

2011 年部署的 7 口新探井均钻至震旦系，全部钻遇厚层裂缝—孔洞型白云岩储层，井均见良好油气显示，同时每口井在寒武系龙王庙组都发现块状白云岩孔隙性气层，测井解释磨溪地区厚度达 40～60m，高石梯地区厚 10～20m。磨溪 8 井、磨溪 9 井、磨溪 11 井和高石 6 井在灯影组已试获工业气流。

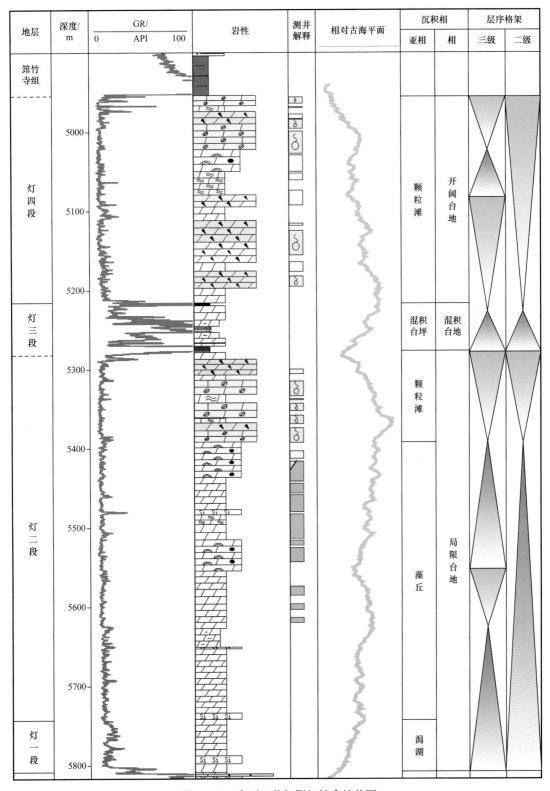

图 6-1-2　高石 1 井灯影组综合柱状图

- 189 -

磨溪 8 井于 2011 年 9 月 8 日开钻，于 2012 年 4 月 14 日完钻，完钻层位灯一段（未完），完钻井深 5920m。磨溪 8 井龙王庙组钻厚 99.2m，岩性主要为白云岩，西南油气田勘探开发研究院解释储层厚 55.25m，其中上部气层 43.4m，中间气层 9.313m，下部水层 2.5m（后又重新解释为差气层）。2012 年 9 月，试油时将中下两段储层（称为下储层）合试，射孔厚度 15.5m，测试产气 $107.18 \times 10^4 m^3/d$，硫化氢含量 $9.58 g/m^3$。龙王庙组上储层段射孔厚度 20.5m，测试产气 $83.5 \times 10^4 m^3/d$，硫化氢含量 $9.2 g/m^3$。磨溪 8 井龙王庙组获高产工业气流，预示着又一个新的高产、优质整装气藏的发现，拉开了我国单体规模最大的海相气田评价勘探的序幕。

3. 德阳—安岳克拉通内裂陷的提出

2011 年底，西南油气田勘探开发研究院在川中 dcz-030 线、dcz-029 线两条二维地震勘探测线上发现了高石梯—磨溪构造以西，灯影组有急剧减薄的特征，同时为了明确高石梯—威远地区灯影组气藏的规模，部署预探井高石 17 井，钻探表明高石 17 井寒武系—震旦系岩性组合和资 4 井类似，均处于灯影组沉积期的负向地质单元中。西南油气田部分研究者认为槽内的灯影组仅存灯一段—灯二段，灯三段—灯四段由于桐湾运动已被侵蚀殆尽，因此将其称为"侵蚀沟谷"。

2014 年 9 月，北京勘探开发研究院认为该坳谷地形在灯影组沉积早期就已成型，灯影组在相对深水的环境中沉积，因而其层序齐全，但厚度变薄。会议讨论后将该地形命名为德阳—安岳台内裂陷。后续研究指出，该台内裂陷在我国小克拉通活动性强的背景下，具有普遍性，可统称为克拉通内裂陷。2015 年 4 月将德阳—安岳台内裂陷改称为德阳—安岳克拉通内裂陷。

德阳—安岳克拉通内裂陷的发现，为安岳特大型气田的成因解释，尤其是生烃中心位置和成藏模式的确定，提供了有力证据，同时，在盆地资源潜力评价和勘探方向方面也发生重大变化，后有多口探井围绕裂陷边缘部署。

第二节　安岳大气田基本特征

安岳气田磨溪区块位于乐山—龙女寺加里东古隆起的东端，是古隆起背景上的一个大型潜伏构造，处于古今构造叠合部位。根据地震构造处理解释成果，安岳气田深层构造格局总体轮廓表现为一个发育在乐山—龙女寺古隆起背景上的北东东向鼻状隆起区。

一、区域地质背景

四川盆地是一个典型的叠合含油气盆地，经历了多旋回构造运动及多类型盆地的叠加改造，形成了多套生—储—盖组合，具有多层系含油气的特点。乐山—龙女寺古隆起是四川盆地形成最早、规模最大、延续时间最长、剥蚀幅度最大、覆盖面积最广的巨型隆起（图 6-2-1）。

乐山—龙女寺古隆起的演化总体经历以下阶段。

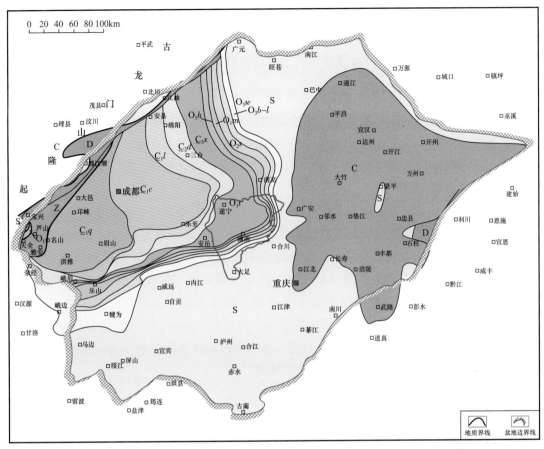

图 6-2-1 四川盆地安岳气田与加里东古隆起叠合图

1. 加里东期形成乐山—龙女寺古隆起

加里东运动使四川盆地大幅抬升，川中地区志留系—奥陶系大量剥蚀，形成了资阳—遂宁及西北部轴线北东东向展布的古隆起雏形，古隆起轴部为宽缓平台。加里东期基本奠定了乐山—龙女寺古隆起的范围，并形成了古隆起的宏观构造格局，为后期构造变动中古隆起的继承性发展奠定基础。另外，古隆起发育形成过程中沉积地貌的差异背景对下古生界沉积相带展布有明显控制作用，如在龙王庙组沉积时期，形成了环古隆起大面积发育的颗粒滩。

2. 海西期使得古隆起向东部扩展，川中高石梯—磨溪地区处于古隆起东段轴部

在该构造期内，古隆起持续发展，隆起范围向东部发展，同时古隆起轴线向东南发生偏移，资阳—遂宁地区逐步发展成为古隆起东段轴部中心；遂宁地区相对构造活动稳定，幅度略有增强，但这次隆升时间长、作用范围广，古隆起幅度继续增大。

3. 印支期—燕山期古隆起西段强烈调整，东段持续稳定发展

该期是四川盆地一次重要的构造整体调整期，盆地西北部由于川西凹陷的逐步形成，

埋深持续加大，隆起西段轴部明显向东南迁移，构造高部位由资阳地区逐步转移至威远地区；高石梯—磨溪地区所在的古隆起东段持续稳定发展，始终处于古隆起轴部构造高部位，该构造运动阶段使古隆起整体持续下沉直至燕山末期。

4.喜马拉雅期乐山—龙女寺古隆起最终定型

该期印支板块与亚欧板块碰撞形成的侧向挤压作用使得该古构造幅度剧烈增加，最大高差达到5000m以上，其中，威远—资阳地区为古隆起最高部位，龙王庙组顶界埋深最浅处小于2000m。该期运动结束后，乐山—龙女寺古隆起最终定型，轴线位于乐山—龙女寺一线，北东向展布。

总之，乐山—龙女寺古隆起是一个继承性古隆起。古隆起形成于加里东运动，在印支期、燕山期、喜马拉雅期历次构造运动中，古隆起形态继承性发育，但也经历了调整、改造与破坏。其总体演化特点为：（1）古隆起自形成以来在长达4亿年的演化历史中，是继承性的持续隆起，形态保持完整，为古隆起核部的油气聚集成藏奠定了良好基础；（2）古隆起西段轴部在印支期以来发生了迁移，整体表现为向东南方向迁移；（3）磨溪—高石梯地区长期处于古隆起轴部的高部位，构造变形较弱，油气聚集和保存条件好。安岳气田是发育在继承性古隆起背景上的、古今构造相叠合的区域，这一独特的区域构造条件，为安岳气田的形成奠定了重要地质基础。

二、灯影组地层划分及分层特征

从"七五"至"十一五"期间，四川盆地震旦系组、段的名称有变化（表6-2-1），但川西南地区和川中地区地层划分是相互独立的，无法实现很好的横向对比。为此，2012年1月12日，西南油气田勘探开发研究院在成都召集了北京勘探开发研究院、廊坊分院等单位就四川盆地震旦系地层划分对比问题进行了研讨，会议在对比方案、具体界线划分等各方面基本达成共识。2012年4月26日，西南油气田勘探开发研究院又组织了一次由油田专家、相关高校和油田项目组为主要成员的震旦系专题研讨会；根据会议建议，对震旦系地层划分对比的相关内容做了部分修改，形成了统一方案。

新方案与以前方案最大的差异是将原"蓝灰色泥岩"为代表的混积岩段单独划分为灯三段，即指米仓山上升运动（桐湾I幕）形成的一套以碎屑岩为主的沉积物（蓝灰色泥岩、黑色页岩和含砾砂岩），平面上可相变为含泥质白云岩。厚度0～60m不等，高伽马值，易于划分对比。区内震旦系划分为上统灯影组和下统陡山沱组，根据岩性组合、电性特征自上而下将灯影组四分，地层简况见表6-2-2。灯三段+灯四段盆内残余厚度一般在0～300m之间，层分布区表现为盆地南部、西南部、北部边界三面地层厚，东部地层薄的特征（图6-2-2）；灯一段+灯二段残余厚度一般在50～1000m之间；地层分布区总体表现为盆地南部、西部和北部边界三面地层厚，东部地层薄的特征（图6-2-3）。

表 6-2-1　四川盆地震旦系地层划分沿革表

地层系统 ＼ 阶段	20世纪60—70年代区域地质调查	"七五"—"八五"研究报告 川西南	"七五"—"八五"研究报告 川中	"九五"—"十一五"研究报告 川西南	"九五"—"十一五"研究报告 川中	"十二五"地层划分方案
上覆地层（寒武系）	筇竹寺组	九老洞组	筇竹寺组	筇竹寺组	筇竹寺组	筇竹寺组
上覆地层（寒武系）						麦地坪组
震旦系　上统（Z₂）　灯影峡阶　上段	上段	震四2	震四2	灯四	灯四	四段
震旦系　上统（Z₂）　灯影峡阶　下段（贫藻层）	下段	震四1	震四1	灯三	灯三	三段
震旦系　上统（Z₂）　灯影峡阶　下段（富藻层）	下段	震三	震三	灯二	灯二	二段
震旦系　上统（Z₂）　灯影峡阶　下段（贫藻层）	下段	震二	震二	灯一	灯一	一段
震旦系　下统（Z₁）　陡山沱阶	陡山沱组或喇叭岗组	震一	震一	陡山沱组	陡山沱组	陡山沱组
下伏地层（南华系）	南沱组和莲沱组					

表 6-2-2　安岳气田震旦系地层简表

系	统	组	段	厚度/m	岩性与生物特征	电性特征	构造运动
寒武系	下统	筇竹寺组		15～750	黑灰色碳质、粉砂质页岩	极高自然伽马和较低电阻率	桐湾运动
寒武系	下统	麦地坪组		0～60	硅磷条带白云岩，夹碎屑岩，富含小壳化石	伽马和电阻率相对较高，曲线呈大小齿间互状	桐湾运动
震旦系	上统	灯影组	四段	260～350	砂屑白云岩及藻白云岩，见硅质条带，少含菌藻类及叠层石，偶含胶磷矿	伽马低值，曲线近乎平直状，偶夹小齿状；电阻率高值，大小齿间互	米仓山上升运动
震旦系	上统	灯影组	三段	50～100	深色泥页岩和蓝灰色泥岩，常夹白云岩、凝灰岩，可相变为泥质云岩，含疑源类	伽马高值，曲线大齿状；电阻率低值，曲线小齿状	米仓山上升运动
震旦系	上统	灯影组	二段	440～520	上部微晶白云岩，少含菌藻类；下部葡萄花边构造藻格架白云岩发育，富含菌藻类	伽马低值，曲线近乎平直，夹小齿状；电阻率高值，曲线小齿状为主，偶夹大齿状	米仓山上升运动
震旦系	上统	灯影组	一段	20～70	含泥质泥—粉晶白云岩、藻纹层云岩，少含菌藻类，局部含膏盐岩	伽马较高值，曲线下部大齿状；电阻率曲线低平或齿状	米仓山上升运动
震旦系	下统	陡山沱组			黑色碳质页岩夹白云岩及硅质磷块岩，局部含膏盐	自上而下伽马值逐渐增大，电阻率值逐渐减小，两条曲线构成漏斗状，波动幅度小	澄江运动
下伏地层					南沱组和莲沱组		

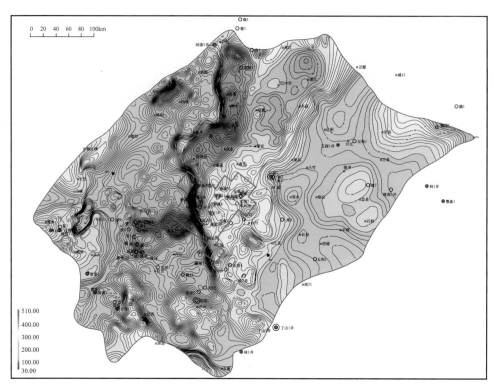

图 6-2-2　四川盆地震旦系灯影组灯三段 + 灯四段地层厚度分布图

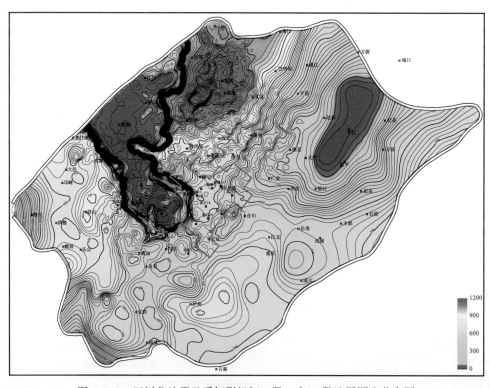

图 6-2-3　四川盆地震旦系灯影组灯一段 + 灯二段地层厚度分布图

三、震旦系灯影组沉积及储层特征

1. 沉积特征

在岩石类型特征及相对应的沉积环境分析基础上，结合区域地质背景的综合分析，认为四川盆地震旦系灯影组发育局限台地、混积台地、斜坡—盆地等地区三类沉积相，以及藻丘、颗粒滩、台坪、局限—蒸发潟湖、混积坪、上斜坡、下斜坡、浅缓坡等7种亚相、20多种微相（表6-2-3）。

表6-2-3 四川盆地灯影组沉积相类型划分简表

沉积相	亚相	微相	发育层位
局限台地	颗粒滩、藻丘、台坪、潟湖	云质潟湖，泥云质潟湖，膏质潟湖，膏云质潟湖	灯二段、灯四段
混积台地	混积坪	砂云混积坪，云砂混积坪，砂泥混积坪	灯三段
斜坡—盆地	上斜坡、下斜坡	泥质斜坡、泥云质斜坡	灯影组

1）颗粒滩亚相

主要由凝块云岩、砂屑云岩、核形石等颗粒白云岩组成，在台缘带普遍发育。主要发育在灯二段上亚段、高石梯地区的灯四段及磨溪地区的灯四段上亚段，特别是在完整长期沉积旋回的中晚期，即高水位体系域中。凝块云岩的结构成熟度低、分选性差，主要以同生期塑性砾屑为主（图6-2-4），常伴生有粉屑或藻屑。

野外勘测和钻井岩心观察表明，单层颗粒滩厚度常小于1m，但是在纵向上累计厚度大、夹层多等特点，这也是造成灯影组储层非均质性强的主要原因之一。综合来看，四川盆地颗粒滩相的岩性组合有两种，一是泥晶凝块与泥晶云岩不等厚互层组合，二是由凝块云岩与砂屑云岩不等厚互层组合，反映了高水位体系域海平面升降对沉积的控制。从磨溪8井的沉积亚相与碳氧同位素的关系图可以看出，颗粒滩亚相整体容易受到大气淡水的影响造成 $\delta^{18}O$ 偏低（图6-2-5）。

2）藻丘亚相

主要是由蓝藻及其他微观藻类、细菌等建造而成，构成富藻类云岩，形态结构上通常是由藻叠层云岩、藻纹层云岩、黏连状云岩、泥晶云岩组成，可以形成具有弯曲上隆、波状叠置特征的碳酸盐岩建隆。有研究认为藻丘是灰泥丘建造，其中，灰泥是指粒径小于0.01mm或0.005mm的碳酸盐矿物，而非陆源黏土矿物，是由微生物通过新陈代谢、光合作用并胶结固化而成。对比国内外研究成果，具有以下的几个典型识别标志：古地貌上是正向地貌，抗风浪，主要由灰泥和藻纹层组成，微生物（菌藻）是建造者，格架系统和孔洞系统发育，斑马构造、层状晶洞、栉壳构造发育。藻丘单个旋回厚度在1～2m之间，发育分布在灯二段中下部（图6-2-6）。

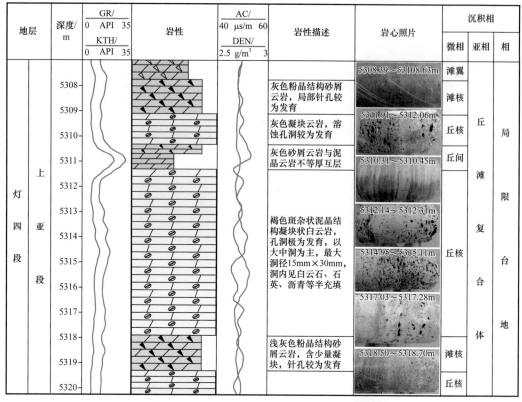

图 6-2-4　磨溪 105 井灯四段颗粒滩亚相组合模式

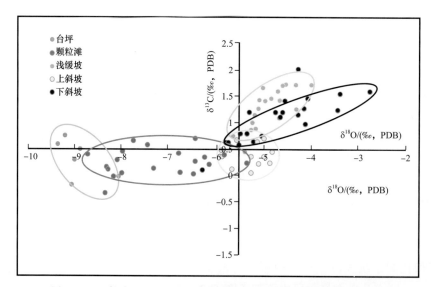

图 6-2-5　磨溪 8 井灯三段—灯四段各类沉积亚相碳氧同位素特征

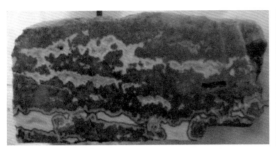
(a) 平底晶洞, 资6井, 3729.07m, 灯二段

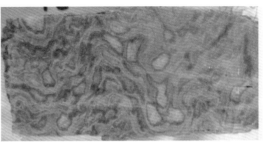
(b) 藻格架构造, 威117井, 3313.98m, 灯二段

(c) 藻格架构造, 高石1井, 4963.56m, 灯四段

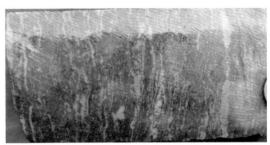
(d) 藻叠层构造, 磨溪108井, 5299.16m, 灯四段

(e) 平底晶洞, 高石6井, 5370.52m, 灯二段

(f) 格架及栉壳构造, 高石6井, 5368.28m, 灯二段

图 6-2-6 藻丘亚相的典型岩石及构造

3）台坪亚相

主要由纹层状云岩、泥晶云岩组成，通常发育于水动力相对较弱的浅水区，沉积界面处于平均海平面附近，处于潮间带上部的低能环境，一般可见水平层理、鸟眼、干裂等沉积构造等暴露标志的沉积物，易受到大气淡水的影响造成 $\delta^{18}O$ 偏低（图 6-2-5）。根据沉积物质的差异，台坪亚相可识别出云坪、藻云坪等微相。

4）混积台地相

混积台地发育于桐湾 I 幕构造运动大面积海退之后，再次海侵时的沉积环境，海退形成的物源区在海侵初期还未被水淹没，形成陆源供给，与海水交互，为海陆混积创造了条件。川西地区、川北地区靠近古陆，灯三段以碎屑岩为主，川中地区距古陆较远，较川西地区粉砂质逐步减少，泥质和白云质成分增多。台地上水体能量较低，一般以混积台坪亚相为主，根据沉积物的成分和发育位置，可进一步划分出沙坪、云坪、泥云坪等微相。

2. 岩相古地理特征

通过对野外露头、地球化学分析及地震剖面研究发现，德阳—安岳裂陷成因属于相控型，并在裂陷周缘发现相变的证据。首先是在川西野外地质调查，发现金凤剖面灯影组厚45m且三分特征明显，发育薄板状暗色致密白云岩，相变特征明显；其次，通过对野外勘测和钻井岩屑资料的同位素分析发现，该区灯影组碳同位素从下至上由正值向负值大幅漂移；最后，在该区的地震剖面上发现灯影组台地边缘向广海方向收敛，形态上具有台地—斜坡的反射特征。

灯二段沉积晚期，四川盆地及邻区均处于碳酸盐岩台地发育期，台地内分布规模不等的颗粒滩、藻丘、潟湖及台坪亚相。颗粒滩主要分布在沿裂陷两侧发育的台缘带内，呈"U"形环带状分布，包括绵竹—成都—威远一线和高石梯磨溪地区，台缘带的宽度41~66km（图6-2-7）。灯四段沉积晚期，随着海侵进一步扩大，碳酸盐岩台地范围明显缩小，裂陷范围持续增大，贯穿整个四川盆地，裂陷区清平—成都—威远—自贡一带发育盆地—斜坡相。在裂陷两侧形成了丘滩相发育带，西侧为缓坡型台缘，东侧为镶边型台缘，裂陷内部发育大量规模大小不等的残丘（图6-2-8）。

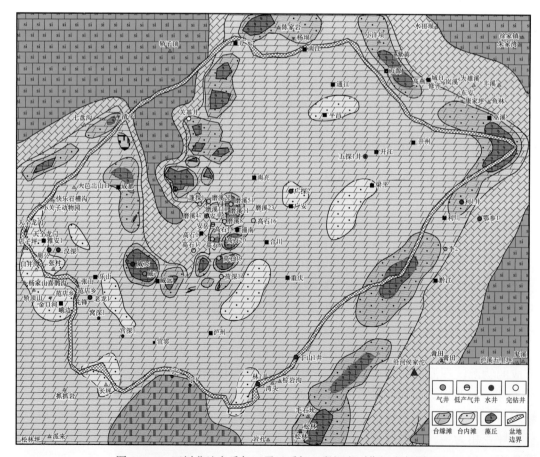

图6-2-7 四川盆地安岳气田震旦系灯二段沉积时期沉积相图

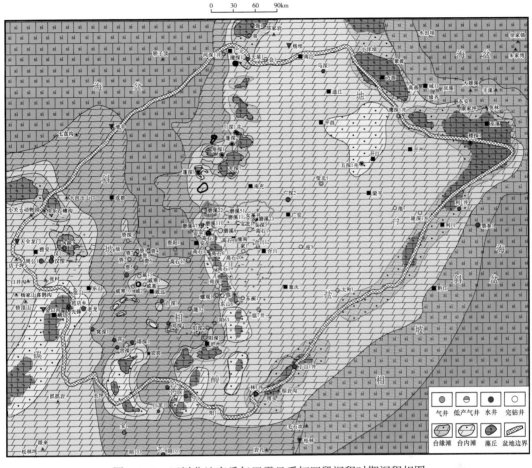

图 6-2-8 四川盆地安岳气田震旦系灯四段沉积时期沉积相图

总之，灯二段沉积时期与灯四段沉积时期滩体主要沿裂陷周缘分布，川中安岳至川北台缘带宽度逐渐增加，丘滩体规模更大。其次，由于灯二段、灯四段顶部普遍叠加桐湾Ⅰ幕、桐湾Ⅱ幕的风化壳岩溶，为丘滩储层规模发育创造了有利条件。

3. 储层特征

1）储层岩石学特征

四川盆地震旦系储集岩类有砂屑云岩、凝块云岩、藻云岩（藻叠层状云岩、藻纹层状云岩、粘连状云岩）等。其中凝块云岩、砂屑云岩为主要的储集岩类。

（1）凝块云岩。

该类岩石是灯影组最主要的储集岩类（图 6-2-9），主要由凝块结构云岩组成，常见砂屑、藻类痕迹。岩心面孔率集中在 3%～6% 之间，岩溶改造作用明显，主要储集空间类型为凝块间残余溶孔及后期溶孔，具有凝块组构选择性孔隙，溶孔、溶洞部分被细—粗晶白云石、马鞍状白云岩、沥青等充填。

（2）砂屑云岩。

当沉积界面处于浪基面之上的高能带时，早期的泥晶岩类或藻白云岩被破碎，形成砂屑（图6-2-9）。相对长期稳定的动荡的沉积环境，有利于提高砂屑的分选性，因此，在手标本上，该类岩石的颜色均一性好，储层以针孔为主，而缺乏中小溶洞，与凝块白云岩形成鲜明的对比。在显微镜下，粒间孔较为发育，且分布均匀，胶结物多为粉—细晶胶结，缺乏粗晶和马鞍状白云石的充填，与凝块云岩的储集空间差别明显。

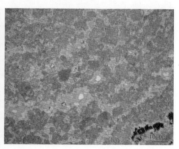

(a) 凝块云岩，孔洞发育，5325.2m，磨溪105井，灯四段

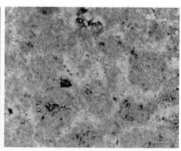

(b) 砂屑云岩，孔隙发育，5299.1m 高石7井，灯四段

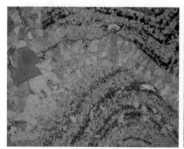

(c) 叠层状云岩，高石7井，5310.31m　　(d) 藻砂屑云岩，高石18井，5133.72m　　(e) 层纹状云岩，高石18井，5136.4m

图6-2-9　震旦系灯影组典型储集岩类特征

（3）藻云岩。

叠层状云岩是发育比例仅次于黏连状云岩的储集岩类，其岩溶改造作用强，溶蚀孔洞发育。藻生长过程中形成的水平纹层状、波状或缓丘状藻叠层状形成（图6-2-9），主要储集空间类型为鸟眼孔洞或窗格孔洞，或者是藻生长过程中形成的格架孔洞，具顺层分布的特征，顺层溶蚀作用明显。

2）物性特征

（1）孔隙度。

储层岩心柱塞样品孔隙度总体分布在2.00%～13.90%之间，单井平均孔隙度

2.52%～4.36%，主要分布在 2.00%～6.00% 之间，总体平均值为 3.91%；全直径孔隙度分布在 2.00%～10.71% 之间，单井平均孔隙度 2.78%～5.75%，总体平均孔隙度为 4.08%，灯四段储层为低孔隙度储层。通过对灯四段 58 个全直径及 485 个柱塞样孔隙度数据统计分析，灯四段全直径孔隙度（平均孔隙度为 4.08%）优于基质孔隙度（平均孔隙度为 3.91%）；从孔隙度分布直方图上可见（图 6-2-10、图 6-2-11），柱塞样与全直径样品分布规律相似，孔隙度特征柱塞样孔隙度主要集中分布在 2.00%～6.00% 之间，占 88.05%，全直径样品孔隙度在 2.00%～6.00% 之间的样品占 84.48%。

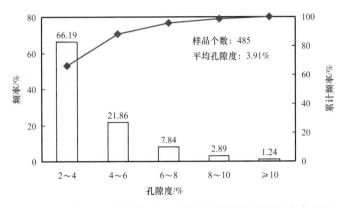

图 6-2-10　灯四段储层段岩心（小柱塞样）孔隙度频率直方图

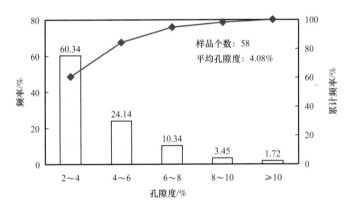

图 6-2-11　灯四段储层段岩心（全直径）孔隙度频率直方图

全直径孔隙度大于 6% 的样品数占总样品数的 15.52%，比柱塞样多出 3.56%，常规柱塞样物性测试尺寸较小，多反映储层基质特征，不能反映较大溶洞，而全直径样品能较为真实的反应储层真实情况，表明溶洞对储层的影响较强。

（2）渗透率。

从 353 个岩心柱塞样品渗透率统计结果看，渗透率主要分布在 0.01～1.00mD 之间，占样品总数的 56.94%，平均值为 1.02mD；岩心全直径样品垂直方向渗透率主要分布在 0.1～1.0mD 之间，平均值为 0.57mD，而水平方向渗透率，主要分布在 1～10mD 之间，平均值达 4.19mD，灯四段储层为低渗透率储层，水平渗透率明显高于垂直渗透率，而垂直渗透率与柱塞样渗透率具有相似性，分析认为储层柱塞样品与全直径最大差异在于溶洞影响，而灯影组溶洞顺层发育是导致储层水平与垂直方向渗透率的差异的主要原因（图6-2-12、图6-2-13、图6-2-14）。

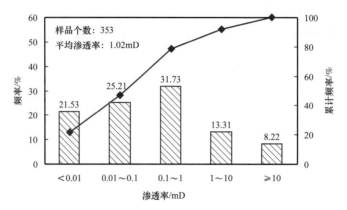

图 6-2-12　灯四段储层段岩心（柱塞样）渗透率频率直方图

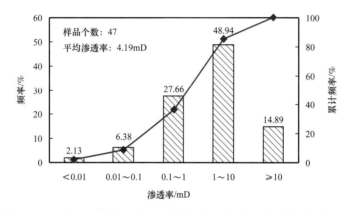

图 6-2-13　灯四段储层段岩心（全直径水平方向）渗透率频率直方图

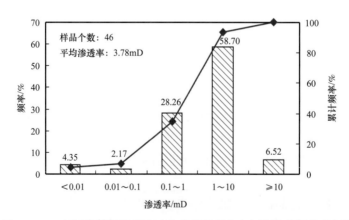

图 6-2-14　灯四段储层段岩心（全直径垂直方向）渗透率频率直方图

3）储集空间类型及其特征

碳酸盐岩储层的储集空间类型多样，既有受组构控制的粒间溶孔、粒内溶孔、铸模孔、晶间溶孔等，又有不受组构控制的溶洞、溶缝和构造缝。通过对灯四段剖面、岩心和薄片等的详细观察，根据其成因、大小及分布位置，储集空间划分为孔隙（粒内溶孔、粒间溶孔、晶间溶孔和残余粒间孔）、裂缝和溶洞（表6-2-4）。

表6-2-4　灯四段储集空间类型划分表

储集空间类型			主要储集岩石类型	发育频率
孔隙	原生孔隙	残余粒间孔	砂屑云岩	高
	次生孔隙	粒间溶孔	砂屑云岩、砂屑云岩	高
		粒内溶孔	砂屑云岩、藻砂屑云岩	中—低
		晶间溶孔	残余砂屑、粉晶云岩、细晶云岩	中—高
		沥青收缩孔	不限	中—低
洞穴	原生洞穴	格架洞	隐黏连状云岩、藻格架云岩	中
			叠层状云岩	中—低
	次生洞穴	溶洞	凝块云岩、藻格架岩、砂屑云岩类	高
			泥粉晶云岩	低
裂缝	构造裂缝		不限	低
	次生裂缝		不限	不等

灯四段孔隙包括粒间（溶）孔、晶间（溶）孔、粒内溶孔、格架孔及非组构选择性溶孔等类型，其形成主要与粒间或格架孔保存、准同生期、成岩早期溶蚀作用和多期埋藏岩溶叠加有关。薄片观察灯四段孔隙发育以粒间溶孔、晶间溶孔为主，其次为晶间孔、粒间孔、格架孔等。

四、寒武系龙王庙组沉积相及储层特征

1. 沉积相类型

通过包括沉积岩的颜色、岩性特征、沉积构造、古生物等相标志的研究，认为四川盆地及周边龙王庙组横向岩性分布具有由西向东、由北向南陆源碎屑减少，碳酸盐岩增多，盆地中南部膏岩增多，地层厚度逐渐增大的特征，且自西北向东南发育的岩石类型依次为粉砂质白云岩、颗粒白云岩、泥晶白云岩、膏岩。盆地东南主要发育石灰岩，如此的发育样式序列也表明自西向东南沉积水体由浅变深、由局限向开阔；四川盆地东北缘的陕南岚皋和东南缘的湘西花垣渔塘一带，残余地层厚度突然分别增加到300m以上，表明台地具有远端变陡的基本特征。

以上分析表明四川盆地早寒武世龙王庙组沉积时期具有西高东低古地理格局，古气候相对干旱，为连陆台地沉积。依据水动力变化引起的沉积岩结构、沉积构造等特征将四川盆地龙王庙组至西向东划分为蒸发台地、局限—半局限台地、开阔台地、台地边缘、

斜坡及盆地六个沉积相及十余种微相（表6-2-5，图6-2-15）。沉积期的乐山—龙女寺水下古隆起对四川盆地龙王庙组的沉积相分布起到了十分重要的控制作用。

表6-2-5 四川盆地及邻区下寒武统龙王庙组沉积相分类简表

沉积体系	沉积相	亚相	微相	主要分布地区
连陆台地体系	混积潮坪		潮道、砂云坪	广元、威远、峨眉
	台地—台地边缘	颗粒滩	砂屑滩、鲕粒滩、豆粒滩	磨溪、高石梯
		滩间海	（白云）石灰质滩间海	磨溪、高石梯、彭水
		潟湖	膏质潟湖、云质潟湖等	广安、座3井区
		局限台坪	云坪、灰质云坪	南川三汇
		台缘滩	砂屑滩、鲕粒滩	秀山
	斜坡—盆地			铜仁、贵阳、湘西

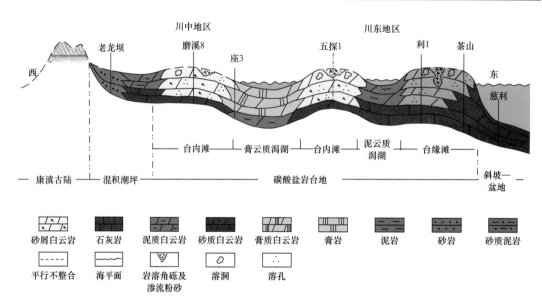

图6-2-15 四川盆地早寒武世龙王庙组沉积时期沉积模式图

1）混积潮坪

潮坪发育于向陆侧海岸带，地势平缓，环境局限，以潮汐作用控制为主，沉积界面处于平均海平面附近。区内的潮坪平面分布于西部靠近康滇及其他古陆一带，总体表现出碎屑岩和碳酸盐岩的混合沉积。根据沉积物质和特征的差异，可进一步识别出潮道、砂云坪、泥云坪等微相类型。在纵向上主要分布在龙王庙组上段及下段的顶部，多发育砂质云坪，岩性主要为砂质云岩、含砂质云岩由于陆源石英及夹带的陆源泥质影响，砂质云坪在测井曲线上显示为相对较高的伽马值（图6-2-16）。

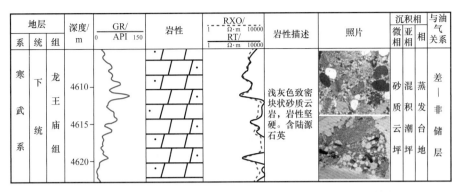

图 6-2-16 安岳气田高石 2 井下寒武统龙王庙组混积潮坪沉积特征图

2）局限—开阔台地

是指台地内部受到四周隆起（地貌高地或滩）障壁的遮挡，水体流通性差、盐度较大、水动力条件弱的较深水低洼平坦环境。龙王庙组沉积时期，四川盆地的局限—半局限台地相沉积物主要为颗粒云岩和晶粒白云岩及高盐度水体下渗作用形成的膏岩。根据局限台地内部水动力条件、沉积产物特征等可将其进一步划分为颗粒滩、滩间海潟湖及两者的过渡环境台坪三个亚相。

（1）颗粒滩。

颗粒滩位于台地内浪基面附近的地貌高地，水动力条件强，沉积物多为各类颗粒白云岩。颗粒滩在沉积时通常具有较高的原生孔隙，可作为后期成岩改造中的流体通道，白云石化作用及溶蚀作用往往较发育，为现今良好的储集相。砂屑滩是龙王庙组沉积期局限台地内最为重要的滩体类型（图 6-2-17），磨溪和高石梯地区由于位于乐山—龙女寺水下古隆的斜坡部位，水动力条件持续较强，沉积了较厚的砂屑滩沉积物，砂屑滩厚度最厚可达 50m，在磨溪—高石梯—磨溪地区平面上分布较为稳定，纵向上主要发育在两个旋回中上部。

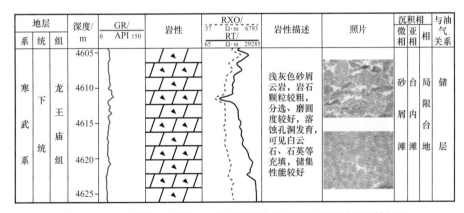

图 6-2-17 安岳气田磨溪 13 井下寒武统龙王庙组砂屑滩沉积特征图

（2）滩间海。

颗粒滩沉积是在相对海平面与沉积底形之间距离较近的高能带形成的沉积，而由于沉积底形受到古地貌控制，滩间海是沉积地形相对低洼地带形成的能量较低的沉积物，其以泥晶白云岩为主，并发育泥质条带白云岩。

（3）潟湖。

潟湖环境是指受到障壁阻挡，不利于水体流动的局限水体环境，是局限台地内部更加局限的亚环境。在古地貌上相对滩相沉积水体更深，水体较为安静。沉积以深色的泥质白云岩、泥质条带白云岩、含膏质结核泥晶白云岩和膏岩为主。常常由于泥质条带和白云岩互层而形成的眼球状构造或似眼球构造；或根据泥质和白云质的相对含量而形成脉状、波状及透镜状层理；以及由于弱的波浪作用为彻底改造而残留的潮汐沟道而形成的冲刷侵蚀面，潮汐构造中常被具有正粒序的颗粒岩所充填。

3）台地边缘

台地边缘相是碳酸盐岩台地逐渐向海盆过渡的高能相带，四川盆地龙王庙组台地边缘属于克拉通边缘的镶边台缘。台地边缘浅滩主要发育在浪基面附近，具有很强的抗浪能力。该环境能量高，比较适合颗粒滩生长，以沉积亮晶颗粒（鲕粒、生物碎屑、砂屑）白云岩为主，局部见交错层理等沉积构造。在台地边缘斜坡部位常发育风暴沉积，风暴沉积由正粒序层理组成，底部发育冲刷面、丘状层理。

4）斜坡—盆地

斜坡相发育在四川盆地以东，大致位于铜仁—贵阳、湖北—湘西一带，地层厚度减薄明显。斜坡相的垮塌沉积不明显，主要为深灰色薄层状泥质灰岩、砂质灰岩沉积，局部发育风暴浊流沉积。斜坡相沉积主要发育在川东地区东部，在城口高观寺剖面和镇巴捞旗河剖面较发育，城口高观寺剖面总体为深灰色薄层状泥晶灰岩、粉屑—砂屑灰岩夹薄层泥质灰岩、泥岩，局部夹浅中灰色粉屑泥晶白云岩，镜下主要为纹层状砂质灰岩，局部可见暗色泥质条带。

2. 岩相古地理特征

通过上述岩相单因素分析认为，龙王庙组为局限台地沉积，四川盆地内部可划分为混积潮坪、局限潟湖、颗粒滩等相带。四川盆地及邻区龙王庙组砂屑滩、鲕粒滩较为发育，滩体在乐山—龙女寺古隆起区具有环古隆起成大面积分布特征（图6-2-18）。

早寒武世末乐山—龙女寺古隆起雏形控制沉积相呈环带状展布，古隆起高部位颗粒滩大面积发育。早寒武世龙王庙组沉积时期，扬子地台西部的古陆相对活跃性较弱，陆源物质供应相对较少，上扬子台地内以发育碳酸盐岩沉积为主，但盆地内靠近西部地区仍有来自康滇古陆的陆源碎屑侵扰，形成以碳酸盐岩为主夹砂岩、粉砂岩、泥岩夹层及砂质碳酸盐岩、泥质碳酸盐岩的沉积物质，向盆地内部逐渐过渡为清水碳酸盐沉积，白云岩在四川盆地内及邻区普遍发育，并主要分布在四川盆地西部，厚度多大于50m，最厚的分布区为蜀南长宁构造的林1井，厚度大于150m，次为永善金沙区及湄潭—铜仁，厚度大于90m，向东白云岩厚度减薄，石灰岩厚度增加。石灰岩分布主要在盆地东部、南部，石灰岩厚度大于200m的高值区为高县—筠连—盐津区、湖南龙山—吉首区，这也反映了海水入侵方向来自东部和南部。在古隆起的外围凹陷区存在两个膏岩集中分布区，分别是窝深1井—宫深1井区（盆地西南部）、阳深2井—东深1井—临7井—座2井井区（盆地南部到中东部），膏岩厚度超过20m。

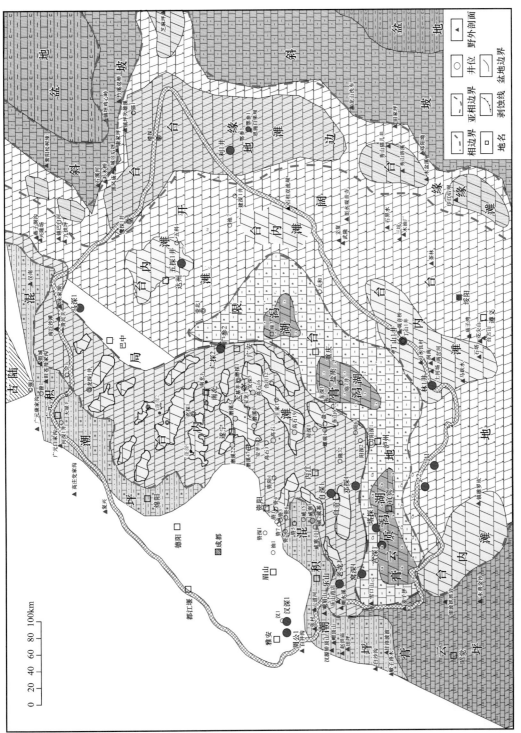

图 6-2-18　四川盆地龙王庙组沉积相平面图

3. 储层特征

1）储集岩类

储集岩类与颗粒滩沉积有关。根据岩心、露头等资料统计，依据不同岩类发育程度和储集性能，龙王庙组主要发育的岩石类型有砂屑白云岩、残余砂屑白云岩、细—中晶白云岩、粉砂质泥晶白云岩、泥晶白云岩及泥质条带白云岩。其中以前三类为最主要的储集岩类（图 6-2-19）。

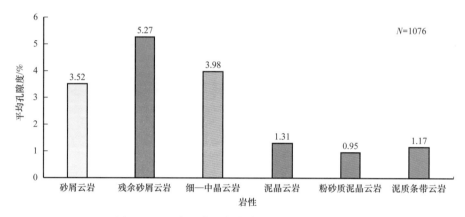

图 6-2-19　龙王庙组各岩类平均孔隙度直方图

根据已完钻井岩心描述、岩石化学分析、薄片鉴定、岩心物性测试及录井资料综合分析，安岳气田磨溪区块龙王庙组储层均发育在白云岩中。储集岩类主要为砂屑白云岩、残余砂屑白云岩和细—中晶白云岩等，各储集岩特征如下：

（1）砂屑白云岩。

砂屑白云岩是区内龙王庙组主要的储集岩类之一。显微镜下观察砂屑颗粒清晰，颗粒白云石化彻底，由粉—细晶白云石镶嵌状构成；砂屑颗粒含量 65%～93%，粒径 0.16～0.50mm，次圆状—圆状；陆源碎屑石英 0～2%；颗粒间粉—细晶白云石、中晶白云石 2～3 期亮晶胶结，残余粒间孔隙面孔率一般为 2%～10%，孔隙内往往含有沥青，局部构造微缝发育呈网状。

（2）残余砂屑白云岩。

残余砂屑白云岩是区内龙王庙组最主要储集岩类。由于强烈白云石化、重结晶和溶蚀作用的改造，显微镜下观察主要表现为细—中晶白云岩，但见明显的残余砂屑结构，砂屑颗粒轮廓清晰；砂屑颗粒含量 60%～90%，粒径 0.2～0.5mm，次圆状—圆状；陆源碎屑石英 0～2%；颗粒间见细—中晶白云石亮晶胶结，粒间溶孔孔隙面孔率一般为 2%～15%，孔隙内常见沥青环边。

（3）细—中晶白云岩。

细—中晶白云岩是区内龙王庙组另一类常见的储集岩类。偏光显微镜下观察为晶粒结构白云岩，未见明显的颗粒结构。一般中晶白云石 40%～50%，细晶白云石 50%～55%；白云石晶体他形—自形，他形晶体和半自形晶体一般较污浊，具雾心亮边构造；晶间孔或晶间溶孔 2%～15%。孔隙内常见沥青。应该注意的是，对于溶蚀程度较弱的细—中晶白云岩，在阴极发光和荧光显微镜观察能很好地识别出岩石颗粒结构，分析认为细—中晶白云岩的原始岩石类型应该是颗粒岩，细—中晶白云岩是由于强烈白云石化、重结晶和溶蚀作用的改造使得颗粒晶粒化的结果。

2）物性特征

龙王庙组 2949 个小柱塞样孔渗数据统计表明，孔隙度达到储层孔隙度下限 2% 以上的样品 1513 个，占总样品的 51.30%。其中储层（孔隙度≥2%）孔隙度平均值为 4.24%，最小值为 2.00%，最大值为 18.48%。从岩心物性分布直方图可以看出（图 6-2-20），孔隙度 2%～6% 为样品频率分布的主体范围，其样品数占样品总数的百分比超过 80%，随孔隙度的增大，分布频率呈逐渐减小的趋势，孔隙度大于 6% 的样品数仅占总样品数的 16.04%。从 969 个渗透率样品统计结果看，龙王庙组渗透率变化范围较大，主要分布在 0.001～1mD 之间，以低渗为主。渗透率大于 1mD 的储层样品仅占 6.5%，小于 0.001mD 的占到 6.19%，平均值为 0.966mD，反映出龙王庙组储层基质物性的低孔隙度、特低渗透率特征。

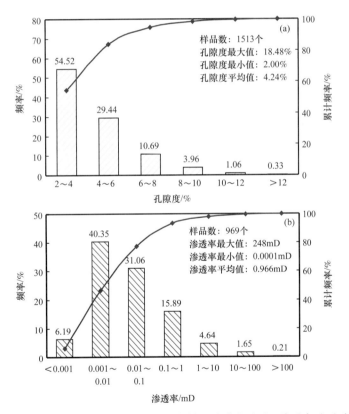

图 6-2-20　龙王庙组储层段储层岩心（小柱塞样）孔隙度（a）、渗透率（b）频率直方图

岩心储层段全直径样品分析孔隙度在 2.01%～10.92% 之间，单井岩心储层段平均孔隙度在 2.48%～6.05% 之间，总平均孔隙度为 4.81%（图 6-2-21）。统计结果表明，储层段岩心全直径孔隙明显大于小样孔隙度。从川中地区钻井全直径与对应小样的对比统计

也反映这种特征，且全直径样品高孔隙度段所占比例大于小样（图 6-2-22），表明由于储层溶蚀孔洞发育，岩心全直径样品的代表性更好，孔隙度更接近储层真实孔隙度，因此，用全直径物性分析结果更能反映龙王庙组储层物性特征。储层段全直径样品统计分析表明，其中孔隙度 2.0%～4.0% 的样品占总样品的 37.8%，孔隙度 4.0%～6.0% 的样品占总样品的 41.73%，孔隙度大于 6.0% 的样品占总样品的 20.47%，孔隙度主要分布在 4.0%～6.0% 之间，说明 4.0%～6.0% 是储层段的主要孔隙度范围。

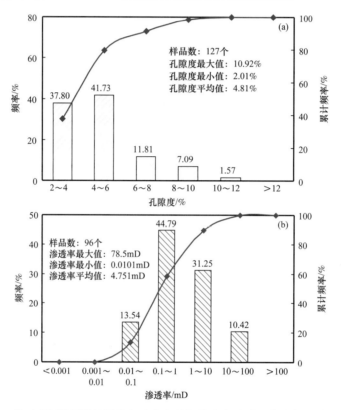

图 6-2-21　龙王庙组储层段储层岩心（全直径）孔隙度（a）、渗透率（b）频率直方图

岩心储层段全直径样品分析渗透率在 0.0101～78.5mD 之间，单井平均渗透率在 0.534～17.73mD 之间，总平均渗透率 4.75mD（图 6-2-21）。川中地区钻井全直径与对应小样的对比统计更能反映这种特征，全直径样品的渗透率平均值达到 8.10mD，小样的渗透率平均值仅为 1.015mD，且全直径样品渗透率分布的主频向高渗透率方向明显偏移，高渗透率段所占比例远大于小样（图 6-2-22），分析认为这主要是由于储层非均质性较强，在较多溶洞的影响下使得储层的宏观渗透率明显高于基质渗透率。储层段全直径样品统计分析表明，渗透率 0.01～10mD，约占样品总数的 89.6%，其中，渗透率 0.1～1mD，占样品总数的 44.8%；渗透率 1～10mD，占样品总数的 31.3%。表明渗透率 0.01～10mD 是龙王庙组主要渗透率范围。

3）储集空间类型

龙王庙组储层储集空间划分为：孔隙（粒间溶孔、粒内溶孔、晶间溶孔和残余粒间孔等）、溶洞和缝（表 6-2-6），以粒间溶孔、晶间溶孔为主（图 6-2-23），部分井段溶洞和缝较发育。

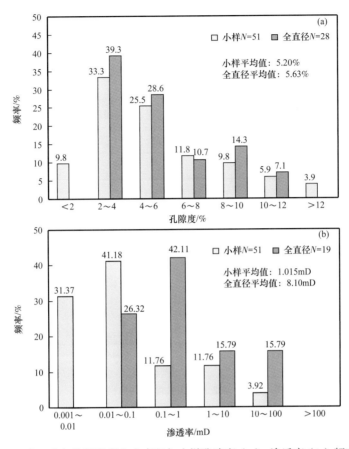

图 6-2-22 龙王庙组储层段岩心全直径与小样孔隙度（a）、渗透率（b）频率直方图

表 6-2-6 龙王庙组储集空间类型特征表

储集空间类型		特征简述
类	亚类	
孔隙	粒内溶孔	发育于亮晶砂屑云岩，选择性溶蚀砂屑颗粒，在颗粒内部形成孔隙，受胶结作用或沥青充填影响，几乎未见有效粒内溶孔
	残余粒间孔	发育于亮晶砂屑云岩，为不完全胶结充填后砂屑颗粒间残余的孔隙，多被后期溶蚀作用扩溶形成残余粒间孔
	粒间溶孔	砂屑颗粒边缘及胶结物遭溶蚀而成，多数是在残余粒间孔基础上扩溶形成，连通性较好
	晶间溶孔	分布于细—中晶白云岩及残余砂屑晶白云岩中，白云石晶体遭受溶蚀，晶体棱角不清或呈港湾状。多是在晶间孔基础上扩溶而成
	晶间孔	分布于细—中晶白云岩及残余砂屑细晶白云岩中，白云石晶体保存完整，晶体棱角清楚，孔隙多呈三角形或多边形

续表

储集空间类型		特征简述
类	亚类	
溶洞	孔隙型溶洞	多发育在砂屑云岩中，为溶孔（粒间溶孔）的继续溶蚀扩大而成，以洞径 2～10mm 的小型溶洞为主，与表生期大气淡水溶蚀有关
	裂缝型溶洞	沿裂缝局部溶蚀扩大，呈"串珠状"
缝	构造缝	受构造作用形成，多以高角度缝出现，未见明显沿缝溶蚀作用
	溶蚀缝	沿裂缝溶蚀扩大而成，往往被溶蚀残余物质充填，多为高角度溶缝

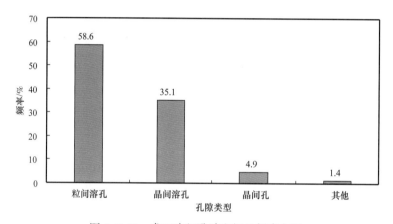

图 6-2-23　龙王庙组孔隙空间比例直方图

五、气藏类型

1. 灯四段气藏为构造背景上的岩性—地层圈闭气藏

灯四段井控有利含气面积 7500km²，且尚未发现明显的地层水。晚震旦世—早寒武世多期沉积—构造运动形成了北西向的大型"裂陷"，裂陷内沉积充填了巨厚的下寒武统优质烃源岩，与桐湾期遭受剥蚀的灯四段形成了侧向供烃的源储配置关系，同时也形成了灯四段气藏的侧向封堵成藏（图 6-2-24）。

灯影组四段沉积时期高磨地区发育镶边台地，沉积背景控制了大区范围的储层横向变化，高石梯—磨溪构造西侧紧邻德阳—安岳裂陷，为该期的台缘带，是灯四段优质储层集中分布区，也是气藏高产富集区（图 6-2-25），台缘富集区带面积 1500km²。

对实钻井资料研究表明，台缘带灯四段气藏埋深 5050m 左右，产层中部地层压力为 56.57～56.63MPa，气藏压力系数 1.12～1.13，为常压气藏。气藏中部温度 150.2～161.0℃，为高温气藏；天然气甲烷含量 91.59%，硫化氢含量 1.00%～1.15%，平均含量为 1.05%，属于中含硫气藏；总之，台缘带灯四段气藏属于超深层、高温、常压、中含硫的岩性—地层气藏。

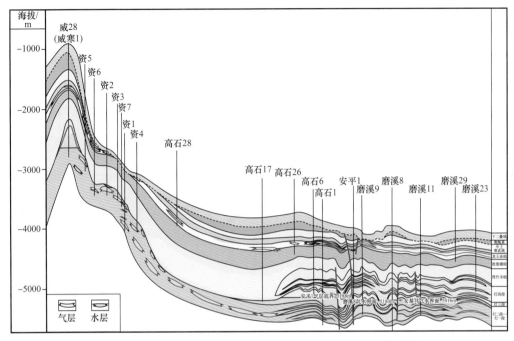

图 6-2-24 威远—资阳—高石梯—磨溪—龙女寺地区震旦系气藏剖面图

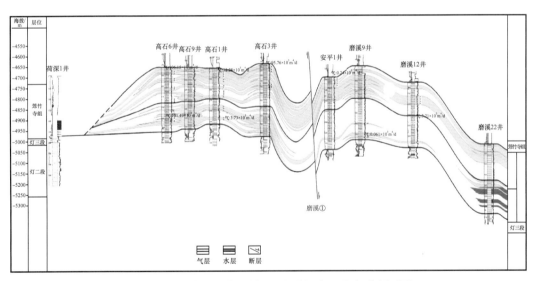

图 6-2-25 磨溪—高石梯地区灯影组灯四段气藏剖面图

2. 灯二段气藏为底水构造气藏

根据钻探成果及气藏描述表明，高石梯—磨溪地区灯二段气藏主要受构造圈闭控制，属于具有底水的构造气藏（图 6-2-26）。磨溪区块灯二段气藏埋深 5448.33m 左右，产层中部地层压力为 58.70～59.30MPa，气藏中部压力平均值 59.00MPa，压力系数 1.07～1.10，为常压气藏。气藏中部地层温度在 155.82～159.91℃之间，气藏中部温度平均值 157.71℃，为高温气藏。天然气以甲烷为主，含量 90.02%～92.54%，硫化氢含量 0.91%～3.19%，为中—高含硫气藏。

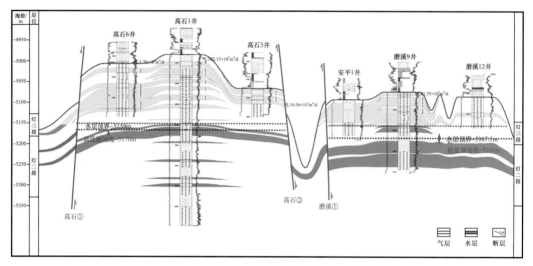

图 6-2-26　高石梯—磨溪地区震旦系灯二段气藏剖面图

高石梯区块灯二段气藏中部海拔 -5129.09m，地层压力为 57.68～57.77MPa，气藏中部压力平均为 57.73MPa，压力系数 1.06～1.07，为常压气藏。气藏中部地层温度在 156.71～163.28℃之间，气藏中部温度平均值 159.07℃，为高温气藏。天然气中甲烷含量 89.24%～93.62%，硫化氢含量 0.58%～2.56%，为中—高含硫。综上，高石梯—磨溪地区灯二段气藏属于超深层、高温、常压、中—高含硫有底水的构造气藏。

3. 寒武系龙王庙组发育国内最大的单体气藏

四川盆地高石梯—磨溪—龙女寺区块完成试油井 33 口，获工业气井 21 口，日产气百万立方米以上的 12 口，发现磨溪、龙女寺、高石梯构造 3 个气藏。该气藏含气面积 805.26km^2，已钻探井 22 口，获工业气井 20 口，提交磨溪区块龙王庙组提交探明储量达 4403.83×10^{8}m^3，技术可采储量 3082.68×10^{8}m^3，根据《石油天然气储量计算规范》（SY/T 0217—2005），属特大型气藏，也是目前我国探明规模最大的单体整装特大型气藏，气藏类型为构造背景下的岩性气藏。磨溪龙王庙组气藏气层低于最低构造圈闭线，气藏的范围不局限于构造范围（图 6-2-27）。气藏西侧，存在岩性封堵带，储层逐渐变差而形成岩性遮挡。

磨溪区块龙王庙组气藏中部埋深 4647.6m，属超深层气藏。气藏地层压力为 75.808～76.369MPa，平均值 76.012MPa，压力系数 1.65 左右，为高压气藏。气藏中部温度平均值 141.4℃，为高温气藏。天然气中甲烷含量 96% 以上，H$_2$S 平均含量 0.17%～0.54%，属中低含硫气藏。气藏平均千米井深稳定产量为 21.08×10^{4}m^3/d，属于高产气藏。总之，磨溪区块龙王庙组气藏属于超深层、高温、高压、中低含硫、高产的特大型天然气藏。

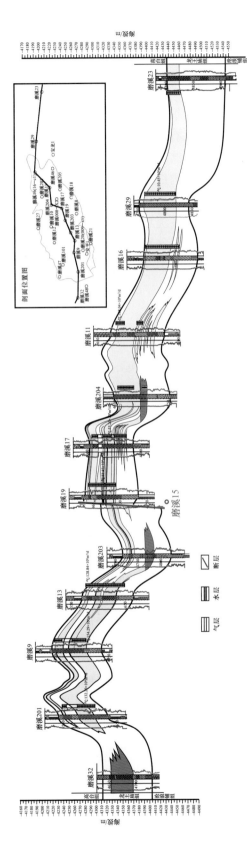

图 6-2-27 磨溪地区龙王庙组气藏剖面图

第三节　震旦系—寒武系万亿立方米大气区形成条件

与国外或国内其他盆地古隆起背景上的碳酸盐岩大油气田形成条件相比，四川盆地震旦系—寒武系特大型气田形成条件有其特殊性，主要表现在三个方面：一是含气层系为震旦系—寒武系，地层时代古老，储层难以保存；二是古隆起构造演化复杂，经历了早期拉张裂陷作用、同沉积古隆起、构造型古隆起的多期叠加改造，盖层、碳酸盐岩难以有效封堵；三是成藏过程复杂，尤其是晚期构造活动对大气田保存的影响因素多，跨越多个构造期，保存难度大。因此，系统总结川中古隆起特大型气田的形成条件，不仅有助于指导勘探部署，还将对其他相似盆地深层油气勘探有重要指导意义。在研究成藏过程、特大型气田形成条件分析的基础上，提出了古裂陷、古岩溶、古隆起"三古"要素时空配置是特大型气田形成的关键。

一、古裂陷

横贯于川中古隆起的德阳—安岳古裂陷，是震旦纪—早寒武世重要的地质单元，对成藏要素规模化发育与特大型气田形成至关重要，表现在以下三个方面。

1. 古裂陷控制生烃中心，为特大型气田形成提供充足的烃源条件

四川盆地震旦系—寒武系发育多套烃源岩，但主力烃源岩是下寒武统筇竹寺组。前人研究认为筇竹寺组烃源岩具广覆式分布特点，一般厚度在 50～150m 之间。本次研究发现德阳—安岳裂陷区控制了下寒武统优质烃源岩中心，筇竹寺组烃源岩厚度达 300～450m，是其他地区烃源岩厚度的 3～6 倍，而且有机碳含量（TOC）多在 1.0% 以上，属于优质烃源岩。此外，裂陷区还发育麦地坪组泥质烃源岩，厚度为 5～100m，其他地区分布较薄或者缺失。这两套烃源岩累计生气强度高达 $100 \times 10^8 \sim 180 \times 10^8 m^3/km^2$，是其他地区的 4 倍以上。因此，不论是烃源岩厚度，还是生气强度，德阳—安岳裂陷是下寒武统优质烃源岩的生烃中心，分布面积达 $5.0 \times 10^4 km^2$。

2. 灯影组丘滩体与裂陷内下寒武统优质烃源岩侧向对接，源—储配置优越

规模储层是特大型气田形成的关键要素之一。研究表明，上扬子地区灯影组发育灯四段、灯二段顶部两套区域性储层，大面积分布，分布面积达 $40 \times 10^4 km^2$，远超过现今四川盆地的范围。然而，灯影组岩溶型储层非均质性强，盆地内部相对优质储层受丘滩体控制。钻井资料及储层地震预测证实，在德阳—安岳裂陷两侧的台缘带丘滩体优质储层分布面积达 3200km²，勘探已证实灯四段好储层、高产井均与丘滩体发育程度相关。

从成藏组合条件看，德阳—安岳裂陷控制了灯影组最佳的源—储组合的空间分布（图 6-3-1）。如灯四段发育的丘滩体优质储层与裂陷区下寒武统优质烃源岩中心侧向对接，形成侧生旁储型成藏组合，烃源岩中心生成的油气通过不整合面侧向运移带储集体中聚集成藏。

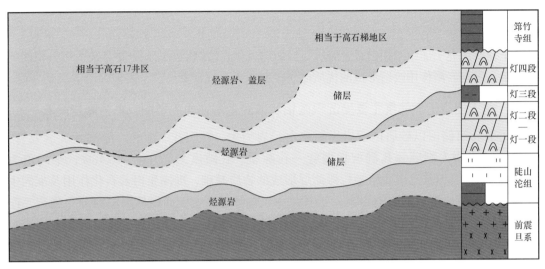

图 6-3-1 高石梯—磨溪地区震旦系储层与烃源岩接触关系示意图

3. 裂陷内泥页岩为裂陷东侧的灯影组油气成藏提供良好的侧向封堵条件

勘探证实磨溪—高石梯地区灯四段气藏类型为地层型圈闭气藏。高石梯—磨溪—龙女寺地区灯四段测井解释、测试表明为均产气，不产地层水。从磨溪构造北部斜坡的磨溪 22 井灯四段测井解释气水界面 –5230m 分析，磨溪构造灯四段气柱高度超过构造圈闭幅度，含气面积达 7500km²，属于构造—地层气藏群。从现今构造看，磨溪—高石梯处于威远—龙女寺现今的构造低部位。灯四段之所以能够大面积成藏，关键因素是德阳—安岳裂陷区下寒武统厚层泥质岩为高石梯—磨溪灯四段圈闭上倾方向提供良好的侧向封堵条件（图 6-3-2）。

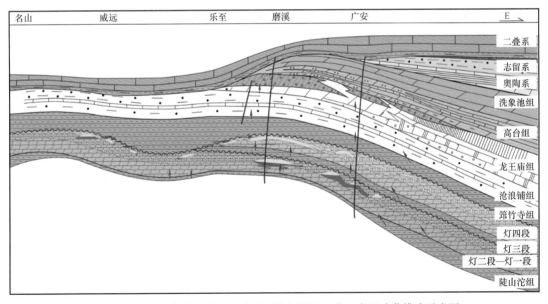

图 6-3-2 川中古隆起威远—磨溪区块灯影组—龙王庙组成藏模式示意图

二、古岩溶

下寒武统龙王庙组滩相白云岩储层与灯影组风化壳型储层大面积分布是特大型气田的关键因素。多期岩溶作用改造形成的优质储层控制了天然气富集高产，表现在以下三个方面。

1. 龙王庙组优质储层主要受沉积微相和准同生溶蚀作用控制，环古隆起分布

龙王庙组储层以砂屑白云岩、鲕粒白云岩为主，粒间孔、溶孔、溶洞及裂缝发育，储集空间主要为裂缝—孔洞型和裂缝—孔隙型。孔隙度为2.01%～18.48%，平均值为4.24%。颗粒滩相是龙王庙组颗粒滩储层形成的物质基础，准同生白云石化作用及准同生溶蚀作用是储层形成的关键因素。受其控制，古隆起区龙王庙组储层横向分布稳定、连续性较好，而且磨溪地区龙王庙组储层好于高石梯地区。此外，龙王庙组沉积末期表生岩溶作用及加里东古隆起的顺层岩溶作用改造，有利于优质储层形成与分布，处于古隆起高部位的磨溪地区龙王庙组储层厚度大，处于古隆起上斜坡部位的高石梯地区储层厚度小，横向连续性差。

2. 灯影组发育两套风化壳型岩溶储层，沿德阳—安岳裂陷两侧台缘带分布

灯影组白云岩储层显著特征为溶蚀孔、洞发育，非均质性强，属于典型的风化壳型岩溶储层。孔隙度2.0%～10.0%，平均孔隙度可达3.2%。分布范围广，从盆内到盆缘均可见这套风化壳型储层，呈现区域性分布特点。

灯四段相对高孔隙度和高渗透率的优质储层形成受"相控"+"表生岩溶作用"联合控制，德阳—安岳裂陷西侧灯四段残留地层相对较薄，东侧台缘带高石梯—磨溪地区发育 I 类储层面积可达3227km^2，钻遇的高产井主要分布高石梯—磨溪的台缘带相区。

灯二段白云岩储层以粒内溶孔、粒间溶孔及葡萄花边构造残留孔洞为主，孔隙度2.0%～10.3%，平均孔隙度可达3.3%。灯二段储层具准层状、大面积分布特点，但相对高孔隙度和高渗透率的优质储层形成受"相控"+"表生岩溶作用"联合控制，沿德阳—安岳裂陷两侧分布。如高石梯—磨溪地区及资阳地区，丘滩相与岩溶作用相叠合，储层厚度大、连续性强、物性高，形成的 I 类储层面积可达2390km^2。

三、古隆起

1. 沉积型古隆起发育三类有利的源—储—盖组合，成藏条件好

四川盆地震旦系—寒武系发育三套（陡山沱组、灯三段、筇竹寺组）泥质烃源岩，灯二段、灯四段、沧浪铺组、龙王庙组、洗象池组共五套储层，在纵向成形了两类型成藏组合：下生—上储型组合（灯二段、灯四段、沧浪铺组、龙王庙组、洗象池组）、上（侧）生—下（旁）储型组合（灯四段）。灯二段源—储组合类型多样，主要为"下生上储伴有自生自储"型，下伏陡山沱组泥页岩为主力烃源岩，自身藻云岩可能提供补充烃源烃源岩。灯四段源—储组合主要为"侧生旁储伴有下生上储型"，下寒武统筇竹寺组泥页岩与下伏灯三段泥页岩为主力烃源岩，自身藻云岩可能提供补充烃源。

2. 继承性古隆起延缓烃源岩及古油藏成气历程，有利于古隆起晚期大面积成藏

生烃史研究表明，受古隆起晚古生代—中生代继承性发育影响，古隆起区的有机质生烃作用与古坳陷区相比，成油高峰与成气高峰均明显滞后，有利于天然气晚期成藏。以筇竹寺组烃源岩热演化为例，川东—蜀南古坳陷区的成油高峰期为志留纪—石炭纪，成气高峰期为二叠纪—中三叠世；古隆起区成油高峰期为二叠纪—中三叠世，成气高峰期为晚三叠世—白垩纪。

3. 古断裂与不整合面构成的网状输导体系是震旦系、寒武系重要的油气运移通道

从油气运移的输导条件看，不整合面及断层组成的网状输导体系在古隆起区广泛发育，为大面积油气成藏提供良好通道（图6-3-2）。灯影组发育灯二段顶面、灯四段顶面两套区域性不整合面，有利于裂陷区烃源沿不整合面向侧翼高部位运移并聚集成藏。这一运聚成藏特点已被磨溪—高石梯、威远等地区发育古油藏所证实。

磨溪—高石梯地区高角度断层发育，断层向下切割烃源岩层，多数断层向上止于龙王庙组，且以张性断层为主，是龙王庙组油气运移的有效通道。由此可见，网状输导体系不仅使得油气沿不整合面发生侧向运移，而且使得油气沿断层发生纵向运移，导致古隆起区多层系油气富集。

4. 高磨地区喜马拉雅期构造变形微弱，为特大型气田保存创造了良好的保存条件

构造研究表明，川中古隆起区存在四个构造层，上构造层为下三叠统嘉陵江组—白垩系；中构造层为寒武系—飞仙关组；下构造层位震旦系—新元古界；基底构造层位中元古界及其以下层位。不同构造层构造样式存在差异，上构造层以发育低缓褶皱、逆冲断层为特征，褶皱变形相对较强。中、下构造层构造变形主要表现为高角度断层发育，断距较小，平面延伸较短，褶皱变形微弱。总体看来，深层构造变形较弱，对气藏的破坏作用较小（图6-3-3）。

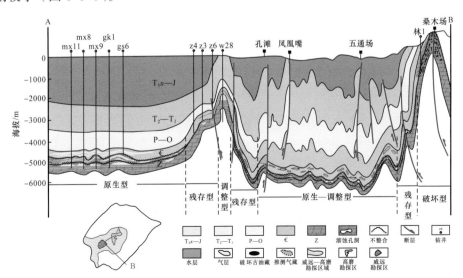

图6-3-3 川中古隆起及邻区震旦系—寒武系天然气分布模式图

综上，川中古隆起经历了早期沉积型古隆起、同沉积古隆起与构造型古隆起的叠加作用，不仅控制了最有利的源—储成藏组合条件，而且还控制了古圈闭分布、古油藏富集区、晚期成藏等地质要素与过程，为特大型气田形成创造了最有利的构造背景，古隆起构造演化及其对特大型气田形成显著的控制作用（表 6-3-1）。

表 6-3-1　川中古隆起演化对特大型气田形成的控制作用

地质年代	川中古隆起震旦系—寒武系构造演化	对特大型气田成藏要素控制作用
E—Q	区域隆升与高石梯—磨溪构造稳定性	大气田形成与调整、改造
P—K	整体深埋与差异埋藏	大型古油藏与裂解气原位成藏
S$_末$—C	加里东运动，古隆起定型与大面积剥蚀	表生岩溶改造作用与优质储层
$\epsilon_1 c$—S	同沉积古隆起	龙王庙组颗粒滩大面积分布与多期岩溶作用
$Z_2 dn$—$\epsilon_1 q$	桐湾运动	灯影组岩溶储层大面积分布
Z—$\epsilon_1 q$	内克拉通裂陷与沉积型古隆起	优质烃源岩 + 台缘带丘滩体

第四节　有利勘探区带

四川盆地震旦系—寒武系是我国克拉通盆地最古老的含油气层系之一，具有地层时代老、烃源和气藏演化程度高、历经多旋回构造运动、成藏富集受多因素控制、成藏过程较为复杂等特点。在四川盆地构造演化特征、储层发育主控因素和烃源与资源潜力分析认识的基础上，开展安岳大气田基本特征、形成条件分析，归纳总结震旦系—寒武系油气富集规律，在"三古"控藏的指导下，系统开展勘探区带评价，指出盆地内尚未突破的潜在勘探有利区，为四川盆地震旦系—寒武系勘探拓展指明研究和评价的主攻方向。

一、有利勘探区带划分标准

1. 以古裂陷为核心的成藏地质单元叠合区

四川盆地震旦系—下古生界勘探实践表明，古裂陷是十分重要的成藏地质单元，其周缘是大中型气田分布的主要区带之一。在该类区带中，古裂陷控制了优质烃源岩、大面积优质储层两大成藏要素，形成了侧向对接的源储配置模式，对源、储、藏均有重要控制作用，是关键控藏地质单元。古裂陷与其他控藏地质单元、现今构造叠合，控制了大中型气田的分布。若古裂陷周缘的台缘带丘滩体叠加了古侵蚀面的溶蚀改造，则更有利于发育台缘优质储层；若古裂陷周缘在油气生成期位于古隆起区，则有利于古油藏聚集成藏，在继承性稳定演化的古隆起区，古今构造变形调整小，古油藏原位裂解，有利于形成大气藏；构造变形较强区，形成构造、构造—岩性圈闭气藏。构造平缓区，以岩性圈闭气藏、构造—岩性圈闭气藏为主。

2. 以古隆起为核心的成藏地质单元叠合区

这里的古隆起是指发育同沉积期水下古隆起，后期历经多期构造运动抬升隆起，形成大型古隆起。古隆起控制大面积展布的厚层储层、大型圈闭两大成藏要素，是气田形成的关键。这类古隆起与其他成藏地质单元、现今构造叠合，控制了大中型气田的分布。若与古裂陷叠合，则烃源条件优越；若古隆起控制的储层与古侵蚀面叠合，则储集条件更为优越；若古隆起后期继承性稳定演化，构造变形调整小，则油气聚集和保存更为有利；现今构造变形较强区，形成构造圈闭气藏、构造—岩性圈闭气藏；构造平缓区，以岩性圈闭气藏为主。这类区带中，发育的大型古隆起对储层与油气聚集条件有利，需要重点关注的是烃源条件。

二、六大有利勘探区

通过对四川盆地震旦系—下古生界油气富集规律与目标评价的系统研究，加深了对四川盆地震旦系—下古生界的认识和实现了研究思路的转换，从原来单纯研究古今构造叠合区拓展到不同地质单元与复合圈闭叠合区，基于以上认识，可将四川盆地震旦系—下古生界划分出六大领域（图6-4-1）。

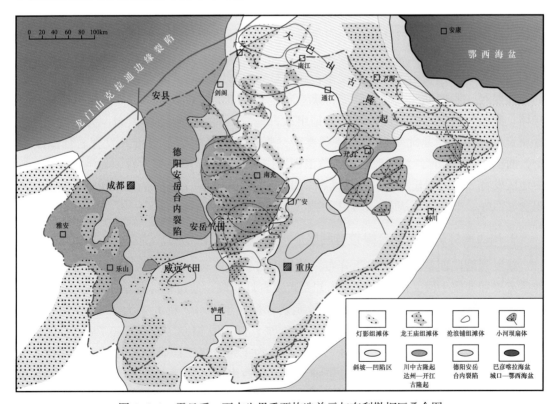

图 6-4-1 震旦系—下古生界重要构造单元与有利勘探区叠合图

1. 川中台内有利勘探区

立项之初，灯影组台缘带复杂化、台内勘探前景黯淡，研究方向不明确，根据大量钻井岩心建立"双多"叠合规模成储机制，提出灯影组纵向上多期丘滩体叠置发育，并伴有多次同生期溶蚀改造，形成储层单层薄、累计厚度、跨度大的特点。针对该理论自主研发可容纳空间分析技术，分析古海平面变化，建立地质—测井层序格架，标定地震剖面，建立高分辨率层序格架，实现台内分区评价。利用高分辨率层序格架分析技术，分析古海平面变化情况，实现全区等时对比。将川中高石梯—磨溪地区灯四段划分为五个区块，明确了不同区块储层叠置发育特征，指导分区、分级评价，为特大型气田储层精细评价奠定基础。

在前人研究的基础上，建立微生物岩岩类划分新方案和储集类型识别评价模板对单井的岩性、储层精细解释，地质统计分析明确孔洞型储层发育程度是产能关键，并明确凝块石是孔洞层发育主要岩石类型。利用岩—电—震一体化识别技术，识别台内孔洞层发育区，突破台内无百万立方米级工业气井的历史，台内灯四段新增探明 $1753.81 \times 10^8 t$，已建成灯影组产能达 $65 \times 10^8 t/a$。

2. 川中北部蓬莱有利区

通过大量野外地质工作，广元金凤剖面发现灯影组深水沉积的证据。结合大区地震资料，灯影组斜坡相、台缘相、台内等地球物理特征清晰且完整，明确裂陷成因，指出北斜坡灯影组侵蚀程度弱，台缘带保存较为完整、规模宏大，裂陷北段地层缺失以相控成因为主。其次，利用重烃吸附技术，在震旦系灯影组、寒武系龙王庙组发现古隆起北部充注路径，明确勘探方向。第三，建立断控岩性圈闭模式，提出早期走滑断层控制丘滩体、致密带展布，继承性控制沧浪铺组微古地貌，间接控制滩体展布，为岩性圈闭发育奠定物质基础，是北斜坡关键控藏要素，落实灯影组两期台缘带共发育岩性圈闭 10 个，面积达 $8660 km^2$，新发现寒武系沧浪铺期白云岩滩相储层规模发育，射洪—西充—阆中地区发育 3 个大型丘滩体，合计面积 $3206 km^2$。角探 1 井、蓬探 1 井钻探揭证实岩性圈闭含气性好、丰度高，是下一步勘探的重点领域。

3. 川西南灯影组西侧台缘带有利区

新发现裂陷西侧灯四段广泛分布，与川中灯影组成藏条件近似，勘探潜力大。传统地质方法和地震手段无法判别汉深 1 井是否发育灯四段，通过地球化学手段建立灯二段、灯四段的判别图版，发现灯四段硅常量元素含量大于 10%，铝元素大于 1%，均较灯二段高出一个数量级；灯四段 Mg/Ca 比小于 0.7%，灯二段 Mg/Ca 比大于 0.7%；灯四段稳定碳同位素算术平均值为 1.24，灯二段平均值为 1.94，灯二段碳同位素偏重，汉深 1 井各项指标均接近灯四段特征。通过精细刻画，川西南地区广泛发育灯四段，有利勘探区 $3000 km^2$，发育多种圈闭类型，与川中灯影组成藏条件近似，勘探前景好。

4. 川东大巴山古隆起有利区

提出并证实大巴山古隆起发育前震旦，呈旋回性发育，是川东重要地质单元。提出大巴山古隆起形成于前震旦纪，澄江运动形成古陆，核部缺失陡山沱组沉积、灯一段和灯二段。通过地质、地震共同刻画古隆起展布范围约 9000km²；建立威远—川东—川东构造—沉积演化史，提出川中古隆起为继承性古隆起，大巴山古隆起属于旋回性古隆起，达州—开江地区长期处于古构造高部位，是川东油气聚集有利指向区。

5. 川东多期台缘带叠合区

区域地质研究表明，震旦纪—早寒武世在川北地区发育达州—开江古隆起和多期台缘带叠合，五探 1 井证实达州—开江古隆起呈旋回性继承发育，楼探 1 井证实龙王庙组、灯影组台缘带发育，有利面积约 20000km²，是油气聚集的有利地质单元，并认为古隆起与台缘带叠合区最为有利，叠合区面积约 5000km²，在邻近生烃中心区部署鹰探 1 井，持续探索该有利区。

厘定川东志留系沉积格局，建立川东志留系小河坝组源内成藏新模式，通过对志留系小河坝组古水流、砂岩成熟度、REE、重矿物综合分析，明确川东地区小河坝组碎屑岩物源来自江南古陆，井震结合，明确川东地区发育小河坝组主要发育三角洲平原、三角洲前缘等亚相，砂体有利面积 3200km²。砂体位于龙马溪组烃源厚值区之上，区内通源断层发育，成藏条件优越，勘探前景好。

6. 川南多类型有利区

该区主要发育震旦系灯四段缓坡型台缘带，与寒武系筇竹寺组形成侧向对接，源储配置好，有利勘探面积 2000km²；裂陷内残丘规模化发育，主要发个 9 个大型残丘，被寒武系筇竹寺组烃源岩包裹，成藏条件优越，圈闭面积达 3393km²。此外，寒武系洗象池组与志留系烃源岩发育侧向对接成藏新类型，勘探潜力大。川东地区，洗象池组厚度大、储层规模化发育，在低—高陡构造区，上寒武统洗象池组与志留系龙马溪组侧向对接，形成"新生古储侧向运移成藏"新类型，有利构造圈闭 62 个，面积达 3100km²。

第七章　塔里木盆地深层—超深层碳酸盐岩大油气区形成与分布

塔里木盆地碳酸盐岩油气勘探经历了大构造、潜山岩溶、礁滩体和层间岩溶、断控缝洞体勘探四个阶段，发现了轮古油气田、英买力油田、塔中Ⅰ号气田、哈拉哈塘油田、富满油田等一系列奥陶系大油气田。满深1井在阿满过渡带的坳陷区奥陶系获得了战略发现，证实了北部坳陷超深层断裂碳酸盐岩具有巨大勘探潜力，预测资源量$10×10^8$t；轮探1在寒武系盐下白云岩取得了战略性突破，在8200m深的寒武系吾松格尔组白云岩发现了埋藏最深的挥发油藏。近期发现及快速建产的富满油田油藏类型为断控缝洞体油藏，具有大型走滑断裂系统控制缝洞体储层、走滑断裂沟通烃源、走滑断裂控制油气差异富集等特征。和隆起区多期调整、多元控藏、局部富集的断裂相关油藏模式相比，坳陷区断控油藏具有早期成藏、垂向运聚、分段富集的特点。塔里木深层—超深层碳酸盐岩大油气田的形成条件可总结为：（1）盆地早期发育寒武系、奥陶系确定的，以及南华系—震旦系潜在的等多套烃源岩，分布面积广，生烃量大，经历了多期生排烃，烃源充足；（2）发育潜山岩溶、礁滩体岩溶、层间岩溶、断控岩溶、风化壳白云岩、高能丘滩相白云岩等多种储层，发育桑塔木组巨厚泥岩、中寒武统膏盐岩两套区域盖层，以及高自然伽马值的泥灰岩、高电阻率致密石灰岩等多种类型的直接盖层，形成从上震旦统到上奥陶统的多套储—盖组合；（3）"小克拉通"的性质和多期构造运动决定了走滑断裂体系发育，油气经历了多期输导与运聚成藏；（4）"冷盆"性质使得超深层油气得以保存。下一步的有利勘探领域有三个：一是环阿满走滑断裂控制的断控缝洞体是下步油气增储上产的现实领域；二是塔北—塔中的中组合是下步进一步探索的现实领域；三是寒武系盐下白云岩（塔北震旦系、塔中寒武系、柯坪区带多目的层、轮南—古城坡折带）是下一步勘探的战略接替领域。

第一节　塔里木盆地碳酸盐岩勘探历程及近期勘探发现

一、塔里木盆地碳酸盐岩勘探历程

塔里木盆地台盆区海相碳酸盐岩油气勘探始于20世纪80年代中后期，大体可分为四个阶段。

1. 大构造勘探阶段（1987—1995年）：瞄准大目标，轮南、英买力、塔中全面获得突破

20世纪80年代初，通过中美合作引进地震技术，塔里木盆地部署实施了19条穿越

沙漠的数字地震大剖面。通过大剖面地震解释，以古生界海相地层为目标，首次落实了塔里木盆地"三隆四坳"的构造格局；开展了第一次资源评价，认识到塔里木盆地资源前景广阔；按照"定凹探隆"的思路，确立了针对大构造寻求油气勘探重大发现的勘探思路，发现落实了10大构造，其中，轮南异常体—可疑礁、塔中一号巨型潜山背斜、英买力潜山—背斜构造群是首选的三大重要目标，揭开了塔里木盆地海相碳酸盐岩油气勘探的序幕。

1）轮南 1 井奥陶系获工业油气流，发现了轮南奥陶系潜山油气藏

1987 年，轮南 1 井钻揭奥陶系 963m；1988 年 5 月 23 日，奥陶系测试获工业油气流，发现了轮南奥陶系大油田。钻探证实，轮南地区发育奥陶系巨型潜山背斜，面积 2450km^2，缺失石炭系—二叠系。认为构造圈闭或潜山高部位控制油气富集，油气藏具块状底水与层状边水，俗称"鸡窝状"油藏、"云朵状"油藏。1989 年部署了 14 口探井整体解剖轮南潜山大背斜，获高产油气流井 12 口，控制了大油气田轮廓。

2）钻探英买力背斜群，发现了英买力背斜油气藏

英买力背斜群为一个具有多个局部构造的大型背斜，构造带总面积 2400km^2。1989 年 2 月 12 日至 3 月 21 日，英买 1 井奥陶系亮晶砂屑灰岩中获稠油 353m^3/d；1992 年英买 2 井在奥陶系求产，获原油 296.9m^3/d、天然气 8299m^3/d。英买 1 井、英买 2 井获高产油气流发现了英买力潜山背斜构造群内幕富油气区，为塔里木盆地油气勘探建立第二个根据地奠定了资源基础。

3）钻探塔中 I 号潜山背斜，揭开了石油人征战"死亡之海"的序幕

根据第一轮油气资源评价，塔中 I 号构造资源量达 29.8×10^{8}t，名列当时十大圈闭首位，成为沙漠腹地战略突破的首选目标。塔中 I 号巨型潜山背斜闭合幅度 2180m，闭合面积 8200km^2，是由多个高点组成的巨型复式背斜带。发现井塔中 1 井于 1989 年 5 月 5 日开钻，10 月 18 日对下奥陶统风化壳白云岩 3565.98～3649.77m 井段裸眼中测获凝析油 356m^3/d、天然气 55.7×10^{4}m^3/d，从而发现了塔中 I 号潜山奥陶系高产凝析气藏，邱中建院士于 1999 年称之为"塔里木勘探史上第五个里程碑"。

这一时期的勘探从开始的大构造勘探逐渐转向为小构造勘探，尽管有发现，由于对碳酸盐岩储层非均质性和储层控藏的认识不足，普遍呈现出油气井高产但不稳产、有油田无储量的局面。

2. 潜山岩溶勘探阶段（1996—2002 年）：创立核心技术、突破传统认识

通过以现代岩溶理论为指导，精细刻画岩溶古地貌，预测评价岩溶系统，突破传统"占高点"的思维束缚，形成"打平台、探斜坡"的勘探思路，成功建立轮南工业试验区。成立专门科研小组，创新核心技术和转变地质认识，整体探明了和田河气田，并首次勾绘出轮南潜山亿吨级油气田轮廓，初步明确了塔中 I 号断裂构造带宏观上普遍含油的认识。

（1）整体评价和田河气田。

发现井玛 4 井，于 1997 年 8 月 24 日开钻，9 月 27 日取心钻进至 1875.14m 发生强烈井喷，日产气约 20×10^{4}m^3，发现了和田河气田。玛 8 井、玛 2 井、玛 4 井等获得高产油气流，整装探明，新增天然气探明储量 620×10^{8}m^3。

（2）持续勘探，成功钻探解放 128 千吨级水平井，首次勾绘出轮南奥陶系潜山亿吨级潜山背斜富油气区轮廓。

解放 128 井水平段长 259.47m，贯穿 7 个裂缝系统，裸眼测试日产原油 168t、天然气 $108 \times 10^4 m^3$，油气当量 1028t，成为该区奥陶系碳酸盐岩第一口千吨井。利用三维地震勘探进行相干数据体分析，预测和评价裂缝系统，优选并成功钻探轮古 1 井、轮古 2 井两口大斜度井，揭示了轮古潜山储层发育主控因素与空间分布规律。发现井轮南 1 井，高产井轮南 8 井、解放 128 井、轮古 1 井、轮古 2 井等的成功钻探，充分揭示了大型潜山背斜油气分布不受局部构造控制、大面积整体富集的规律，根据准层状油气藏模式首次预测了轮南潜山亿吨级油气规模。

（3）深化勘探，多口井获高产油气流，初步揭示了塔中 I 号断裂构造带普遍含油的地质规律。

塔中 I 号断裂构造带长 200km，宽 6～16km，有利勘探面积 1800km²。奥陶系构造发育并普遍含油，发现落实了 10 个局部构造，圈闭类型主要有潜山、背斜、断背斜等，是塔中逼近烃源岩、寻找原生油气藏的有利勘探领域。依据岩溶储层与古地貌分析，"占高点、钻储层"，宏观控制油气分布规律。西段塔中 45 井日产原油 300m³，日产天然气 111548m³；中段塔中 44 井日产原油 8.4m³，日产天然气 253591m³；东段塔中 26 井日产原油 38.4m³，日产天然气 135907m³。深化勘探，多口探井获高产，揭示塔中 I 号断裂构造带潜山油气藏、背斜油气藏、内幕背斜油气藏等多种油气藏；特别是，初步认识到塔中 I 号断裂上盘奥陶系颗粒灰岩段为台缘礁、滩相沉积，基质孔隙发育，后期遭受溶蚀改造，是有利的勘探领域。

3. 礁滩体与层间岩溶勘探阶段（2002—2017 年）：科技创新，发现建设塔北—塔中特大型油气田

这一时期，以国家项目为平台，组织多家单位集中开展奥陶系油气成藏富集规律研究与勘探技术攻关，理论认识及勘探技术取得重要进展，为勘探开发提供了有力的理论技术支撑。发展了超深碳酸盐岩古岩溶地质理论、海相碳酸盐岩凝析气田成藏地质理论，优选礁滩复合体、内幕不整合、深层白云岩为台盆区碳酸盐岩勘探主攻领域，揭示了叠合复合盆地古隆起海相碳酸盐岩多成因多期次油气聚集成藏与准层状油气藏富集规律。创新了超深海相碳酸盐岩勘探开发关键技术，诸如缝洞系统雕刻量化技术，特殊凝析气藏流体相态量化描述技术，复杂碳酸盐岩油气藏精细描述技术，井位优选技术，超长水平井设计与精细注水等提高钻井成功率、提高单井产量、提高采收率等配套技术。通过勘探开发一体化、上产增储的理念转变，坚持创新驱动发展，坚持资源战略与低成本战略，突出油气藏认识与科学部署，突出井位第一，突出规模效益，推动了储量高峰期工程、产能建设工程与国家示范工程，引领了碳酸盐岩油气勘探与科技进步，获多项油气勘探重要发现，新增探明储量 $7.17 \times 10^8 t$，初步建成 $300 \times 10^4 t/a$ 产能规模。

（1）优化勘探，整体探明轮南—英买力潜山背斜主体部位，新增油气储量 $1 \times 10^8 t$，初步建成 $50 \times 10^4 t/a$ 油气生产规模。

积极转变勘探思路，注重优选岩溶古地貌平台区、斜坡区勘探领域，井位优选注重储层预测与油气藏认识，井位决策注重多学科、动静态、一体化研究，实现了轮南—英买力潜山背斜的整体探明与有效开发。轮南奥陶系潜山背斜累计探明石油 $1.2×10^8$t、天然气 $671×10^8$m³，英买力潜山背斜新增探明油气储量 $5490×10^4$t。

（2）强化勘探，塔北隆起中部哈拉哈塘地区获重要油气发现，新增探明石油地质储量 $2×10^8$t，快速建成百万吨级大油田。

提出了哈拉哈塘为轮古—英买力巨型潜山背斜一部分的新认识，改变了原来认为哈拉哈塘下古生界是生烃凹陷的认识，锁定奥陶系主力目的层。发现井哈7井，于2009年2月2日测试获日产油298m³。阐明了断裂及其叠加改造的缝洞系统控储控油、油气沿层间岩溶储层大面积分布的规律，建立了不受局部构造高低控制、整体含油、局部富集、原地深部生烃、立体网状运移的"准层状"油气成藏模式，推动哈拉哈塘油田持续向南拓展。

按照整体部署、逐步实施的勘探思路，自2008年来先后实施11块三维地震勘探区，连片面积6156km²。三维地震采集逐渐向宽方位、高覆盖方向发展，地震资料处理由叠前时间域向叠前深度域转变，解决串珠偏移归位问题，实现了大连片叠前深度偏移资料的工业化应用，连续6年9个区块取得新突破。迄今为止，哈拉哈塘油气田控制含油气面积1855km²，三级石油地质储量 $3.44×10^8$t，其中，探明石油地质储量 $2.49×10^8$t。

（3）精细勘探，塔中隆起发现中国奥陶系超深海相碳酸盐岩大型凝析气田，探明油气储量 $5.46×10^8$t

一是发现探明了我国第一个亿吨级礁滩复合体凝析气田。发现了奥陶纪珊瑚—层孔虫造礁群落，提出了礁滩复合体概念，建立了礁滩复合体具有纵向多旋回叠置、横向多期次加积的几何模型，阐明了礁滩复合体小礁大滩的结构特征和向上水体变浅的沉积特征，揭示了礁滩复合体沿台地边缘成群成带的分布规律。确定了塔中油气主要来自寒武系烃源岩、天然气来自深层原油裂解气，揭示了凝析气藏形成机理与分布规律。形成了"整体评价、择优探明，沿台缘、钻礁滩"的勘探思路，成功部署台缘坡折带礁滩复合体第一口千吨井——塔中82井，颗粒灰岩段日产原油485m³/d，天然气 $72.7×10^4$m³/d，油气当量1067t/d，2005年被AAPG评为"全球28项重大油气勘探新发现"之一。

二是发现探明我国第一个层间岩溶碳酸盐岩凝析气田。立足于岩心、古生物、高精度三维地震等，证实鹰山组与上覆地层沉积间断达12Ma，发现内幕大型不整合。提出了"层间岩溶"的概念，构建了巨厚碳酸盐岩内幕不整合与断裂相关岩溶叠合复合岩溶缝洞体的地质模型，揭示了层间岩溶形成机理与大面积准层状分布规律。形成了"锁定层间岩溶储层，钻探规模缝洞体"的勘探思路，2007年部署塔中83井，测试日产油气520t/d，发现了鹰山组层间岩溶型凝析气田。2007—2017年，在塔中隆起北斜坡部署完成7块三维地震勘探区，满覆盖面积3346km²，预探和评价奥陶系一间房组—鹰山组层间岩溶钻井90口，宏观控制了东西长200km、南北宽25km、有利勘探面积约2800km²的岩溶斜坡带，新增探明储量 $3.46×10^8$t，建成 $150×10^4$t/a 油气产能。

2012年，部署在古城低凸起上的古城6井在下奥陶统鹰山组三段白云岩获得高产油气流，层间岩溶在新区获得突破。

4. 断控缝洞体勘探阶段（2017年至今）：突破新类型，发现建设富满特大型油气田

轮古在塔北奥陶系潜山取得突破，塔中Ⅰ号在塔中低凸起北斜坡取得突破，哈拉哈塘在轮南低凸起南斜坡取得突破。在塔中凸起和哈拉哈塘之间的阿满过渡带，已进入坳陷区，储层是否发育？油气能否成藏？有多大勘探潜力？这是随着勘探领域的拓展随之而来的现实问题。经过理论研究和勘探实践，创新了坳陷区断控缝洞体油气藏认识，形成了相关配套技术，发现了富满特大型油气田，实现了勘探领域从隆起斜坡向坳陷的延伸。并积极探索寒武系盐下白云岩，取得了战略性突破。

1）发现了富满特大型油气田

走滑断裂的控藏控富作用是逐渐认识的。2003年以来塔中大沙漠地区三维地震勘探攻关，取得重大进展，发现了北东向走滑断裂。2005年TZ82井在奥陶系获得高产，但该井储层孔隙度低、渗透率低，研究认为走滑断裂带控制的大型缝洞体储层是高产的主要原因，随即产生了沿走滑断裂带油气勘探的地质认识。之后部署的塔中83井、中古5井、中古7井等在下奥陶统鹰山组获高产油气流，同时很多远离断裂带的岩溶缝洞体含水率高，在塔中层间岩溶发育区，走滑断裂带缝洞体"甜点"成为主要的钻探目标，产生了"储层控油、断裂富集"的地质认识与勘探开发实践。在塔北层间岩溶发育区也产生了同样的认识。2006年轮南东部的LG35井获得新发现，研究表明油气主要分布在南北向的走滑断裂带附近。2007年哈拉哈塘地区哈6井在奥陶系内幕获油气显示后，通过新三维地震勘探发现存在共轭走滑断裂带。在层间岩溶"层控"油藏模式部署下，随着远离走滑断裂带失利井的增多，发现高效井多沿大型走滑断裂带分布，建立了层间岩溶储层与走滑断裂二元控藏模型。随着油气勘探不断向阿满过渡带坳陷区探索，2010年以来逐步形成寻找走滑断裂断控大油气田的勘探指导思想，勘探领域从隆起斜坡向坳陷延伸。2009年HD23井在远离古隆起的坳陷区走滑断裂带获得新发现。2014年跃满3井、玉科1井先后在跃满、玉科两个区块取得突破，奥陶系含油气范围向东向西南不断扩展。2015年富源201井、富源1井先后在奥陶系一间房组、鹰山组获得工业油气流，标志着奥陶系鹰山组勘探取得重大突破。2017年编制完成了哈得23、跃满和富源三个区块的初步开发方案，标志着富满油田的建设正式拉开大幕。三个区块已建成 $438 \times 10^4 t/a$ 产能规模。2020年，鹿场1C井、满深1井、哈得32井均获得高产油气流，含油范围向西和向南持续扩大，逐步落实了十亿吨级储量规模的富满油田。

在勘探实践中，创新形成了以高密度三维地震采集处理技术、小位移弱走滑断裂识别技术、走滑断裂带缝洞体储层识别技术等为核心的超深层走滑断控目标评价技术体系，形成了走滑断裂破碎带钻完井配套适用技术。

截至2020年底，富满油田生产井数146口，累计产油 $491 \times 10^4 t$，累计产气 $14.73 \times 10^8 m^3$，仅2020年当年就产油 $152 \times 10^4 t$。

2）确定了寒武系盐下白云岩为战略性接替领域。

2011年部署在塔中凸起东部的中深1井在寒武系盐下白云岩原生油气藏首次获得战略性突破，揭开了寒武系深层油气藏的神秘面纱。2020年1月，部署在轮南低凸起的轮

探1井，在8200m之下的下寒武统白云岩中发现全球埋藏最深的轻质油藏，进一步展现了塔里木盆地寒武系盐下白云岩的勘探潜力。塔里木盆地寒武系盐下白云岩规模成藏具备四方面的有利石油地质条件：（1）南华系—震旦系裂陷槽控制的南华系—震旦系和下寒武统暗色泥岩烃源岩大面积分布；（2）发育下寒武统三级阶梯式"断折带"超覆沉积体系的台内丘滩型与台地边缘礁滩型白云岩储层；（3）发育中寒武统蒸发台地沉积背景下稳定分布的膏盐岩类优质盖层；（4）具有继承稳定性的古隆起背景。因此，寒武系盐下是塔里木盆地较现实的战略接替领域。

二、"十三五"勘探发现

"十三五"期间，中古70井、中古71井在探索塔中地区中组合中取得重大突破，满深1井、满深3井在坳陷区的阿满过渡带探索断控缝洞体取得战略性新发现，轮探1井在塔北地区探索寒武系盐下白云岩取得战略性突破。

1. 塔中中组合勘探发现

中古70井是部署在塔中北斜坡塔中Ⅰ号坡折带中部的预探井，目的层为奥陶系鹰三段—鹰四段（鹰山组一段、二段、三段、四段分别简称鹰一段、鹰二段、鹰三段、鹰四段）。该井在鹰三段—鹰四段7318.00~7413.84m求产，4mm油嘴，油压96.2MPa，日产气178805m³。中古71井在中古70井的东部，目的层也为奥陶系鹰三段、鹰四段。该井在鹰山组7090.00~7344.63m酸压求产，4mm油嘴，油压89.432MPa，折日产气176631m³。

中古70井和中古71井在中组合获得重大突破，意义重大：（1）证实了台盆区中组合良好的储—盖组合配置，进一步证实了台盆区中组合层间岩溶储层规模分布的地质认识，和鹰山组二段致密石灰岩盖层形成良好的储—盖组合；（2）明确了塔中地区鹰三段—鹰四段为高温高压碳酸盐岩缝洞型干气气藏。中古70井折算压力系数1.87，折算中部温度172℃，中古71井钻井折算压力系数1.71，测井井底温度166.3℃，天然气干燥系数0.9873，证实了塔中Ⅰ号带处于应力发散区、走滑断裂定型早、油气藏在奥陶系深层得以保存的地质认识；（3）发现了一个新的接替领域，夯实了塔北—塔中千万吨级大油气田的资源基础。中组合鹰三段—鹰四段有利区均在上组合建产区内，地面设施配套，可实现快速规模建产，为塔北—塔中根据地规模增储上产进一步夯实了资源基础。

2. 塔北坳陷区断控缝洞体勘探发现

为探索超深断控碳酸盐岩缝洞体储层发育情况及含油气性，持续拓展碳酸盐岩油气勘探领域，按照"断裂控藏"的勘探思路，部署在北部坳陷的满深1井（图7-1-1）在2020年获重大突破。满深1井钻揭一间房组垂深86m完钻，一间房组钻进期间累计放空3段2.2m，累计漏失2259.68m³钻井液，钻遇优质储层。对一间房组7509.50~7665.62m酸压改造，放喷求产，10mm油嘴折日产油624m³、日产气37.13×10⁴m³，证实了塔北—塔中奥陶系碳酸盐岩从古隆起到斜坡再到坳陷断控区整体富含油气的地质认识，坚定了以断裂为核心的断控缝洞型油气藏的勘探信心。

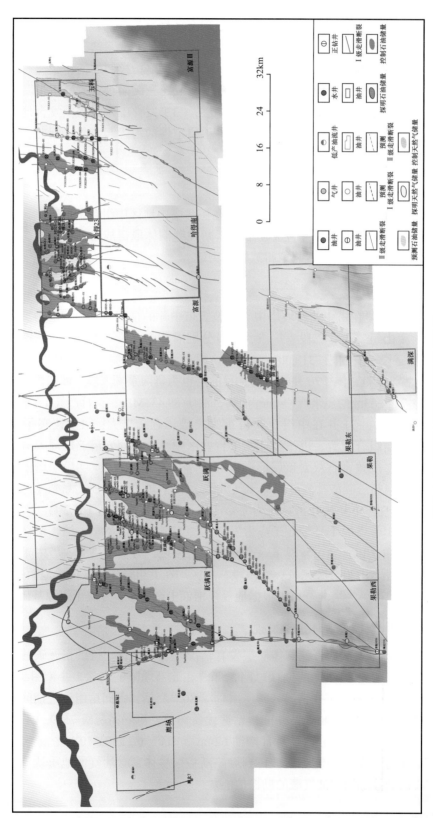

图 7-1-1　富满油田奥陶系钻系钻探成果图

3. 寒武系盐下白云岩的战略突破

台盆区勘探经历了从碎屑岩到碳酸盐岩，从碳酸盐岩到盐下白云岩的两次战略转移。轮探 1 井是从碳酸盐岩到盐下白云岩的第二次战略转移的重要标志，具有里程碑意义。

轮探 1 井在井段 7940～7996m（$\text{\textepsilon}_2s$）、8203～8260m（$\text{\textepsilon}_1w$）进行射孔机械分层酸压改造，联合放喷测试，10mm 油嘴日产油 134m^3、日产气 45917m^3，试油期间累计产油 1045.57m^3，累计产气 45917m^3，结论是油层。轮探 1 井在 8200m 之下古克拉通古老碳酸盐岩层系获得轻质原油，刷新了世界克拉通区油气发现深度新纪录，打开了一个全新勘探领域；同时轮探 1 井在震旦系也见到天然气发现的重要苗头，勘探前景好。轮探 1 井的钻探成功，充分说明塔北、塔中及塔西南三个继承性古隆起在漫长的成烃、成藏过程中成为长期油气运移指向区，加上大面积分布的膏盐岩作为盖层，使得三大古隆起具备形成大油气田的地质条件，勘探前景良好。

第二节　富满地区走滑断裂控制型油气藏基本特征

一、环满加尔地区的大型走滑断裂系统

走滑断裂主要是通过地震资料识别的。在塔中和哈拉哈塘的勘探中，已发现两地区发育多期多种类型的走滑断裂，但更靠近板内区域的富满地区的弱走滑断裂在地震剖面上断距不明显、识别困难。在高精度三维地震采集处理基础上，通过集成形成了识别走滑断裂的地震方法技术（图 7-2-1），形成了走滑断裂"三学"（几何学、运动学与动力学）、"五分"（分级、分层、分类、分段、分期）的研究体系，发现了环满加尔大型走滑断裂系统。通过走滑断裂构造建模与构造解释，塔北—阿满—塔中地区识别出 70 条

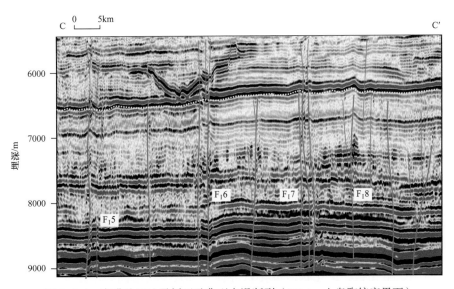

图 7-2-1　富满油田地震剖面示典型走滑断裂（TO_3t：上奥陶统底界面）

I级、II级大型走滑断裂，总长度达 4000km，形成面积达 $9 \times 10^4 km^2$ 的环阿满走滑断裂系统（图 7-2-2）。研究表明，环阿满走滑断裂系统具有分区、分级、分层、分类与分段的差异性。东西方向上以 $F_1 5$ 大断裂为界，分为东西两个带；南北方向上形成塔北、阿满与塔中 3 个分区。

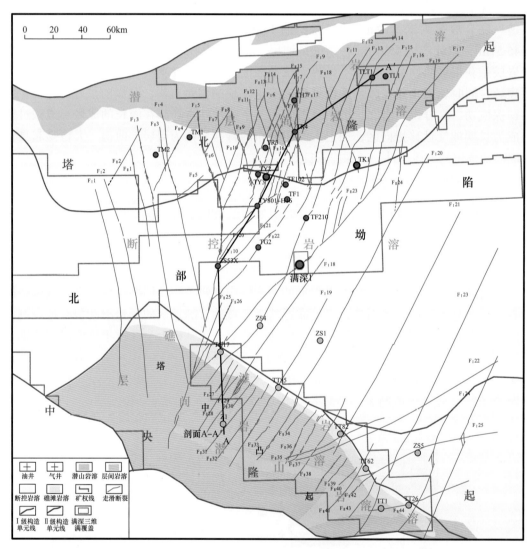

图 7-2-2　环阿满走滑断裂系统图

　　大型走滑断裂带一般长 30～80km，贯穿塔北—塔中地区的走滑断裂带长逾 100km（$F_1 5$ 断裂长达 300km）。这些走滑断裂位移量小（图 7-2-1），在奥陶系碳酸盐岩中水平位移多小于 1km，垂向位移多小于 100m，为板内小位移弱走滑断裂。走滑断裂主要分布在下古生界碳酸盐岩，以压扭断裂为主；塔中地区局部走滑断裂上延至石炭系—二叠系；塔北地区则可能发育至中生界—古近系，以张扭断裂为主。地震剖面上走滑断裂通常呈现直立单断型、半花状、正花状与负花状等样式。大型走滑断裂沿走向具有分段性，发育线性构造、雁列构造、花状构造、马尾状构造、羽状构造、"X"形剪切构造、拉分构造和辫状构造等多种走滑构造，形成多种多样的断裂组合。

二、走滑断裂破碎带控制断控缝洞体储层

通过走滑断裂控储机制的研究，建立了走滑断裂带相关缝洞体储层模型，指导了高效井的部署。勘探开发实践表明，在断控岩溶区，高产井多与断裂带相关（图 7-2-3），断裂对储层具有重要控制作用。与塔中和哈拉哈塘地区的准层状大面积连续分布的礁滩相控储层或风化壳层控储层不同，断控型碳酸盐岩储层分布极不均匀，井间连通性差。在致密的碳酸盐岩中，走滑断裂破碎带利于溶蚀改造，容易形成不同成因、不同类型的缝洞体储层。断裂破碎带不仅造成渗透率增加 1～2 个数量级，而且控制了溶蚀作用发生的部位与强度。而断裂带外围致密碳酸盐岩作为侧向封挡构成了物性圈闭。

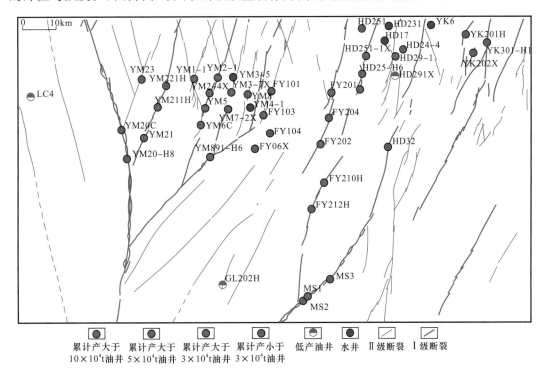

图 7-2-3　富满油田高效井分布图

断控岩溶储集体岩性主要为亮晶砂屑灰岩、亮晶颗粒灰岩、亮晶生物碎屑灰岩、泥晶颗粒灰岩（图 7-2-4）。岩心薄片分析表明，碳酸盐岩原生孔隙几乎消失殆尽，以次生孔隙为主，占比大于 95%。储集空间主要为次生溶蚀及构造破裂作用形成的孔、洞与裂缝，镜下多见粒间溶孔、粒内溶孔、铸模孔及微裂缝（图 7-2-4）。岩心物性分析结果表明，岩心孔隙度介于 0.54%～7.46% 之间，平均值为 2.17%，主峰位于 1.80%～4.50% 之间；渗透率介于 0.008～391.000mD 之间，主峰位于 0.100～1.000mD 之间，均属特低—低孔隙度、超低—低渗透率储层，孔渗相关性很差。由于大型缝洞发育段难以取心，且岩心易破碎，岩心样品物性整体偏低，主要代表储层基质物性。

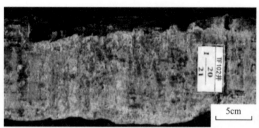
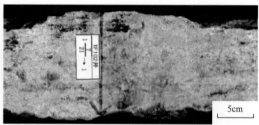

(a) TF102井，井深7232.83～7232.87m，浅灰色石灰岩，针状细孔密集发育，未充填

(b) TF102井，井深7231.49～7231.69m，浅灰色石灰岩，发育2mm小孔，未充填；见1条泥质半充填微裂缝

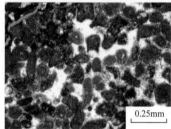

(c) TF102井，井深7231.65m，亮晶砂屑灰岩，发育粒间孔、粒间溶孔、微裂缝等

(d) TF1井，井深7377.50m，生物碎屑泥晶灰岩，方解石半充填构造溶蚀缝

(e) TD27井，井深6287.50m，破碎状亮晶砂屑鲕粒灰岩，发育大量构造缝

图 7-2-4 富满油田奥陶系碳酸盐岩断控岩溶储层特征

断控岩溶储层测井解释有 4 类储层：裂缝型、孔洞型、裂缝—孔洞型及洞穴型。常规测井和成像测井显示裂缝、孔洞、洞穴都十分发育，测井解释孔隙度一般介于 2%～6% 之间，缝洞发育段孔隙度大于 10%。尽管测井解释能在一定程度上反映井筒周围的储层特征，但不能完全代表碳酸盐岩缝洞型储层的储集空间。钻井统计分析表明，大部分高产油气井多是钻遇了大型缝洞体及裂缝发育带，储集空间以大型洞穴和构造裂缝为主，在目的层钻进中往往会发生大量的钻井液漏失、钻时加快或钻井放空现象，地震剖面上储层具有明显"串珠状"反射特征。大型缝洞体储层是高产油气层段，目前北部坳陷碳酸盐岩油气藏的评价开发基本以这类储层为主。

走滑断裂破碎带结构控制了缝洞体的发育，在断裂活动较弱的雁列/斜列构造带，缝洞体储层主要沿主干断裂呈线性分布，规模较小；在发生硬连接的叠覆构造部位，断裂破碎带变宽，缝洞体储层更发育，连通性变好，沿断裂带呈条带状分布；而在贯穿的辫状构造或拉分地堑，断裂带宽度增大，缝洞体储层沿断垒或地堑边缘分布（图 7-2-5）。统计分析表明，富满油田缝洞体储层主要受控于走滑断裂破碎带，多分布在距主断裂 300m 范围内；哈拉哈塘地区奥陶系缝洞体储层受层间岩溶与走滑断裂双重控制，主要位于距走滑断裂带 800m 范围内；塔中地区走滑断裂规模大，叠加在良里塔格组礁滩体与鹰山组风化壳的断控缝洞体储层分布在距走滑断裂带 1500m 范围内。通过地震储层预测，主干断裂带、断裂交会处是大型缝洞体储层分布的有利部位，纵向上缝洞体储层沿走滑断裂带发育厚度可逾 500m。

三、富满油田断控缝洞体油气藏特征

富满油田原油主要为中轻质原油，产出气主要为溶解气，向东逐渐演变为凝析气和干气（图 7-2-6）。玉科 3 井区以东产出气为凝析气，气油比变化较大，介于 66～532m³/t

之间，平均值为292m³/t。地层温度位于临界温度左侧，远离临界点，轻质油区饱和压力低，地饱压差大，属于未饱和油气藏。奥陶系一间房组和鹰山组纵向上连通性较好，压力系数为1.06~1.16，属于同一套正常的温压系统。原油属于低黏度、低含硫、少胶质和沥青质的中轻质原油，密度介于0.776~0.877g/cm³之间，平面分布特征与气油比一致。天然气相对密度为0.6059~0.9875，平均值为0.8061；甲烷含量42.28%~87.50%，平均值69.64%；乙烷以上含量2.50%~30.95%，平均值为12.10%，表现出典型湿气特征。富满油田 H_2S 含量分布范围0~89600mg/m³，平均值为2485mg/m³，总体属于中含硫天然气。地层水为 $CaCl_2$ 型，地层水密度分布在1.0373~1.1614g/cm³，pH值分布在5.78~7.37，氯离子含量分布在31400~144000mg/L之间，总矿化度分布在101300~239600mg/L之间。

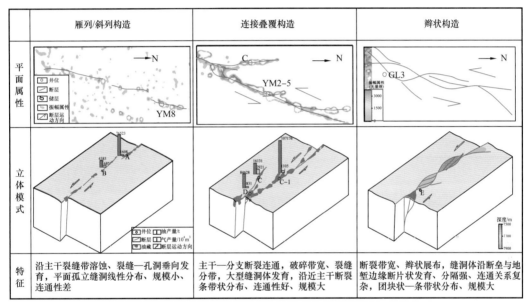

图7-2-5 富满油田典型走滑断裂构造相关储层分布与模式图

四、走滑断裂沟通烃源的断控复式成藏系统

针对坳陷区是否能形成断控大油气田，开展了烃源岩、断控油藏模式与油气富集规律的研究。由于资料的缺乏和问题的复杂性，塔里木盆地台盆区长期存在下寒武统—下奥陶统、中—上奥陶统谁是主力烃源岩的争议。近年钻探表明，环阿满油气区中—上奥陶统以石灰岩为主，没有发现规模有效烃源岩。近期露头与井下均发现厚度达10~30m的下寒武统玉尔吐斯组高丰度泥岩烃源岩，平均TOC大于2%，镜质组反射率在1.3%~1.8%之间，为处于高成熟阶段的优质烃源岩。通过地震剖面追踪，发现在阿满过渡带下寒武统明显加厚，是有效的生烃中心（图7-2-7）。通过油源对比，目前发现的油气主要来自下寒武统玉尔吐斯组，证明其是台盆区的主力烃源岩。其分布与环阿满走滑断裂配置良好，通过走滑断裂的沟通形成下寒武统、上寒武统、下奥陶统蓬莱坝组与鹰山组、中奥陶统一间房组与上奥陶统良里塔格组等多套含油气层系（图7-2-8），组成

面积达 $9 \times 10^4 \text{km}^2$ 的环阿满走滑断裂断控油气系统。断层断至的层位控制了油气的纵向分布，形成断控复式成藏系统。在坳陷区以垂向运聚成藏为主，向古隆起区沿断裂带或不整合面侧向运聚作用增强，构成差异断控运聚模式（图 7-2-8）。

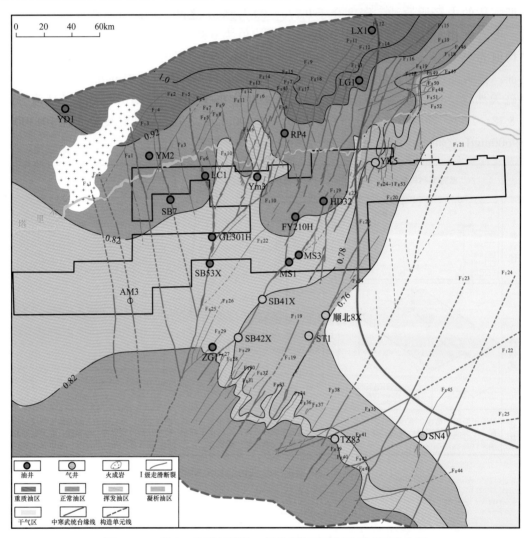

图 7-2-6　塔中—阿满过渡带—塔北奥陶系油气性质平面分布图

五、走滑断裂带的规模、结构与性质控制油气差异富集

　　针对坳陷区走滑断裂带油气是否富集，能否展开高效勘探的问题，开展了断控油气富集规律的研究。在对塔中隆起北斜坡与塔北隆起南斜坡油气分布规律重新认识的基础上，通过控油理论认识的深入，提出塔北—阿满—塔中地区"隆坳连片、整体含油"的新认识，并被近年来的勘探开发所证实。同时，塔北、塔中隆起区的油气藏评价也表明，礁滩体油气藏与风化壳油气藏也是分块、分带分布，相对独立的缝洞体构成一系列小型的油气藏，进而连片形成复杂大油气田（图 7-2-6、图 7-2-8）。统计分析表明，阿满过

渡带油气分布在距断裂 300m 范围内，在塔北与塔中隆起区走滑断裂带油气也大多分布于距断裂 1.5km 范围内；目前奥陶系发现的油气富集区块几乎均沿断裂带分布，占碳酸盐岩油气储量的 90% 以上。虽然近断裂带也有低产井、不稳产井，但大多数远离断裂带的井难以形成高产稳产。油气主要沿大型断裂带富集，目前高效井主要分布在大型断裂带上（图 7-2-3）。

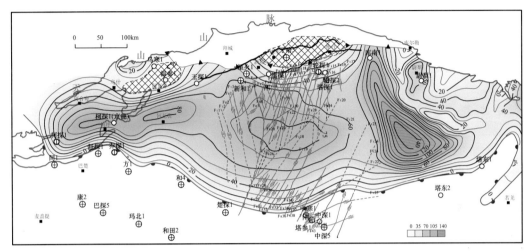

图 7-2-7　塔里木盆地中部走滑断裂带与寒武系玉尔吐斯组烃源岩厚度叠合图

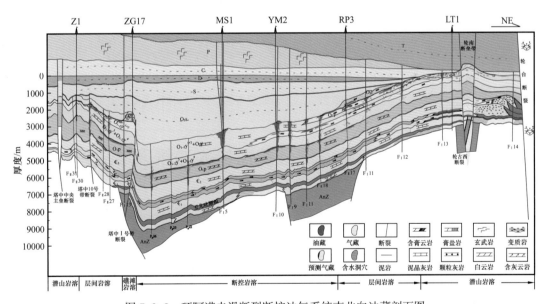

图 7-2-8　环阿满走滑断裂断控油气系统南北向油藏剖面图

走滑断裂带的规模、结构与性质控制油气的差异富集（图 7-2-9）。张扭性断裂带输导作用强，油气多沿断裂带周缘高部位聚集；而压扭性断裂带封闭性较强，且发育局部构造高，沿压扭性断裂带油气分布范围大，但缝洞体中油水关系复杂。由于隆起区经历了多期成藏与改造，大量的油气资源遭受破坏，而坳陷区保存条件优越，因此建立了坳陷区"早期成藏、垂向运聚、分段富集"的断控油藏模式与隆起区"多期调整、多元控藏、局部富集"的断裂相关油藏模式（图7-2-8）。由此，明确了坳陷区走滑断裂带更富油的认识，形成"下坳探断"的勘探思路，开辟了阿满过渡带坳陷区找油的新领域。

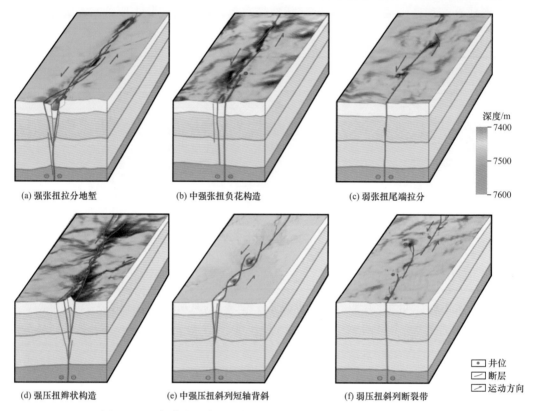

(a) 强张扭拉分地堑　　(b) 中强张扭负花构造　　(c) 弱张扭尾端拉分

(d) 强压扭辫状构造　　(e) 中强压扭斜列短轴背斜　　(f) 弱压扭斜列断裂带

图 7-2-9　富满油田碳酸盐岩走滑断裂带的规模、性质控藏模式图

第三节　深层—超深层碳酸盐岩大油气区形成条件

一、发育多套大面积分布的烃源岩，经历多期生排烃，烃源充足

台盆区发育下寒武统玉尔吐斯组、中—下奥陶统黑土凹组、中—上奥陶统等多套已经确定的烃源岩，还发育受阿满裂陷控制的南华系—震旦系潜在烃源岩，烃源岩分布面积大，经历了晚加里东期—早海西期、晚海西期、燕山期—喜马拉雅期等多期生排烃，烃源充足，这是深层—超深层大油气田形成的先决条件。

1. 下寒武统玉尔吐斯组是已证实的台盆区主力烃源岩

塔里木盆地台盆区海相主力烃源岩和油气源对比指标问题争论已久，相关研究和认识与油气勘探进展密切相关。从1984年发现沙参2油气藏至今，可分为4个阶段。第一阶段（1984—1988年）由于勘探发现少，积累的资料不多，导致观点众多，各持己见；

第二阶段（1989—1995 年）为寒武系—奥陶系和石炭系之争，最终确定寒武系—奥陶系为主力烃源岩的阶段；第三阶段（1996—2012 年）争论的焦点是到底是寒武系—下奥陶统还是中—上奥陶统是台盆区海相原油的主力烃源岩；第四阶段（2013 年至今）是中深 1 井在中—下寒武统获得突破后确定寒武系（更确切地说，是中—下寒武统）为台盆区海相原油的主力烃源岩（王招明等，2014），之后，通过大量细致的工作和新资料，进一步确定下寒武统玉尔吐斯组为台盆区主力烃源岩。

2015 年，中国石油塔里木油田公司利用大量覆盖全盆地的二维地震勘探资料预测出了玉尔吐斯组的分布范围和厚度变化趋势（熊冉等，2015）。朱光有等（2016）对阿克苏地区苏盖特布拉克、于提希、昆盖阔坦、什艾日克、金磷矿、库瓦提、肖尔布拉克西沟等十余个剖面进行了实地测量及系统取样，证实在阿克苏地区野外露头发育玉尔吐斯组优质烃源岩，厚度在 10～15m 之间，岩性为黑色页岩，TOC 主要分布在 2%～16% 之间。2007 年，中国石化在塔北隆起钻探的星火 1 井钻穿寒武系，玉尔吐斯组钻厚 31m，其中灰黑色碳质页岩 6 个样品的 TOC 在 1.00%～9.43% 之间，平均值超过 5.00%，且有机质丰度具有下高上低的特点（朱传玲，2014）。2020 年，中国石油部署在塔北隆起上的亚洲陆上第一深井轮探 1 井钻穿寒武系，揭示玉尔吐斯组在塔北隆起东部仍为一套优质烃源岩（杨海军等，2020）。轮探 1 井钻遇玉尔吐斯组厚度为 81m，其中下段灰黑色泥岩厚 18m，TOC 分布在 2.43%～18.4% 之间，平均值为 10.1%。介于星火 1 井和轮探 1 井之间，同样在塔北隆起上的旗探 1 井，钻遇玉尔吐斯组 44m，其中黑色页岩厚 15m。这进一步证实了从阿克苏地区野外露头，向东一直到轮探 1 井，在塔里木盆地北部阿满裂陷广大范围内均发育玉尔吐斯组优质烃源岩（图 7-2-7），确认了玉尔吐斯组主力烃源岩的地位。

2. 南华系—震旦系存在厚度大、分布广的潜在烃源岩

经实地考察，结合前人研究资料（黄智斌等，2009；杨芝林等，2017），证实震旦系在库鲁克塔格、柯坪和塔西南新藏公路三大露头区存在数百米厚的暗色泥岩/碳酸盐岩：在塔西南铁克里克地区（新藏公路）厚 139m、在塔西北阿克苏地区厚 160m、在塔东北库鲁克塔格地区厚 515m。这些暗色泥岩/碳酸盐岩为雪球期后全球变暖生物繁盛时期的沉积产物。

通过对塔西南新藏公路上震旦统库尔卡克组 139m 的暗色泥岩进行实测，158 块样品中有 9 块样品的 TOC 超过 0.4%，最大值 0.73%。通过对阿克苏地区什艾日克剖面实测，12 块样品中有 4 块样品的 TOC 超过 0.4%，最大值 1.61%。据黄智斌和钟端等（2009）数据，库鲁克塔格地区震旦系暗色泥岩 87 块样品中有 15 块样品的 TOC 大于 0.5%，达到有效烃源岩的标准，TOC 最大值 1.3%。本次对兴地剖面水泉组 81m/2 层黑色页岩和深灰色页岩所取 11 块样品分析结果表明，TOC 在 0.19%～3.29% 之间，平均 0.77%；其中 TOC 大于 0.5% 的样品有 7 块，平均 TOC 为 1.06%。因目前在塔里木盆地尚未有钻井钻遇震旦系烃源岩，目前所测数据均为周边野外露头的数据，所测 TOC 普遍较低。原因有二：一是受风化作用影响所致，地层出露地表之后，由于风化作用，烃源岩中的 C、H 元素会流失，O 元素会增加，造成有机质丰度降低和类型变差；二是阿克苏地区和新藏公路取样点

均为滨岸沉积，尚未处于优质烃源岩发育的最佳相带内，在新藏公路剖面，泥岩、泥质粉砂岩与粉砂质泥岩、粉砂岩呈互层出现，中间还夹有斜层理的细砂岩透镜体，为一套潮坪沉积物，并非烃源岩发育的最有利相带。分析认为，往外扩展，到浅海甚至深水盆地相带，应该有更优质的烃源岩发育。

依据盆缘9处野外露头的观察资料、航磁（560000km^2）+ 重力（450000km^2）+ 电法（1700km）处理解释成果、42条新拼接地震资料处理解释成果，集成创新了"重磁电震 + 露头建模"多技术融合建模与联合解释工业化成图技术，搞清了南华系—震旦系地质结构，编制了岩相古地理图。

利用电法剖面与前寒武系岩相结合，开展壳幔结构建模。震旦纪—南华纪时期塔里木北部地区受上地幔热活动影响，产生了多条近东西向的伸展断裂。受伸展断裂控制，由南向北发育3~4排近东西向平行展布的震旦系—南华系裂陷槽盆地群，盆地类型呈单断箕状或双断型裂陷槽特征，在MT测深剖面上裂陷槽楔状特征明显，并与地幔上隆呈镜像对应关系。在12条地震大剖面及2条MT对应地质剖面解译基础上，通过地震相与地震沉积学分析，编制了14条构造—沉积大剖面（图7-3-1），以及13条大剖面的构造—沉积演化剖面。结合构造背景、构造演化，以及沉积演化特征，搞清了南华系—震旦系构造—沉积序列。构造—沉积大剖面表明，塔里木盆地南华系—震旦系纵向构造分层明显。下部窄而深的南华系与上覆宽而浅的震旦系构成典型的"牛头状"断陷盆地结构（图7-3-1），南华系断裂发育，主断裂多为铲式正断层，有的发育成为坡坪式深大断裂，垂直断距达3000m。次级断层多为平面状与铲式断层，形成同向的"Y"形构造或反向的地堑组合。南华系断陷深达4000m，宽度在数千米至数十千米。南华系断陷主要分布在东北的满加尔凹陷，形成东北裂谷体系。在阿瓦提地区与塔西南地区则零星分布为主，裂谷作用可能较弱，塔西南地区也存在后期剥蚀作用的影响。而震旦系连片分布几乎遍及北部坳陷及其周缘，厚度多在2000m内，形成宽缓的坳陷。地震剖面显示，震旦系向塔北地区、塔中地区、塔东地区呈超覆的特征，表明存在基底古隆起。而巴楚—塔西南地区震旦系剥蚀严重，仅局部残余震旦系，而且地层不全。在满加尔地区，震旦系下部也有正断层的继承性发育，形成下震旦统的断陷或断坳，其中可能形成湖相或海相泥页岩发育区，可能成为有利的生烃凹陷。

综合钻井和野外露头岩性及测年数据、重磁电震地质解译成果，并考虑盆—山关系、构造—地层关系，编制了南华纪—震旦纪岩相古地理图3张（图7-3-2至图7-3-4）。

南华纪，盆地为北东—南西走向的"三陆、四裂陷"的古地理格局（图7-3-2），发育剥蚀古陆、陆缘滨海相和陆棚相。其中"三陆"为北部的塔北古陆、西部的喀什古陆、中南部的和田—车尔臣古陆联合古陆，"四裂陷"从北向南分别为乌什裂陷、罗斯—满西裂陷、阿尔金裂陷和玉北裂陷；古陆以出露前南华纪变质岩基地为主；滨海相以砂砾岩沉积为主，向海方向逐渐过渡为砂泥岩沉积，陆棚相以暗色泥岩沉积为主，是优质烃源岩发育的潜力相带。

早震旦世板块构造格局由断陷发展成陆内坳陷，古地理格局为近东—西走向的"两陆、三坳、五内裂陷"（图7-3-3），发育剥蚀古陆、碳酸盐岩台地、砂砾岩滨海相和暗色泥岩浅海陆棚相。喀什古陆与和田—车尔臣联合古陆拼合形成中央古陆，中央古陆以北的罗斯—满西裂陷进一步演化成东西走向分割盆地的阿满坳陷；受阿满坳陷影响，塔北古陆东部被海水覆盖，面积缩小，形成残余古陆；中央古陆内发育阿尔金、罗斯、玉北等5条内裂陷，盆地南北发育昆仑坳陷和乌什坳陷。

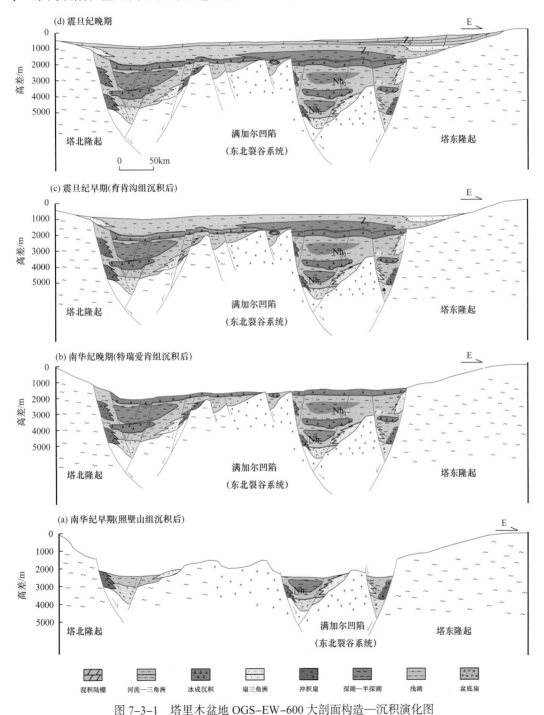

图 7-3-1　塔里木盆地 OGS-EW-600 大剖面构造—沉积演化图

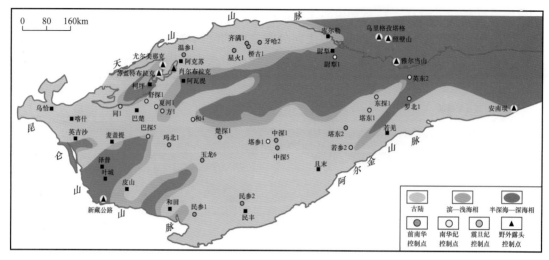

图 7-3-2　塔里木盆地南华纪岩相古地理图

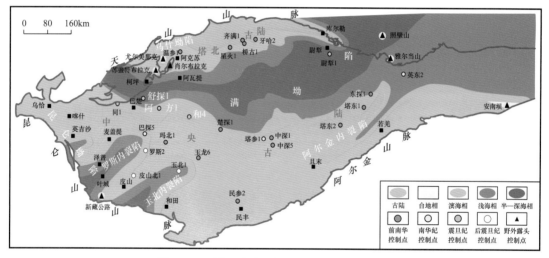

图 7-3-3　塔里木盆地早震旦世岩相古地理图

晚震旦世挤压作用下盆地中西部整体抬升，发育"一台、一盆、五内裂陷"的古地理格局（图 7-3-4），发育剥蚀古陆、白云岩台地相和斜坡相、暗色泥岩盆地相。盆地因构造挤压抬升，仅在盆地东部有残余的深水盆地相发育，早震旦世发育滨海相和陆棚相的陆缘和裂坳区均演化为碳酸盐岩台地相和台缘斜坡相，以白云岩沉积为主，上震旦统奇格布拉克组白云岩目前是寒武系盐下重要勘探层系，轮探 1 井和旗探 1 井均钻遇优质白云岩储层。

因此，塔里木盆地南华系—震旦系具备发育规模有效烃源岩的地质条件，塔北是早震旦世，在整个阿满裂陷发育大面积暗色泥岩浅海陆棚相沉积，应该发育有良好的烃源岩。依据地层残存厚度，及露头剖面上烃源岩占整个地层厚度的比例，大致勾绘了震旦系烃源岩的厚度图（图 7-3-5）。可见，震旦系烃源岩分布面积并不比玉尔吐斯组小，但厚度要比玉尔吐斯组大得多。

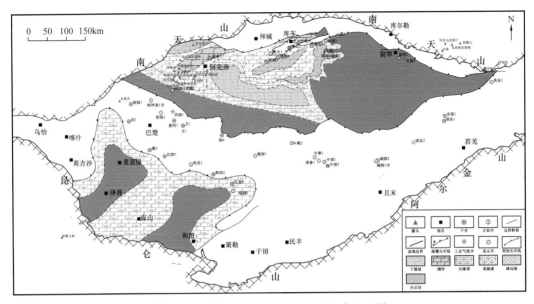

图 7-3-4 塔里木盆地晚震旦世岩相古地理图

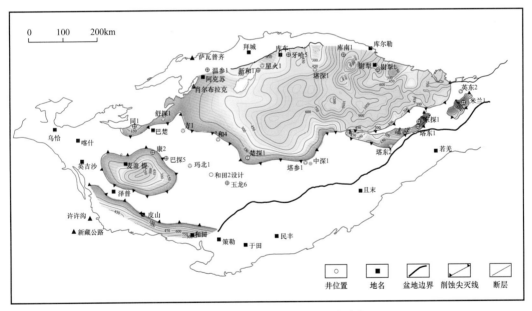

图 7-3-5 塔里木盆地震旦系烃源岩分布图

3. 烃源岩经历了多期生排烃，生烃量大、烃源充足

根据埋藏史恢复研究，塔里木盆地经历了"早期浅埋，晚期快速深埋"的过程。台盆区震旦系—寒武系烃源岩，由于早期巨厚的中—上奥陶统和志留系沉积，导致在志留纪末期沉积埋深幅度达到相对最大，烃源岩首次进入生排烃高峰；石炭纪中期—古近纪末期，构造活动强度相对平缓，沉积地层进入缓慢沉降阶段，到了新近纪，受构造活动影响，再次发生快速沉降作用，在 65Ma 内埋深增加 1500～3000m。由于塔里木盆地早期

浅埋，沉积速率小，直接导致烃源岩早期熟化程度相对较低，整体处于成熟状态，烃源岩自身仍保存着很好的生烃潜力；喜马拉雅期以来的快速沉降，烃源岩快速熟化，迅速进入高成熟—过成熟阶段，处于大规模生干气阶段，且强度大。另外，由于震旦系—寒武系烃源岩分布面积广大，不同区域存在差异演化现象，凹陷区进入生烃窗早，斜坡区和相对高部位进入晚，整体保持长期生排烃状态。并且，从古生代至今，塔里木盆地是一个不断"降温"的过程，地温梯度由 3.5~3.0℃/100m 逐渐降低为现今的 2℃/100m 左右（张水昌等，2004），这在一定程度上延缓了由于埋藏加大导致的烃源岩的熟化过程，导致目前在 8200m 深度还存在大规模油藏。整体来看，台盆区烃源岩经历了晚加里东—早海西区、晚海西期、燕山—喜马拉雅期三期大规模生排烃期（图 7-3-6）。

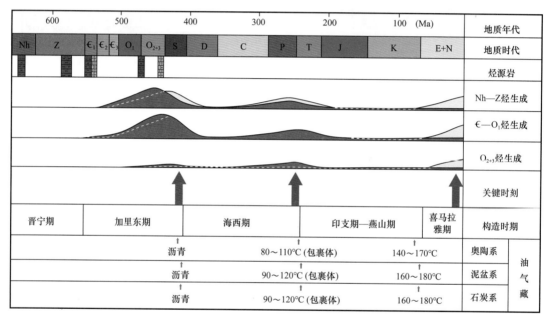

图 7-3-6　塔里木盆地海相烃源岩生烃及油气成藏事件图

　　根据塔里木盆地第四次油气资源评价结果，寒武系—奥陶系烃源岩总计生烃量为石油 $4111.91×10^8$t、天然气 $607.37×10^{12}$m³，生烃量巨大。当时由于南华系—震旦系烃源岩研究不够深入，没有计算其生烃量。就目前认识而言，南华系—震旦系烃源岩和寒武系—奥陶系相比，在分布面积、烃源岩厚度、有机质丰度方面并不差，生烃量应该不小于寒武系—奥陶系。因此，台盆区南华系—震旦系—寒武系—奥陶系多套烃源岩生烃量大，为形成大油气田提供了坚实的物质基础。

二、发育多套多种类型储层和盖层，形成多套储—盖组合

　　塔里木盆地深层—超深层碳酸盐岩从上震旦统到上奥陶统，有多套地层，发育多种类型的储层和盖层，形成多套储—盖组合。

1. 发育多种类型储层

　　从上震旦统到下奥陶统蓬莱坝组，以白云岩储层为主，发育上震旦统奇格布拉克组

丘滩相叠加风化壳岩溶白云岩储层、下寒武统肖尔布拉克组—吾松格尔组高能相带白云岩储层、上寒武统白云岩储层、下奥陶统蓬莱坝组白云质滩相白云岩、灰云岩储层。从鹰山组到良里塔格组，以灰岩储层为主，发育鹰山组四段中—高能颗粒滩相含云灰岩、白云质灰岩、含泥灰岩储层、鹰一段—鹰二段潜山岩溶和层间岩溶灰岩储层、一间房组潜山岩溶、层间岩溶、断控岩溶灰岩储层和礁滩体储层、良里塔格组礁滩体储层等。石灰岩储层类型的发育更大程度上取决于构造位置（图7-2-2）：在塔北北部和塔中主垒带，主要发育潜山岩溶储层，在塔中隆起南北斜坡、塔北隆起南斜坡（英买力—哈拉哈塘—塔河—轮古东）主要发育层间岩溶储层，北部坳陷主要发育断控岩溶储层，塔中Ⅰ号坡折带主要发育礁滩体岩溶储层。

2. 发育多种类型盖层

塔里木台盆区深层—超深层还发育多种类型的盖层。首先是"一黑一白"两套区域盖层。除塔西南地层削蚀区外，塔里木台盆区普遍发育上奥陶统巨厚泥岩层，在上奥陶统良里塔格组台地分布区，上奥陶统泥岩为桑塔木组—铁热克阿瓦提组泥岩，厚度为200~1000m；在良里塔格组斜坡—深水陆棚相区，上奥陶统泥岩为却尔却克组—银屏山组，时间上相当于良里塔格组与桑塔木组—铁热克阿瓦提组的累计，厚度较大，一般大于1000m。桑塔木组/却尔却克组岩性较单一，以深灰色—灰色泥岩、粉砂质泥岩、钙质泥岩为主，局部含灰泥岩，代表半深水混积陆棚相沉积物，为良好的区域盖层。"一白"即中寒武统膏盐岩区域盖层。塔西台地内落实的中寒武统蒸发岩类盖层可划分为三大类：（1）盐湖相盖层，可分为较纯的盐岩、膏岩或泥膏岩，偶夹少量的碳酸盐岩，膏岩或盐岩占地层总厚度的60%以上；（2）膏云坪相盖层，可细分为白云质膏岩与膏质白云岩，石膏占地层总厚度的比例不足10%。（3）泥云坪相盖层，可分为泥质白云岩或含泥白云岩，不含或含少量的纤状石膏。蒸发岩类盖层因其矿物组成及排列具有极低的孔隙度、渗透率和很强的塑性流动性，即使构造挤压及成岩改造也能保持良好的封闭能力（金之钧等，2010）。依据地层厚度、地震相与钻井资料，对塔里木盆地中寒武统膏盐岩类盖层的分布特征进行了追踪成图。盐湖相盖层主要分布在巴楚隆起、塔中西部、满西地区，分布面积约 $11 \times 10^4 km^2$，厚度 200~450m；膏云坪与泥云坪相沿膏盐湖外围依次呈环带状分布，分布面积约 $11 \times 10^4 km^2$，蒸发岩厚度 0~200m。

除了"一黑一白"两套区域盖层外，深层—超深层碳酸盐岩还发育多种直接盖层。吕修祥（2014）研究显示，塔中良里塔格组 3~5 段泥质含量较高的泥灰岩，当泥质含量对应的自然伽马测井响应值达到 20API 时，可以作为有效盖层；鹰山组内部的致密高电阻率层，当与下伏储层的排替压力差在 1.5MPa 以上时，可以依靠压力差封闭机理来遮挡油气，成为局部盖层。在顺北（焦方正，2018）、富满油田（王清华等，2021）等断控岩溶区的勘探实践也表明，断裂带外围致密碳酸盐岩作为侧向封挡，和上覆盖层一起，构成了油气的物性圈闭。因此，碳酸盐岩储层的强非均质性决定了对直接盖层的要求没有想象中的那么高，进而决定了直接盖层类型的多样性。

3. 发育多套储—盖组合

塔里木台盆区深层—超深层多套储层和多套盖层构成了多套储—盖组合。轮南奥陶系潜山与上覆石炭系泥岩储—盖组合、塔中良里塔格组储层与上覆桑塔木组泥岩储—盖组合、塔中鹰山组储层与上覆良里塔格组 3～5 段泥灰岩及鹰山组内部致密高电阻率层储—盖组合、塔北一间房组—鹰山组储层与上覆桑塔木组—却尔却克组泥岩储—盖组合等，由于所在油藏 / 油田发现较早，研究也比较深入，目前已进入开发阶段，在此不再赘述。重点介绍一下作为下一步接替领域的寒武系盐下的两套储—盖组合。

中深 1 井、轮探 1 井等钻井钻揭寒武系盐下发育两套储—盖组合。一套是沙依里克组—吾松格尔组—肖尔布拉克组白云岩与上覆阿瓦塔格组膏岩构成的储—盖组合，另一套是震旦系奇格布拉克组白云岩风化壳岩溶储层与上覆玉尔吐斯组泥岩构成的储—盖组合。轮探 1 井吾松格尔组储层段岩性以砂屑残余白云岩为主，成像测井见大量高角度裂缝与沿裂缝发育的溶蚀孔洞，以裂缝孔洞型为主；沙依里克组储层段岩性以泥晶白云岩、含泥白云岩为主，成像测井见高角度裂缝。根据巴楚北缘—塔中地区下寒武统 8 口钻井及柯坪地区肖尔布拉克组储层建模研究，下寒武统肖尔布拉克组—吾松格尔组白云岩储层岩性主要为藻砂屑 / 鲕粒白云岩、叠层石白云岩、凝块石白云岩、泡沫绵层石白云岩、粉—细晶白云岩。中寒 1 井岩心已经取到寒武系肖尔布拉克组顶部不整合风化面，同时通过对柯坪地区苏盖特布拉克剖面与肖尔布拉克剖面实测，寒武系肖尔布拉克组顶部发育一期暴露溶蚀作用，形成相对分布稳定的一套储层，该结果与塔中地区储层发育位置一致，肖尔布拉克组中段总体物性较好，而肖尔布拉克组上段和肖尔布拉克组下段储层物性相对较差，吾松格尔组中段储层发育最好。轮探 1 井阿瓦塔格组盖层为含石膏层段，厚 230m，单层石膏厚度 10～15m。

轮探 1 井震旦系白云岩风化壳储层段岩性以藻凝块白云岩为主，成像测井见岩溶角砾状构造，以孔洞型储层为主。储集空间类型以沉积原生孔和表生溶蚀孔洞为主，主要为藻格架孔、溶蚀孔洞、粒间孔、粒间溶孔、砾间溶孔、体腔孔等，储层类型以孔洞型、裂缝—孔洞型为主。通过区域储层对比及岩溶分带对比研究，奇格布拉克组储层受沉积相带和岩溶作用的共同控制。塔西台地隆升导致震旦系与寒武系之间存在区域不整合，震旦系奇格布拉克组顶部遭受强烈风化剥蚀和岩溶作用，露头剖面、轮探 1 井、旗探 1 井、星火 1 井奇格布拉克组顶部均有岩溶角砾白云岩发育，纵向上表层岩溶带、垂直渗流带、水平潜流带分带清楚，其中表层岩溶厚度约 30m，储集物性最好。轮南地区奇格布拉克组沉积期，"西高东低"的古地貌背景下发育缓坡型碳酸盐岩台地沉积，露头区、旗探 1 井证实塔北西部震旦系奇格布拉克组厚度大，以中缓坡高能滩沉积为主，储层较发育。

三、走滑断裂体系控制油气输导与运聚成藏

从全球范围来看，塔里木是一个"小克拉通"，其面积只有北美克拉通的 3%、俄罗斯克拉通的 8.7%，而塔里木板块经历了多旋回的构造运动，每次碰撞运动都会对全板块

产生影响。而研究表明，古生界盆地边界古今变化不大，即原型盆地和残余盆地规模接近。这导致塔里木小克拉通盆地的古断裂演化具有继承性。

研究表明，塔里木盆地发育南华系/前南华系区域不整合。南华系之下的地层均经历区域变质作用，成为沉积盆地的基底。晚震旦世—早寒武世，受Rodinia超大陆裂解的影响，塔里木地块周缘古天山洋、北昆仑洋和北阿尔金洋开始发育，塔里木周边形成被动大陆边缘（张光亚，2000；翟光明等，2002；贾承造，2004；许志琴等，2011），塔里木地块整体处于伸展环境，以正断层活动为主；由于早期形成的正断层往往在后期构造活动中发生构造反转，该期断裂能识别的较少。柯坪期（库鲁克塔格期），北昆仑洋开始沿着库地缝合线向南俯冲消减，塔里木南缘逐渐转为弱挤压环境，巴楚及塔中地区发育一系列北西向逆冲断层；加里东期，受昆仑洋、阿尔金洋差异闭合的影响，断裂的形成分为早、中、晚三期，且每期的断裂特征各异。加里东早期，受南侧洋壳俯冲作用影响，盆地南缘表现为弱挤压环境，发育北西—南东基底卷入型逆冲断裂体系。加里东期Ⅰ幕，受北昆仑洋闭合影响，中昆仑地体与塔里木地体碰撞造山，塔中—巴楚形成北西—南东逆冲断裂体系及北东东向走滑断裂体系。加里东期Ⅱ幕，断裂活动表现为继承性发育的特征，在强挤压应力环境下，塔北—塔中—巴楚除了形成逆冲断裂和北东东向走滑断裂外，还发育大量的北东向走滑断裂。加里东期Ⅲ幕，断裂活动仍表现为继承性发育的特征，塔北—塔中—巴楚除了早期逆冲断裂体系和北东东向走滑断裂体系继承发育外，还形成了大量的北东向走滑断裂体系。

塔北隆起、北部坳陷、塔中凸起走滑断裂主要形成于加里东中晚期，塔北隆起区域主要发育北东向、北西向"X"形共轭走滑断裂体系，塔中凸起主要发育北东向单剪走滑断裂，北部坳陷受两大隆起构造应力影响，整体处于共轭走滑断裂体系和单剪走滑断裂的过渡带（图7-2-2）。加里东中晚期，由于北天山洋开始俯冲闭合、南阿尔金洋盆最终闭合等多方向陆—陆碰撞造山作用，盆内形成了来自西南缘、东南缘强挤压及北部弱挤压的应力状态，塔北隆起区域发育"X"形共轭走滑断裂体系，该断裂体系属于弱挤压纯剪切的变形机制，断裂整体由北往南发育，在阿满过渡带可见马尾状消亡、斜列消亡等特征。加里东中晚期，南部塔中凸起由于阿尔金地区已全面隆升，造成塔中东部强烈隆升、剥蚀严重，西部抬升小、剥蚀少，同时形成北东向应力分量横切塔中隆起发育北东向走滑断裂，部分延伸至北部坳陷，断裂整体由南往北发育，阿满过渡带局部可见分支断裂向北线性消亡特征。

断裂系统控制了油气成储、成藏、油气分布与富集。主干通源断裂控制油气运移通道。台盆区下古生界发育多套储—盖组合，油气要突破盖层，特别是中寒武统蒸发岩层，只能依赖深大断裂。塔中地区和塔北地区均发育断至寒武系甚至基底的走滑断裂，走滑断裂体系控制了油气的立体网状运移。

断裂控制油气的富集主要体现在三方面。一是断裂带是油气运聚的最有利方向。不同类型、不同级别的断裂系统在空间形成复杂的三维输导网络，同时断裂带裂缝发育，是油气运移的优势通道。大多油气藏具有垂向运移的特点，油气藏地球化学已显现明显的垂向运移证据。同时断裂形成的局部构造高部位，是油气侧向运移的指向区。二是断裂控制了油气的纵向分布。统计分析表明，油气的产出主要集中在断裂断至的不整合面附近。油气纵向分布与断裂断开层位密切相关，奥陶系顶部断裂最为发育，油气显示与发现也集中在奥陶系的碳酸盐岩中。三是断裂带油气富集。断裂带是多种成因碳酸盐岩缝洞体发育的有利部位，地震储层预测的结果是沿断裂带储层最发育，70%以上碳酸盐岩缝洞发育的探井直接与断裂相关。统计分析表明，碳酸盐岩油气流井可能距离油气源断裂达6km，但大多分布在距断裂2km范围内。碳酸盐岩油气主要受缝洞系统控制，而断裂带及其周缘破碎带，是缝洞体储层最发育的地区。邻近断裂带，不仅缝洞型储层发育，而且裂缝发育，有利于储层之间的连通，易形成高产稳产井。这里由于裂缝发育，裂缝沟通的范围大，连通的储集体多，故有利于油气的稳产。

由于烃源岩为南华系—震旦系—寒武系—奥陶系，处于盆地沉积盖层的最底部，生排烃期早。而塔里木板块经历的多旋回构造运动又决定了烃源岩生排烃和油气成藏的多期性，以及原生油气藏形成以后调整、改造的多期性，最终造成了纵向上多层系含油气的现状。

四、"冷盆"性质使得超深层油气得以保存

众所周知，塔里木盆地是个典型的"冷盆"，具有低地温梯度和低大地热流值特点，两者值分别为1.5～2.8℃/100m和40～50mW/m² （王钧等，1995；王良书等，1995）。地温是控制油气生成和聚集的重要因素之一，不同地区不同地温梯度条件下，烃源岩的生油气窗口门限和持续时间差别较大（邱楠生等，1997）。例如，在中国东部的松辽盆地，地层埋深2400～2800m时，即达到生油窗生烃高峰（生油：$R_o=0.9\%$；生气：$R_o=1.3\%$），而塔里木盆地和准噶尔盆地地层埋深只有达到5400～6200m才能达到生油窗生烃高峰。

"冷盆"效应的影响体现在两个方面。一是低地温梯度导致塔里木盆地超深液态烃仍然可以保存。根据物理模拟结果，按照塔里木目前的地温梯度，液态石油消亡温度达210℃左右，对应埋深在9000m以深（朱光有等，2012）。轮探1井在8200m发现了规模性轻质油藏证明了这一点。二是导致深层烃源岩成熟演化过程滞后。地温史恢复结果表明，从古生代至今，塔里木盆地是一个不断"降温"的过程，地温梯度由3.5～3.0℃/100m逐渐降低为现今的2℃/100m左右（张水昌等，2004），这在一定程度上延缓了由于埋藏加大导致的烃源岩的熟化过程。并且，后期多次构造运动有利于烃源岩的晚期、长期生烃，加上晚期圈闭形成的良好匹配，超深油气得以良好保存。

第四节　有利勘探区带

一、环阿满走滑断裂控缝洞体

富满油田的勘探开发实践，特别是满深1井的发现，揭示了走滑断裂体系对源上远程油气输导的重要作用，解放了上寒武统—下奥陶统的大面积勘探领域。本着勘探互相学思路学理念、评价互相学技术学方法、开发互相学方案学制度的原则，中国石油塔里

木油田公司与中国石化西北油田公司于 2019 年 6 月开始就塔里木盆地相邻矿权区块开展了联合研究。在双方资料共享、认识融合的基础上，完成 $5.13×10^4km^2$ 三维地震勘探区的相干属性区域成图，识别出台盆区碳酸盐岩 70 条走滑断裂，根据断裂延伸长度、活动期次等指标，创建了走滑断裂量化分级标准，评价出Ⅰ级走滑断裂 25 条，Ⅱ级走滑断裂 45 条，并实现了统一命名（图 7-2-2），已成为塔里木油田断控型超深碳酸盐岩油气勘探的重要指导依据，其中北部坳陷内断裂长度 1090km，预测资源量约 $10×10^8t$，是塔里木油田下一步原油增储上产的主要区块。

二、塔北—塔中中组合

综合塔北—塔中地区奥陶系鹰山组三段、四段和蓬莱坝组储层控制因素及油气输导成藏的认识，优选塔北—塔中地区中组合两个有利区，预测有利勘探面积 $1.6×10^4km^2$，包括塔中北斜坡有利区带 $7600km^2$ 和塔北南斜坡有利区带 $8400km^2$（图 7-4-1）。其中塔中地区鹰三段—鹰四段圈闭显示 19 个，矿权内总面积 $971.7km^2$，天然气资源量 $3500×10^8m^3$。

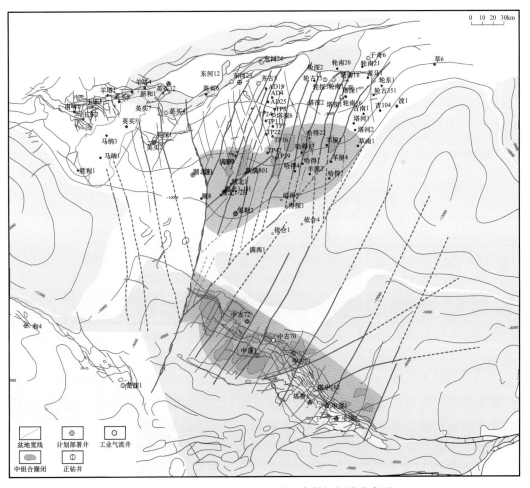

图 7-4-1　塔北—塔中地区中组合勘探领域分布图

三、寒武系盐下白云岩

1. 塔北震旦系区带

从过塔北西部至塔北东南部的地震剖面上可以看出，奇格布拉克组沉积时期塔北台地主体整体平缓，在平缓的大台地背景下，受奇格布拉克组沉积前微地貌的控制作用，构造高部位地震反射特征以加厚的杂乱低频反射为主，构造低部位以较强的地震高频反射为主。依据奇格布拉克组沉积时期的微地貌及横贯塔北东西向的地震剖面，初步建立起塔北隆起震旦系奇格布拉克组沉积相模式：自西向东依次发育内缓坡潮坪—潮间高能滩—潮间低能带—台缘滩—盆地相沉积体系。通过建立不同厚度、不同连续性的滩体正演地震模型，正演结果表明高能滩相白云岩地震反射以宽波谷、内部扰动、弱反射的特征为主。提取塔北西部三维地震勘探区震旦系奇格布拉克组波谷数、波形指数地震属性，从西向东地震反射从窄波谷平行强反射向宽波谷弱反射、宽波谷多轴弱反射变化。

根据古地貌、地震相，修编了塔北奇格布拉克台地沉积微相图，优选了新玉、塔河、外围槽缘三个重点区带，总面积18025km^2，估算资源量天然气21900×10^{8}m^3，凝析油15.3×10^{8}t，潜力巨大（图7-4-2）。

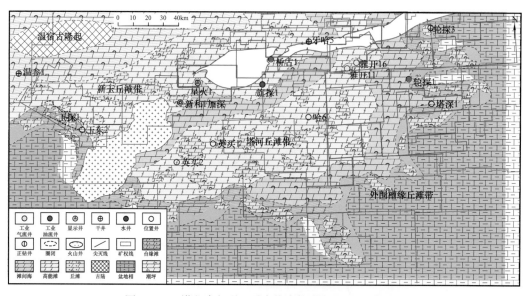

图 7-4-2　塔北隆起震旦系奇格布拉克组沉积相平面图

2. 塔中寒武系区带

前寒武系基底构造既控制中—下寒武统沉积，又控制晚期构造变形，寒武系盐下地层越老古地貌越高。基底构造控制三阶古地貌：中央主垒带、花岗岩体及以东为一阶地貌区；中央主垒带北、塔中10号带南为二阶地貌区；塔中10号带及以北为三阶地貌区。综合分析塔中10号带为三阶地貌内部的条带状正地貌带，为下寒武统沉积前向海方向的第一排正地貌带，具有发育障壁滩沉积条件。根据地貌的特点，古隆起斜坡部位发育潮下滩，塔中 10 号带发育障壁丘滩储层有利区，丘滩储层表现为丘状弱反射特征。通过识别塔中三维地震勘探区下寒武统地震相，刻画出丘滩体的分布范围：丘滩复合体沿塔中 10 正地貌带呈带状展布，表现为不连续弱反射特点，根据地震相图编制出塔中三维地震勘探区下寒武统沉积微相平面图（图 7-4-3），新发现塔中下寒武统丘滩体万亿立方米级新领域。

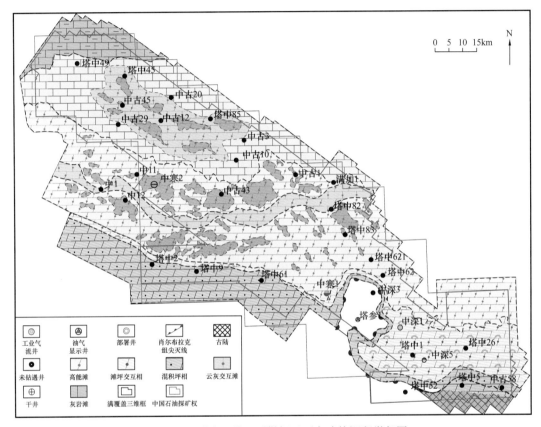

图 7-4-3　塔中三维地震勘探区下寒武统沉积微相图

3. 柯坪区带

柯坪地区位于塔里木盆地西北缘，是一片长轴近北东走向的纺锤形老地层出露区，地表以多排北东走向的弧形山体和山间盆地相间为特征，总面积约 $2.5×10^4 km^2$。前人将柯坪地区的主体部分称为柯坪断隆，是塔里木盆地台盆区之外的一个独立构造单元（贾承造，1997；王步清等，2009）。在 2019 年塔里木油田新版的盆地构造单元划分方案中，柯坪地区被划归为台盆区内部。柯坪地区和盆地内相邻的中央隆起巴楚凸起构造发育方向虽然不一致，但也属于塔里木陆块的一部分，具有相同的前震旦系结晶基底。早古生代沉积为一套稳定的台地相碳酸盐岩、含磷硅质岩、细碎屑岩。

研究表明，柯坪地区具有较为有利的生—储—盖组合和成藏匹配条件。第一，柯坪地区发育寒武系玉尔吐斯组、奥陶系萨尔干组和印干组、石炭系—二叠系多套烃源岩

（王正元等，1988）。第二，发育多套多类型储层，包括震旦系、寒武系白云岩储层，奥陶系、石炭系—二叠系石灰岩储层和志留系、石炭系碎屑岩。其中下寒武统肖尔布拉克组发育台内丘滩相白云岩储层，储层岩性以结晶白云岩、藻云岩及残余颗粒白云岩为主，储集空间类型以溶蚀孔洞为主，储层类型为孔洞型、孔隙—孔洞型。上震旦统奇格布拉克组也是一套优质的白云岩储层，岩性以亮晶藻凝块云岩、残余颗粒细晶云岩为主，储集空间类型以溶洞、粒内溶孔、粒间溶孔、晶间溶孔为主，局部见未充填—半充填微裂缝。第三，柯坪地区还发育下寒武统玉尔吐斯组页岩、中寒武统膏盐岩、中—上奥陶统泥页岩、志留系依木干他乌组泥页岩、石炭系—二叠系泥岩等多套优质盖层。其中，中寒武统阿瓦塔格组、沙依里克组蒸发岩相富膏、富盐地层是一套区域性分布的优质盖层，是下寒武统白云岩储层的有效盖层。柯探 1 井中寒武统厚度超过 600m，岩性以石膏岩、云质石膏岩、白云质泥岩为主，夹少量白云岩、石灰岩和盐岩，是一套较好的盖层。第四，柯坪地区具有较好的成藏匹配条件。埋藏史恢复结果表明，柯坪—阿瓦提凹陷玉尔吐斯组烃源岩在海西末期达到生油高峰，喜马拉雅期至今则以生气为主。而构造—沉积演化分析认为，晚石炭世—早二叠世康克林组沉积前（海西晚期），与西天山晚古生代造山带相对应，柯坪地区发育一个近东西向展布的古隆起（吴根耀等，2013），此后虽经历中—新生代持续构造抬升和冲断作用，但相对于生烃中心始终处于高部位，有利于海西末期至今的油气充注。

柯坪地区地表油苗非常丰富，目前已发现油苗（沥青砂）37 处。地球化学分析显示，除二叠系油苗为自生自储外，其他层系的油苗可能具有寒武系、奥陶系的双重贡献（王秋玲等，2012；吕修祥等，2014）。这些油苗的存在表明柯坪地区曾经发生过油气的运聚和成藏过程。2019 年完钻的京能公司柯探 1 井在寒武系盐下白云岩获得高产气流，中国地质调查局新苏地 1 井在志留系获得工业气流，均证实了柯坪地区具有较好的油气成藏条件。

综合分析认为，寒武系盐下白云岩保存条件相对较好，是柯坪地区的首选勘探层系。首先，下寒武统肖尔布拉克组是一套优质的丘滩相白云岩储层，吾松格尔组白云岩也具备一定的储集能力，它们直接覆盖于下寒武统玉尔吐斯组烃源岩之上，与上覆的中寒武统巨厚含膏含盐地层构成了一套良好的生—储—盖组合。其次，虽然在南天山造山带的向南挤压作用，使柯坪地区形成多排逆冲推覆构造，构造破坏作用强烈，但是由于中寒武统巨厚膏盐岩层的存在，使得本区形成盐盖层滑脱，发生了盐上盐下分层变形，在寒武系盐下形成多排隐伏背斜型构造，盐下白云岩油气保存条件相对有利。京能公司柯探 1 井在寒武系盐下的勘探发现也证明了这一点。通过二维地震勘探解释和构造成图，在柯坪地区中石油矿权内发现寒武系盐下白云岩构造型圈闭显示 8 个，总面积 1016km² （图 7-4-4）。

4. 轮南—古城坡折带

轮南—古城坡折带是发育在塔西碳酸盐岩大台地背景下的震旦系—志留系继承性坡折带，其构造—沉积演化受控于塔北、塔中古隆起的构造、沉积演化，经历了早古生代的海相—晚古生代早期的海陆过渡相—晚古生代晚期和中新生代的陆相演化历程，从寒武系至第四系，各层系发育比较齐全。

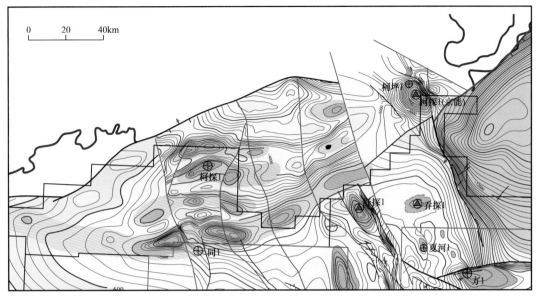

图 7-4-4　柯坪地区下寒武统顶面构造图

　　轮南—古城台缘带最早发源于南华纪裂谷发育时期。南华纪，塔里木盆地的拉张环境在满加尔凹陷西缘形成近南北走向的裂陷槽，造就了西高东低的古地貌；震旦纪形成一期较大规模海侵，在裂陷槽边界形成第一期台缘带白云岩沉积；寒武纪早期海侵达到最大规模，主要形成玉尔吐斯组泥岩，随后即开始了持续的海退，先后形成了肖尔布拉克组石灰岩、吾松格尔组白云岩及中—上寒武统的白云岩—膏盐岩；奥陶纪又开始了新一轮海侵，形成大规模台地相灰岩沉积，至晚奥陶世沉积了大面积分布的桑塔木组（却尔却克组）泥岩，达到最大规模海侵期；志留纪早期，由于轮台古陆及塔南古陆的隆升，塔里木盆地构造格局由东西向整体改造为南北走向，即周缘前陆盆地形成，此时轮南—古城台缘带也进入发育晚期，但仍保留了西高东低的构造格局，在坡折带部位形成低位域三角洲沉积。因此，从轮南—古城台缘带的演化来看，自南华纪裂陷开始形成至早志留世结束，虽然台缘带（坡折带）平面位置在不同历史时期略有不同，但整个台缘带长期继承性发育，无论在碳酸盐岩台地形成时期的震旦纪、寒武纪、奥陶纪，还是在碎屑岩沉积阶段的志留纪，都具备形成有利储层及盖层的地质条件。通过对台地边缘礁滩体刻画、储层预测、盖层分析，可以进一步落实碳酸盐岩岩性圈闭。

　　针对寒武系台缘带，依据地震相变化特征、标志界面，确定了寒武系—奥陶系蓬莱坝组发育十一期礁滩的等时格架模型（图 7-4-5、图 7-4-6）。轮南—古城台缘带靠近烃源岩，加上断裂的纵向沟通作用，形成台缘带横向源—储交叉，纵向断裂调整的网状成藏模式，有利于油气的运移、聚集及成藏，是十分有利的区带，勘探潜力巨大（图 7-4-6）。

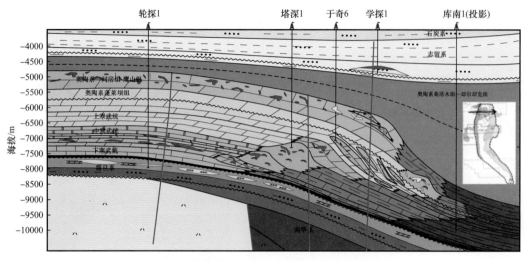

图 7-4-5 过台缘带—库南 1 井东西向地质剖面模式图

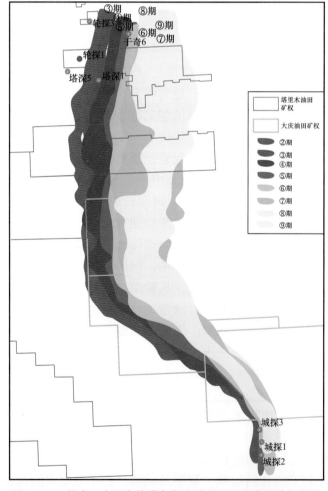

图 7-4-6 轮南—古城台缘带各期次礁滩平面展布及分段特征

第八章 鄂尔多斯盆地奥陶系中下组合
大气田形成与分布

鄂尔多斯盆地是在太古代—古元代变质基底之上发育起来的一个多旋回叠合盆地。其在早古生代属于华北克拉通盆地的一部分，广泛发育寒武纪—奥陶纪海相沉积，尤其是在奥陶纪，它与华北克拉通的构造及沉积特征已表现出较大的差异性，突出表现在盆地中西部中央古隆起的崛起和盆地东部坳陷区大规模膏盐岩沉积层的发育，导致其在油气成藏地质特征上也表现出与其他碳酸盐岩沉积区明显不同的独特属性。自 20 世纪 80 年代末在盆地中部靖边地区的奥陶系顶部古风化壳中发现了碳酸盐岩型古地貌圈闭气藏以来，已在奥陶系顶部的风化壳含气层系累计提交探明 + 控制储量约 $1 \times 10^{12} m^3$，并开发建成 $60 \times 10^8 m^3/a$ 的天然气生产能力；进入 21 世纪以来，通过不断深化研究下古生界碳酸盐岩天然气成藏地质规律，并持续探索奥陶系的含气新领域，在盆地中东部的奥陶系中下组合也取得了较好的勘探成效：一是在靖边气田西侧发现了中组合白云岩岩性圈闭气藏含气新区带，提交天然气探明地质储量逾千亿立方米；二是在远离奥陶系顶部风化壳的盐下更深层系发现了天然气成藏的新领域，初步展现出新的万亿立方米规模的勘探潜力。本章简要回顾了鄂尔多斯盆地下古生界碳酸盐岩领域的勘探历程与近期勘探发现，概要总结了奥陶系中下组合的气藏地质特征，在此基础上系统分析了碳酸盐岩—膏盐岩组合形成大气田的基本地质条件，并预测了其勘探潜力及有利勘探区带与目标。

第一节 鄂尔多斯盆地碳酸盐岩勘探历程及近期勘探发现

一、鄂尔多斯盆地碳酸盐岩勘探历程

1.盆地周边，初始勘探阶段（1976—1983 年）

鄂尔多斯盆地自 1976 年始，开展了以下古生界为目的层的综合勘探工作，先后测制了内蒙古桌子山、同心青龙山等盆地周缘的野外地质露头剖面 14 条，进行了古生物地层学、岩石学、沉积学以及生油储油等方面的系统研究，并形成了关于下古生界构造研究、油气地质条件研究、油气资源评价等方面的专题研究报告。1978—1982 年在全盆地范围内共完成地震剖面 5100 余剖面公里，查明了古生界的构造 59 个，完钻以下古生界为目的层的探井 15 口（环 14 井、庆深 1、2 井、龙 1、2 井、永参 1 井、耀参 1 井、新耀 2 井、刘庆 7 井、任 1、2、3、4 井、天深 1 井、黄深 1 井），经试油仅在西缘横山堡地区的任 2 井、刘庆 6 井及沙井子断褶带东侧的环 14 井的奥陶系获少量天然气，渭北隆起耀参 1 井

奥陶系经压裂酸化后产气 242m³/d（图 8-1-1）。

这一时期的探井主要集中在盆地西缘逆冲推覆构造带、南部的渭北隆起带，以及盆地西南部的中部古隆起附近，整体勘探部署思路以构造圈闭成藏的理念为主导。

2. 转战东部，局部勘探有发现（1984—1988 年）

20 世纪 80 年代中后期，在煤成气成藏理论的指导下，盆地古生界天然气勘探的重心由盆地西缘逐渐向盆地东部转移，并且开始逐步摆脱局部构造圈闭成藏的束缚，由晋西挠褶带偏向盆地东部的子洲—米脂地区（伊陕斜坡东部），西部的勘探也开始由西缘冲断带向天环坳陷转移，两侧都出现了由盆地边部向盆地腹部逐渐偏移的倾向。

1984—1988 年，按照上古生界与下古生界相结合勘探的思路（长庆油田石油地质志编写组，1992），在盆地东部部署探井 28 口，除了在上古生界石炭系—二叠系砂岩及太原组灰岩中发现工业气藏、取得较好的勘探发现外，局部在下古生界奥陶系碳酸盐岩中也取得了一定的勘探发现，如 1986 年麒参 1 井（子洲西约 40km）在奥陶系马家沟组试气获 1.28×10⁴m³/d 的天然气流（井深 2790m，接近工业气流标准），1987 年洲 1 井（子洲县城附近）在奥陶系马家沟组试气获 4.44×10⁴m³/d 的工业气流（图 8-1-1），初步展示出盆地本部奥陶系碳酸盐岩层系的勘探潜力。

1986 年盆地西部天环坳陷北段天池构造完钻的天 1 井，首次在奥陶系克里摩里组中途测试获日产 16.4×10⁴m³ 的工业气流，这曾经让长庆人兴奋不已。但之后以天池构造为线索，围绕低幅度构造部署实施的天 2 井等井又相继失利，证实该区构造圈闭分布局限，气藏规模相对小。

因此，这一阶段的勘探由于部署思路转变及勘探主战场由外及内的转移，使得鄂尔多斯盆地下古生界碳酸盐岩领域的勘探无论东、西都取得了较好的勘探发现，似乎预示碳酸盐岩领域的勘探已开始逐步走到大发现的前夜，即将迎来黎明的曙光。

3. 由边入腹，靖边气田发现与古风化壳气藏规模勘探（1989—2007 年）

1）靖边气田的勘探发现

20 世纪 80 年代末期，对盆地古生界的天然气勘探由盆地周边向腹部转移，在盆地中部靖边、横山附近分别部署的陕参 1 井和榆 3 井（图 8-1-1）均在奥陶系顶部附近发现较好的风化壳含气显示层段，1989 年 6 月，陕参 1 井奥陶系风化壳气层经酸化改造后试气获得无阻流量 28.34×10⁴m³/d 的高产工业气流，同年 6 月，榆 3 井也在同一层位试气获得 13.60×10⁴m³/d 的工业气流，宣告了靖边气田的诞生；随后部署的陕 5 井和陕 6 井分别在奥陶系风化壳气层试气获得无阻流量 110×10⁴m³/d、126×10⁴m³/d 的高产工业气流，由此揭开了奥陶系顶部古风化壳气藏勘探的帷幕。

2）气田总体评价、集中探明阶段

1990 年开始进入了对靖边古风化壳气藏的评价勘探阶段。当年第一批完钻的林 1 井、林 2 井和陕 2 井钻探结果表明，位于构造最低部位的林 1 井、林 2 井和陕 2 井含气层位与陕参 1 井完全可以对比，马五₁亚段、马五₂亚段、马五₄亚段三个层位均产工业气流，

说明含气圈闭不受构造的控制，而是单斜上大面积含气，且含气层位稳定，溶蚀孔洞型储层发育，展现了大气田的苗头。到 1991 年底完钻的 36 口评价井中，23 口获工业气流，探明含气面积达 $1039km^2$，探明天然气地质储量 $632.44 \times 10^8 m^3$。

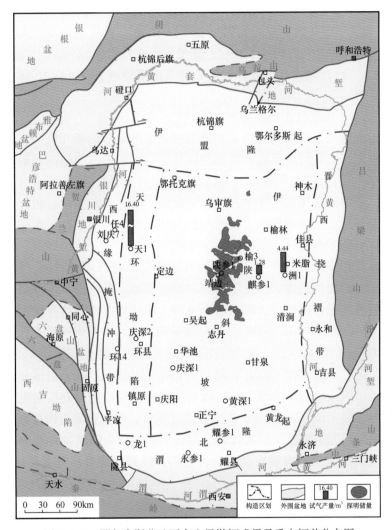

图 8-1-1　鄂尔多斯盆地下古生界勘探成果及重点探井分布图

　　1992 年是靖边气田天然气储量大幅度增加的一年。处于勘探的关键时刻，依据"台中有滩、台外有槽"的认识，在靖边岩溶阶地的前缘，确定了南北向主力沟槽。从而为天然气勘探的南北展开及大气田的迅速探明，发挥了积极作用。全年完成钻井 55 口，提交北区和南区天然气探明地质储量 $710.78 \times 10^8 m^3$，含气面积 $1310.92km^2$。累计探明地质储量达 $1343.22 \times 10^8 m^3$，控制地质储量达 $642.15 \times 10^8 m^3$。

　　1993 年以储量持续增长为中心，气田规模继续扩大，分别在南二区、南三区、北二区和陕 118 井区继续进行工业评价勘探，取得显著成果。全年共完钻各类探井 44 口，在南二区马五$_1$亚段新增探明地质储量 $321.0 \times 10^8 m^3$，含气面积 $610.6km^2$；在南三区、北二区控制马五$_1$亚段气藏含气面积 1526.3km^2，控制储量 874.8×10^{8}m^3。使靖边气田累计探明地质储量达 1715.25×10^{8}m^3。

1994 年继续沿着靖边岩溶台地主体向南北发展，以北二区为重点进行评价勘探。至年底共钻探井 31 口，在北二区和陕 24 井区共新增探明含气面积 736.6km^2，地质储量 343.0×10^{8}m^3。在陕 175 井区完成控制储量 263.7×10^{8}m^3，含气面积 498.5km^2。1995 年又在北三区和南三区探明含气面积 431.2km^2，新增探明地质储量 241.88×10^{8}m^3。

至 20 世纪末，已在靖边气田累计探明天然气地质储量 2300.13×10^{8}m^3，气田主体的展布格局基本明朗。

3）创新认识，气田规模东延、西扩

靖边气田发现以后，围绕其周边是否能形成类似的成藏地质环境一直是勘探研究的重点。进入新世纪，研究的重点逐渐向围绕风化壳古地貌形态的精细刻画与有效储层形成机理研究，并取得了多个新的认识，为靖边气田周边含气范围扩大提供了依据。

气田东延，新增储量千亿立方米：2000 年以来，通过不断深化岩相古地理及古沟槽展布模式的研究与形态的精细刻画，认为靖边岩溶古潜台主体部位向东延伸，为含气面积向东扩大提供了地质依据。

2003—2006 年以向东扩大风化壳含气面积和实现储量升级为目的，按照"找潜台、定边界、探规模"的勘探思路，优选了潜台东部巴拉素、艾好峁、黄草峁、玉皇坪、枣湾等多个有利目标实施评价勘探，取得重大进展，通过地震地质结合优选井位，完钻探井 58 口，获工业气流井 35 口，马五$_{1+2}$亚段储量面积进一步落实和扩大，新增探明地质储量 1288.95×10^{8}m^3（图 8-1-2），成功实现了气田面积向东的大幅度延伸。

气田西扩，新增储量 2000×10^{8}m^3：靖边气田东侧的成功勘探，启发我们重新审视气田西侧的勘探。靖西地区位于盆地中央古隆起东北侧，早期甩开勘探遇阻，认为岩溶古高地风化壳主力气层（马五$_{1+2}$亚段）缺失。通过重新认识盆地沉积构造格局、精细刻画岩溶古地貌、深入研究岩溶储层形成机理，深化了对风化壳储层发育及分区差异性的认识，认为靖边气田西侧处于古岩溶高地与古岩溶斜坡过渡地带，具有良好的溶蚀条件，有利于风化壳储层的形成和发育。

2007—2010 年积极向靖边气田南侧、西侧甩开勘探，多口探井试气获得高产，落实召 94、陕 339、陕 356 等多个有利含气区块，预示着风化壳气藏的含气面积向西也有进一步扩大的潜力。2011 年，通过深化勘探，落实了在靖边潜台西侧多个奥陶系风化壳气藏高产富集目标，有利含气面积进一步扩大，新增预测储量 2086.96×10^{8}m^3。2012 年以储量升级为目的，继续加大靖西地区风化壳气藏的勘探力度，新增天然气探明地质储量 2210.09×10^{8}m^3，这是靖边气田发现以来，首次在碳酸盐岩领域一次性提交探明储量超 2000×10^{8}m^3，使靖边地区碳酸盐岩风化壳气藏的探明天然气地质储量从 1999 年的 2300.13×10^{8}m^3 增加到 6547.1×10^{8}m^3，在 10 余年时间储量增长了近两倍，从而为靖边气田每年 55×10^{8}m^3 产能的长期稳产奠定了坚实的资源基础。

回望靖边气田的勘探发现和后期的东、西两侧的大规模扩边勘探，无不伴随着勘探观念的转变和地质理论认识的深化。盆地早期天然气勘探大多囿于构造圈闭成藏的认识，勘探目标多集中在盆地周边的局部构造发育区，后期随着勘探重心由盆地边缘向腹部的转移，成藏认识上也逐步摆脱了构造圈闭控藏的认识，才迎来了以靖边气田为代表的盆地腹部奥陶系顶部古风化壳气藏的勘探大发现。

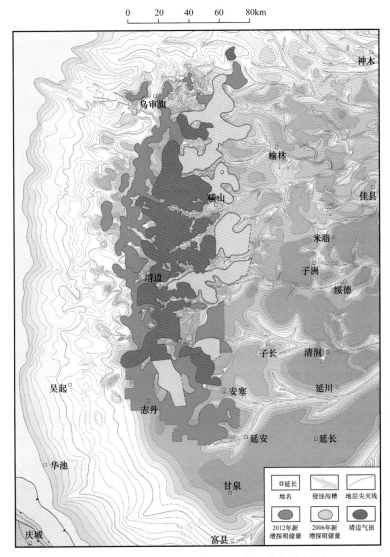

图 8-1-2　鄂尔多斯盆地靖边气田扩边勘探成果图

　　因此，老一辈勘探家曾认为（杨俊杰等，1996）："七五"期间形成的找气主战场、侧翼战场、后备战场的勘探布局，"准备、突破、扩大、加深"的勘探战略，七个找气领域的科学预测以及 1979 年 6 月庆阳天然气发展战略研讨会关于主攻中部古隆起北段东侧的决策，都对鄂尔多斯盆地天然气勘探和突破起了重要的推动作用；从理论与实践结合的尺度衡量，陕北盐洼的发现，奥陶系风化壳古岩溶储集体的揭示，中部古隆起的研究三者构成了突破该区天然气的地质前提；地质综合研究的深度和广度对油气勘探起着导向、开拓作用，而油气勘探活动又反过来对地质综合研究的深化提供资料，开辟道路。

4. 执着探索，新领域勘探结硕果（2008—2020 年）

靖边气田发现后，长庆人就在不断思考，除靖边"风化壳"气藏外，盆地海相碳酸盐岩中是否还存在天然气成藏的新领域、新层系？要想走出风化壳，突破点究竟在哪里呢？

怀揣着这些问题和发现新的规模勘探领域的梦想，长庆勘探工作者始终坚持下古生界碳酸盐岩新领域研究不止步，强力推进碳酸盐岩新层系探索不动摇，持续深化对碳酸盐岩大区带成藏富集规律的认识。尤其是进入 21 世纪以来，随着对盆地下古生界勘探的不断深入，对盆地碳酸盐岩领域的天然气成藏地质研究也得到了长足的进展，特别是"十一五"以来针对海相碳酸盐岩领域先后启动了国家重大专项、中国石油重大专项的研究，为碳酸盐岩领域的研究提供了系统综合的研究平台，使得对领域目标的研究更为集中，对关键地质问题的分析也不断得以持续性地深化。在鄂尔多斯盆地下古生界碳酸盐岩领域也逐步形成了一些创新性的地质认识，进而推动盆地下古生界碳酸盐岩领域的天然气勘探不断取得新的勘探发现和重要突破。突出表现在以下三个方面：（1）古隆起东侧发现中组合岩性圈闭成藏新类型，打破仅在风化壳成藏的限制；（2）中东部奥陶系盐下深层取得勘探新突破，实现"靖边下边找靖边"梦想；（3）盆地西缘台缘相带勘探取得新进展，形成常规与非常规并举新格局。具体内容详见本节下一部分的详细介绍。

二、近期新领域勘探发现

1. 古隆起东侧发现中组合岩性圈闭成藏新类型

20 世纪 90 年代初，在立足盆地中部风化壳气藏勘探的同时，就曾积极向外甩开勘探。早在靖边气田发现不久的 1993 年，在定边地区甩开预探的定探 1 井就曾在奥陶系马四段发现良好的白云岩储层，其孔隙类型及岩石特征明显不同于靖边气田的"风化壳溶孔型"储层，而是具细晶结构的"白云岩晶间孔型"储层，储渗性能及发育规模也大大优于风化壳储层，但试气产水 1793m³/d（杨华等，2012），后续的勘探也进一步证实了马四段白云岩储层区域上规模发育，试气也大都产水，未发现有效的天然气聚集，似乎令人大失所望。尽管如此，对该区白云岩体的勘探也带来了重要的启示：除风化壳溶孔型储层外，奥陶系内幕仍发育有效的白云岩晶间孔型储层，有可能成为下一步勘探的新的储集类型。

定边地区马四段发育大规模白云岩储层却不成藏，白云岩体的勘探到底该去向何方？白云岩体优质的储层特征一直令长庆的勘探工作者们久久不能忘怀。

面对白云岩勘探亟待解决的地质问题，经过十多年的艰难徘徊与苦苦思考，通过系统开展白云岩储层分布规律、有效圈闭形成机理以及气源条件等方面的研究，终于在地质认识上取得了突破性的进展，为白云岩体的勘探找到了理论上的指导。

一是重新认识奥陶系成藏组合特征。随着勘探的不断深入，在马家沟组中部和下部相继发现新的储集类型和含气层系。通过储层发育及成藏特征研究，首次将奥陶系划分为三套含气组合：马五₁—马五₄亚段风化壳为上组合，马五₅—马五₁₀亚段白云岩为中组合，马四段及以下白云岩为下组合。其中上组合是靖边气田的主力气层，以风化壳溶孔储层为主；中组合与下组合均以白云岩储层为主，但下组合的主要储集体主体位于盆地西倾单斜的低部位（天环坳陷区附近），成藏条件极为复杂；以马五$_5$—马五$_{10}$亚段为主力含气层系的中组合似乎是更值得重视的勘探新领域。

二是明确了中组合白云岩储层形成及分布规律。首先是开展沉积相带对白云岩储层发育控制作用的研究，表明马五$_5$亚段形成于盆地内一次较大的海侵期，沉积相带围绕盆地东部洼地呈半环状分布（图 8-1-3），其中邻近古隆起的靖西台坪相带最有利于白云岩化作用进行而形成有效的白云岩晶间孔型储层。

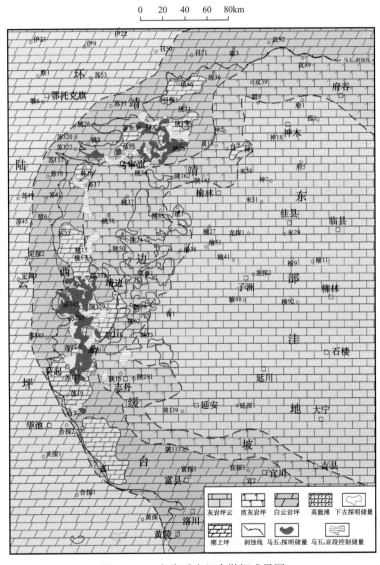

图 8-1-3　奥陶系中组合勘探成果图

三是建立了白云岩岩性圈闭成藏模式。沉积相研究表明中组合存在区域性的岩性相变，为岩性圈闭形成提供了有利条件。以马五$_5$亚段为例，白云岩向东相变为泥晶灰岩，在燕山期构造反转后即构成东侧上倾方向的岩性遮挡，形成有效的岩性圈闭。另外，加里东风化壳期，马家沟组自东向西逐层剥露，中组合滩相白云岩储层与上古生界煤系烃源岩直接接触，构成良好的源—储配置，供烃面积大、范围广，对中组合的规模成藏极为有利。

通过以上从储层—圈闭—成藏的综合地质研究，最终得以把中组合勘探目标锁定在了古隆起东侧，并开始加大对这一区带的勘探力度。

结合早期风险勘探对奥陶系中组合白云岩天然气成藏的认识，2010年在苏里格地区上古生界的勘探中，继续兼探古隆起东侧奥陶系中下组合，在奥陶系中组合发现苏203井、苏322井高产富集区，其中苏203井在马五$_5$亚段试气获104.89×10^{4}m^3/d（AOF）高产工业气流；苏322井在马五$_6$亚段试气获41.59×10^{4}m^3/d（AOF）高产工业气流。

在沉积微相分析与马五段中部白云岩化机理研究的基础上，以奥陶系中组合白云岩岩性圈闭气藏为目标，"十二五"及"十三五"期间，加大对古隆起东侧奥陶系中组合甩开勘探力度，目前落实桃33区块等6个有利目标区，并在马五$_5$亚段新增天然气探明地质储量1038.08×10^{8}m^3，马五$_6$亚段新增天然气控制储量736.19×10^{8}m^3，展现出中组合岩性圈闭成藏具有较大的勘探潜力。

2. 中东部奥陶系盐下深层（下组合）取得勘探新突破

1）盐下领域的早期探索

鄂尔多斯盆地下古生界奥陶系发育巨厚的膏盐岩地层，其中尤以马家沟组马五$_6$亚段膏盐岩分布范围最广，具有良好的区域封盖条件。由于膏盐层具有特殊的封盖作用，因而与油气的成藏关系密切（雷怀彦，1996；徐世文等，2005；李勇等，2006；Chritopher et al.，2009；文竹等，2012）。"十一五"期间曾并先后针对盆地东部的盐下勘探目标部署实施了龙探1井、龙探2井两口风险探井，但实钻仅在龙探1井的马五$_6$亚段盐下试气获407m^3/d的低产气流。通过对盆地东部奥陶系烃源岩、储层及圈闭等关键成藏要素的综合分析表明，盐下储层、圈闭等条件均较为有利，唯烃源条件总体较差，盐下的海相烃源层多呈薄层、分散状分布于蒸发岩及碳酸盐岩地层中，且有机质丰度整体偏低，显示盐下烃源层的总体生烃能力较差。

2）奥陶系盐下成藏的地质新认识

"十二五"期间，在鄂尔多斯盆地奥陶系中组合勘探突破（杨华等，2011）的启示下，提出膏盐岩之下的奥陶系中—下组合地层在其西侧下倾方向存在供烃窗口，与上古生界煤系烃源岩层直接沟通接触，因而具有侧向供烃成藏的有利条件。具体可概括为以下几方面的要点：一是盐下地层在延伸至邻近古隆起东侧地区时，在前石炭纪直接剥露到近地表附近，与后续披覆沉积的上古生界煤系烃源岩直接接触，形成有利"供烃窗口"；二是燕山运动造成盆地本部构造反转，东高西低的构造格局有利于上古生界煤系烃源岩生成的天然气经由"供烃窗口"进入膏盐下白云岩储集体后，会进一步沿着盐下的马五$_7$—马五$_{10}$亚段白云岩输导层向东侧上倾高部位运移；三是膏盐下白云岩中岩性相变带的存在也为天然气区域性的聚集形成有效的岩性圈闭体系提供了有利条件。

3）盐下勘探取得战略新突破

在上述盐下天然气成藏新认识指导下，2013年优选盐洼西侧的膏岩发育区作为风险勘探的有利目标，并上报股份公司申请风险探井获得论证通过，部署实施了专门针对盐下勘探的靳探1井，沉寂了几年的盐下勘探又开始起航了。靳探1井部署实施后，果然不负众望，在盐下层位试气获 $2.44 \times 10^4 m^3/d$ 的气流，使得针对盐下勘探主力目标层位、圈闭类型等方面的认识逐渐明晰，上古煤系侧向供烃的认识也逐渐成熟，2014年，为了进一步探索奥陶系盐下领域天然气勘探潜力，优选部分探井打到盐下深层，多口井在盐下白云岩储层中钻遇含气显示，其中统74井在马五$_7$亚段钻遇含气白云岩10m，试气获无阻流量 $127.98 \times 10^4 m^3/d$，奥陶系盐下天然气勘探终于获得重大突破（图8-1-4）。

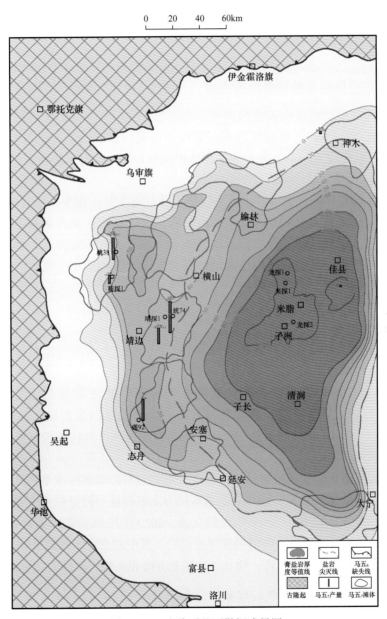

图 8-1-4　奥陶系盐下勘探成果图

近期在盆地中部（乌审旗南—靖边—安塞地区）的马五段盐下已发现桃38井区、统74井区、莲92井区等多个高产富集区块，初步圈定有利含气范围约8000km²。初步实现长庆人梦寐以求的"靖边下边找靖边"的夙愿。

另外，针对盆地东部盐下更深层的马四段勘探也传来喜讯，风险勘探针对马四段在神木南目标部署的米探1井在马四段钻遇多段含气显示，其中马四$_3$亚段白云岩气层采用酸化＋体积压裂试气已获20.73×10⁴m³/d（AOF）的高产工业气流，首次突破了马四段工业气流关。地质综合研究认为，盆地中部乌审旗—靖边—延安百余千米宽的弧形带及东部神木—米脂区面积3×10⁴km²以上，是盐下深层马四段、马三段乃至马二段大区域成藏的有利区带，有形成新的万亿立方米储量规模的潜力，是近期下古生界天然气勘探新的重要战略接替领域。

3.盆地西部台缘相带勘探取得新进展

早古生代鄂尔多斯地区以古隆起为界，存在华北海与祁连海两大海域，沉积特征差异明显。华北海域仅发育下奥陶统沉积，岩性为台地相碳酸盐岩与盐洼盆地相膏盐岩。祁连海域奥陶系地层发育较全，发育深水盆地相泥页岩和台地边缘相碳酸盐岩。

1）早期勘探概况

20世纪80年代中期，盆地西部天池构造完钻的天1井（图8-1-5），首次在奥陶系克里摩里组中途测试获16.4×10⁴m³/d的工业气流，这曾经让长庆人兴奋不已。但之后以天池构造为线索，围绕低幅度构造部署实施的天2井等4口探井相继失利。通过在天池构造实施了三维地震，证实该区构造圈闭分布局限，气藏规模小。天1井的钻探证实祁连海域天然气能够成藏，但其成藏控制因素又极为复杂。面临的问题主要是祁连海域是否存在其他类型的有效圈闭以及有效储集体的发育规律又是怎样的？

2）近期勘探进展

在"十一五"以来国家重大专项平台的支撑下，有关奥陶系台缘相带成藏的认识进一步得到深化，推动台缘相带勘探取得了新的重要进展。

一是台缘颗粒滩相发现新苗头：近期在天环向斜北段部署的古探1井、棋探3井，相继在奥陶系克里摩里组钻遇颗粒滩相石灰岩储层及白云岩储层，试气分别获得1.62×10⁴m³/d、2.23×10⁴m³/d的天然气流，展现出台缘礁滩体勘探的较好苗头，初步落实有利勘探面积约4000km²。

二是乌拉力克组页岩气获得重要进展：乌拉力克组是西缘奥陶系重要的烃源岩发育层段，近期下古生界勘探中有多口直井在钻遇乌拉力克组时见到较好的含气显示，个别井试气还获得了0.10×10⁴～4.18×10⁴m³/d的天然气流，2020年按照非常规页岩气的勘探思路，部署实施了两口水平井开展页岩气的勘探评价试验，其中的忠平1井试气获26.48×10⁴m³/d（AOF），页岩气勘探取得重大发现，树立了中国北方海相页岩气勘探的新标杆。

4.靖西地区发现风化壳含气新层系

近期研究表明，靖西地区风化壳储层受沉积相和岩溶双重因素控制：首先，马家沟组马五$_{1+2}$亚段、马五$_4$亚段沉积期均发育海退期的含膏云坪沉积相带，岩性都为泥晶—细粉晶准同生白云岩，普遍含硬石膏结核等易溶矿物，为风化壳期岩溶储层形成创造了基本条件；其次，虽然由靖边岩溶斜坡区向西马五$_{1+2}$亚段主力风化壳储层段依次剥蚀缺失，但马五$_4$亚段又剥露至近地表附近，遭受风化淋滤改造，仍可形成新的大规模发育的风化壳溶孔型储层段（图8-1-6）。

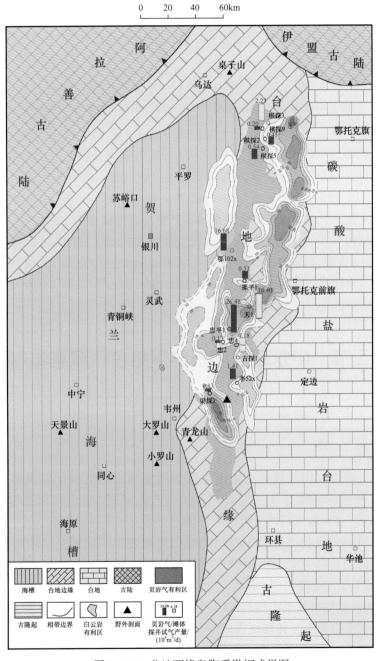

图8-1-5 盆地西缘奥陶系勘探成果图

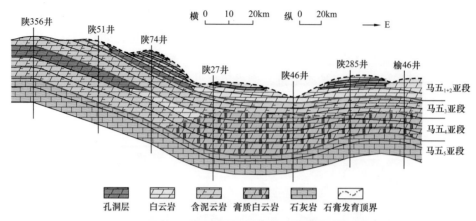

图 8-1-6 靖边气田西侧地区奥陶系顶部风化壳岩溶发育剖面图

在围绕靖边气田东、西两侧能否大面积成藏聚集的勘探实践中，重点加强了靖西地区古沟槽精细刻画地震技术攻关，并积极开展低阻气层测井快速识别方法研究，在靖边气田西部有多口井在马五$_4$亚段风化壳新层系获工业气流，落实有利含气面积 4820km^2，在马五$_4$亚段新增天然气探明地质储量 1085.73×10^{8}m^3，并与马五$_5$亚段新增的千亿立方米探明储量区叠置，形成了双千亿立方米的高产复合规模储量区。

此外，在靖边气田（主力产层为马五$_{1+2}$亚段）的下部，靳 14 井、莲 120 井、靳 12 井等探井在马五$_4$亚段分获 34.55×10^{4}m^3/d（AOF）、31.82×10^{4}m^3/d（AOF）、6.07×10^{4}m^3/d 高产工业气流，累计新增了天然气控制储量 1011.32×10^{8}m^3，实现了风化壳新层系的"西扩"和"深挖"双丰收。

第二节 中东部奥陶系中下组合气藏基本特征

一、中组合气藏基本特征

1. 气藏类型

众所周知，靖边气田是发育在盆地中部奥陶系马家沟组风化壳顶部的古地貌圈闭（地层圈闭的一种特殊形式），其主力储层是（马五$_{1+2}$亚段）风化壳溶孔型储层，圈闭遮挡条件主要受岩溶古地貌之后的上古生界泥质岩类的充填围限所控制。

与奥陶系顶部古风化壳气藏（以靖边气田为代表）不同的是，中组合主要为岩性圈闭气藏，其横向遮挡主要受沉积期由于沉积环境差异所控制的区域岩性相变所控制（图 8-2-1），以马五$_5$亚段为例，从区域上的岩性相变看，由古隆起—靖西—靖边—盆地东部，马五$_5$亚段岩性由邻近古隆起的靖西地区的白云岩逐渐相变为石灰岩夹白云岩、再到盆地东部的石灰岩为主，并环绕古隆起形成一个区域性的岩性相变界面，即靖边东侧地区基本全为致密的石灰岩地层，而靖西地区则为白云岩地层。在经历了海西期—印支期的连续埋藏及燕山期的盆地东部抬升后，奥陶系在盆地本部地区整体呈区域西倾单斜构造。靖边东侧的致密石灰岩地层，刚好位于构造的上倾方向，即在中组合中构成了有效的岩性圈闭遮挡条件。

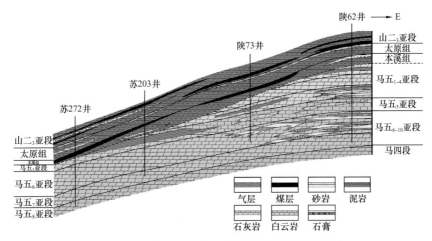

图 8-2-1 靖西地区中组合岩性圈闭成藏模式图

2. 气藏压力特征

中组合气藏以目前实测压力数据较多的马五$_5$亚段气藏来看，整体属于低压气藏。马五$_5$亚段气藏实测地层压力值 27.0～34.7MPa，平均 32.04MPa，压力系数为 0.78～0.93，平均 0.86。因此，总体看来，中组合气藏的压力特征与奥陶系顶部风化壳马五$_{1+2}$亚段气藏的压力特征较为相近。

3. 天然气组分特征

中组合气藏的天然气组分以甲烷含量占绝对优势（表 8-2-1），探井试气现场取样甲烷含量一般为 94%～99%，乙烷含量多在 0.5% 以下，丙烷则小于 0.05%，个别稍高者可达 0.1% 左右，丁烷以后则多小于 0.01%，甲烷化系数可达 99% 以上，因此其总体烷烃组分构成与靖边地区的上古生界砂岩气藏及靖边气田的古风化壳气藏基本一致；CO_2 含量多小于 1%，N_2 含量则多小于 0.3%（个别 CO_2 含量 N_2 含量及较高者可能与储层改造及试气过程中的酸化及液氮助排作业有关）；H_2S 含量一般为 100～7500mg/m³，整体属低含硫气藏，与靖边风化壳马五$_4$亚段气藏及局部含水的马五$_{1+2}$亚段气藏较为接近。

表 8-2-1 苏 203 井区奥陶系中组合马五$_5$亚段气藏气体组分统计表

井号	相对密度	CH_4/%	C_2H_6/%	C_3H_8/%	iC_4H_{10}/%	nC_4H_{10}/%	CO_2/%	N_2/%	H_2S/mg/m³
苏 381	0.564	94.2096	0.1863	0.0239	0.0018	0.0023	4.944	0.107	7436.2
苏 203	0.564	94.5549	0.3627	0.0149	0.0019	0.0015	2.966	1.826	4022.4
苏 345		93.4723	0.2145	0.0138	0.0009	0.0012	5.880	0.238	109.8
苏南 15-130	0.566	98.95	0.169	0.078	0.006	0.015	0.556		302.5

井号	相对密度	CH₄/%	C₂H₆/%	C₃H₈/%	iC₄H₁₀/%	nC₄H₁₀/%	CO₂/%	N₂/%	H₂S/mg/m³
苏南 13-115	0.561	99.01	0.192	0.025	0.003	0.012	0.564	0.097	113.8
莲 28	0.569	98.19	0.523	0.109	0.184	0.14	0.598	0.221	
平均	0.565	96.3978	0.2746	0.0441	0.0329	0.0287	2.585	0.498	2396.9

4. 气藏区位分布与埋深

受区域岩性相变的控制，中组合气藏主要分布在东部石灰岩洼地和古隆起之间的靖西台坪和横山缓坡两个沉积相带上，大体围绕东部石灰岩洼地（海退期为东部盐洼）呈半环状展布（图 8-1-3）。此外，由于气藏形成进一步还受到储层发育的控制，台坪相带上的局部滩相储层发育区，则是中组合气藏富集的最有利的目标区块（杨华等，2011）。此外，在盆地东部的个别地区，局部也可见中组合气藏的零星分布（如神 5 井区）。

在靖西地区，中组合气藏埋深一般为 3600~4100m，距离奥陶系顶部风化壳相对较近（10~30m）；而在乌审旗—靖边—志丹地区则相对较浅，埋深多在 3200~3700m，距离奥陶系顶部风化壳也相对较远（60~90m）。东部地区局部可见的中组合气藏的埋深则多在 2400~2800m 之间，距奥陶系顶部风化壳的垂直距离一般在 90~100m。

二、下组合气藏基本特征

1. 气藏类型

下组合由于远离奥陶系顶部的风化壳，其圈闭成藏机理与风化壳气藏自然有着截然的不同（至少风化壳古地貌对其已经不起决定性控制作用），而与中组合有一定的相似性，主体仍以岩性圈闭为成藏聚集的主要控制因素。此外，局部发育的鼻隆构造及区域性的前石炭纪的断裂活动对圈闭聚集也起一定的控制作用。因此，下组合属奥陶系内幕的天然气成藏系统，其气藏类型主要为岩性圈闭气藏及构造圈闭气藏。

对于盆地中东部地区的奥陶系下组合而言，无论是在海侵半旋回形成碳酸盐岩为主的沉积层，还是海退半旋回中形成的碳酸盐岩—蒸发岩沉积层，横向上都存在明显的区域性岩性相变。以海侵型的马四段沉积为例，由中央古隆起向东，其岩性由邻近古隆起区以白云岩为主，逐渐变为中部的白云岩—石灰岩互层，及东部的石灰岩夹白云岩薄互层。仅就盆地中东部地区的碳酸盐岩而言，有效储层一般都发育在白云岩中，石灰岩通常孔渗性都极差，大多成为致密围岩。当燕山期盆地东部构造抬升后，盆地东部的致密石灰岩即构成了其下倾方向白云岩储层的上倾遮挡条件，进而形成有效的、区域性分布的岩性圈闭体系（图 8-2-2）。

在以海退型为主的马三段沉积层系中，同样由中央古隆起向东，岩性依次由西部白云岩、中部云膏互层，相变为东部的以石盐岩为主。有利储层同样是发育在白云岩以及白云岩夹层中。燕山期盆地东部的抬升，东侧上倾方向的硬石膏岩及石盐岩，同样也构成其西侧下倾方向白云岩储层段的有效遮挡，进而也形成了有利的岩性圈闭体系（图 8-2-2）。

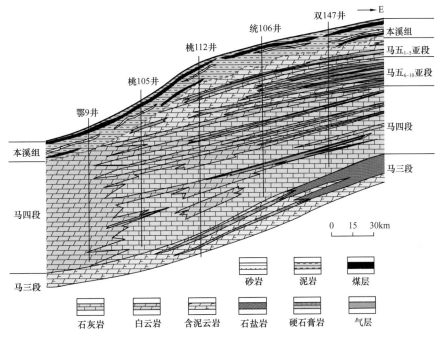

图 8-2-2　鄂尔多斯盆地中东部奥陶系下组合岩性圈闭成藏模式图

而在盆地东部地区，奥陶系盐下（尤其是马四段等海侵型下组合层段），由于部分层段白云岩薄夹层型储层横向延续性较好，顺层移动的天然气也可以长距离运移到更东侧的局部构造圈闭中聚集成藏（图 8-2-3）。如盆地东部神木目标区的米探 1 井、米 104 井等均在马四段的白云岩中见较好含气显示，其中米探 1 井试气获高产天然气流，证实了局部构造圈闭成藏的有效性。

2. 气藏压力特征

中东部地区下组合气藏多具有高压特征，压力系数通常可达 1.3～1.6，在钻井过程中多易于发生气侵、井涌等异常井况，加之盐下气藏硫化氢含量较高，因而在钻井过程中钻遇该类气层时，通常会加大钻井液密度以平衡异常的地层压力，这可能导致对本就较为致密的白云岩储层造成一定的水锁伤害，进而导致后期试气效果欠佳而延缓气藏的发现。

分析下组合气藏异常高压的原因，认为其可能主要是由于气藏处于封闭性极佳的盐盖层之下，因而保存条件较好有关。此外，气藏在成藏后的"气—岩反应"（硫酸盐热还原反应 TSR）也可能是导致异常高压的另一个主要因素。因为膏盐岩盖层及盐下白云岩中通常都含有一定量的硬石膏（硫酸盐类矿物），其在一定温度下（100～180℃）并有一定量地层水参与的条件下，可与烃类气体发生还原反应：

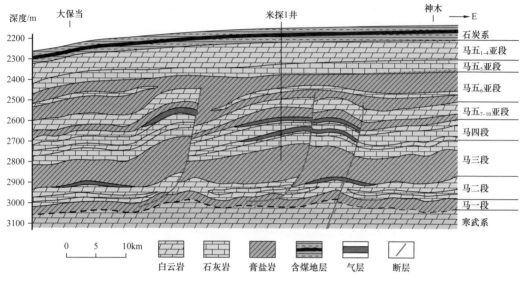

图 8-2-3　盆地东部奥陶系下组合局部构造圈闭成藏模式图

$$CH_4+CaSO_4 \!=\!=\!= H_2S\uparrow+Ca(OH)_2+CO_2\uparrow$$

$$Ca(OH)_2+CO_2 \!=\!=\!= CaCO_3\downarrow+H_2O$$

这一反应过程本身具有一定的增压特性，即反应前后气体分子个数在增加，因而导致了气藏整体压力的升高，而反过来随着气藏压力的不断升高，又会抑制反应的进一步进行，从而使得反应过程逐步趋于停滞，进而维持在一个较高压力的平衡状态。这似乎对于下组合气藏的既高压，又高含硫化氢的现象是一个较为合理的解释。

3. 天然气组分特征

根据目前已有探井的天然气样品分析资料，奥陶系盐下及下组合产层的天然气组分构成中，甲烷占绝对优势，其甲烷化系数（甲烷占烃类组分的比例）多达 0.98 以上；乙烷含量多在 0.05%～1% 之间，个别可达 1%～3%；丙烷、丁烷等含量则不足 0.5%，戊烷、己烷等更高分子量的烃类则含量则在 0.01% 以下。因此，单从烃类气体组成的特征来看，盐下天然气与来源于上古生界煤系烃源岩的奥陶系风化壳气藏（以靖边气田马五$_{1+2}$亚段气藏为代表）和上古生界砂岩气藏的天然气成分基本一致，说明盐下天然气气藏可能主要来源于上古生界煤系烃源岩，与风化壳气藏和上古生界砂岩气藏具有共同的气源，即上古生界煤系烃源岩。

而在 N_2、CO_2 的占比方面，盐下天然气也与风化壳气藏和上古生界砂岩气藏的天然气也大多较为接近，以在 1%～5% 之间居多。但在局部也发现有 CO_2 含量极高的二氧化碳气藏，如东部米脂地区龙探 2 井曾在马三段获得 $5.6\times10^4 m^3/d$，但以 CO_2 为主的天然气藏。

此外，特殊不同的是盐下气藏中的 H_2S 普遍较高，多在 1%～10% 之间，这主要是由于盐下天然气在成藏后于较高温度下与地层中的硬石膏岩发生气—岩反应生成了 H_2S 气体（TSR），因而 H_2S 的含量并不反映天然气的来源问题。

4. 气藏区位分布与埋深

受区域性岩性相变控制的岩性圈闭体系控制，下组合的岩性圈闭气藏主要分布在大的岩性相变的界线附近。无论诸如马三段的海退期沉积、还是诸如马四段的海侵期沉积层，都存在区域性岩性相变，并且其岩性相变的关键界线都主要发育在盆地中部的榆林—横山—安塞一线。当燕山期东部抬升时，位于东侧的致密岩性分布区又处在区域构造的上倾方向，对其西侧下倾方向的有利储层段构成有效的岩性圈闭遮挡条件，可与上覆的膏盐岩封盖层相配合、共同构成有效性极高的区域性岩性圈闭体系，在盆地中部及东部地区形成大规模分布的岩性圈闭成藏区带。

从岩性圈闭成藏角度分析，东西向岩性相变的界线附近就是上倾方向岩性圈闭的终点，则此界以西的膏盐岩封盖层覆盖区以内的区域均是盐下及下组合白云岩岩性圈闭成藏的有利区域。但由于涉及烃源充注程度、储盖组合匹配关系及圈闭有效性等方面因素的影响，岩性相变带以西、较为靠近岩性相变带附近的范围，应是成藏聚集最为有利的区域，即大体位于榆林—靖边西一带的 100～120km 宽的弧形区域内，分布面积约 $2 \times 10^4 km$（图 8-2-4）。因此从宏观的大区域成藏角度来看，其形成规模岩性圈闭体系的潜力还是很大的。

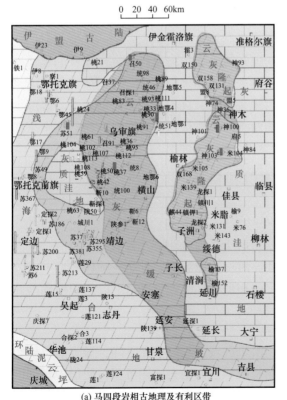

(a) 马四段岩相古地理及有利区带　　(b) 马三段岩相古地理及有利区带

图 8-2-4　盆地中东部奥陶系下组合马四段、马三段有利成藏区带分布图

此外，马四段在岩性相变带之外的盆地东部神木—米脂地区，还存在灰—云低隆带这一相对孤立的构造—岩性圈闭或构造圈闭，其储层主要形成于大范围灰岩洼地中的低幅度生物建隆（类似于藻丘或灰泥丘）之上，并在次级旋回的顶部发生白云岩化形成云质薄夹层，厚度多为 2～3m，与周围的致密灰岩形成有效的岩性圈闭体系，其气源仍可来自供烃窗口区的上古生界煤系烃源岩层，运移机制则主要受前述断层错位后的"窜层运移"所控制。

由于盆地中东部地区整体处于伊陕斜坡这一构造单元之上，下古生界构造层系呈整体西倾单斜构造格局，坡降 7～10m/km，因此对于奥陶系下组合而言，也整体呈现为向西埋深逐渐加大的趋势，气藏埋深主要受具体含气层位和所在构造区位及地表地形起伏等方面的因素控制。

靖西地区下组合成藏显示主要分布在马四段及马三段，气藏埋深一般为 3900～4300m，距离奥陶系顶部风化壳多在 150m 以上；而在乌审旗—靖边—志丹地区则埋深相对较浅，一般为 3400～4100m，距离奥陶系顶部风化壳也相对较远，多在 200m 以上。东部地区的下组合则在马四段、马三段、马二段都见到零星的含气显示，埋深则多在 2600～3500m 之间，距奥陶系顶部风化壳的垂直距离也多在 200m 以上。

第三节　碳酸盐岩—膏盐岩组合大气田形成条件

鄂尔多斯盆地中东部奥陶系马家沟组发育巨厚的碳酸盐岩与膏盐岩交互的沉积体系，但由于钻穿奥陶系的探井较少，勘探程度及认识相对较低，因而对其沉积发育的规律性及奥陶系内幕天然气成藏聚集的基本地质特征尚未形成明确的认识。近期通过对奥陶系碳酸盐岩—膏盐岩共生体系形成时的构造与古地理背景、沉积特征、储层发育、烃源供给及圈闭聚集等方面的分析，形成了一些新的观点与地质认识，以期对推动盆地中东部奥陶系碳酸盐岩—膏盐岩体系的天然气勘探新突破发挥一定的作用。

一、碳酸盐岩—膏盐岩组合的基本沉积特征

1. 受构造与古地理控制，沉积岩相横向分异明显

盆地中东部地区的奥陶系膏盐岩—碳酸盐岩由于受构造环境及古地理的控制，横向上的沉积岩相分异极为明显，尤以海退期为甚。海侵期和海退期虽然在整体岩性上有较大差异，但岩相区域分异的总体格局仍具一定的相似性，此处仅以马三段沉积期和马四段沉积期为例分别讨论其区域岩相的横向分异特征。

1）马三段沉积期（海退期）沉积岩相分异

马三段沉积期为一较长期的海退沉积期，由于区域性的海平面下降，导致此时伊盟古陆及中央古隆起的大部分区域基本处于长期暴露状态而缺失同期沉积，使得中东部沉积区与中央古隆起西南侧的秦祁广海海域处于基本隔绝状态；另外由于吕梁古隆起的存在，使得中东部沉积区与其东侧的华北海域也处于间歇性隔离状态，因而在鄂尔多斯中

东部坳陷区形成了基本封闭的局限海潟湖（盐洼盆地）沉积环境，在潟湖（盐洼）中心主要发育石盐岩为主的沉积层，围绕盐洼中心的周边则形成（硬）石膏岩与准同生白云岩交互的沉积层，再向外围靠近古隆起的地区则形成以蒸发潮坪白云岩为主的沉积层，并常含少量膏质结核或膏、盐单晶矿物。因而总体上，马三段沉积期在鄂尔多斯中东部地区形成了由东向西依次为东部盐岩盆地相、中部膏云坪相及西侧靠近古隆起区的含膏云坪相的区域性岩相分布格局，从盐岩盆地向中央古隆起区展示出强烈的盐—膏—云的沉积岩相分异特征［图 8-2-4（b）］。

2）马四段沉积期（海侵期）沉积岩相分异

马四段沉积期则为一长期海侵沉积期。由于区域性海平面上升，海水侵没了中央古隆起的大部分区域（仅核部的镇原—正宁地区仍处于间歇暴露状态），使中央古隆起对秦祁广海（开阔大洋）的障壁作用基本消除，秦祁广海与华北陆表海逐渐连为一体。东部米脂—延安原来处于局限蒸发环境的碳酸盐岩沉积条件完全消失，而代之以较深水的浅海沉积环境，主要发育含生屑的泥晶灰岩或泥粒灰岩沉积层；在靠近中央古隆起一带则主要处于浅水台地沉积环境，发育颗粒滩相碳酸盐岩沉积；而在邻近古隆起的西侧台地边缘地区则由于面向秦祁广海，水体能量高，生物繁盛而发育生物礁相（或礁滩复合体）沉积，更西侧地区则进入较深水域的广海陆棚沉积区。

因此，马四段沉积期的海侵沉积虽总体以碳酸盐岩沉积为主，但其沉积相带仍具有明显分异作用，并由于后续白云岩化改造作用的继承性差异，形成了东部以灰质洼地为主，向西过渡为云质缓坡及邻近中央古隆起区的浅海沉积区，乃至西侧的台缘礁滩体及广海更深水的陆棚相碳酸盐岩的大的岩相分布格局［图 8-2-4（a）］，也表现出了较为明显的沉积分异特征。

对于马二段沉积期，也属于较长周期的海侵期，其沉积岩相的分布格局与马四段沉积期类似，只是海侵规模相较马四段沉积期小；马六段沉积期虽同为海侵期沉积，也具有相似的分区性特征，但由于其在中东部地区处于奥陶系沉积的最顶部，大部分地区因加里东构造抬升的风化壳期剥蚀强烈而所剩无几，难以从实际资料角度进行岩相古地理的恢复。

2. 受海平面变化旋回控制，碳酸盐岩—膏盐岩多层系交互叠置发育

盆地中东部马家沟组碳酸盐岩—膏盐岩层系纵向上表现出显著的旋回叠置的发育特征（图 8-3-1）。马一段—马六段（由下至上）6 个段的划分即主要根据这种岩性的旋回性沉积特征而来。其中马一段、马三段、马五段岩性以膏盐岩及蒸发潮坪白云岩为主，代表海退期局限海蒸发环境的沉积特征；马二段、马四段、马六段则以碳酸盐岩为主，局部层段含少量硬石膏岩夹层，代表了海侵期水体基本连通的广海沉积特征。由马一段至马六段构成了三个大的层序旋回，大体相当于 Vail（1977）的三级层序旋回，每个旋回的周期在 2～5Ma 之间。

另外，在上述大旋回内部又存在次一级的小旋回，如以马五段为例，从上到下可划分为马五$_1$亚段—马五$_{10}$亚段，其中马五$_{1-3}$亚段、马五$_5$亚段、马五$_7$亚段、马五$_9$亚段

以短期海侵的碳酸盐岩地层为主，而马五$_4$亚段、马五$_6$亚段、马五$_8$亚段、马五$_{10}$亚段则以海退期的膏盐岩沉积为主，反映即使在大的海退沉积期，盐洼盆地虽大部分时间与外海隔绝，但也不乏间歇性地又与外海短期相连沟通的外来水体的注入过程，否则也难以形成巨厚的膏盐岩沉积层，因为如果拿现代海水做比较，将1000m深的海水蒸干，其所形成的盐类沉积厚度也不过13m左右（博谢特，1975），因此外来海水的不断注入也是形成巨厚蒸发岩沉积的必要条件（包洪平等2004）。因此，与外海的沟通，既形成了短期海侵碳酸盐岩沉积层，也补充了后续蒸发岩沉积所必需的含盐水体。

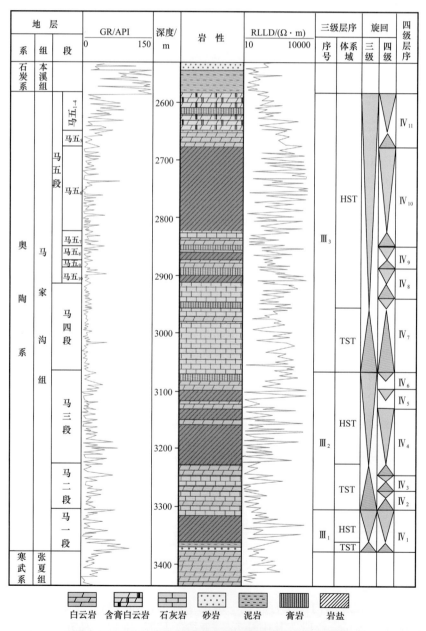

图 8-3-1　盆地中东部马家沟组沉积旋回及层序划分图

二、碳酸盐岩—膏盐岩层系的储—盖组合发育特征

1. 储层发育特征

除了奥陶系顶部的风化壳溶孔型储层外，碳酸盐岩—膏盐岩共生体系的内幕地层中也发育有效的白云岩储集层段（图 8-3-2），主要存在两种有效的储集岩类型，一是海侵层序中的白云岩晶间孔型储层，二是海退层序中的含膏白云岩溶孔型储层。

图 8-3-2　鄂尔多斯中东部奥陶系下组合储层岩石结构及孔隙发育特征

（a）靖探 1 井，3802.3m，马四段，粉细晶白云岩，发育晶间孔；（b）靳 6 井，3688.43m，马四段，粗粉晶云岩，具残余颗粒结构，发育晶间孔；（c）米探 1 井，2617.16m，马四段，土状粉晶白云岩，发育微细晶间孔，孔径 3～5μm；（d）靳 6 井，3868.88m，马三段，泥粉晶白云岩，发育球状溶孔；（e）莲 1 井，3699.4m，马三段，泥晶白云岩，具膏模孔；（f）龙探 2 井，2938.17m，马三段，含盐云岩，部分盐晶被溶成盐模孔；（g）米探 1 井，3047.78m，马二段，灰褐色土状粉晶云岩；（h）米探 1 井，3047.92m，马二段，土状粉晶白云岩，发育晶间微孔；（i）桃 112 井，马二段，蓝色铸体，砾屑云岩，发育粒间溶孔

海侵层序中的白云岩晶间孔型储层：岩石由浅水台地颗粒滩相沉积在浅埋藏期的白云岩化作用所形成的粉晶—细晶白云岩构成，由于白云岩晶粒结构较粗，（通常为粗粉晶—细中晶晶粒结构），白云石自形程度较高，因而大部分层段多发育有一定的晶间孔隙而成为有效的白云岩晶间孔型储层。以马四段白云岩为例，多个层段发育粉晶—细晶白云岩储层，孔隙度在邻近古隆起区多为 3%～8%，渗透率 0.1～2mD，单层厚度多为 5～8m，是区内储集规模大，储层物性好的晶间孔型白云岩储层发育层段 [图 8-3-2（a）（b）（c）]。

除马四段白云岩外，马二段及马五段的短期海侵层序中（如马五$_5$亚段、马五$_7$亚段、马五$_9$亚段）也常发育此类白云岩储层。

海退层序中的含膏白云岩溶孔型储层：该类储层主要发育在含膏云坪相带形成的"非层状分异"的含膏白云岩中，膏盐结核与泥晶—粉晶白云岩基质几近同期形成，因此结核中通常也含有少量泥晶—粉晶结构的白云石晶粒。如遇间歇性暴露，其中的膏盐矿物及结核多遭受短期的大气淡水淋滤而形成有效的（含膏）白云岩溶孔型储层［图 8-3-2（d）（e）（f）］。如本区马三段海退层序的白云岩夹层中即发育此类白云岩溶孔型储层［图 8-3-2（i）］，局部层段孔隙度可达 6%～9%，渗透率 0.3～5mD。马五段膏盐岩层段的白云岩夹层中，也常见该类白云岩溶孔型储层的存在（如马五$_6$亚段）。

下组合在多个层段发育有效白云岩储层，但不同层段的岩性及孔隙发育特征存在较大差异。

下组合所涉层系较广，包括马四段、马三段、马二段乃至马一段等众多层段，地层厚度 400～500m，既包括碳酸盐岩为主的海侵沉积层段，又包括含有膏盐岩的海退沉积层段，单从成因及岩性组合就足见其储层发育的复杂性，因此，这里仅就目前已发现有效储集层段的盆地中东部地区的马四段、马三段、马二段，简述其储层发育的一些基本特征。

1）储层岩性以白云岩为主

从目前已有探井资料看，在下组合所发育的石灰岩、白云岩、硬石膏岩、石盐岩、以及少量的泥质岩等众多岩类中，仅在白云岩中发现有效储层段，膏盐岩及泥质岩类通常都被看作致密的封盖层，这里自然也概莫能外；石灰岩通常也极为致密，目前尚未在其中发现有效储集层段；白云岩大多数层段都较为致密，仅在个别层段中发育有效的储集层段。

2）储层储集空间以基质孔为主（裂缝及大的溶蚀孔洞不占优势）

下组合储层中主要发育白云石晶间孔与组构选择性溶孔这两类储集空间，呈现为在各自储集层段中较为均匀分布的基质孔的发育特征（图 8-3-2），而各类裂缝及大的溶蚀孔洞在储集空间类型中并不占有太大优势，这主要与下组合远离奥陶系顶部的风化壳、不具备发育像风化壳储层那样的形成风化裂隙及大的溶蚀孔洞的地质条件有关。

3）有效储层发育具有较强的层控性分布特征

首先，盆地中东部奥陶系马家沟组（包括上组合、中组合及下组合）属于碳酸盐岩与膏盐岩交互共生的沉积体系，其沉积地层的岩性结构本身就表现出极强的旋回性分布特征，在大的储盖组合上天然呈现出碳酸盐岩储层段与膏盐岩封盖层段交互叠置的发育分布特征。

其次，前已述及，下组合的有效储层主要在白云岩体中，而白云岩在碳酸盐岩地层中的分布受白云岩化作用的制约，本身就具有较强的层控性分布特征（包洪平等，2017）。

再者，尽管有利储层段都发育在白云岩中，但并非所有的白云岩都可发育为有效的储层段，实际情况是大多数白云岩层段都较为致密，仅少部分层段发育为有效的白云岩储层，进一步的研究分析表明，这主要受沉积相（微相）及四级或五级层序旋回的控制。

以马四段为例，在鄂托克旗—定边—吴起一带的浅海台地沉积相带上马四段储层最为发育，但由于该区在圈闭等方面的因素制约而整体成藏条件都相对较差，因而不是勘探关注的重点；而在中部乌审旗—靖边—延安一带的云灰缓坡带及东部神木—子洲云灰隆起带上，虽然白云岩化作用不十分强烈，但部分层段（多位于四级或五级层序旋回的界面附近）仍发育有较好的白云岩晶间孔型储层，且由于该相带横向沉积相变较为明显，易于形成有效的岩性圈闭遮挡条件，因而成为近期下组合天然气勘探的重点目标区带。

2. 盖层发育特征

马一段、马三段、马五段海退期形成的蒸发岩沉积层序中均发育大段厚层的石盐岩及硬石膏岩沉积层，因其横向连续，分布范围广，规模大（图 8-1-5），是区内碳酸盐岩—膏盐岩共生体系中天然气成藏最为有利的区域性封盖层，无论对于膏盐岩层系之下的大段海侵期白云岩层段，还是膏盐岩之间的白云岩薄夹层等层段的天然气聚集成藏都具有良好的封盖层意义。以其中分布较广的马五$_6$亚段膏盐岩盖层为例，其膏盐层的单层厚度多在 5～20m 之间，累计厚度可达 30～100m，对区内马五$_7$亚段白云岩及马四段白云岩的成藏都具有极好的区域性封盖作用。

3. 储—盖组合发育特征

如前所述，盆地中东部奥陶系的碳酸盐岩—膏盐岩层系在纵向上是旋回性叠置发育的（图 8-3-3）。

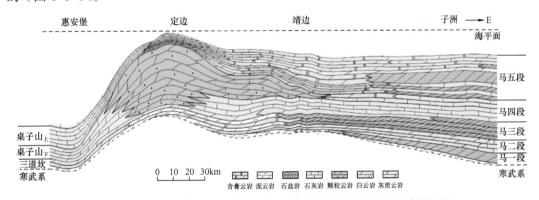

图 8-3-3 鄂尔多斯中东部奥陶系马家沟组沉积岩相及储盖组合剖面图

在以马二段、马四段为代表的海侵型碳酸盐岩沉积层序之上，随之即发育了以马三段、马五段下部为代表的海退型膏盐岩沉积层序，这就自然构成了马二段碳酸盐岩储层与马三段膏盐岩盖层及马四段碳酸盐岩储层与马五段膏盐岩盖层之间横向上广泛且稳定分布的储层组合体系。

同样，对于诸如马五段内部的次级层序旋回，也由于短期海侵碳酸盐岩与海退膏盐岩沉积的间互叠置发育，而构成次一级的储—盖组合分布格局，如马五$_5$亚段与马五$_4$亚段、马五$_7$亚段与马五$_6$亚段、马五$_9$亚段与马五$_8$亚段等，在横向上也具有较为广泛且稳定的分布。

三、碳酸盐岩—膏盐岩组合的烃源供给条件

1. 气源认识分歧

鄂尔多斯盆地下古生界碳酸盐岩层系的天然气成藏，气源受上古生界和下古生界两套烃源层系的供给，但究竟是以上古生界煤系烃源为主，还是以奥陶系自身的海相烃源岩为主的问题，认识上仍存在较大争论（陈安定，1996；夏新宇等，1999；谢增业等，2002；张水昌等，2002；刘德汉等，2004；王兆云等，2004；Dai Jinxing，2005；彭平安等，2008；王传刚，2012；涂建琪等，2016；刘文汇等，2016，2017；李伟等，2017）。而对于远离奥陶系顶部风化壳的盆地中东部奥陶系碳酸盐岩—膏盐岩体系的盐下更深层，对其天然气成藏的气源问题则更是如此，分歧尤为突出。

2. 下古生界海相烃源岩

富有机质岩性主要为薄层泥岩夹层和中薄层泥质白云岩，纯碳酸盐岩和膏盐岩中有机质含量通常均较低，大多小于 0.1%。通过对盆地中东部奥陶系碳酸盐岩—膏盐岩体系1500 余块岩心样品的有机碳（TOC）分析数据的统计分析表明，其可能的烃源层段的有机碳大部分处在 0.05%～0.3% 之间，TOC 大于 0.3% 样品不足 20%，TOC 最高值也仅 1.5% 左右，且多以厘米级甚至毫米级薄层或纹层的形式出现（图 8-3-4），测井综合解释的富泥质有利烃源岩累计厚度一般在 15～30m 之间。因此，总体来看，中东部地区碳酸盐岩—膏盐岩体系中自生烃源岩的品质整体较差。近期中国石油大学（北京）高岗、刚文哲（2020）利用烃源岩实测 TOC 含量及分布特征，结合总有机碳法生烃量估算公式，确定盐下烃源岩的总生气强度为 $2.88 \times 10^8 m^3/km^2$，仅为盆地上古生界煤系烃源岩总生气强度的约 1/10 左右，因而推断其难以对奥陶系盐下层系的天然气成藏形成大的贡献。

3. 上古生界煤系烃源岩

上古生界煤系烃源岩指发育在盆地内上古生界石炭系本溪组—二叠系山西组含煤地层中的烃源层系。富有机质岩石主要为煤层、碳质泥页岩、暗色泥岩，以及部分石灰岩等，由于其有机质丰度高，分布范围极为广泛，累计厚度多在 80～150m 之间（表 8-3-1），在盆地本部地区的总生气强度一般为 $20 \times 10^8 \sim 28 \times 10^8 m^3/km^2$，整体具有很高的生烃及供烃潜力。

表 8-3-1　鄂尔多斯盆地上古生界煤系烃源岩有机质丰度统计表

岩性	本溪组		太原组		山西组	
	厚度 /m	有机碳 /%	厚度 /m	有机碳 /%	厚度 /m	有机碳 /%
煤层	7～20	55～80	4～8	10～75	5～15	45～90
暗色泥岩（碳质泥岩）	30～40	3～20	20～30	2～18	50～70	1～15
石灰岩	4～12	0.2～1.2	10～30	0.3～1.5		

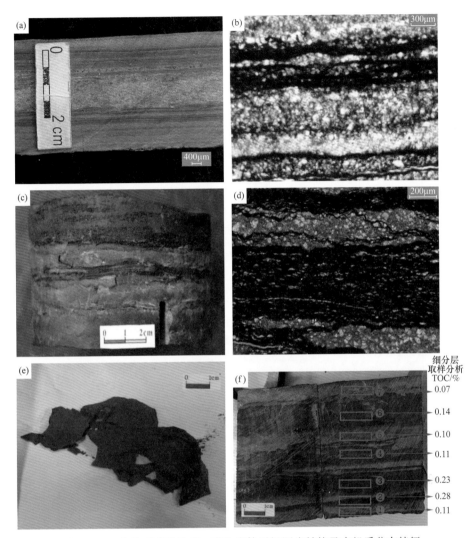

图 8-3-4　奥陶系碳酸盐岩—膏盐岩体系烃源岩结构及有机质分布特征

（a）府 5 井，2481.58m，马四段，含泥质泥粉晶白云岩，具水平纹层构造；（b）府 5 井，2481.58m，马四段，含泥
　　质泥粉晶白云岩，TOC：0.59%；（c）LT2 井，2656.93m，马五₇亚段，灰色泥粉晶白云岩，夹约 2cm 厚可疑黑色
　　碳质薄层；（d）LT2 井，2656.93m，马五₇亚段，泥粉晶云岩，TOC：0.14%；（e）T17 井，马五₆亚段，灰黑色泥
　　岩，与含泥云岩互层、呈毫米级纹层状分布，片状剥落，有机质丰度相对较高，TOC：1.28%；（f）T112 井，马三段，
　　3777.10m，含膏泥质白云岩，岩样总 TOC：0.15%

　　上古生界煤系烃源对奥陶系顶部风化壳气藏的供烃成藏的贡献已得到较普遍的认可，但对中东部地区奥陶系"内幕"深层天然气成藏是否也是主要供烃者，目前在认识上尚存在较大分歧。所存疑点主要在于奥陶系上覆的上古生界煤系烃源岩纵向上距离碳酸盐岩—膏盐岩内幕储层的距离太远，难以向下穿越巨厚的膏盐岩分隔层而进入奥陶系内幕储层段成藏。

4. 对上古生界煤系烃源侧向供烃成藏的新认识

　　近期对奥陶系碳酸盐岩—膏盐岩体系源储配置关系的研究表明，中东部体系在西侧古隆起区存在区域性分布的"供烃窗口"（图 8-3-5），通过侧向供烃、对其东侧上倾方向的奥陶系盐下层系仍具规模供烃成藏的潜力（杨华等，2014；包洪平等，2020）。

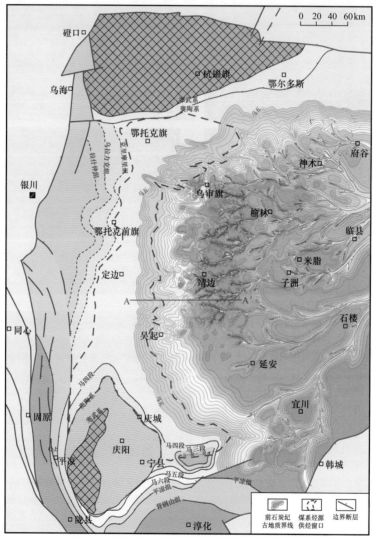

图 8-3-5　前石炭纪古地质与上古生界供烃窗口分布图

图中 A—A′ 示图 8-3-6 的剖面线位置

1）奥陶系盐下层系在古隆起附近存在规模分布的"供烃窗口"

奥陶纪马家沟组沉积期在碳酸盐岩—膏盐岩共生体系形成后，鄂尔多斯盆地地区即开始进入整体抬升的加里东构造运动阶段，一直持续至晚石炭世本溪组沉积期才开始接受新一轮的沉积作用，期间经历了大约 1400Ma 的沉积间断期，使奥陶系顶部地层大多经历了一定的抬升剥蚀及风化淋滤改造作用，但实际这种抬升剥蚀作用并非全区均衡发育的，突出表现在靠近中央古隆起的区域抬升剥蚀更为强烈，而向盆地中东部地区则抬升剥蚀幅度相对较低，如在中央古隆起核部附近的镇原地区，奥陶系整体缺失，乃至在核部寒武系也已剥蚀殆尽（图 8-3-5），由中央古隆起核部向北延伸至伊盟隆起之间的地区（中央古隆起北段）则大部分剥露至马四段白云岩地层。而盆地中东部则抬升剥蚀幅度较小，大部分地区保留有较全的马五段，局部甚至还残存马六段。

因此，由东向西至靠近中央古隆起方向，奥陶系地层有马五段上部—马五段下部—马四段依次剥露的抬升剥蚀特征，显示出中央古隆起在加里东末的构造抬升期仍相对较为活动，古隆起区的抬升幅度明显要高于远离古隆起的盆地中东部地区。

晚石炭世本溪组沉积期，在经历了长期风化剥蚀后，鄂尔多斯盆地又与华北地块一起开始整体沉降，接受晚石炭世—早二叠世的煤系地层沉积。由于晚石炭世沉积前所经历的 1 亿多年的风化剥蚀作用已使前石炭纪的古地貌呈准平原化特征，因而其后续的晚石炭世—早二叠世沉积基本呈平铺的"披覆式"覆盖于下伏的下古生界风化壳之上，仅在靠近古隆起的区域存在小规模的"超覆"沉积特征。因此，从鄂尔多斯盆地中东部地区的总体特征来看，上、下古生界之间整体呈现为明显的"削截不整合"式的地层接触关系（图 8-3-6）。这导致盆地中东部的盐下地层在西延至古隆起附近时，存在与上古生界煤系地层直接接触的"窗口"区。

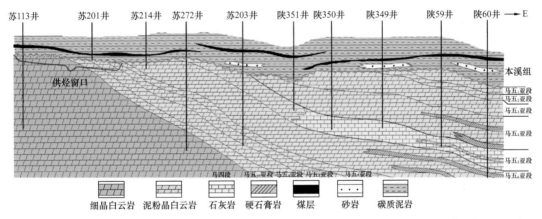

图 8-3-6 古隆起东侧奥陶系与上古生界不整合接触及源—储配置关系剖面图（据包洪平等，2020）

在东西向削截不整合的上、下古生界发育背景下，位于盆地中东部地区远离风化壳不整合面的盐下"深层"的地层，在向西延伸至靠近中央古隆起附近时，则又处在了风化壳不整合面上，与上古生界煤系烃源岩层直接接触，这种接触关系在区域分布上有较大的范围，大致呈环绕古隆起的半环状分布，成为一个类似于供给"窗口"的巨型分布区。如果以前石炭纪古隆起以东地区马五$_6$亚段含盐地层剥露的底界线与马家沟组底的剥露界线之间的地层分布范围来圈定，则"窗口"区南北延伸 320～420km，东西宽 40～110km，分布范围可达 $3.7×10^4km^2$（图 8-3-5）。

2）煤系烃源的生烃增压为"窗口供烃"提供了初次运移强劲动力

盆地模拟分析表明，上古生界煤系烃源岩在生排烃高峰期，由于有机质由固态向气态的转化，可产生巨大的生烃增压作用，根据对盆地上古生界煤系烃源岩的热模拟实验分析，低阶煤样在达高过成熟演化阶段时，其气态烃生成率可达 60～100m³/t·TOC，按 150℃的地层温度和 10% 的孔隙体积（暂不考虑烃源岩中的孔隙被地层水占据的影响）并排除掉 20～30m³/t·TOC 煤层吸附气的影响估算，则其所形成的游离态天然气至少可产生 30～50MPa 的生烃增压，但考虑到在生烃过程中所形成的天然气会不断从烃源层中逸散排出，仅按 1/4～1/3 的剩余积计估算，也会累计 8～12MPa 的生烃增压，这对于窗口区的煤系烃源岩生成的天然气向下古生界盐下储层系的运移无疑是一份强劲的动力。

3）成藏区与窗口区的静水压差可支持长距离二次运移

自印支期末开始，中东部地区盐下地层的海拔就开始高于其下倾方向"窗口"区的海拔，随着盆地东部进一步抬升，至燕山晚期两者的海拔落差进一步加大，按今构造落差 1200～1500m 推算，其因海拔落差引起的静水柱压差就已达 10～13MPa。

由于煤系烃源岩生成的天然气以甲烷占绝对优势，在较高温度下非常接近于理想气体，根据靖西地区奥陶系中组合气藏的高压物性实验分析结果，其在压力大于 30MPa，温度大于 90℃时的偏差系数介于 0.99～1.02 之间，因此可按理想气体的状态方程计算天然气以气泡形式运移过程中的浮力变化。

根据阿基米德定律，计算出气泡所受到的浮力约是重力的 7 倍左右。由此可见，在由西部深处向东部浅处的运动过程中，气泡自身的重量未变、而其所受到的浮力却显著增大（共增长了约 1.4 倍），这就形成了强势的运移势能。因此，仅有静水压差所造成的动力就足以驱动进入窗口的天然气以气泡形式不断向上倾方向进行长距离的运移。

此外，燕山期盆地东部抬升，地层温度会有一定的降低。按白垩纪末盆地东部地区地层抬升剥蚀恢复至少可达 1000m 推算，奥陶系盐下地层的抬升幅度也达 1000m 左右，对应盐下地层温度则可由原来的最大埋深时的 130～150℃下降到抬升后的 80～90℃，则其对应的等容降压作用也可导致 3～5MPa 的压力下降。

因而从整体情况看，在印支期末—燕山晚期的生排烃高峰期，除存在因地势高低不同而产生的静水柱压差外，还存在着由于下倾窗口区的生烃增压，而中东部上倾方向由于抬升却在减压，且窗口区的增压与东部地区的减压发生的时间也基本同期，由这两者叠合所产生的压差可能达到 20～30MPa，这对于通过窗口进入盐下层系的天然气向中东部地区运移提供了十分强劲的动力，足以确保其能产生大规模、长距离的运移作用。

四、多层系聚集的圈闭条件

1. 岩性圈闭条件

马家沟组沉积期，由于中央古隆起的存在，使中东部地区奥陶系沉积无论在海侵期还是海退期都呈现出明显的东西向区域性岩性相变规律。

以海侵期的马四段为例，该段沉积期由于海平面大幅上升，中央古隆起的障壁作用大为减弱，导致鄂尔多斯盆地整体以碳酸盐岩沉积为主，但由中央古隆起向中东部地区的区域性岩性相变规律却依然存在，主要表现为在中央古隆起及邻近地区大多发育浅水台地颗粒滩相的白云岩地层，而向东则逐渐相变为较深水的灰泥洼地相石灰岩沉积［图 8-2-4（a）］。与海退期相似，在海侵期厚层石灰岩为主的沉积中也大多间夹有薄层的白云岩层，尤其是在东部的较深水沉积区更是如此，其形成也主要受次级层序旋回的控制，多发育在四级或五级层序的界面附近。

当燕山期东部抬升时，位于东侧的致密岩性分布区又处在区域构造的上倾方向，对其西侧下倾方向的有利储层段构成有效的岩性圈闭遮挡条件，可与上覆的膏盐岩封盖层相配合，共同构成有效性极高的区域性岩性圈闭体系（图8-3-7），在盆地中部及东部地区形成大规模分布的岩性圈闭成藏区带。

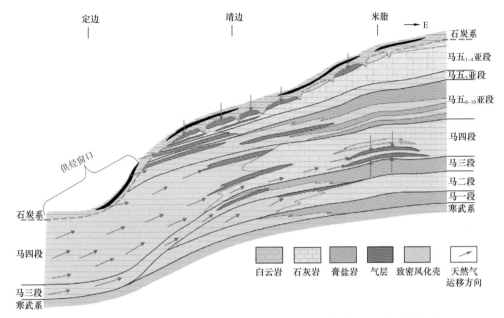

图 8-3-7　盆地中东部膏盐岩—碳酸盐岩组合多层系岩性圈闭运聚成藏模式图

马二段类似于马四段，也在部分层段发育有效的白云岩储层，与其上覆的马三段膏盐岩盖层构成良好的储—盖组合，也具有在局部岩性圈闭或构造岩性圈闭中聚集成藏的潜力。

以马三段为代表的海退期沉积，则在从中央古隆起由西向东的"云—膏—盐"区域沉积相变背景下，在燕山期盆地东部抬升后，也可在"云—膏"过渡带中形成有效的岩性圈闭遮挡条件。

2. 局部（鼻隆）构造圈闭条件

针对中东部地区盐下层系的精细构造成图显示，其整体构造格局虽呈向西单倾的单斜构造面貌，但内部仍发育有数排低中幅度的东西向、北北东向鼻隆构造群（图8-3-8），宽5~15km，长可达150~250km，虽然隆起幅度不是太大（多在20~40m之间），但对提高盐下层系天然气的局部富集程度仍可起一定辅助作用，尤其在南北方向可构成一定的圈闭遮挡作用，可与东西向岩性相变复合，在局部形成有利的构造—岩性复合圈闭条件。

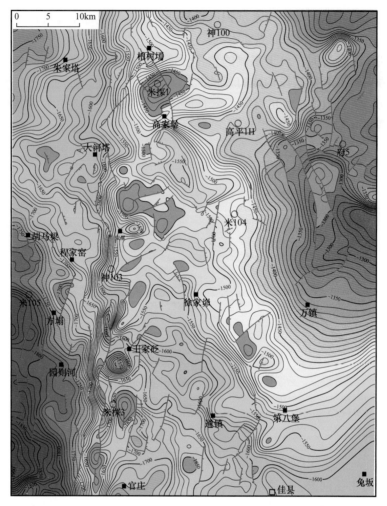

图 8-3-8　盆地东部高家堡—佳县马四段顶面构造及圈闭分布图

第四节　有利勘探区带与目标

膏盐岩与碳酸盐岩组合是盆地下古生界天然气成藏最重要的领域，目前在其顶部的古风化壳气藏勘探中已取得了丰硕的勘探成果，累计提交天然气地质储量超万亿立方米，并维持了靖边气田的长期持续稳产，展示出其所蕴含的巨大资源潜力。但目前奥陶系顶部风化壳这一领域勘探程度已较高，尤其中部风化壳探明含气面积已超 $2 \times 10^4 km^2$，东部风化壳则储层较为致密，整体勘探潜力受到较大限制。靖边气田向西，则由于接近天环向斜区，处于今构造的更低部位，因而含水趋势渐趋显著，勘探潜力也因而较为有限。

因此，在面临下古生界天然气勘探大的战略方向抉择时，除了进一步加大对盆地东部致密碳酸盐岩风化壳勘探的工艺技术攻关和盆地西南部寒武系风化壳的勘探挖潜外，必须考虑在风化壳以外寻找大的战略接替领域。从目前已有的新领域勘探发现来看，奥陶系盐下深层是下一步碳酸盐岩领域天然气勘探最重要的战略接替层系，较为明确的勘探方向就是盆地中东部马四段、马三段等下组合目的层系。

一、膏盐岩—碳酸盐岩组合（盐下深层）成藏潜力

1. 成藏潜力分析

尽管目前对盆地中东部奥陶系盐下天然气成藏的烃源问题尚存在较大分歧，但上古生界煤系烃源可以通过"供烃窗口"向盐下层系侧向供烃已是不争的事实，因此，即使奥陶系自身的海相烃源岩生烃潜力有限，由上古生界煤系烃源侧向供烃也具备很大的规模成藏潜力。

1）窗口区煤系烃源的生烃与排烃量估算

对鄂尔多斯地区上古生界煤系烃源岩生烃潜力的分析表明上古生界煤系烃源层（主力烃源岩以煤层、碳质泥岩及暗色泥岩为主）在鄂尔多斯地区具有广覆式分布的特征，覆盖了鄂尔多斯盆地本部的绝大部分地区，只是由于煤岩发育程度及热演化条件等方面的不同，导致其生烃强度在横向上也存在一定的差异（图 8-4-1），但总体上在"窗口"区大多具有较高的生烃强度。

在窗口区生烃强度多在 $20\times10^8 \sim 28\times10^8 \mathrm{m}^3/\mathrm{km}^2$，平均取 $24\times10^8\mathrm{m}^3/\mathrm{km}^2$。窗口区的面积约为 $3.7\times10^4\mathrm{km}^2$，扣除掉煤岩在地层条件下的饱和吸附气量约 $2\times10^8\mathrm{m}^3/\mathrm{km}^2$，则估算窗口区上古生界煤系烃源层的总排烃量可达 $81.4\times10^{12}\mathrm{m}^3$ 之巨。根据油气地质学的基本原理，煤系烃源岩所生成的天然气除少部分滞留烃源岩或在烃源岩内运动外，绝大部分都会排出到烃源岩外，其排出的方向也无非上、下两个方向，具体向哪个方向多、哪个方向少则主要取决于窗口区烃源层向上和向下的封隔层的致密程度，其与上部及下部储集体系之间的源—储压差以及储集体系内部的规模连通程度。

仅就窗口区这一有限的范围而言，其主力烃源岩厚度在 100m 左右，单从静水柱压力来考虑，其与上部及下部储集体系之间的源—储压差的差异很小，仅在 1MPa 以内，因而不足以引起天然气向上与向下运移之间的显著差异。

烃源岩向上的封隔层为二叠系山西组上部的山一段，其整体岩性以暗色泥岩为主（砂岩层较薄、横向连通性相对较差）；而烃源岩向下的封隔层为太原组及本溪组底部的泥岩，厚度相对较薄，也常夹有砂岩层，靠近古隆起的区域有时还可见下切河谷充填的砂岩与奥陶系顶部风化壳的直接接触关系。因此总体而言，向上的封隔层似乎比向下的更为致密，因而其与主力烃源岩的封隔程度也更高。

从储集体系内部的规模连通程度来看，源上储集体系的近源的山一段及石盒子组底部盒八段砂岩均以陆相的河道储集砂体为主，相互之间的连通性总体较差；而源下储集体系为海相沉积层系，由于有较强的"层控性"而横向分布较为稳定，白云岩储层段由古隆起向东大范围连续分布，因此其规模连通程度明显优于源上储集体系。

因此，从基本的运移分流原因分析来看，上古生界煤系烃源岩所生成的天然气向上（源上储集体系）与向下（源下储集体系）两个方向的运移分量，并无太大的差异。但这里暂且采取较为保守的方案来估算其经由窗口区向源下储集体系的排烃运移量。

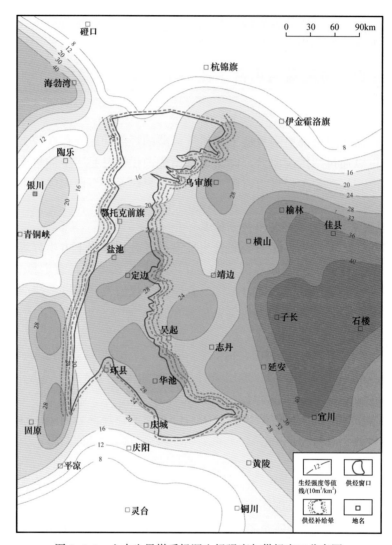

图 8-4-1　上古生界煤系烃源生烃强度与供烃窗口分布图

即保守地估计，煤系烃源岩所排出烃类气体仅有一小部分，姑且设定为"一半的一半"，即假设仅约其中的 1/4 进入"窗口"之下的下古生界盐下地层，则据此推算由窗口区生成的天然气直接进入下古生界的气量约 $20.35 \times 10^{12} \mathrm{m}^3$。

在"窗口"区排烃泄压后，邻近窗口的两侧烃源岩区则又会由于压差而向"窗口"区的烃源层补充烃类气体，越靠近"窗口"区这种补给作用就越强，远离"窗口"区则逐渐减弱，由此即在烃源岩内形成了"供烃窗口"两侧的"补给供烃晕"。考虑到气态烃的易流动性，尤其是对于甲烷分子，加之煤系烃源岩内，微细裂缝发育，孔渗性较好，推断其在烃源岩内的运移距离达到 20～30km 应该不成问题。这里，暂且较保守地设定 15km 为规模有效的烃源补给距离：其中 5km 之内为较高补给能力区，面积约 $0.7 \times 10^4 \mathrm{km}^2$，其通过窗口区向下补给的效率为窗口区直接向下供烃能力的 50%；5～10km 为中等补给能力区，其按窗口区直接向下供烃能力的 30% 计；10～15km 则按窗口区直接向下供烃能力的 10% 计。据此推算由"补给供烃晕"向窗口区供烃补给，然后再经由窗口进入下古生界盐下层系的天然气量，分别为 $1.93 \times 10^{12} \text{m}^3$、$1.16 \times 10^{12} \text{m}^3$、$0.39 \times 10^{12} \text{m}^3$［计算方法：以 5km 之内为例，天然气量 = $(24 \times 10^8 \text{m}^3/\text{km}^2 - 2 \times 10^8 \text{m}^3/\text{km}^2) \times 0.7\text{km}^2 \times 1/4 \times 1/2$］，累计可达 $3.48 \times 10^{12} \text{m}^3$。

如此，则由上古生界煤系烃源岩层经由供烃窗口进入下古生界盐下层系的总气量共计可以达到 $23.83 \times 10^{12} \text{m}^3$。

2）聚集成藏规模估算

综合以上对封盖、岩性相变以及构造活动引起的断错遮挡等方面的条件分析，盆地中东部地区盐下层系整体的封闭性应该是很好的，对天然气的大规模运聚成藏还是极为有利。

因此认为，由上古生界煤系烃源岩经由供烃窗口进入盐下层系的天然气，一则由于上覆膏盐盖层区域性的封盖庇护，二则受到上倾方向的岩性相变遮挡及断错遮挡的阻隔，其发生规模性聚集的概率应该是较高的。鄂尔多斯盆地上古生界聚集系数为 0.01～0.03，奥陶系盐下有膏盐岩封盖层，封盖性较上古生界好得多，因此，对奥陶系盐下的聚集系数按照 0.03～0.05 估算较为合适，则其聚集在盐下成藏的天然气量可达到 0.7×10^{12}～$1.19 \times 10^{12} \text{m}^3$ 的资源规模。

2. 有利成藏聚集方向

鄂尔多斯盆地在奥陶系沉积层形成后，随着区域大地构造演化的进行也发生了一系列变化，按重大构造变动的时间序列，可划分为"加里东末构造抬升与风化剥蚀""石炭纪—二叠纪构造沉降与煤系地层披覆沉积""印支期西南部沉降坳陷与中央古隆起的消失""燕山晚期构造反转与盆地东部抬升""喜马拉雅期周边断陷及边缘翘升"五个"事件性"较强的演化阶段（图 8-4-2）。其中对盆地中东部奥陶系盐下深层天然气成藏影响最大的是印支期—燕山期盆地东部的区域性抬升作用，这一构造格局的转变，决定了中东部地区的盐下深层成为上古生界煤系烃源通过窗口侧向供烃的长期有利指向区。

1）印支期—燕山期构造反转

奥陶纪沉积期及加里东末的构造抬升期，由于中央古隆起的存在，鄂尔多斯盆地本部总体呈现为西高东低的构造格局。但到了海西构造运动期，中央古隆起在鄂尔多斯盆地的影响开始逐渐消退，至印支期则开始构造反转，尤其中央古隆起核部所在区域在印支末期则已转变为最大的构造沉降区。再到燕山期，随着盆地东部地区的整体构造抬升，中央古隆起所在区域也整体沦为最为低洼的构造单元——天环坳陷，盆地本部的整体构造格局基本定型［图 8-4-2（c）（d）］。

因此，印支期—燕山期是盆地构造格局转换的关键时期，这一时期的构造格局转换导致其对盆地古生界天然气的生成、运聚成藏也产生了十分重要的影响。

2）主成藏期"窗口"区处于区域构造的下倾方向

对于盆地中东部地区远离风化壳的奥陶系更深层的盐下白云岩储集体及其圈闭体系而言，在其西侧存在的"窗口"是位于下倾构造方向还是上倾方向，这对其供烃成藏的意义是完全不一样的。如果"窗口"是位于构造的上倾方向，则通过其所供给的天然气向下倾方向的运移主要要靠烃浓度差引起的扩散运移来完成则实在是难度太大，因为此时气体在液体中的浮力成为天然气运移的巨大阻力，会使其难以形成规模性的长距离运移；相反，如"窗口"处于构造下倾方向，则"浮力"可直接成为运移的主要动力来源，再加上扩散运移的叠加作用，向上倾方向的运移则成为"顺势而为"的必然行为，这对于通过窗口供给的天然气向中东部盐下深层的大规模、长距离运移是十分必要甚至是必需的条件。

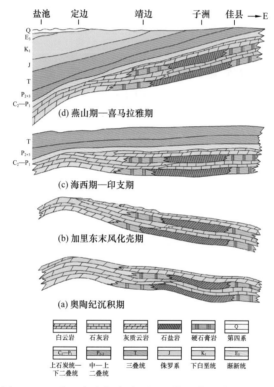

图 8-4-2 盆地中东部奥陶系沉积期后构造变动模式图

印支期末，埋深已逐渐加大至 2500～3000m，煤系烃源岩已逐步演化至成熟阶段，天然气开始大量生成，而此时随着西南部地区的大规模沉降，盆地构造格局也开始反转为东高西低，尤其是下古生界构造层已基本处于简单西倾状态，进入窗口区天然气的主体运移方向也必然指向了中东部地区，而这一时期中东部盐下深层的圈闭体系也已基本定型，随着"窗口"区煤系烃源天然气的大量生成和规模运移，盐下深层也开始进入天然气运聚成藏的主成藏期。至燕山期盆地东部整体抬升，向中东部地区规模运移的趋势和方向更为明确，也更加剧了向这一方向规模运移的动力。

3) 盆地中东部处于盐下天然气运聚的有利指向区

燕山晚期的晚白垩世受西缘逆冲推覆及太平洋板块向西俯冲的影响，鄂尔多斯地区又进入构造抬升阶段，尤其是盆地东部地区构造抬升最为剧烈，导致盆地主要构造层（如下古生界构造层）发生了整体向西倾斜的"构造反转"作用，并由此奠定了盆地今构造格局的雏形。

由于燕山早—中期构造沉降使古生界烃源岩在晚侏罗世—早白垩世进入生排烃高峰期，大规模进入下古生界风化壳储层及有效圈闭而聚集成藏。因此燕山晚期的构造反转，有可能使古生界先期形成的气藏发生小规模的调整，并由于构造反转所形成东高西低的西倾构造格局，使奥陶系风化壳之下较深层的马四段、马三段盐下及盐间白云岩层段接受来自西侧下倾方向"供烃窗口"区的上古生界煤系烃源天然气，进而在奥陶系盐下的有利圈闭中聚集成藏。因此从整体的指向性角度而言，盆地东部是盐下天然气运移最有利的指向区［图8-4-2（d）］，除非遇到有效上倾遮挡条件，否则天然气会一直运移至东部抬升剥露的泄露区而逸散掉。

二、盐下深层有利勘探区带

1. 盆地中部乌审旗—靖边—安塞岩性相变带

1）处在岩性圈闭遮挡的有利区域

马四段及马三段的区域性岩性相变界限即位于该带东侧附近，因此，该界限以西的大范围区域是盐下深层马四段、马三段等岩性圈闭成藏的有利区带。

因此，单从岩性圈闭成藏角度分析，东西向岩性相变的界线附近就是上倾方向岩性圈闭的终点，则此界以西的膏盐岩封盖层覆盖区以内的区域均是盐下白云岩岩性圈闭成藏的有利区域，但由于涉及烃源充注程度、储盖组合匹配关系及圈闭有效性等方面因素的影响，岩性相变带以西较为靠近岩性相变带附近的范围，应是成藏聚集最为有利的区域，即大体位于榆林—靖边西一带的100～120km宽的弧形区域内，分布面积在$2\times10^4km^2$左右（图8-4-3）。因此从宏观的大区域成藏角度来看，其形成规模岩性圈闭体系的潜力还是很大的。

2）发育一定规模的有效储集体

该区盐下层系中，无论是海侵期沉积、还是海退期沉积，都发育有效的白云岩储层。海侵期沉积以马四段为例，其在邻近中央古隆起的区域主要发育大段厚层的白云岩，在远离中央古隆起的靖边及其以东地区白云岩则多呈夹层状分布于厚层灰岩中，一般厚1～3m或5～8m，层数多在4～6层，有效储层通常有2～3层，整体呈向东逐渐变薄，变致密的趋势。海退期沉积以马三段为例，主要呈现为膏盐岩中夹薄层白云岩，在中部膏云岩相区多呈与云质膏岩交互的薄互层状分布，有效储层多在3～4层，但厚度较薄，一般在1～2m。

因此，从总体来看，中部盐下层系具有储层多层段发育的特征，虽单层厚度较薄，但层数众多，且横向分布范围广大，在膏盐岩覆盖区范围内，有利储集相带分布范围可达1.8×10^4～$2.5\times10^4km^2$，整体上具有较大的储集体分布规模。

3）处于历次构造变动较小的构造枢纽带上

鄂尔多斯盆地是多旋回发育的叠合盆地，下古生界构造层系（包括奥陶系沉积层）在形成后经历了多期构造变动，尤其是构造上俗称的"翘翘板"运动，即主构造层（下古生界构造层）由加里东—海西早期的西高东低，演变为印支—燕山晚期的东高西低，那么在这种"翘翘板"式的构造变动过程中，垂向位移量最大必然是位于"翘翘板"两端的西部和东部地区，而只有盆地中部由于处于"构造枢纽带"的位置，其垂向构造变动的幅度相对两端而言自然应该是最小的，因此，从这一角度而言，盆地中部对于天然气的成藏及后期保存而言也应是最为有利的地区。

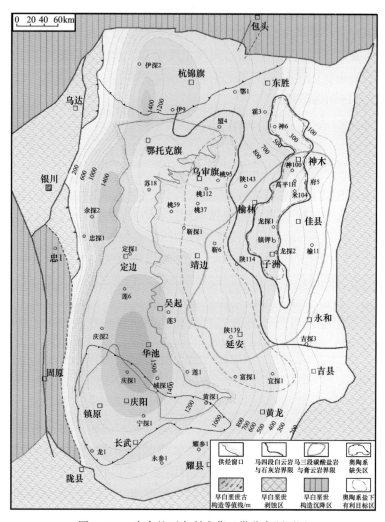

图 8-4-3 中东盐下有利成藏区带分布预测图

因此，无论是在加里东—海西早期西高东低，还是在印支—燕山期乃至喜马拉雅期东高西低的构造变动中，盆地中部都一直处于总体构造变动最小的构造枢纽带上，因而整体处于相对稳定的构造环境之下，这无论对于天然气的成藏聚集还是成藏后的长期保存以及圈闭有效性而言，无疑都是最为有利的构造因素。

2. 盆地东部神木—子洲低幅度鼻隆带

1）沉积期存在低幅隆起，发育白云岩储层

沉积微相分析表明，东部地区马家沟组沉积期虽整体处于盐洼沉积期，但在神木—

子洲一带仍然存在一局部的南北向带状展布的低幅度水下隆起，尤其是在海侵沉积期，低幅隆起上易形成生物建造较发育的丘（滩）建隆作用，形成有利于白云岩化作用发育的沉积微相类型，进而发育成透镜体状白云岩储层。

以马四段为例，马四段在白云岩—石灰岩岩性相变带之外的盆地东部神木—米脂地区还存在石灰岩—白云岩低隆带这一相对孤立的岩性圈闭，主要形成于大范围石灰岩洼地中的低幅度生物建隆（类似于藻丘或灰泥丘）之上，并在次级旋回的顶部发生白云岩化形成云质薄夹层，厚度多在2～3m之间，与周围的致密灰岩形成有效的岩性圈闭体系，其气源仍可接受来自供烃窗口区的上古生界煤系烃源层，运移机制则主要受前述断层错位后的"窜层运移"所控制。

2）局部发育鼻隆构造，圈闭保存条件仍较有利

盆地东部在燕山期构造抬升过程中，多伴随有一定的局部岩浆侵入活动，在局部形成一定的挤压应力环境，并在局部发生盐岩底劈等塑性流动作用，导致在盐间、盐上的碳酸盐岩层段中形成一定规模的低幅度鼻状隆起构造，进而构成有效的构造圈闭类型。其单个构造的圈闭规模常较小，多为几平方千米至十几平方千米，但其大多成群、成带展布，整体上仍具一定的分布规模。

此外，局部构造或可提高成藏富集程度。盐下层系普遍发育的低幅度鼻隆构造，虽对天然气成藏不起绝对控制作用，但或许可显著提高局部的成藏富集程度。因盐下层系普遍具有多层系分层聚集的特征，各层系由于受充注程度差异及上倾遮挡不一定在同一部位等因素的影响，构造平缓区域或低洼区可能仅在某个层系的顶部层段成藏，而在局部鼻隆构造的高部位则可能导致多层系、多层段同时聚集成藏，因而可能具有更高的成藏富集程度。

盆地东部地区虽在燕山构造运动以来处于整体隆升状态，但即使是在盆地东部地区，其构造活动性较之盆地西部地区也明显较弱，其整体的保存条件相对而言也是较为有利的区域，因此就盆地东部地区的盐下圈闭体系而言，其大部分圈闭受后期构造破坏的影响程度相对较弱，都应该是有效的。

第九章 古老油气系统评价关键技术

第一节 克拉通盆地前寒武系深层结构解译技术

基于重磁电震联合处理及解释新方法的克拉通盆地前寒武系深层结构解译技术已成为深层—超油气地质评价的重要手段，因此，针对前寒武系深层岩石物性差异小，重磁电地球物理异常微弱，技术方法精度较低，多解性强等难点，分别在塔里木盆地、四川盆地及鄂尔多斯盆地前寒武系深层岩石物性测量、重磁电震联合反演、深层结构综合解释等方面开展攻关，创新了基于高温高压宽频岩石物理频谱激电测试、超深层重磁电震联合反演、基于改进模糊聚类算法的地质地球物理综合定量解释三项关键技术，为明确盆地前寒武系深层结构、有效开展克拉通盆地深层油气勘探提供了重要支撑和技术储备。

一、高温高压宽频岩石物理频谱激电测试技术及地质地球物理建模

1. 高温高压宽频岩石物理频谱激电测试技术

1）高温高压宽频高精度岩石频谱激发极化测试技术

通过对高性能阻抗分析仪（SI_1260）的改进与完善，开发了 AutoLab1000 岩石物理实验系统（图 9-1-1），主要包括岩石物性、复电阻率、纵横波等测量子系统。实现了高温（120℃）、高压（孔压 50MPa，围压 70MPa）、超宽频（10μHz～32MHz）、超高精度（幅值 0.1%，相位 0.1°）的复电阻率测量。

图 9-1-1　AutoLab1000 岩石物理实验系统

2）岩石复电阻率参数处理技术

岩石复电阻率随频率的变化（即复电阻率频谱）可用 Cole–Cole 数学模型（Pelton，1978）进行描述，即：

$$\rho(i\omega) = \rho_0\left\{1 - m\left[1 - \frac{1}{1+(i\omega\tau)^c}\right]\right\} \qquad (9\text{-}1\text{-}1)$$

式中　$\rho(i\omega)$——复电阻率，$\Omega \cdot m$；

　　　ω——角频率，rad/s；

　　　ρ_0——零频电阻率，$\Omega \cdot m$；

　　　m——极化率，无量纲；

　　　τ——时间常数，s；

　　　c——频率相关系数，无量纲。

在数据处理过程中，根据模型公式（9-1-1），采用贝叶斯非线性反演方法，可求取4个激电真参数：（1）零频电阻率 ρ_0，主要反映了岩石的矿物含量、孔隙度与骨架电阻率情况；（2）极化率 m，反映极化程度，为纯激电异常，影响极化率最重要的因素是岩石（储层）内部浸染状分布的电子导电矿物的含量、成分和结构；（3）时间常数 τ，与 IP 频率特性或充放电快慢有关，同时与岩石矿物颗粒的大小、形状、连通性有关，颗粒小、连通性好，则时间常数小；（4）频率相关系数 c，与极化体均匀程度和连通性有关，频率相关系数的值在 0.1～0.6 之间，其典型值为 0.25，反映电子导体矿物颗粒的形状和尺寸的变化范围之大小，也即其均匀程度和连通情况。

2. 三大盆地古老地层岩石地质与地球物理建模

基于对三大盆地前寒武系岩石密度、磁化率、复电阻率（电阻率、极化率）的物性测试和统计分析（表 9-1-1 至表 9-1-3），建立的前寒武系盆地的重、磁、电岩石物性模型和物性柱状图如图 9-1-2 所示，四川盆地前寒武系存在 2 个密度变化界面，1 个磁性变化界面，3 个电性变化界面；塔里木盆地前寒武系可划分 4 个密度变化界面，2 个磁性变化界面，2 个电性变化界面；鄂尔多斯盆地前寒武系物性变化可划分为 3 个密度变化界面，1 个磁性变化界面，1 个电性变化界面。

表 9-1-1　四川盆地前寒武系岩石物性综合统计表

地层	代号	岩性	样本数 / 块	密度 / g/cm³	磁化率 / 10⁻⁵SI	电阻率 / Ω·m	极化率 / %	物性分层
震旦系	Z_2	石灰岩、白云岩	66	2.78	1.2	4887.5	8.9	高密度、无磁性、高阻、低极化
	Z_1	砂岩、页岩	38	2.58	10.2	486.1	23.2	低密度、无磁性、低阻、中—高极化

续表

地层	代号	岩性	样本数/块	密度/g/cm³	磁化率/10⁻⁵SI	电阻率/Ω·m	极化率/%	物性分层
南华系	Nh	灰绿色含砾石英砂岩	188	2.70	16.8	728.8	10.1	中密度、无磁性、低阻、低极化
		紫红色砂泥岩、粉砂岩	40	2.68	7.1	1003.5	9.8	
		灰绿色含砾石英砂岩	75	2.67	19.3	751.5	9.8	
		灰绿色石英砂岩	87	2.58	36.2	656.4	11.9	
青白口系	Qb	凝灰岩、流纹岩	29	2.69	4.5	1251.9	9.9	中高密度、无磁性、中电阻率、低极化
		流纹岩、霏细岩	19	2.78	22.2	1474.1	10.3	高密度、无磁性、中电阻率、低极化
蓟县系—长城系	Jx—Ch	片岩、辉绿岩、花岗岩、闪长岩	164	2.74	255.3	2120.5	10.8	高密度、中强磁性、高电阻率、低极化
古元古—新太古界	AR₃—Pt₁	混合岩、片麻岩	60	2.80	329.6	3225.8	10.0	高密度、中强磁性、高电阻率、低极化

表 9-1-2　塔里木盆地前寒武系岩石物性综合统计表

地层			岩性	样本数/块	电阻率/Ω·m	极化率/%	密度/g/cm³	磁化率/10⁻⁵SI	剩磁/A/m
界	系	组（群）							
新元古界 Pt₃	震旦系	奇格布拉克组	板岩、石灰岩	49	2439.9	10.4	2.76	1.2	5.68×10^{-4}
		苏盖特布拉克组	砂岩、辉绿岩、凝灰岩、辉长岩、石灰岩、板岩	148	1306.0	10.2	2.69	296.5	5.74×10^{-2}
	南华系	阿勒通沟组	凝灰岩、辉长岩	37	1293.6	9.3	2.87	15.5	1.15×10^{-3}
	青白口系	乔恩布拉克群	石灰岩	98	3833.8	9.66	2.69	2.7	8.16×10^{-5}
中元古界 Pt₂	蓟县系	巴克切依提构造岩组	大理岩	78	3987.6	9.5	2.69	3.1	8.05×10^{-3}
	长城系	杨吉布拉克群	片麻岩	28	1842.1	10.6	2.72	50.8	2.61×10^{-2}
		阿克苏群	片岩	78	705.4	11.1	2.97	32.0	3.21×10^{-4}
古元古界 Pt₁		兴地塔格群	片麻岩、石英岩、混合岩	18	1959.8	9.5	2.70	4.9	2.73×10^{-4}
		喀拉喀什岩群	黑云母片岩	10	2125.1	11.7	3.00	1638.9	7.82×10^{-2}
		埃连卡特群	绿泥石片岩、石英片岩	100	1815.2	10.7	2.71	8.9	2.58×10^{-4}

表 9-1-3　鄂尔多斯盆地前寒武系岩石物性综合统计表

地层			岩性	样本数/块	电阻率/Ω·m	极化率/%	密度/g/cm³	磁化率/10⁻⁵SI	剩磁/A/m
界	系	组（群）							
新元古界 Pt₃	震旦系	罗圈组	砂质板岩	5	438.6	11.7	2.57	1.7	1.55×10⁻³
	青白口系	陶湾组	大理岩	15	2181.2	9.6	2.73	1.6	
中元古界 Pt₂	蓟县系	王全口组	白云岩、花岗闪长岩	22	3057.8	10.2	2.75	0.77	1.11×10⁻¹
		什那干群	石灰岩、花岗岩	26	1757.4	10.8	2.83	798.3	
		黄旗口组	砂岩	58	1329.2	10.7	2.68	13.6	
	长城系	汉高山群	砂岩	44	457.9	17.9	2.42	8.4	4.81×10⁻¹
		渣尔泰山群	砂岩、大理岩、板岩、花岗岩、石灰岩	38	1881.8	9.6	2.63	56.3	
		熊耳群（西阳河群）	凝灰岩、火山角砾岩、安山岩	34	1773.1	11.8	2.74	336.9	
古元古界 Pt₁		秦岭岩群（宽坪组）	大理岩、片麻岩	29	1469.1	11.4	2.65	37.8	4.52
		担山石群	石英岩	30	1606.4	13.1	2.57	0.06	
		中条群	石英岩	26	4618.8	12.5	2.85	12.0	
		黑茶山群	石英岩	37	707.7	12.4	2.64	1.04	
		野鸡山群	千枚岩	30	891.5	11.9	2.94	678.4	
		岚河群	石英岩	42	2163.3	12.8	2.67	6.3	
		马家店群	片岩、石英岩、大理岩	32	1552.9	12.2	2.79	362.0	
		阿拉善群	片麻岩	33	2604.2	9.8	2.68	29.4	
新太古界 AR₃		太华群	石英岩	26	2070.2	11.5	2.62	213.6	1.04×10⁻¹
		绛县群	石英岩	31	1811.4	12.7	2.80	275.8	
		涑水群	混合花岗岩	31	1679.1	11.2	2.61	6.9	
		吕梁群	角闪岩	27	2617.9	11.9	2.91	129.4	
		界河口群	大理岩	35	2008.5	12.4	2.77	344.0	
		宗别立群（贺兰山群）	片岩	32	1733.5	9.0	2.63	1.7	
		千里山群	片岩、石英砂岩、石英岩	41	1597.2	10.4	2.64	9.6	
		二道凹群	片麻岩	35	1438.9	11.7	2.66	64.9	
		魏家窑子群	片麻岩	39	1330.4	12.6	2.61	12.4	
		乌拉山群	大理岩、片麻岩、混合岩	43	1996.5	10.6	2.65	285.6	

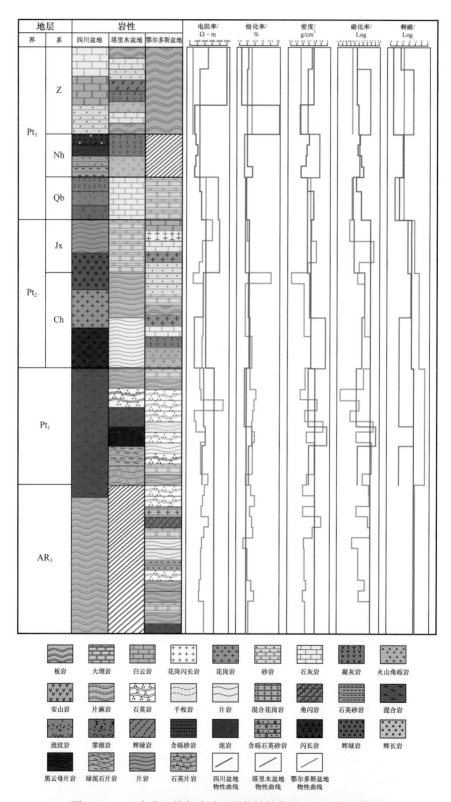

图 9-1-2 三大盆地前寒武系地层物性柱状图和岩石物性模型

三大盆地前寒武系岩石物性的变化主要与相应盆地的演化有关：四川盆地最明显的物性界面与盆地结晶基底和沉积褶皱基底之间界面一致；塔里木盆地基底早期演化过程与四川盆地有一定的相似性，但由于基底构造运动相对平稳，对前寒武系岩石物性的变化影响较小，其最明显的物性界面则位于盆地基底岩性变化最明显的界面处；而鄂尔多斯盆地青白口纪整体抬升剥蚀造成新远古界（Pt_3）物性界面的变化相对较小。

二、超深层重磁电震联合反演技术

1. 基于模型梯度余弦相似度约束模型的空间耦合方法

由于地球物理反问题固有的多解性，利用单一地球物理方法必然就存在解决问题的局限性，因此联合反演一直是近年来地球物理研究的热点。通常两种地球物理方法的联合反演可表述为（时波，2019）：

$$P^\alpha\left(m_1,m_2\right)=\gamma_1\varphi_1\left(m_1\right)+\gamma_2\varphi_2\left(m_2\right)+\alpha_1 s_1\left(m_1\right)+\alpha_2 s_2\left(m_2\right)+\lambda\tau\left(m_1,m_2\right) \quad (9-1-2)$$

式中　$P^\alpha\left(m_1,m_2\right)$——目标泛函；

　　　m_1，m_2——两种地球物理方法的物性参数；

　　　$\varphi_1\left(m_1\right)$，$\varphi_2\left(m_2\right)$——两种地球物理方法数据误差泛函；

　　　$s_1\left(m_1\right)$，$s_2\left(m_2\right)$——各自的模型约束泛函；

　　　γ_1、γ_2——对应数据拟合项的权重；

　　　α_1、α_2——对应模型泛函项权重；

　　　$\tau\left(m_1,m_2\right)$——构建两种物性存在关联的耦合泛函项。

目前广泛应用交叉梯度耦合（Gallardo et al., 2003）等方法表征式（9-1-2）中的耦合泛函项，普遍存在依赖物性转换关系不确定性较强，交叉梯度约束计算复杂，梯度点积约束需先验指定物性变化方向等一系列问题，为此，本书提出了一种多地球物理方法基于模型空间的耦合方法，即模型梯度区域余弦相似度约束耦合方法（Shi et al., 2018；时波，2019）：

$$\tau\left(m_1,m_2\right)=\int_V\left(1-\cos^2\theta_{12}\right)\mathrm{d}v \quad (9-1-3)$$

该方法以归一化无量纲的模型梯度矢量点积得到的余弦大小作为构造变化方向相似性的约束控制，提高了结构耦合约束的适配性和合理性，并可推广到三维多方法的联合反演，其中余弦相似度为形式：

$$\cos\theta_{12}=\frac{\nabla m_1\cdot m_2}{|\eta_1||\eta_2|},|\eta_i|=\max\left\{|\nabla m_i|,\eta_{i\min}\right\},\eta_{i\min}>0,(i=1,2) \quad (9-1-4)$$

式中　∇m——指定模型耦合区域的模型梯度变化；

　　　$\cos\theta_{12}$——模型梯度归一化点积即区域余弦相似度；

　　　$\eta_{i\min}$——避免分母奇异性的小值，可以 Eldad 等（2006）和 Molodtsov 等（2013）的标准来确定。

对于模型梯度存在变化的区域，它可以约束两类物性梯度变化不一致即矢量夹角大的区域向相似构造即模型梯度变化一致的方向进行修正，即耦合项将约束 $\left(1-\cos^2\theta_{12}\right)\to 0$，从而达到突出两种物性构造相似性的目的，同时其中一种物性不存在相对变化时可避免对另外一致物性产生影响，提高了对地质体结构反演的准确性，减少了多解性。

2. 同步耦合地震已知约束信息的联合反演方法

针对三维条件下重磁电联合反演难以融合地震速度模型等问题，本书提出了在重磁电联合反演过程中可同步耦合地震已知约束信息的联合反演方法（时波，2019），其目标函数可表示为：

$$
\begin{aligned}
P^\alpha\left(m_1,m_2,m_3\right)=&\gamma_1\varphi_1\left(m_1\right)+\gamma_2\varphi_2\left(m_2\right)+\gamma_3\varphi_3\left(m_3\right)+\alpha_1 s_1\left(m_1\right)+\alpha_2 s_2\left(m_2\right)+\\
&\alpha_3 s_3\left(m_3\right)+\lambda_1\tau\left(m_r,m_1\right)+\lambda_2\tau\left(m_r,m_2\right)+\lambda_3\tau\left(m_r,m_3\right)+\\
&\lambda_4\tau\left(m_1,m_2\right)+\lambda_5\tau\left(m_1,m_3\right)+\lambda_6\tau\left(m_2,m_3\right)
\end{aligned}\tag{9-1-5}
$$

式中　m_i（$i=1$，2，3）——重磁电模型；

　　　m_r——已知的地震速度模型；

　　　λ_1（$i=1$，2，…，6）——不同模型耦合项的权重因子；

　　　γ_1、γ_2、γ_3——重磁电数据拟合项权重；

　　　α_1、α_2、α_3——重磁电模型泛函项权重。

关于（9-1-5）式目标函数的优化问题，可将目标函数分为多个交替进行的子反演过程，各方法相对独立地进行目标函数优化（赵崇进，2017；时波，2019），如下式所示：

$$
\begin{cases}
P_n^\alpha\left(m_1,m_2^{n-1},m_3^{n-1}\right)=\varphi_1^n\left(m_1\right)+\alpha_1^n s_1^n\left(m_1\right)+\lambda_1^n\tau\left(m_r^{n-1},m_1\right)+\lambda_4^n\tau\left(m_1,m_2^{n-1}\right)+\lambda_5^n\tau\left(m_1,m_3^{n-1}\right)\\
P_n^\alpha\left(m_1^{n-1},m_2,m_3^{n-1}\right)=\varphi_2^n\left(m_2\right)+\alpha_2^n s_2^n\left(m_2\right)+\lambda_2^n\tau\left(m_r^{n-1},m_2\right)+\lambda_4^n\tau\left(m_1^{n-1},m_2\right)+\lambda_6^n\tau\left(m_2,m_3^{n-1}\right)\\
P_n^\alpha\left(m_1^{n-1},m_2^{n-1},m_3\right)=\varphi_3^n\left(m_3\right)+\alpha_3^n s_3^n\left(m_1\right)+\lambda_3^n\tau\left(m_r^{n-1},m_3\right)+\lambda_5^n\tau\left(m_1^{n-1},m_3\right)+\lambda_6^n\tau\left(m_2^{n-1},m_3\right)
\end{cases}
$$

$$\tag{9-1-6}$$

该优化方案是使各方法的数据误差拟合项和模型稳定泛函项相对独立，而模型耦合项则是在多种方法之间交互同步进行计算，其特点是避免了整体优化过程的复杂性和不确定性，每个反演子系统对不同方法可以选取不同的权重因子，这样更适合各方法按自身的反演能力反映其对整体反演的贡献影响，在具体实施联合反演过程中也容易操作和实现。

由于地震速度模型 m_r 的存在，重磁电各自方法的目标函数都耦合了约束信息，通过这种方式实现了耦合地震约束信息的重磁电联合反演。

三、基于改进模糊聚类算法的地质地球物理综合定量解释技术

基于研究区的先验约束信息和物性统计等资料，并利用重磁电震三维联合反演的物性结果，研发了基于这种改进模糊聚类分析的综合识别技术（于鹏等，2015；胡雪斌，

2017）。

传统模糊聚类是通过计算数据对象与聚类中心的距离以及其对各类别的隶属度，然后按照"隶属度加权距离平方和最小"的原则将数据集分成若干类。

传统模糊聚类分析 FCM 算法的目标函数：

$$\Phi_{FCM} = \sum_{i=1}^{C} \sum_{x_k \in X_i} u_{ik}^m \left(x_k - p_i \right)^2 \tag{9-1-7}$$

式中 c——聚类类别的总数；

  i——不同的类；

  u_{ik}——第 k 个数据对象对第 i 个类别的隶属度，$u_{ik} \in [0, 1]$，$\sum_{i=1}^{C} u_{ik} = 1$；

  m——加权指数，$m \in [1, +\infty)$；

  x_k——第 k 个数据对象；

  p_i——第 i 类的聚类中心。

传统模糊聚类由于缺乏先验信息引导，得到的物性聚类中心往往不能符合地质时代和钻井的物性特征。若直接以此方式对多物性联合反演的参数进行聚类，物性聚类中心并不总能符合地质时代和钻井的物性特征，因此本书从已掌握的先验信息统计出先验聚类约束中心，并通过在模糊聚类的目标函数中加入先验聚类约束中心与聚类中心的误差约束泛函，可使联合反演参数的物性聚类中心通过优化过程趋近于先验聚类约束中心，从而改变隶属度分类矩阵，得到与地质年代物性特征相符合的聚类结果，其目标函数为下面形式：

$$\Phi_{FCM} \left(u_{ik}, p_i \right) = \sum_{i=1}^{C} \sum_{x_k \in X_i} u_{ik}^m \left(x_k - p_i \right)^2 + \eta \sum_{i=1}^{C} \left(p_i - t_i \right)^2 \tag{9-1-8}$$

式中 后一项为先验约束聚类中心误差约束泛函项；

  t_i——加入的先验信息引导的第 i 类约束中心；

  η——权重因子。

通过改进的模糊聚类算法对重磁震联合反演结果进行综合解释，如图 9-1-3 所示，更加接近于真实模型。

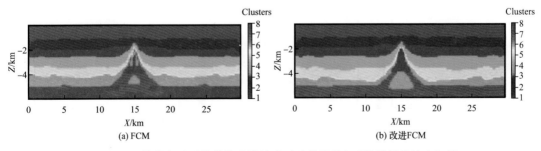

图 9-1-3 传统与改进的模糊聚类算法对重磁震联合反演结果的综合解释

四、塔里木盆地超深层重磁电震联合反演及震旦系—南华系残留地层预测

1. 塔里木盆地重磁电震联合反演

针对盆地震旦系—南华系，利用盆地 2922 个测点的大地电磁数据和根据历年重磁资料编拼的盆地重磁异常图（1∶200000）等资料，开展全盆地三维重磁电震联合反演。反演使用的已知地震约束资料共有 5 层，分别为 tE、tg22、tg51、tg6 和 tg8，对应地层为新生界底、石炭系底、志留系底、奥陶系底和寒武系底。

三维联合反演数据的切片如图 9-1-4 所示，分别为电阻率、磁化强度和密度在深度 10km、12km 和 14km 的变化。随着深度增加，深部电阻率、密度和磁化强度数值逐渐增加，整体上反映了塔里木盆地深部元古宇—太古宇的构造轮廓和各构造单元的物性接触关系，同时体现了区域地质结构在三类物性特征上存在深部构造的一致性，这也验证了耦合地震约束信息下联合反演突出了深部区域构造一致性的效果，为进一步综合解释奠定了基础。

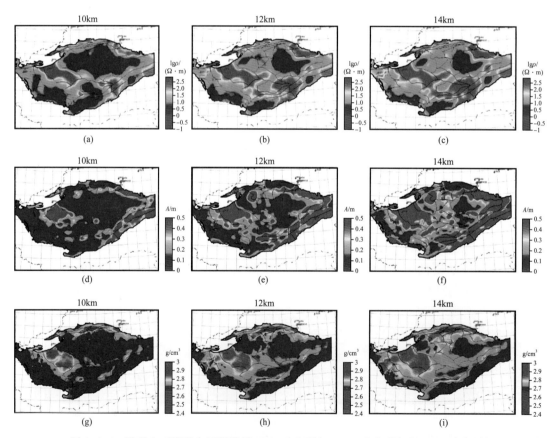

图 9-1-4　重磁电三维联合反演结果 10km（左列）、12km（中列）和 14km（右列）
（a）（b）（c）分别为电阻率结果；（d）（e）（f）为磁化强度结果；（g）（h）（i）为密度结果

2. 塔里木盆地震旦系—南华系残留地层预测

如图 9-1-5 所示，塔里木盆地震旦系—南华系残留厚度分布面积约为 $39.7 \times 10^4 km^2$。其中，残留厚度大于 1km 的区域约 $31.9 \times 10^4 km^2$，在盆地内除北部的喀什凹陷、巴楚隆起、库车凹陷，以及南部的塔南隆起和东南坳陷中部以外，均有分布。残留厚度大于 2km 的区域约为 $12.4 \times 10^4 km^2$，主要分布在盆地西南部的和田凹陷和东南坳陷西南角，盆地北部和中部的阿瓦提凹陷、塔北隆起、顺托果勒凸起北部、满加尔凹陷以及塔东隆起东部。残留厚度大于 3km 的分布面积约为 $3.5 \times 10^4 km^2$，主要分布在和田凹陷、满加尔凹陷和东南坳陷西南角。残留厚度最大为 5～6km，主要分布在和田凹陷和东南坳陷西南角。

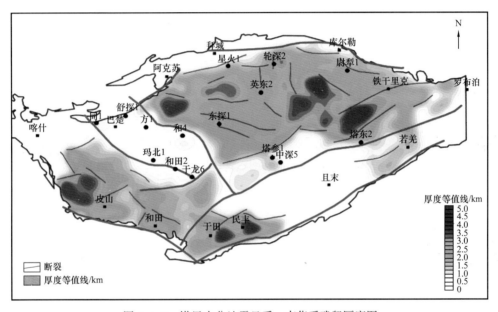

图 9-1-5　塔里木盆地震旦系—南华系残留厚度图

五、四川盆地重磁电综合地球物理研究及应用

针对川西—松潘东缘 3 条 MT 测线，在功率谱数据的基础上，进行了后续所有的数据编辑，电性主轴、构造维性等定性分析及一维、二维反演计算。

从过绵阳 MT 测线维反演电阻率剖面图可见（图 9-1-6），表层高阻层厚度最大可达 3500m，与地表露头志留系对应，高阻之下为厚 4000m 以上低阻层，长度约 95km，推测为寒武系—奥陶系。从过成都 MT 测线反演视电阻剖面上也有类似特征，结合航磁资料发现该区域为磁力异常低异常区（图 9-1-7），因此综合推断沉积岩分布面积约 $2 \times 10^4 km^2$，其中厚度约 2km 以上的寒武系—奥陶系与四川德阳—安岳裂陷"相接"，推测为安岳—德阳裂陷向西延伸。这套低阻地层东西向夹持于龙门山断裂与青川断裂之间，南北向夹持于青川南与汶川南的磁力异常低异常区。

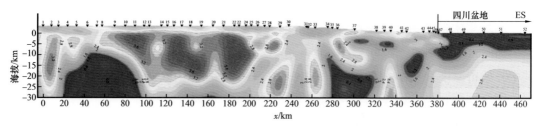

图 9-1-6　过绵阳 MT 测线二维反演电阻率剖面图

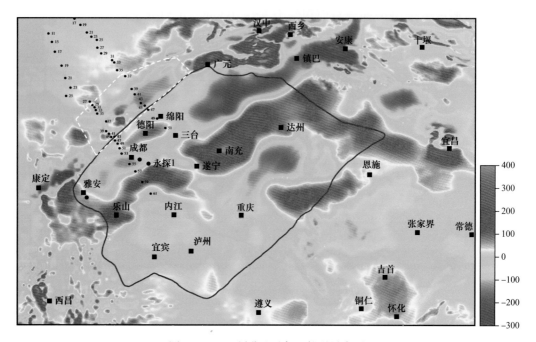

图 9-1-7　四川盆地及邻区航磁异常图

第二节　碳酸盐岩储层及成藏实验分析技术

中国海相碳酸盐岩具年代老、埋藏深、经历多旋回构造—成岩叠加改造等特点，导致储层非均质性强、成因复杂、识别和预测难度大。研究依托国家"十三五"碳酸盐岩油气专项和中国石油集团碳酸盐岩储层重点实验室，开展有针对性的技术攻关，重点取得两个方面的进展：一是形成了碳酸盐岩储层多尺度建模及表征技术，解决了井位部署和产能评估面临的储层非均质性难题；二是建立了以激光原位 U—Pb 同位素测年和团簇同位素测温为核心的微区多参数检测技术，实现了绝对年龄坐标系下油气藏成藏时间和期次的重建，解决了多解性的难题，为油气成藏史研究提供了新的技术手段。

一、碳酸盐岩储层建模及表征技术

由于碳酸盐岩储层强烈的非均质性，需要从宏观到微观角度对其进行表征，解决油气勘探和开发过程中面临的不同地质问题。宏观尺度储层地质建模和表征技术，解决储层地质体与非储层地质体的分布规律问题，揭示层序格架中储层的分布规律，并为地震储层预测提供储层地质模型的约束，该技术主要在勘探早期的储层预测和区带评价上发挥作用。油藏尺度储层地质建模和表征技术，解决单个储层地质体非均质性及主控因素问题，揭示流动单元和隔挡层的分布样式，该技术在有效储层预测、油气分布特征分析、探井和开发井部署上发挥作用。微观尺度储层孔喉结构表征技术，解决储层孔喉结构表征与评价问题，揭示孔喉结构的差异和对储层流动单元渗流机制的控制，孔喉结构不仅影响流体的渗流特征，还控制了油气产能和采收率，该技术主要在产能预测和评价上发挥作用。

1. 宏观尺度储层地质建模和表征技术

这项技术主要适用于沉积型碳酸盐岩储层，其岩相的类型、规模、接触关系和分布空间上具有较强的规律性，可把露头地质信息作为控制数据，通过地质研究与地质统计学相结合，开展储层地质建模工作，从而较好地刻画储层的宏观非均质性，进而指导地下地震储层预测。

1）建模露头剖面筛选

这是整个建模过程的第一步，有以下3个要点：（1）所选露头储层地质体要与地下储层地质体有可类比性，以保证模型的井下适用性。（2）露头出露条件决定模型质量，理想的露头建模剖面应垂直相带方向，并涵盖不同相带，最好有多条剖面纵横交错，这样形成的三维模型更接近真实。（3）做好露头数字化方案。

2）露头剖面地质研究

储层建模以露头地质认识为基础，研究内容包括：（1）露头剖面实测与采样，岩性和物性垂向变化的详细观察。（2）对关键层面和地质体进行横向追踪，如高频层序界面、典型岩相界面、关键地质体尖灭点等。（3）对采集的样品进行物性测定和薄片观察，建立岩性与物性以及声波速度之间的关系。基于若干条二维剖面的研究，形成沉积相模式、储层成因和分布规律的地质认识，作为建立岩性、孔隙度、渗透率模型的控制参数。

3）建立数字露头模型

利用先进的仪器和技术手段将露头剖面数字化，与地质信息和研究成果相结合，进而在三维空间中分析地质信息。常用的露头数字化仪有 Lidar、RTK—GPS、GPR、Gigapan 和 UAV 等。露头数字化获取的数据只是空间上的一系列点，不具任何地质意义，需将其与地质信息结合，才能实现数字露头的地质解译。通过 Lidar 建立数字露头模型的流程如下：首先，通过高分辨率照片比对，将实测剖面和取样点在 Lidar 数据体上标定；其次，利用软件（Polywork）将它们进行连线并加密内插，生成虚拟井；然后，根据取样点的岩相和厚度，将地质信息（包括岩相、孔隙度、渗透率等）加载到井轨迹上；最后，以虚拟井关键层面点为限定，在数字露头面上进行岩相和层面的追踪解释。与地质信息相结合的露头数字化体，称之为数字露头模型（DOM），构成了三维储层地质建模的输入数据。

4）建立露头储层地质模型

在 GoCad 或 Petrel 等软件上开展露头储层地质建模工作，包括 3 个步骤：（1）建立三维地层格架。以 DOM 中的层界线为出发点，选取合适的算法进行外推，得到三维空间上的层面，然后在三维层面间建立恰当的网格，形成三维地元体。（2）建立岩相模型。在所建立的三维地层格架内，以虚拟井携带的岩相信息作为输入数据，以每个小层内各岩相类型的分布概率作为控制信息，选择合适的变差函数和算法，在全部网格中进行岩相模拟。（3）建立物性模型。以实测孔隙度和渗透率数据作为输入数据，以岩相模型为控制参数，选取合适的算法，对孔隙度和渗透率在全部网格中进行模拟。

5）井下类比研究

基于数字露头的储层地质模型，可以对地下储层研究提供重要信息：（1）可作为刻画地下地质体岩相类型和展布的概念模型，使地下井资料和地震资料的解释更逼近地质实际。（2）用于地震正演模型的建立，为地震储层预测提供参数选择依据，提高地震储层预测的精度。

针对国内外露头条件的差异，"十三五"期间对露头数字化技术进行了两方面的改进（图 9-2-1），解决了露头数据采集的难题，使露头储层地质建模技术更符合中国露头剖面分布的特点：（1）北美地台以直立露头为主，出露好且连续平直，用激光扫描仪（Lidar）即可完成露头数字化，而国内露头大多为平躺露头，出露和连续性差，用 Lidar 无法对露头进行数字化，因而引入动态 GPS（RTK—GPS）对平躺露头进行数字化，实现全地形露头的地质信息采集；（2）北美地台交叉出露的露头剖面多，若干条交叉露头剖面可构成很好的三维地质信息，而国内很难找到交叉出露的剖面，故引入了探地雷达（GPR）采集地表浅层地质信息，与露头剖面一起构成三维地质信息。

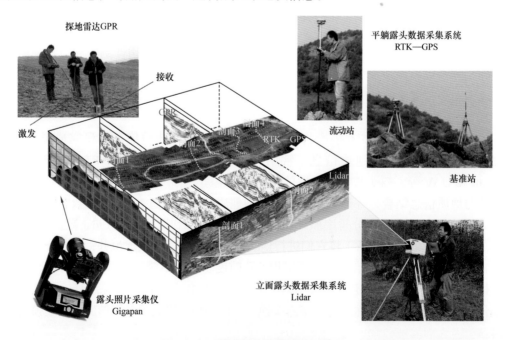

图 9-2-1　数字露头采集系统示意图

应用该技术建立了川东—鄂西齐岳山飞三段—飞四段露头储层地质模型，清晰地展现各岩相及储层的发育分布、尺度规模、接触关系及演化规律（图9-2-2），这为解释地下颗粒滩相关沉积体系和储层特征提供了重要的类比依据。基于露头建模的认识，以露头储层地质模型为基础开展地震正演模拟，揭示出前积滩体在低频条件下表现为空白反射，在高频条件才显示出前积形态。对川东地区的地震资料进行重新分析发现，飞仙关组对应空白反射，类比露头模型，认为其代表前积滩体，进而在区域上预测了颗粒滩的分布，并指出该区的储层预测应围绕颗粒滩带寻找相关的白云石化储层。

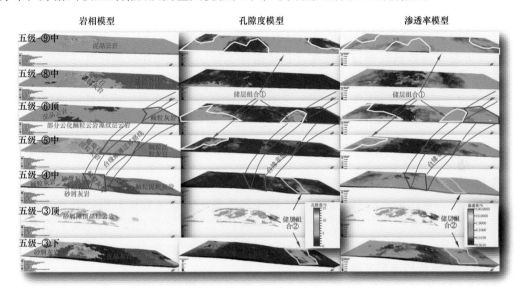

图9-2-2　川东—鄂西齐岳山三叠系飞三段—飞四段露头二维储层地质模型

2. 油藏尺度储层非均质性表征技术

这项技术也主要适用于相控型碳酸盐岩储层，其地质统计学基础是不同沉积背景下不同岩相类型的接触关系、尺度、形态特征、分布范围和垂向上的相序存在规律性变化，相带与岩相发育特征、储层特征和分布密切相关。基于露头储集体的精细解剖开展油藏尺度储层非均质性研究，为地下渗透层和隔挡层分布提供露头类比模型。油藏尺度三维露头碳酸盐岩储层地质模型的建立包括以下技术。

（1）区域地质调查技术：筛选露头建模剖面，研究层序格架中储集体的展布规律。

（2）露头剖面实测技术：开展以岩相为单元的分层和地层真厚度测量。

（3）宏观与微观相结合的岩相识别技术：明确岩相和沉积微相类型以及垂向上的变化规律，建立岩相组合类型、相序及与海平面升降的关系。

（4）露头岩相横向追踪技术：明确实测剖面间岩相对比关系、相变和空间展布。

（5）以岩相为单元的储层评价技术：开展储层物性评价、储层孔喉结构评价，建立岩相、沉积微相与储层物性的关系，明确储层发育的主控因素。

（6）露头剖面三维储层地质建模技术：通过建立二维储层地质模型，表征储层在二维剖面上的非均质性，研究储层非均质性的主控因素和变化规律，在此基础上，利用露头数字化技术，建立三维储层地质模型。

"十三五"期间，将露头数字化技术引入到油藏尺度储层非均质性表征中，使露头储层地质模型由二维向三维延伸，更好地刻画了油藏内渗透层和隔挡层的三维构型。应用 Lidar、RTK—GPS、GPR、Gigapan 等数字化仪采集露头剖面数据，为覆盖区判识岩相和渗透层、隔挡层提供数据体；基于内插法原理和 Petrel 软件，在二维露头剖面标定的基础上，对数据体开展地质意义的解译，构建储集体三维岩相、孔隙度、渗透率模型。

应用该技术建立了塔里木盆地奥陶系一间房组礁滩储层地质模型，模型精细刻画了渗透层、隔挡层的分布，为塔中良里塔格组礁滩复合体储层的形态标定、层序地层划分、数值模拟方法及参数选取等提供依据，有效指导了储层预测与评价及开发井部署。该技术也应用于伊朗哈法亚油田白垩系 Mishrif 组厚壳蛤滩储层非均质性表征（孙文举等，2020），通过一系列开发井构建的岩相、孔隙度、渗透率三维构型，更为精细地刻画了渗透层、隔挡层的分布，为哈法亚油田高效开发井部署提供了依据。

3. 储层微观孔喉结构表征技术

微观孔喉结构表征主要指孔喉类型、特征、丰度及组合的表征，分析孔喉结构及组合的控制因素，常用的方法有岩心观察、铸体薄片鉴定、压汞数据分析、激光共聚焦薄片、扫描电镜、工业 CT 检测数据分析和井震资料分析等。尤其是基于工业 CT 技术的储层孔喉结构表征，可以对岩石进行三维可视化刻画，并定量计算微观孔喉结构参数。

1）储层孔喉结构类型及组合

碳酸盐岩发育 4 类储集空间，按孔径大小依次为微孔隙（孔径小于 0.01mm）、孔隙（孔径为 0.01～2mm）、孔洞（孔径为 2～50mm）、洞穴（孔径不小于 50mm），其中孔隙可根据其在岩心和成像测井上的表现进一步划分为小孔隙（孔径小于 1mm，针孔状）和大孔隙（孔径为 1～2mm，斑点状）；发育 4 类连通通道，包括喉道、微裂缝、裂缝和断裂。碳酸盐岩的微裂缝、裂缝和断裂系统非常发育，如大型的岩溶洞穴往往由断裂系统连通，孔隙和孔洞往往由裂缝连通，微孔隙往往由微裂缝连通。

碳酸盐岩储层可以由单孔喉介质组成，也可以由多重孔喉介质组合而成，主要构成微孔型、孔隙型、孔隙—孔洞型、孔洞型、洞穴型、孔洞—洞穴型 6 类储集空间组合。

2）储层孔喉结构类型主控因素

岩相、表生溶蚀作用、埋藏溶蚀作用控制储集空间类型及组合。岩相控制原生孔隙的类型，以建造孔隙型储层为主；表生溶蚀作用以建造溶蚀孔洞和洞穴为主；埋藏溶蚀作用以建造溶蚀孔洞为主。特定岩相经历不同的成岩改造可以形成不同的储集空间类型和组合。一般而言，岩溶储层以孔洞—洞穴型、洞穴型为主，少量为孔洞型；白云岩储层和礁滩储层以孔隙型、孔洞型和孔隙—孔洞型为主。

"十三五"期间，在储层孔喉结构类型、组合及主控因素研究的基础上，开展了孔喉结构类型与产能关系研究。四川盆地寒武系龙王庙组在缓坡台地的背景上发育了一套颗粒滩相白云岩储层，储集空间类型、孔喉结构及组合对产能有很大的影响。油气产能的控制因素包括两个方面：一是储层的孔隙度、渗透率和孔喉结构组合类型，尤其是孔洞的发育情况；二是储层厚度。综合分析安岳气田开发井储层孔喉结构组合类型、储层厚度和产能数据，指出大孔隙型、小孔隙 + 孔洞型、大孔隙 + 孔洞型储层，只要厚度在20～30m 以上，就可达到中高产；而微孔隙 + 小孔隙型、小孔隙型储层，即使储层厚度再大，也达不到工业产能的要求（表 9-2-1）。通过已知井储层孔喉结构组合类型的地质标定，建立了储层孔喉结构组合类型测井识别图版，为基于井约束的优质高产储层地震预测提供地质标定依据，使预测结果与地质的实际情况更为吻合，从而为高效开发井的部署提供了更好的支撑。

表 9-2-1　龙王庙组白云岩储层微观孔喉结构类型及组合

类型	岩心特征	薄片特征	物性特征		产能 /（10^4m^3/d）	储层评价
			孔隙度 /%	渗透率 /$10^{-3}\mu m^2$		
微孔隙 + 小孔隙	少量针孔状小孔隙	晶间微孔和少量粒间孔	<2	0.01	低产（0.1～1）	Ⅲ-2
小孔隙	针孔状小孔隙发育	晶间微孔和粒间孔为主，白云石未被溶蚀	2～4	0.01～0.5	中低产（1～10）	Ⅲ-1
大孔隙	斑点状大孔隙发育	晶间溶孔为主，白云石晶体被溶蚀	4～6	0.5～2	中产（10～50）	Ⅱ
小孔隙 + 孔洞	针孔状小孔隙与孔洞共生	晶间孔 + 粒间孔 + 溶蚀孔洞，白云石被溶蚀	6～8	2～5	中高产（50～100）	Ⅰ-2
大孔隙 + 孔洞	斑点状大孔隙与孔洞共生	晶间溶孔 + 溶蚀孔洞，白云石晶体被溶蚀	8～12	≥5	高产（>100）	Ⅰ-1

二、碳酸盐岩成藏实验分析技术

以川中古隆起灯影组气藏成藏地质过程重建为例，阐述碳酸盐矿物激光原位 U—Pb 同位素测年和团簇同位素（Δ_{47}）测温技术在中国古老海相碳酸盐岩跨构造期油气成藏地质过程重建中的应用。

1. 油气成藏期次研究概述

油气成藏地质过程重建是油气勘探与评价面临的瓶颈技术难题之一，尤其是中国叠合盆地下构造层古老海相碳酸盐岩跨构造期油气成藏地质过程重建，油气成藏时间的确定是重建成藏地质过程的关键。前人常用地质综合分析法、包裹体均一温度法、成岩矿物同位素定年法和油气产物（沥青、原油、天然气）直接定年法确定油气成藏时间。

利用地质综合分析法、包裹体均一温度法反演油气成藏时间存在不确定性，同一均一温度在古地温史和埋藏史曲线上可能对应多个成藏时间。成岩矿物同位素定年法（Hancock，1978；Lee et al.，1985；陈玲等，2012）主要适用于碎屑岩和火成岩油气藏；油气产物直接定年法（Creaser et al.，2002；Selby et al.，2007；段瑞春等，2010；沈传波等，

2011）虽然可以用于定量分析油气生成和裂解时间，但油气运移与改造过程中 Re—Os 同位素体系有发生重置的可能性，其地质含义还存在分歧，而且 Re—Os 定年对样品的要求很高，检测成功率低。

随着分析仪器和测试技术的不断进步和发展，油气成藏研究逐渐走向精细化和定量化。近几年开发的碳酸盐矿物激光原位 U—Pb 同位素测年技术（沈安江等，2019；胡安平等，2020）、团簇同位素（Δ_{47}）测温技术（Ghosh et al.，2006；Shenton，2015）为中国叠合盆地下构造层古老海相碳酸盐岩油气成藏时间的确定提供了解决方案。该技术的核心是建立沥青与碳酸盐矿物成岩序列，找到与含烃类包裹体宿主矿物对应的不含烃类包裹体的白云石矿物（主要为细中晶白云石、粗晶白云石和鞍状白云石），用该白云石矿物的年龄（激光原位 U—Pb 同位素测年技术）代表宿主矿物年龄，该白云石矿物形成温度（团簇同位素测温技术）代表矿物形成和油气包裹体形成的温度，综合分析烃类充注和原油裂解时间、烃类包裹体捕获温度和时间，重建油气成藏地质过程。显微镜下烃类包裹体特征和分布，宿主矿物岩相学研究和对比是获取可靠年龄数据的关键。

2. 川中古隆起油气成藏研究

震旦系灯影组是四川盆地非常重要的勘探层系，川中地区发现了近万亿立方米的储量规模，烃源被认为主要为下寒武统筇竹寺组黑色泥岩（魏国齐等，2017），成藏地质过程重建是勘探领域拓展和评价的关键。灯影组储层主要发育在灯二段和灯四段，岩性以微生物白云岩为主，局部重结晶为粉晶和细晶白云岩，储集空间以藻格架孔和溶蚀孔洞为主（陈娅娜等，2017），溶蚀孔洞中发育多期白云石及沥青，白云石晶体含液态和气态烃类包裹体，这为基于含烃类包裹体白云石矿物 U—Pb 同位素测年、团簇同位素（Δ_{47}）测温确定灯影组气藏成藏时间和期次奠定了基础。

1）样品特征

研究用于含烃类包裹体宿主矿物测年和测温的样品来自高石 6 井（灯二段，深度 5363.04m）、高石 1 井（灯四段，深度 4985.00m）、磨溪 22 井（灯二段，深度 5418.70m 和 5416.90m）、磨溪 9 井（灯二段，深度 5422.10m）和峨边先锋剖面（灯二段）、南江杨坝剖面（灯二段）、旺昌鼓城剖面（灯二段），共切制了 15 个样品的平行样共计 45 个薄片。灯影组白云岩储层溶蚀孔洞中普遍充填了不同期次的白云石胶结物、沥青和石英等热液矿物，虽然单个溶蚀孔洞的胶结序列不完整，但在大量岩石薄片观察的基础上，根据不同期次胶结物间的相互接触关系，可以建立起完整的成岩序列，从孔洞边缘向中央的依次充填放射状白云石胶结物、叶片状白云石胶结物、细中晶白云石胶结物、粗晶白云石胶结物、鞍状白云石胶结物以及石英等热液矿物（图 9-2-3）。

除放射状白云石胶结物外，其余四期白云石胶结物和石英均含有丰富的包裹体（图 9-2-4）。除叶片状白云石胶结物的包裹体为气液两相盐水包裹体外，细中晶白云石胶结物、粗晶白云石胶结物、鞍状白云石胶结物和石英宿主矿物的包裹体既有气液两相盐水包裹体外，也有烃类包裹体，烃类包裹体经激光拉曼光谱检测，成分主要为甲烷。这些含烃类包裹体的宿主矿物 U—Pb 同位素年龄和团簇同位素（Δ_{47}）温度能够代表烃类包裹体的捕获年龄和温度。

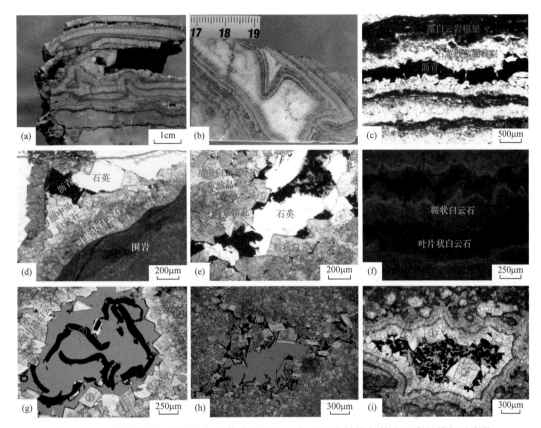

图 9-2-3　四川盆地灯影组含包裹体宿主矿物、白云石胶结物与伴生沥青的特征及产状

（a）白云岩岩心样品，肉眼可见灰黑色围岩、溶蚀孔洞和白云石胶结物，高石 6 井，灯二段，5363.04m；（b）藻泥晶白云岩，溶蚀孔洞被葡萄花边状白云石胶结物完全充填，露头岩样，灯二段，峨边先锋剖面；（c）藻纹层／藻叠层／藻格架白云岩，藻格架孔及溶蚀孔洞为石英胶结物和沥青充填，薄片，单偏光，灯四段，高石 1 井，4985.00m；（d）藻泥晶白云岩，溶蚀孔洞依次为叶片状白云石→鞍状白云石→石英→沥青充填，薄片，单偏光，灯二段，磨溪 22 井，5418.70m；（e）粉细晶白云岩，残留隐藻结构，溶蚀孔洞发育，并为叶片状白云石→鞍状白云石→石英→沥青依次充填，薄片，单偏光，灯二段，磨溪 9 井，5422.10m；（f）孔洞中充填的鞍状白云石发橘红色光，叶片状白云石不发光，阴极发光照片，灯四段，高石 1 井，4985.00m；（g）细晶白云岩，溶蚀孔洞中充填细晶白云石和沥青，沥青呈薄膜状游离于孔洞中，磨溪 22 井，灯二段，5416.90m，薄片，单偏光；（h）细晶白云岩，溶蚀孔洞为细晶—中晶白云石、沥青和粗晶白云石充填，沥青呈薄膜状游离于孔隙中，高石 6 井，灯二段，5363.04m，薄片，单偏光；（i）微生物白云岩，溶蚀孔洞为粗晶白云石和沥青充填，沥青呈斑块状夹持于两期白云石之间，鼓城剖面，灯二段，薄片，单偏光

　　显微镜下对沥青、白云石胶结物特征和分布研究，建立白云石胶结物与沥青之间的成岩序列。沥青有两种产状，与原油的氧化和裂解有关。一是呈薄膜状游离于孔隙中 [图 9-2-3（g）、（h）]，与原油的氧化有关（Hwang et al.，1998），二是呈斑块状夹持于两期白云石之间 [图 9-2-3（d）、（e）、（i）]，主要与原油的裂解有关（郝彬等，2017）。根据沥青与白云石的产状和相互交割关系，揭示：（1）烃类充注和原油氧化时间晚于细中晶白云石 [图 9-2-3（g）①] 充填的时间，早于粗晶白云石 [图 9-2-3（h）③] 充填

的时间；（2）夹持于两期粗晶白云石之间的沥青揭示这一期次烃类充注和原油裂解时间介于第一期粗晶白云石胶结物［图 9-2-3（i）①］和第二期粗晶白云石胶结物［图 9-2-3（i）③］之间；（3）与粗晶白云石、鞍状白云石和石英伴生的沥青［图 9-2-3（d）②、图 9-2-3（e）②］，揭示这一期原油裂解时间晚于鞍状白云石的充填时间。

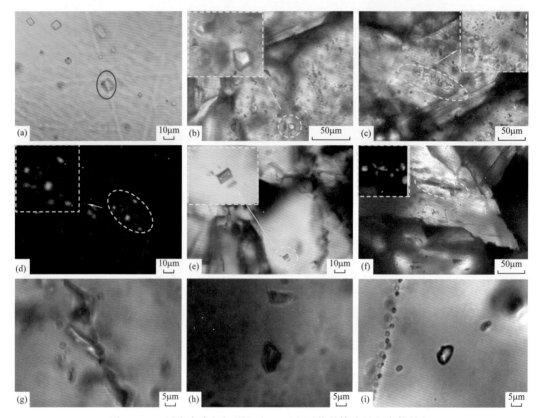

图 9-2-4　川中古隆起灯影组白云石和石英晶体中的包裹体特征

（a）叶片状白云石胶结物中的气液两相盐水包裹体，磨溪 22 井，灯二段，5418.70m；（b）细晶—中晶白云石胶结物中液态烃包裹体，无色—浅黄色，高石 6 井，灯二段，5363.04m；（c）细晶—中晶白云石胶结物中液态烃包裹体，浅黄色，磨溪 22 井，灯二段，5418.70m；（d）细晶—中晶白云石中的烃类包裹体，紫外光下发黄绿色荧光，磨溪 22 井，灯二段，5418.70m；（e）粗晶白云石胶结物中的液态烃包裹体，浅黄色，磨溪 9 井，灯二段，5422.10m；（f）粗晶白云石中的烃类包裹体，浅黄色，紫外光下发亮黄绿色荧光，磨溪 9 井，灯二段，5422.10m；（g）鞍状白云石胶结物中的气液两相烃类包裹体，黑色，高石 1 井，灯四段，4985.00m；（h）鞍状白云石胶结物中的气态烃包裹体，黑色，磨溪 9 井，灯二段，5422.10m；（i）石英晶体中的气态烃包裹体，黑色，磨溪 9 井，灯二段，5422.10m

2）实验结果

（1）白云石宿主矿物 U—Pb 同位素年龄。

烃类包裹体主要分布于细晶—中晶白云石、粗晶白云石、鞍状白云石和石英中，在显微镜下开展宿主矿物矿相学研究和类比，寻找适合开展激光原位 U—Pb 同位素测年的白云石矿物。白云石矿物激光原位 U—Pb 同位素测年在中国石油集团碳酸盐岩储层重点实验室 LA—ICPMS 上完成，超低 U 含量样品在澳大利亚昆士兰大学 LA—MC—ICPMS 上检测。

细中晶白云石测得 482Ma±14Ma、472Ma±21Ma、468Ma±12Ma 和 416Ma±23Ma 四个年龄数据 [图 9-2-4（a）、（b）、（c）、（d）]，从含烃类包裹体宿主矿物的矿相学分析，416Ma±23Ma 代表富含烃类包裹体的宿主矿物年龄，同时也代表油主成藏期烃类包裹体捕获的年龄，但筇竹寺组烃源岩开始生排烃时间可以向前推进到 482Ma±14Ma。

粗晶白云石测得 248Ma±27Ma、246.3Ma±1.5Ma、216.4Ma±7.7Ma 三个年龄数据 [（图 9-2-5（e）、（f）、（g）]，从宿主矿物的矿相学分析，248Ma±27Ma、246.3Ma±1.5Ma 代表富含液态烃包裹体的宿主矿物年龄，同时也代表油主成藏期烃类包裹体捕获的年龄，但生排烃时间可以一直持续 216.4Ma±7.7Ma。

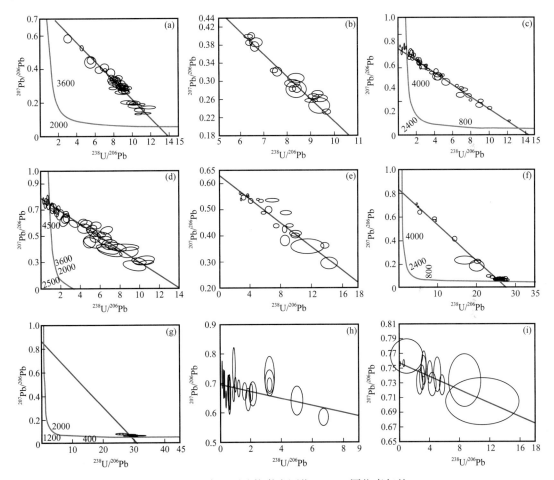

图 9-2-5　白云石矿物激光原位 U—Pb 同位素年龄

（a）细晶—中晶白云石 U—Pb 同位素年龄为 482Ma±14Ma，峨边先锋剖面，灯二段；（b）细晶—中晶白云石 U—Pb 同位素年龄为 472Ma±21Ma，磨溪 22 井，灯二段，5416.90m；（c）细晶—中晶白云石 U—Pb 同位素年龄为 468Ma±12Ma，磨溪 22 井，灯二段，5418.7m；（d）细晶—中晶白云石 U—Pb 同位素年龄为 416Ma±23Ma，高石 6 井，灯二段，5363.04m；（e）粗晶白云石 U—Pb 同位素年龄为 248Ma±27Ma，鼓城剖面，灯二段；（f）粗晶白云石 U—Pb 同位素年龄为 246.3Ma±1.5Ma，鼓城剖面，灯二段；（g）粗晶白云石 U—Pb 同位素年龄为 216.4Ma±7.7Ma，杨坝剖面，灯二段；（h）鞍状白云石 U—Pb 同位素年龄为 115Ma±69Ma，鼓城剖面，灯二段；（i）鞍状白云石 U—Pb 同位素年龄为 41Ma±10Ma，高石 1 井，灯四段，4985.00m

鞍状白云石测得 115Ma±69Ma 和 41Ma±10Ma 两个年龄数据［图 9-2-4（h）、（i）］，从宿主矿物的矿相学分析，代表富含气态烃包裹体的宿主矿物年龄，虽然年龄跨度和误差较大，但代表了喜马拉雅期非常年轻的年龄和气藏形成时间。

（2）白云石宿主矿物 Δ_{47} 温度。

利用残留的岩心样品，找到与薄片 A 中含烃类包裹体宿主矿物对应的区域，用牙钻或微钻抠取 10mg 细晶—中晶白云石、粗晶白云石和鞍状白云石粉末样品，用于团簇同位素测温。粉末样品的钻取在中国石油碳酸盐岩储层重点实验室完成，团簇同位素（Δ_{47}）测温在迈阿密大学稳定同位素实验室（SIL）Thermo MAT-253 质谱仪上完成。测试数据见表 9-2-2。

表 9-2-2　灯影组含烃类包裹体宿主矿物团簇同位素（Δ_{47}）温度

宿主矿物	样号	样品来源	样品特征	Δ_{47}	$T/℃$
细晶—中晶白云石	B1	高石 1 井灯四段	液态烃包裹体零星分布	0.532782	99.02
	B2	先锋剖面灯二段	富含液态烃包裹体	0.527565	102.43
	B3	杨坝剖面灯二段	同期胶结物	0.536936	96.37
	B4	先锋剖面灯二段	液态烃包裹体零星分布	0.556642	83.97
	B5	高石 6 井灯二段	富含液态烃包裹体	0.503689	119.91
	B6	鼓城剖面灯二段	富含液态烃包裹体	0.504994	118.89
粗晶白云石	B7	磨溪 22 井灯二段	富含液态烃包裹体	0.523954	104.92
	B9	先锋剖面灯二段	同期胶结物	0.511229	113.74
	B10	鼓城剖面灯二段	同期胶结物	0.481297	138.75
	B8	高石 1 井灯四段	富含液态烃包裹体	0.517159	109.75
	B11	磨溪 9 井灯二段	富含气态烃包裹体	0.439681	178.97
鞍状白云石	B12	杨坝剖面灯二段	富含气态烃包裹体	0.423188	203.99
	B13	鼓城剖面灯二段	富含气态烃包裹体	0.412498	219.74

3）油气成藏地质过程重建

在川中古隆起区域地质背景、构造运动、大地热流特征认识的基础上，本书通过白云石胶结物得到的 U—Pb 同位素年龄和团簇同位素（Δ_{47}）温度对埋藏深度的约束，建立绝对年龄坐标系下古地温史和埋藏史归一曲线（图 9-2-6），为川中古隆起灯影组气藏成藏史重建提供了关键图件。川中古隆起灯影组气藏经历了三个成藏期（图 9-2-6）。

第一个成藏期是以年龄 416Ma±23Ma、团簇同位素（Δ_{47}）温度 84～120 ℃ 为代表的志留纪末的石油聚集。从与含烃类包裹体宿主矿物同期的细中晶白云石的年龄分析，筇竹寺组烃源岩的初始生烃时间至少可以提前到约 482Ma±14Ma。沥青与伴生碳酸盐矿物成岩序列和年龄测定进一步揭示川中古隆起第一次原油充注和氧化时间发生在468Ma±12Ma 和 416Ma±23Ma 之间。以 468Ma±12Ma（中奥陶世）为代表的细晶白云石的沉淀，标志着筇竹寺组烃源岩开始进入生排烃和石油充注期。以 416Ma±23Ma（晚志留世末）为代表的粗晶白云石的沉淀，标志着生排烃高峰期和成藏高峰期的结束。

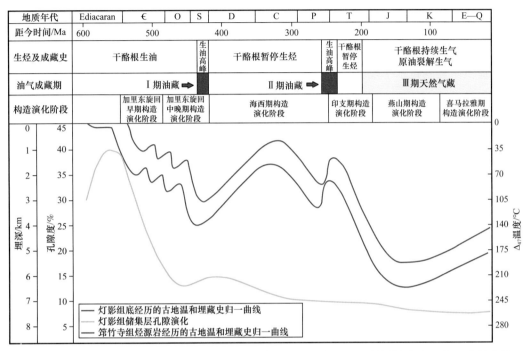

图 9-2-6　川中古隆起灯影组气藏基于含烃包裹体宿主矿物年龄、团簇同位素（Δ_{47}）温度约束的成藏史重建

图中灯影组储层孔隙演化曲线据沈安江等(2019)修改

第二个成藏期是以年龄 248Ma±27Ma 和 246.3Ma±1.5Ma、团簇同位素（Δ_{47}）温度105~180℃为代表的二叠纪末—早三叠世的石油聚集。此时，筇竹寺组烃源岩再次进入生烃高峰，但生排烃可一直持续到 216.4Ma±7.7Ma（中—晚三叠世之交）。沥青与伴生碳酸盐矿物成岩序列和年龄测定进一步揭示川中古隆起第二次原油充注和裂解时间发生在 246.3Ma±1.5Ma 和 216.4Ma±7.7Ma 之间，形成斑块状分布于溶蚀孔洞中的沥青。以246.3Ma±1.5Ma（早三叠世）为代表的粗晶白云石的沉淀，标志着筇竹寺组烃源岩再进入生排烃和石油充注期。以 216.4Ma±7.7Ma（晚三叠世）为代表的粗晶白云石的沉淀，标志着生排烃高峰期和成藏高峰期的结束。

第三个成藏期是以年龄 115Ma±69Ma 和 41Ma±10Ma、团簇同位素（Δ_{47}）温度200~220℃为代表的喜马拉雅期天然气聚集，天然气源主要来自二叠纪末—早三叠世石油聚集成藏的原油的裂解，其次是筇竹寺组烃源岩在高成熟—过成熟阶段直接生气。石英是溶蚀孔洞中的最后一期充填物，虽然没有年龄数据，但肯定晚于最后一期粗晶鞍状白云石的形成时间，包裹体均一温度可以达到200~220℃，而且含富甲烷气体的包裹体，这说明从晚三叠世开始，供气是一个持续的过程，主成藏期为燕山期，但可持续到喜马拉雅期，而且喜马拉雅运动还使先存气藏发生调整和次生气藏的形成。薄片中还能见到沥青、粗晶白云石、鞍状白云石和石英伴生的现象，可以确定原油裂解的时间晚于鞍状白云石的充填时间。鞍状白云石测得两个年龄，分别为 115Ma±69Ma 和 41Ma±10Ma，虽然年龄跨度较大，但代表了喜马拉雅期非常年轻的年龄。

本书应用激光原位 U—Pb 同位素测年技术、团簇同位素（Δ_{47}）测温技术和基于沥青与伴生碳酸盐矿物年龄、成岩序列的建立，实现了绝对年龄坐标系下灯影组气藏成藏时间和期次的重建，解决了多解性的难题，对成藏地质过程的重建更加精细，为油气成藏史研究提供了新的技术手段。

第三节 深层碳酸盐岩地震成像处理及储层预测技术

地震成像处理及储层预测技术是中国陆上碳酸盐岩深层油气勘探的关键评价技术，但在"十三五"期间仍然面临着诸多难题，一是由于地震波在长距离传播过程中的扩散、吸收、衰减作用，使深层地震反射信号信噪比低、主频低、能量弱、干扰波发育和波场复杂等特点十分突出，二是深层碳酸盐岩小尺度断裂识别和强非均质性储层预测理论方法薄弱、预测精度较低，相关技术挑战仍然巨大。为此，笔者通过"下古生界—前寒武系地球物理勘探关键技术研究"攻关，分别在深层碳酸盐岩地震成像处理和深层碳酸盐岩地震储层预测两个技术领域取得了一系列的创新发展，不仅为中国石油塔里木盆地、四川盆地等重点探区油气藏的精细勘探开发提供了有效生产支撑，而且对中国其他复杂油气藏的高效勘探开发和深层油气勘探评价具有重要的技术借鉴价值。

一、深层碳酸盐岩地震成像处理技术

1. 研究现状及重大技术挑战

对于深层碳酸盐岩的地震偏移成像，主要面临两方面的难题：一是速度建模及成像问题。随着地层深度的增加，由于地层压实和沉积旋回的作用，地层的各向异性会逐渐增强，各向异性参数的建模同样非常关键。因此，针对复杂构造的偏移方法可以采用各向异性逆时偏移或射线束偏移方法，相对于目前应用较多的 Kirchhoff 偏移，在速度变化较快、构造复杂区的成像精度更高；二是深层成像分辨率问题。由于深层碳酸盐岩储层（普遍深度在 5000m 以深，塔里木碳酸盐岩大部分深度在 6500m 以深），对地震波吸收衰减严重，造成反射波能量弱，成像分辨率低；同时，地震波的振幅、相位和频率也会发生不同程度的畸变，影响后续储层预测、属性分析等工作。因此，深层地震成像即要恢复深层弱信号，也需要建立可靠的地层 Q（品质因子）模型，沿着地层实际传播路径对地震波进行振幅补偿和相位校正，并得到较高分辨率的成像结果。

通过"十三五"期间技术攻关，笔者分别在碳酸盐岩各向异性深度偏移成像处理、多波地震资料处理、深层层间多次波压制等多个技术方向取得较大研究进展，有效支撑了塔里木盆地、四川盆地等重点探区的油气勘探部署发现。

2.碳酸盐岩各向异性深度偏移成像处理技术

主要是通过创新纯 P 波自共轭微分算子逆时偏移算法及 GPU/CPU 高性能协同算法，显著提高了深层碳酸盐岩各向异性深度偏移成像精度和运算效率。通过塔中等地区深层强非均质性碳酸盐岩地震波场成像处理，为油气勘探评价与部署提供了重要的基础资料。

1）纯 qP 波自共轭微分算子逆时偏移方法

笔者提出的纯 qP 波控制方程及数值算法，拟将不易求解的拟微分算子分解为标量算子和椭圆微分算子，分析其频散特性，推导出对应的 TTI 介质一阶 qP 波控制方程，并用交错网格高阶有限差分算法对方程实施求解，得到复杂 TTI 介质稳定的纯 qP 波模拟及逆时偏移的结果，同时解决了上述两个问题。

从一般介质本构关系出发，求解 Christoffel 方程得到 qP—qSV 耦合相速度公式，进而导出各向异性介质频散关系。然而该频散关系对应的拟微分方程式在数值上不易求解，因此，采用算子分解的思路，将拟微分算子转化为一个椭圆微分算子和一个标量算子，导出如下 TTI 介质纯 qP 波传播控制方程 [（式 9-3-1）、（式 9-3-2）]：

$$\partial u / \partial t = V_{Pz}^2 S_e \left[(1+2\varepsilon)\left(G_x^T p + G_y^T q \right) + G_z^T r \right]$$
$$\partial p / \partial t = G_x u$$
$$\partial q / \partial t = G_y u \qquad\qquad (9\text{-}3\text{-}1)$$
$$\partial r / \partial t = G_z u$$

$$S_e = \frac{1}{2}\left(1 + \sqrt{1 - \frac{8(\varepsilon-\delta)\left[(G_x u)^2 + (G_y u)^2 \right](G_z u)^2}{(1+2\varepsilon)\left[(G_x u)^2 + (G_y u)^2 \right](G_z u)^2}} \right) \qquad (9\text{-}3\text{-}2)$$

式中　G——旋转坐标系下的自共轭微分算子。

算子分解的主要目的在于改造原伪微分方程，将其中不易求解的伪微分算子分解为容易求解的椭圆微分算子和标量算子，保持波场模拟精度的同时实现方程高效求解。上述控制方程来自伪微分算子分解得到的新算子，与准确的 qP 波具有同样的频散关系，且方程推导过程中未做任何近似，将此用于 TTI 介质 qP 波模拟具有较高的精度。

采用交错网格高阶有限差分数值解法求解上述方程式，在 t 时刻计算质点位移 u，在 $t-\Delta t/2$ 时刻计算辅助波场 p、q、r。考查公式发现，$t-\Delta t$ 时刻波场 u 的计算不仅需要 t 时刻的波场 u，还需 $t-\Delta t/2$ 时刻辅助波场 p、q、r 分别关于 x、y、z 的微分；同样地，$t-\Delta t/2$ 时刻辅助波场 p、q、r 的计算不仅需 $t-\Delta t/2$ 时刻的波场 p、q、r，还需 t 时刻波场 u 关于 x、y、z 的微分。因此，为了避免插值，提高计算精度，采用 Lebedev 交错网格（图 9-3-1）。其中：在方点位置处计算波场 u 和标量算子 Se；在圆点位置处计算辅助波场 p、q、r。采用时间二阶精度差分以及空间高阶精度差分，其差分格式可容易地写出。

将带正则化校正的 TTI 介质 qP 波方程方法应用到 TTI 逆时偏移中，利用 Foothill 模型作为该测试所用模型（图 9-3-2），波场传播的计算采用的是时间方向 2 阶差分，空间

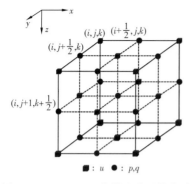

图 9-3-1 Lebedev 交错差分网格格式

方向 10 阶差分的有限差分算法。图 9-3-3 展示了逆时偏移成像结果，反射层都正确归位，陡倾角地层都能成像。但在地层倾角较大、各向异性较强的区域，其下伏地层影响较大，各向同性及 VTI 各向异性逆时偏移成像效果都不理想，而 TTI 各向异性逆时偏移能使陡倾角地层及下伏地层准确成像。因此，对于各向异性介质的地震数据，采用 TTI 各向异性算法进行成像可得到更为精确的结果。

2）GPU/CPU 系统近似最佳匹配层（NPML）边界条件的协同运算方法

逆时偏移是典型的大规模数据处理问题，需要解决大计算量和大存储量问题，加之纯 P 波自共轭微分算子逆时偏移算法较常规的微分算子逆时偏移算法公式更为复杂，运算量更大。而常规方法采用随机边界条件通常无法使边界反射波场完全随机，从而影响最终成像结果的质量。因此笔者开发的 GPU/CPU 系统近似最佳匹配层（NPML）边界条件的协同运算流程如图 9-3-4 所示：不仅在 CPU 平台采用 MPI+OpenMp 并行方式，而且对于 CPU/GPU 异构平台，利用区域分解技术可以在当前 GPU 上高效的实现任意生产

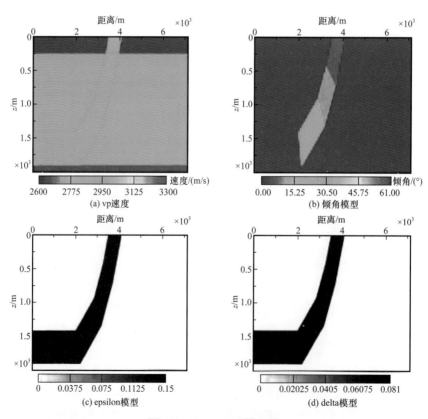

图 9-3-2 Foothill 模型图

规模的三维逆时偏移成像，却能不会受到 GPU 显存规模的制约，较好地解决了在 GPU 上实现 TTI_RTM 需要特殊处理的显存不足和人工边界问题；同时针对常规 PML 边界条件边界区域控制方程与内部区域差异较大，不适于 GPU 高速运算的问题，在 GPU 上实现近似最佳匹配层（NPML）边界条件，使得高阶有限差分计算不需要分支判断，边界区域辅助波场的存储量也较低，保证了在 GPU 上进行波场传播的高效性。

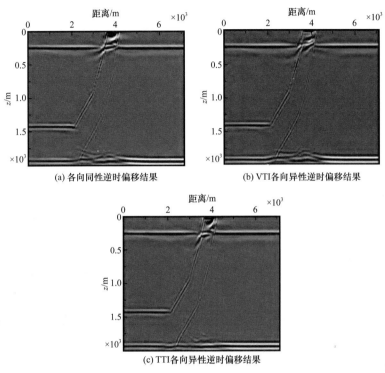

图 9-3-3　Foothill 模型不同方法逆时偏移结果对比图

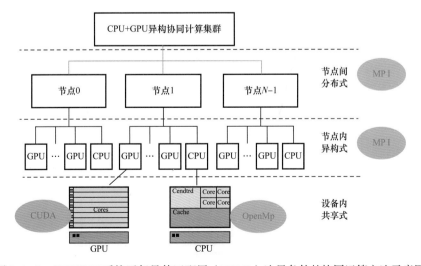

图 9-3-4　GPU/CPU 系统近似最佳匹配层（NPML）边界条件的协同运算方法示意图

3）成像效果分析

塔里木盆地塔中 45 井区的各向异性深度偏移成像处理技术应用效果如图 9-3-5 所示，与各向同性深度偏移成像剖面相比，各向异性深度偏移成像的精度和信噪比均有明显提升，使 6~8km 范围内深层碳酸盐岩地震频带拓宽 10Hz，主频提高 4Hz（图 9-3-6）。这表明由于各向异性逆时偏移兼具了 Kirchhoff 积分陡倾角成像和单程波方程成像的优点，针对强非均质性碳酸盐岩地层成像结果的保振幅性较好。通过该区新钻井与地震数据深度误差对比（表 9-3-1）可知，井震误差平均为 0.34%，相较于之前的各向同性逆时偏移地震数据深度误差减少了 0.11%，表明其成像精度有较大提高。这为该区精细储层预测和

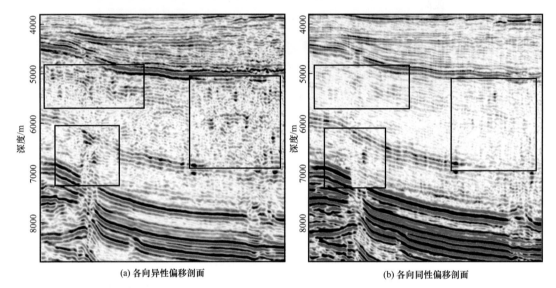

(a) 各向异性偏移剖面   (b) 各向同性偏移剖面

图 9-3-5 塔中 45 井区各向异性深度偏移成像与各向同性深度偏移成像剖面对比图

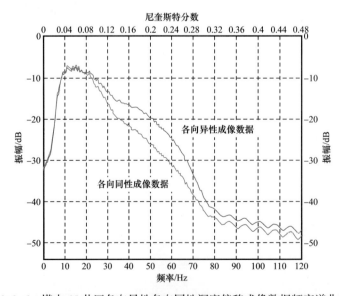

图 9-3-6 塔中 45 井区各向异性各向同性深度偏移成像数据频率谱曲线图

圈闭识别奠定坚实资料基础，并有力支撑了中古 70 井、中古 71 井、中古 40c 井等一批重点井位部署，为塔中地区奥陶系深层油气勘探重大突破发挥积极作用。

3. 碳酸盐岩多波地震资料处理技术

多波地震勘探技术则可以利用纵波、横波等更为丰富的信息进行地层岩性油气藏的精细勘探。但由于转换波静校正和速度建模方法精度较低等问题，影响了多波地震资料成像精度，致使其工业化规模处理及应用收到了严重影响。为此笔者集成创新了转换波趋势面静校正、VTI 介质多参数速度建模等新方法，较好地解决了转换波成像与纵波成像匹配难题，明显提高含气层段岩性界面成像质量，为川中磨溪—龙女寺地区龙王庙组储层精细预测和评价奠定重要基础。

1）转换波趋势面静校正方法

通过水平分量旋转处理，可分离真正的转换波 PSV 和 PSH 分量，随之即可对两个分量分别进行处理。由于两者在波场特征上非常相似，所以一般认为可以采用相同的处理流程和参数进行处理，但由于 PSH 波能量非常弱，因此所有的参数和流程试验均在 PSV 波分量上进行，然后再利用 PSV 波的处理流程来处理 PSH 波。

由于工区转换波原始单炮，有效反射波存在抖动现象，转换波共检波点道集扭曲严重，因此通过转换波静校正处理后，单炮从浅层至目的层有效反射清晰（图 9-3-7），叠加剖面信噪比大幅度提高，成像质量大幅提升（图 9-3-8），转换波静校正问题得到很好的解决。

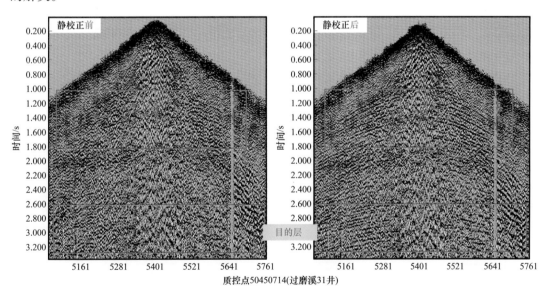

图 9-3-7 转换波静校正前后单炮效果对比图

图 9-3-9 为速度更新前后偏移剖面的对比图，可以看出速度更新后，剖面成像质量有明显的改善。

2）成像效果分析

从川中龙女寺地区宽方位数字三分量的转换波分量与纵波分量叠前时间偏移成像三

维显示图（图9-3-10）中可以看出，转换波偏移成果对龙王庙组顶界刻画比纵波更清楚，对下寒武统成像明显好于纵波，转换波叠前时间偏移成果有利于龙王庙组构造解释和下寒武统页岩地层的精细岩性识别。如图9-3-11所示，过磨溪29井的转换波叠前时间偏移和纵波时间偏移剖面对比，纵波时间偏移受气层影响，纵波衰减明显，而转换波叠前时间偏移受气层影响较弱，岩性界面连续性好，这表明转换波时间偏移的碳酸盐岩地层信噪比更高，成像更清楚，为进一步提高碳酸盐岩储层精细预测和油气检测的精度奠定重要基础。

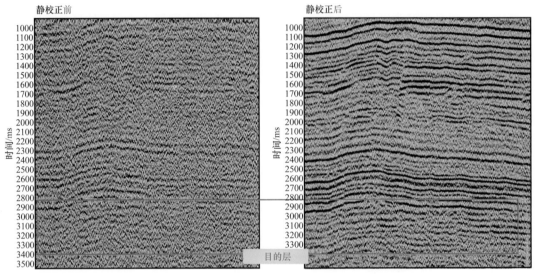

图 9-3-8　转换波静校正前后叠加剖面对比图

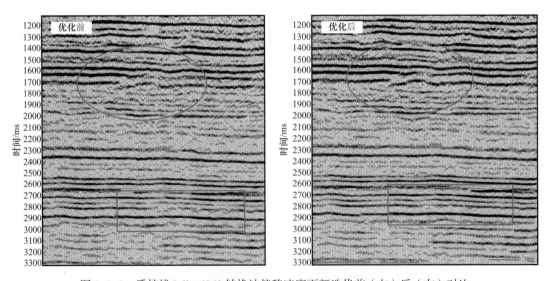

图 9-3-9　质控线 Inline4969 转换波偏移速度更新迭代前（左）后（右）对比

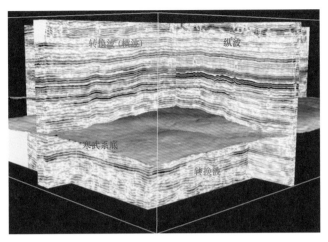

图 9-3-10　川中龙女寺地区转换波成像与纵波成像三维显示图

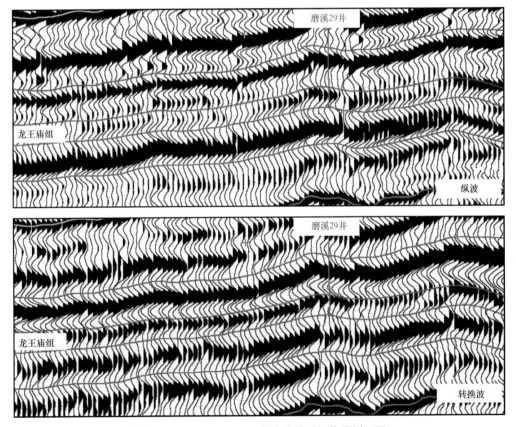

图 9-3-11　XLINE5870 多波叠前时间偏移剖面图

二、深层碳酸盐岩地震储层预测技术

通过"十三五"期间对碳酸盐岩储层叠后及叠前地震预测技术攻关研究，分别在结构张量地震断裂识别、云变换随机模拟缝洞储层定量化预测、双向介质多波联合反演、基于叠前弹性参数反演和分频属性的气藏检测等新技术研究中取得了重要进展，在塔里木盆地塔中地区、四川盆地磨溪地区和鄂尔多斯盆地苏东地区等也取得较好的应用效果。

1. 结构张量地震断裂识别技术

目前结构张量地震断裂识别是一项国际前沿方法，是在 Knutsson（1989）提出的"结构张量"概念基础上，借鉴不同目标体或纹理单元的检测方法发展而来的，先后有 Bakker（2002）、张军华（2007）等学者在地震断裂和河道砂体预测等方面做过积极尝试。笔者针对小断裂地震属性特征较弱和缺少地震空间结构断裂识别的适用方法等难题，创新了变参数各向异性扩散滤波空间旋转扫描和梯度结构张量地震断裂识别方法，明显提高了塔中地区深层碳酸盐岩的断裂识别精度，有效支撑评级与部署。

结构张量地震断裂识别技术主要包括变参数各向异性扩散滤波空间旋转扫描、地震空间结构张量数据表征及识别、地震空间梯度结构张量特征值并行算法三个技术方法。

1）变参数各向异性扩散滤波空间旋转扫描

当断裂存在时，地层平整性（连续性）会降低，平整性降低响应特征会沿着断裂走向方向延伸，因此可利用地震同相轴平整性及的延续性来识别断裂。当地震小尺度断裂存在时，地震数据受叠加或偏移造成的扰动以及噪声影响，识别将会更加困难。为此，本文采用的各向异性扩散导向滤波技术利用热传导公式的形式在数据体内传导平滑算子（扩散导向滤波和热传导用的同样的公式），在有断层的地方，给一定的传导阻力（相当于热传导中给定热阻抗），不让平滑算子经过，达到保留清晰断层的目的，在没断层的地方，则不阻止平滑算子经过，达到有效去噪的目的。具体是将地震数据同相轴定义为层状导热介质，断裂定义为不导热介质，建立各向异性介质参数，进行各向异性扩散滤波。通过数据整体运算，避免波形失真，并可以有效去除地震数据中的噪声信息，突出断裂特征（图 9-3-12）。

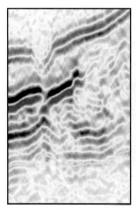 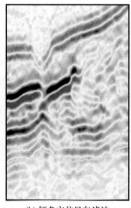 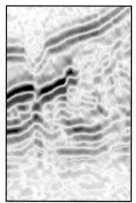 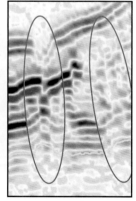

(a) 原始地震剖面　　　(b) 倾角方位导向滤波　　　(c) 各向异性扩散滤波　　　(d) 变参数各向异性扩散滤波
　　　　　　　　　　　地震剖面　　　　　　　　　地震剖面　　　　　　　　　地震剖面

图 9-3-12　变参数各向异性扩散滤波与倾角方位导向滤波等方法对比地震剖面图

2）地震空间结构张量数据表征及识别

通过对比分析，可以简要将地震数据的地层空间结构归纳为平整型、局限型挠曲型和断褶型三种模式类型，其中平整型地层空间结构代表了地震同相轴连续平整，地层构造起伏变化较小，地震数据空间各向异性或者各向异性低的情况，是一种无断裂的模式特征；局限型挠曲型地层空间结构代表了地震地层的不平整短延续或不延续结构，是一种局部构造变形、盐丘、洞穴、火山岩体等发育的模式特征；断褶型地层空间结构是一种构造变形和延续距离均较大的结构单元，代表了地震同相轴错断或挠曲，并且沿某方向有显著延续的特征，是地震断裂识别的基本结构类型。如图 9-3-13 所示，三种地震空间梯度结构张量数据特征值（λ_1、λ_2、λ_3）有明显差异，其中小断裂主要是断褶型地层空间结构模式所对应的地震空间梯度结构张量特征值，表现为：$\lambda_1 \approx \lambda_2$ 和 $\lambda_2 \gg \lambda_3$。由此建立地震梯度结构张量数学判别模型——式（9-3-3）：

$$\text{fault} = \left[1 - \frac{(\lambda_1 - \lambda_2)}{(\lambda_1 + \lambda_2)} \right] \times \left(\frac{\lambda_2 - \lambda_3}{\lambda_2 + \lambda_3} \right) \tag{9-3-3}$$

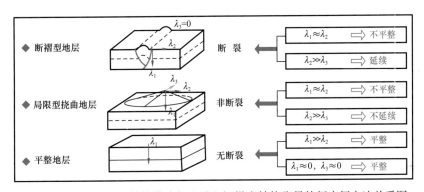

图 9-3-13　地层空间结构模式与地震空间梯度结构张量特征表征方法关系图

3）地震空间结构张量特征值并行算法

基于并行计算的数据分块方法，可以将大数据分成小数据，进而将小数据分别载入响应节点的内存中，从而实现读写量减小。同时并行载入小数据的数量可以随着计算机硬件的 CPU、内存等性能进行自动调整，使方法具有可移植性，在不同计算机进行推广应用。

4）应用效果

该方法在塔里木盆地哈拉哈塘和塔中地区深层碳酸盐岩勘探中取得了显著的应用效果。哈拉哈塘地区结构张量属性与本征值相干属性的对比结果可以看出其断裂刻画变得更加精细（图 9-3-14），与地震剖面小断裂反射特征更加吻合，较其他方法有更好的小断裂识别精度。图 9-3-15 展示了利用结构张量属性对哈拉哈塘地区对不同尺度断裂识别的三维空间特征的有效刻画结果，蓝色显示的是较大级别断裂空间分布多为南北走向，红色展示了次级别的断裂，这些断裂伴随大级别断裂分布，呈线性延伸。

该技术在塔中地区碳酸盐岩深层勘探中取得了良好的应用成效。一是完成了塔中地区奥陶系深层断裂精细识别（图 9-3-16），一方面通过与常规方法断层识别方法对比（表 9-3-1）分析表明，识别的断层条数增加了 24.47%，对断裂的识别能力有显著增强，尤其对于断距低的小断层识别而言，断裂识别能力提高 34.25%；另一方面则使小断裂预测的井震吻合率由 88% 提高到 96%；二是有效支撑区带精细评价和中古 70 井、中古 71 井、中古 40c 井等井位部署，并分别在鹰山组和良里塔格组台缘带获得高产工业油气流，推动塔中深层勘探重大突破。

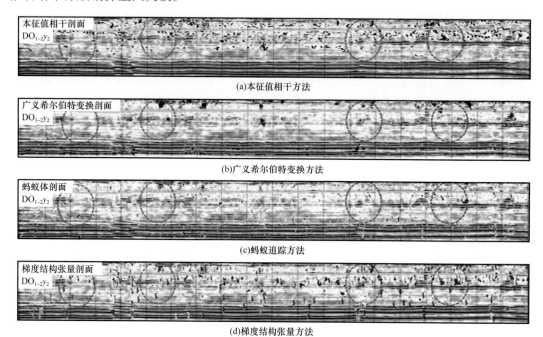

图 9-3-14　不同小断裂预测方法效果对比图

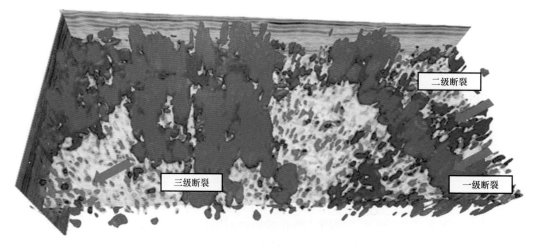

图 9-3-15　结构张量属性体断裂多尺度识别效果
蓝色为大尺度断裂、红色为中尺度断裂、绿色为小尺度断裂

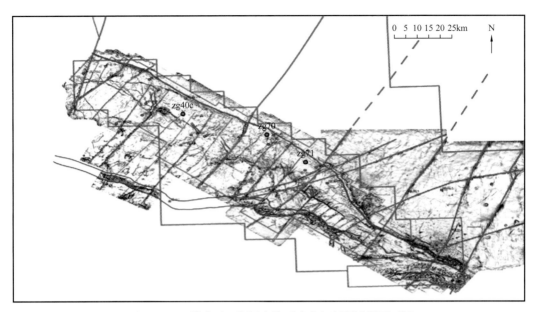

图 9-3-16　塔中地区深层奥陶系鹰山组断裂识别平面图

表 9-3-1　塔中地区奥陶系深层断裂识别量化对比表

断距	>100m	30~100m	<30m	合计
常规方法识别断层数量 / 条	68	131	181	380
本方法识别断层数量 / 条	73	157	243	473
断裂识别能力提高比例 /%	7.35	19.85	34.25	24.47

2. 云变换随机模拟缝洞储层定量化预测技术

在"十二五"期间，地质统计学波阻抗反演是预测强非均质性碳酸盐岩储层的重要方法之一，主要是利用波阻抗反演的数据与孔隙度拟合关系，获取孔隙度数据体，进行体积雕刻和量化表征。虽然其应用效果在勘探开发中得到了较好的实践验证，但存在的最大问题是波阻抗与孔隙度之间的拟合精度不够（图 9-3-17），不能有效表征碳酸盐岩缝洞储层的强非均质性。因此在"十三五"期间开发了云变换随机模拟缝洞储层定量化预测方法，主要是在地质统计学波阻抗随机反演的基础上，通过云变换随机模拟方法建立非均质性碳酸盐岩储层的波阻抗与孔隙度之间的关系式，再根据测井解释结果确定有效孔隙度下限值，确定有效储层，进而开展三维空间体积雕刻及储量计算等缝洞储层量化表征，实现了对非均质性较强的缝洞储层更有效的定量预测和表征。

1）云变换随机模拟缝洞储层定量化预测方法

云变换是基于云模型的连续数据离散化方法，是一种非线性随机模拟方法，用来对具有一定有相关性的两个参数进行分析，通过概率场模拟等手段将一个数值模型变换为另一个数值模型，并保持两个模型之间内在的离散关系，能够用于储层预测、储量的不确定性评价及油藏数值模拟等。

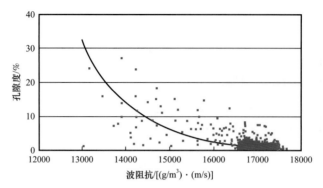

图 9-3-17 孔隙度与波阻抗线性拟合图

云变换数学定义为：给定论域中某个数据属性 X 的频率分布统计函数 $f(X)$，根据属性值 X 的频率分布 $f(X)$ 自动生成若干个粒度不同的云 $C(E_{xi}, E_{ni}, H_{ei})$ 的叠加，每个云代表一个离散的、定性的概念。其数学表达式为（9-3-4）：

$$f(X) \rightarrow \sum_{i=1}^{N} a_i C(E_{xi}, E_{ni}, H_{ei}) \qquad (9\text{-}3\text{-}4)$$

式中　　a_i——幅度系数；

　　　　C——云模型函数；

　　　　E_{xi}——云模型函数 C 的期望值；

　　　　E_{ni}——C 的熵；

　　　　E_{ei}——C 的超熵；

　　　　N——变换后生成离散概念的个数。

与线性拟合方法相比，云变换随机模拟方法将整个孔隙度值范围值作为一个概率分布来考虑，可以有效提高波阻抗与孔隙度之间非线性关系的表征精度，更加能适用于强非均质性的碳酸盐岩储缝洞储层描述。

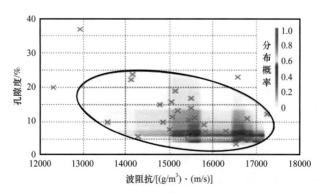

图 9-3-18 孔隙度与波阻抗云变换随机模拟拟合图

2）应用成效

在 YML 地区，分别利用 30 口井的测井曲线，进行阻抗与孔隙度线性关系拟合及云变换关系计算（图 9-3-18），在此基础上由反演波阻抗得到孔隙度数据体。如图 9-3-19

所示，已知 Ym2-3 井一间房组顶部有漏失，且生产动态分析结果明确 Ym2-3-5 井与 Ym2-3 井连通，但裂缝预测结果显示两口井之间并没有裂缝发育，因此可确定 Ym2-3 井一间房组顶部发育一套表生岩溶缝洞储层，并延伸至 Ym2-3-5 井，云变换孔隙度预测结果与实钻井更吻合。由 14 口放空漏失井储层标定结果统计，吻合率由 83% 提高到 92%。

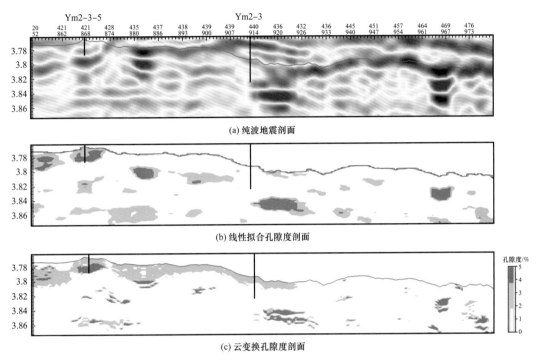

图 9-3-19　云变换与线性拟合结果对比图

第四节　断控缝洞体雕刻与高效井优选技术

一、断控缝洞体雕刻技术

塔北、塔中地区断控缝洞型碳酸盐岩油藏具有小油藏、大油田特征，没有统一油气水界面，油气分布受断裂、裂缝、溶洞控制。储层非均质性极强，储集空间为洞穴、孔洞和裂缝，其发育程度受走滑断裂控制，但走滑断裂断距小、活动弱，精细预测和解释难度大；同时油气藏普遍具有大面积含油、局部富集的特征，储量计算难度大，利用碾平法计算的碳酸盐岩储量呈现出含油气面积大、地质储量大、可采储量低、动用程度低的特点，针对均质砂岩储集层的储量研究方法及思路均不适用，为满足以上要求，断控缝洞体雕刻技术显得尤为重要。

1. 断控缝洞体雕刻主要研究思路和技术流程

首先，用相干、曲率、振幅梯度和最大似然等敏感的地震属性识别走滑断裂，开展剖面和平面断裂解释，并对断裂进行分级、分段研究。二是断控碳酸盐岩圈闭划分和描述，利用结构张量、振幅梯度、波阻抗反演等手段预测缝洞体储层，结合断裂分段结果以及井震结合优选地震敏感属性，利用刻度的门槛值确定圈闭边界。三是在划分的圈闭范围内，利用地震反演得到的孔隙度体与地震相相交，得到有效孔隙度体，按照测井标定的有效孔隙度门槛值对有效缝洞储集体进行雕刻，实现断控缝洞体量化雕刻（图 9-4-1）。

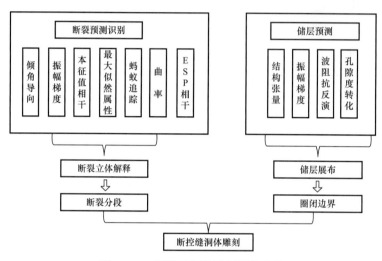

图 9-4-1 断控缝洞体雕刻研究流程

2. 走滑断裂的预测与识别

多手段断裂预测技术主要包括：（1）基于倾角导向的多尺度断层、裂缝预测技术；最大优势在于针对不同级别的断层、裂缝，可以采用不同的预测参数，即分数导数参数，该参数越大，预测断裂尺度越小，预测结果越能突出更小级别的断层、裂缝。（2）振幅梯度即反射波振幅沿空间变化的梯度，它与反射波振幅的绝对大小无关，但能将振幅沿着空间的变化量级放大若干倍。因此可利用振幅梯度技术检测与溶蚀孔洞缝发育有关的地震反射异常，从而实现对奥陶系内幕断裂相关储层发育规模和分布规律的精细刻画。（3）最大似然属性，是通过对整个地震数据体扫描，计算数据样点之间的相似性，获得研究区内断裂发育的最可能位置及概率，提升断裂刻画精度。计算过程主要包括以下几个关键步骤：① 断裂的地震反射特征分析；② 倾角控制下断裂成像加强；③ 最大似然属性的提取。为突出刻画级别较大的走滑断裂，在最大似然属性体基础上求取非连续属性体，该属性体能较好刻画断裂带平面、纵向分布特征，利于开展断裂破碎带的地质解译。（4）基于本征值相干的断裂自动提取技术，主要优势在于可进行切片方向的断裂和线道方向的断裂进行组合和连接，最终生成断面，为断裂建模奠定基础。（5）蚂蚁追踪技术，是一项三维地震快速解释技术，创立了一种全新的断裂系统属性，在预先设定的地震体内突出具有方位的断裂特征，然后进行运算并产生蚂蚁属性体，最后在此基础上进行断裂自动追踪，突出对微小断裂和裂缝的刻画和预测。

3. 走滑断裂的分级与分段

对识别出的走滑断裂根据断裂跨一级构造单元数目、活动强度、活动期次及延伸长度进行分级：Ⅰ级断裂为盆地级断裂，相干清晰识别，平面上跨Ⅰ级构造单元，延伸100km以上；Ⅱ级断裂为贯穿Ⅱ级构造单元，相干明显异常，平面延伸60～100km；Ⅲ级断裂在Ⅱ级构造单元局部发育或为Ⅰ、Ⅱ级走滑断裂的伴生断层。

同时对识别出的控圈断裂依据走滑断裂剖面解释和平面组合结果，按照其剖面上不同应力特征及平面几何学特征和力学性质、断裂平面发育特征、储层发育特征、油气藏性质进行分段。首先根据力学性质进行划分，同时参考几何学特征进行命名，一般将走滑断裂分为压扭线性段、张扭斜列段、压扭叠覆段等。

4. 基于地震振幅能量的储层预测

利用振幅敏感类属性可以有效描述碳酸盐岩储层的展布特征。常用的有振幅梯度、结构张量、最大波谷振幅、甜点属性等。断控岩溶区走滑断裂发育，规模缝洞型储层主要沿走滑断裂及其分支断裂展布，断控特征明显。优选适合断控缝洞型碳酸盐岩储层的结构张量属性进行储层边界预测，同时利用振幅梯度属性进行验证，利用地震反演进行缝洞储层雕刻。

结构张量属性可以表征一定区域内的纹理特征（相当于三维地震中的断裂破碎带，用此方法可以刻画断裂展布形态），可以压制由噪音引起的结构张量的突变；纵向和横向分辨率以及信噪比均未受到影响。基于这些优势，通过结构张量属性提取，能够较好地体现断控储集体发育特征。

为了精细标定有效储层对应的结构张量属性阈值，根据已钻井钻至目的层钻时第一个突变点、气测显示、放空漏失与结构张量属性体对应关系进行确定（图9-4-2），漏失点对应的结构张量属性确定为缝洞体门槛值。

5. 基于地震反演的储层预测与雕刻

根据研究区所处的勘探、评价、开发的不同阶段、地震资料的品质及井的数量、测井曲线的质量，选用不同的反演方法。

反演利用研究区内已钻合格井建立框架模型，通过已钻井的测井曲线，建立波阻抗模型，完成约束稀疏脉冲反演，得到波阻抗数据体，进一步通过正演和钻井实测波阻抗与孔隙度样点交会建立波阻抗—孔隙度量版，利用该量版将反演波阻抗体转换得到孔隙度体，与地震相交会，得到有效孔隙度体。

利用测井解释的洞穴型、孔洞型及裂缝型储层等不同类型储层孔隙度门槛值，直接从有效孔隙度体和裂缝数据体分别雕刻不同类型储层，将雕刻的不同类型储层与走滑断裂融合完成断控缝洞体的雕刻。

通过断控储集体精细雕刻展现碳酸盐岩储层空间展布形态、连通关系，提高储量的计算精度，为缝洞单元的精细划分、预探评价井位优选、剩余潜力缝洞单元的井位部署提供依据，提高碳酸盐岩储量动用程度，为油气勘探开发打下坚实的资源基础。

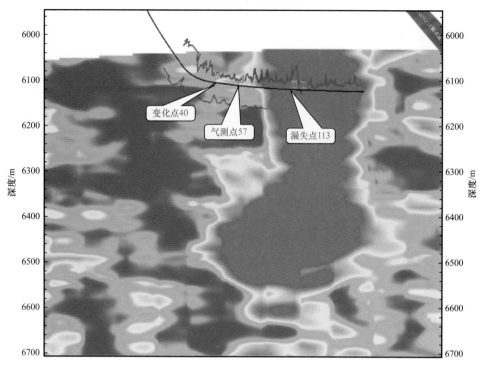

图 9-4-2　已钻井地震结构张量属性储层下限标定剖面图

二、断控缝洞体高效井优选技术

理清油藏主控因素，逐渐摸索形成了定带、定段、定井、定型的"四定"断控油藏整体井位部署方法，大大提高了钻井成功率和放空漏失率。

1. 断裂分级、分期定富集带

富满油田加里东期应力场呈南北向挤压，形成北东向和北西向呈 X 形相交的共轭断裂；早海西期应力场呈北西斜向挤压导致北西向断裂持续活动，燕山期应力场呈东西向张扭，北东向断裂重新活动；喜马拉雅期至今应力场呈北东向挤压，北东向断裂持续活动至今，而北西向断裂处于闭合状态。因此北东向断裂是目前优势控藏断裂。统计分析发现，油田近年来高效井、有效井 80% 以上都集中在北东向断裂上（图 9-4-3）。因此，在井位部署研究中形成聚焦北东向断裂集中建产、北西向断裂侧重滚动评价的井位部署思路。

2. 断裂分类、分段定富集段

由于断裂在构造演化过程中受应力场的变化多次扭动变换方向，断裂破碎带的宽度变化较大，变形强度也存在差异。利用三维地震数据体资料对塔北地区走滑断裂进行微构造的精细刻画，发现断裂在平面展布和纵向上均呈现明显的分段性。以塔河南跃满区块一断裂带为例，根据断裂带的几何学特征以及控储宽度将断裂带划分为 4 段，自南向北断裂带的长度与控储宽度呈正相关，随着断裂长度的增加，断裂的控储宽度也随之增加，整体上断裂发育程度北段好于南段，也符合塔北地区断裂整体上北强南弱的特征

（图 9-4-4）。从生产效果来看，断裂带北段单井日产油量也高于南段，究其原因在于断裂活动越强，破碎带宽度越大，岩溶作用则越强烈，储层相对更为集中发育，油气成藏更有利。因此，该区是井位部署的重点区域。

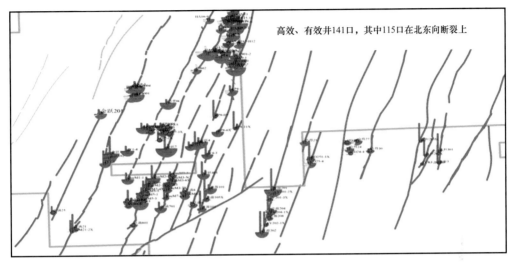

图 9-4-3 哈拉哈塘地区一间房组北东向油源断裂高效井、有效井分布图

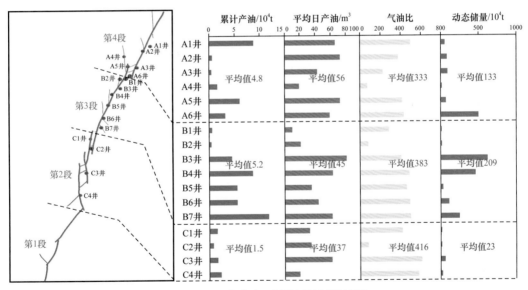

图 9-4-4 富满油田跃满区块试采特征

3. 主干断裂正地貌长串珠定高效井

根据富满油田实际钻井情况，具有"串珠状"地震反射的储层在钻井过程中容易发生放空、漏失现象，一般表现为洞穴型储层特征，后期不经过酸压即可直接投产。YUEM221H 井与 YUEM21-2X 井均表现为串珠状反射特征，处在主干断裂上，但YUEM221H 井位于趋势面低部位，地貌相对较低，"串珠状"反射纵向延伸范围较短，

仅"一峰一谷",从生产效果来看,YUEM221H 井试油日产 34.4m³,目前累计产油 198t;YUEM21-2X 井趋势面较高,纵向上表现为"多峰多谷"的反射特征,该井 2018 年投产,生产 550 天累计产油 4.78×10^4t,为典型的高产井(图 9-4-5),因此,根据塔河南勘探开发实践,进一步明确高产井特征为"主干油源走滑断裂 + 正地貌 + 多相位的'串珠'反射"。按照此原则,优选部署井位高产井比例不断提升。

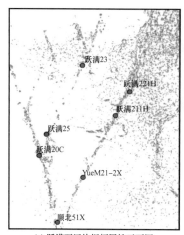 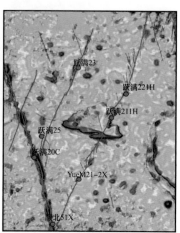

(a) 跃满西区块振幅属性平面图   (b) 跃满西区块趋势面图

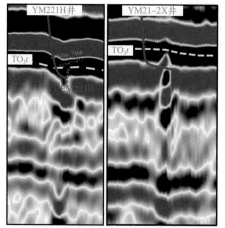

(c) 过YUEM221H井、YUEM21-2X井垂直断裂地震剖面图

图 9-4-5   跃满西区块井位部署图

4. 走滑断裂破碎带建模定井型

通过野外露头建模、实验室物模、单井实钻资料综合分析,对于塔河南走滑断裂破碎带进行定量表征。塔河南断裂破碎带宽度在 200~300m 之间,围岩向断裂带核部发育"三段式"模式(图 9-4-6)。在钻井过程中,一般钻进断层破碎带就存在油气显示,偶有发生钻井液漏失,在此基础上完井就会错失钻遇断层核部优质缝洞体的机会。因此基于油藏认识的基础上积极转变井位部署思路,优化井型,采用短半径水平井横穿断裂破碎带;其次是从"见好就收"到"打漏强钻",提升优质储层的钻遇率,增大泄油面积,大

幅度提高储量动用程度。

三、典型断控缝洞体开发效果

以富源210井区为例：富源210井区是富满油田富源区块奥陶系获得成功后向南滚动评价新突破的区块。该井区位于塔里木盆地北部坳陷阿满过渡带中部，断裂带长13.5km（图9-4-7），储层沿北东向断裂带呈条带状展布，纵向延伸最深可达500m，远离断裂带储层物性变差（图9-4-8）。自2019年富源210H井进攻性评价获得突破以来，按照评价建产一体化的思路，以"四定"高效井位部署技术部署评价开发井位8口，均获工业油气流，试油百吨井7口，平均单井日产油161t（表9-4-1），仅用一年半时间实现了从发现到建成年产$15×10^4$t产能规模。截至2020年11月30日，投产井8口，开井8口，井口日产油510t，日产气$8.4×10^4$m³，累计产油$15.46×10^4$t。

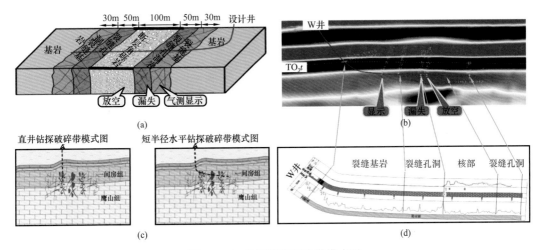

图 9-4-6　走滑断裂破碎带模式图

表 9-4-1　富源210井区试油成果统计表

序号	井名	油嘴/mm	油压/MPa	日产油/t	日产气/10^4m³
1	富源210-H7	4	25.7	117	1.8
2	富源210-H1	5	29.5	167	2.9
3	富源210H	6	31.1	273	4.9
4	富源210-H6	5	19.0	100	1.8
5	富源210-H10	5	24.3	134	2.1
6	富源210-H12	5	25.1	204	3.7
7	富源210-H16	5	35.2	203	3.9
8	富源212H	4	31.2	87	1.7
平均				161	2.9

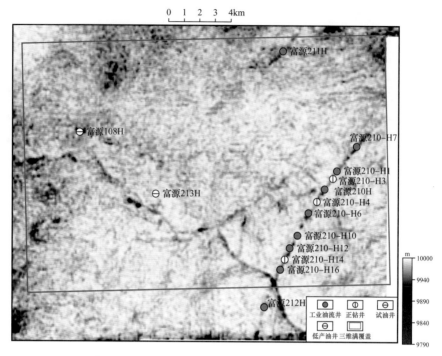

图 9-4-7　富源 210 井区奥陶系一间房组顶面构造图

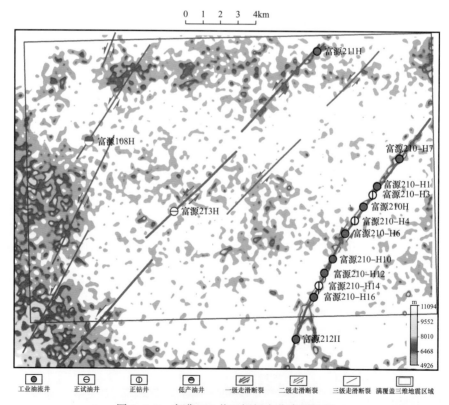

图 9-4-8　富满 210 井区振幅变化率属性图

第十章 叠合盆地古老油气系统油气勘探前景展望

中国叠合含油气盆地经历多期构造沉积演化，具有多个勘探"黄金带"。烃源灶多期、多阶段发育与古老烃源岩"双峰式"生烃，为多勘探"黄金带"发育提供了物质基础；储层多阶段发育，是多勘探"黄金带"形成的重要条件；成藏多期性与晚期有效性则确保了油气多层系富集和保存。表明中国叠合盆地深层仍有经济资源，油气发现呈多期、多阶段的特点，勘探潜力更大。

第一节 叠合含油气盆地多勘探"黄金带"

基于 Tissot（1974）生烃模式标定的"液态窗"理论已成功指导全球油气勘探数十年，在含油气盆地中浅层发现了一系列大中型油气田。近年来挪威学者提出了油气勘探"黄金带"的概念，其核心内涵是：全球 90% 的油气资源集中分布在地下温度 60～120℃层段，此温度范围之外，特别是地温高于 120℃的层段，找到石油和天然气的可能性很小。

油气勘探实践表明，中国呈多期发育的叠合含油气盆地与国外单旋回一期盆地或多旋回连续继承型盆地有很大不同，主要表现在：经历多期构造沉积演化，发育不同类型多套烃源岩、多类型储层和多变的生储盖组合，油气分布具有多层系富集的特点。油气分布规律认识和发现大油气田的过程往往呈现多阶段发展的特点，油气储量也呈"多峰、多阶段"增长，延续时间很长。基于四川盆地、塔里木盆地和鄂尔多斯盆地等勘探实践，总结提出了叠合含油气盆地存在多个勘探"黄金带"的新观点，以期对叠合含油气盆地油气资源潜力、大油气田发现规律与勘探深度"死亡线"等问题进行探讨，推动油气勘探理论技术的发展。

一、多勘探"黄金带"形成条件

1.烃源灶发育的多期性

多勘探"黄金带"的形成，与烃源灶发育的多期性密切相关。所谓烃源灶发育的多期性是指叠合含油气盆地因差异沉降与多阶段演化，使得纵向上不同层系、平面上不同凹陷烃源岩呈多源、多期供烃。

（1）烃源岩类型的多样性与平面分布的规模性。

首先，从烃源岩类型看，叠合盆地一般经历了早古生代海相、晚古生代海陆过渡相与中新生代陆相 3 大演化阶段，相应发育海相、海陆过渡相与陆相 3 大类烃源岩。海相烃源岩以泥质烃源岩为主，形成于叠合盆地克拉通内部差异沉降与边缘坳陷的斜坡—陆棚环境，以四川盆地德阳—安岳裂陷及塔里木盆地满加尔坳陷寒武系—奥陶系为代表。海陆过渡相以煤系烃源岩为主，形成于叠合盆地坳陷发育阶段，以鄂尔多斯盆地石炭系—二叠系和四川盆地二叠系、上三叠统为代表。陆相烃源岩以湖相泥质岩为主，也有煤系烃源岩发育，形成于陆相湖盆深湖—半深湖环境或河湖沼泽环境，以鄂尔多斯盆地三叠系和塔里木盆地库车坳陷三叠系—侏罗系为代表。其次，从烃源岩分布看，不同类型烃源岩纵向上叠置，平面上错叠连片，分布范围很广。

（2）滞留于烃源岩内尚未排出的分散液态烃在高成熟—过成熟阶段大量热裂解生气，是被勘探证实的一种新型气源灶。

2000年以前，多数勘探家认为高成熟—过成熟烃源岩生烃能力枯竭，视为勘探禁区。实际上，烃源岩进入"液态窗"规模排烃之后，仍有相当数量的液态烃滞留于烃源岩内部。生排烃模拟和生气动力学实验，得出了两点主要结论：一是烃源岩液态烃大量排出多发生于 R_o 为 0.6%～1.2% 的"液态窗"阶段，烃源岩的排烃效率一般在 40%～60%；二是干酪根大量降解生气发生在 R_o 为 1.2%～1.6% 的成熟—高成熟早期阶段，滞留烃裂解气主生气阶段 R_o 为 1.5%～3.2%，液态烃生气时间晚于干酪根，但生气数量是等量干酪根的 2～4 倍。可见，滞留于烃源岩内的液态烃数量相当可观，高成熟—过成熟阶段进一步裂解形成的天然气，是一类天然气晚期成藏和有效成藏的气源灶。

（3）烃源灶的差异演化生烃形成多个生排烃高峰期，油气可以多期成藏。

叠合盆地发育多套烃源岩，因差异演化致使不同构造区烃源岩的埋藏历史和生烃演化历史差异较大，每套烃源岩进入"生油高峰"和"生气高峰"以及在"生油窗"和"生气窗"滞留的时间也不尽相同，可以形成多个生排烃高峰期。

总体来看，叠合盆地发育多套、多类型烃源岩，由于差异演化，加上滞留分散液态烃晚期裂解成气，生烃历史很长，可以形成多个"生油窗"和"生气窗"，使烃源灶发育具有多期、多阶段的特点，为油气多层系分布、多期成藏奠定了基础，为多勘探"黄金带"的发育提供了物质条件。

2. 储层发育的多阶段性

储层发育的多阶段性是指叠合盆地受多旋回沉积构造演化与多种地质因素综合作用，从而发育多套规模有效储层。储层发育范围从中浅层至中深层甚至超深层，发育类型包括碎屑岩、碳酸盐岩、火山岩和变质岩储层。平面上多套储层可叠合连片，纵向上多层系规模分布。在油气源充沛和源—储配置关系适宜条件下，可以大规模、多层系成藏。逐渐改变了深层难以形成规模优质储层的传统认识，成为指导深层油气勘探的重要依据，为积极寻找叠合盆地深层勘探"黄金带"提供了重要的理论指导。

（1）沉积演化的多阶段性是储层多阶段发育的主要原因。

沉积环境变化导致高能沉积体（如礁体和颗粒滩等）的多阶段发育；在原始沉积环境和相带约束下，后期成岩作用对储层建设性改造的多阶段发育。这些呈多段发育的储层首先是原始沉积提供了颗粒型沉积岩，本身具备一定的储集和渗流能力，其次是后期多期构造变动导致的溶蚀作用进一步增强了其储集性能。尽管岩溶作用的形式和过程有差异，但大气淡水溶蚀作用对碳酸盐岩改造的结果基本一致，都是形成了大面积分布的复杂的孔—洞—缝系统。

（2）地质历史时期储层形成演化的多阶段性是储层多阶段发育的重要条件。

首先，多旋回构造运动导致盆地内发育多期大型不整合，为溶滤—溶蚀型储层的形成提供了条件；其次，碳酸盐岩在深埋环境下，受温度压力条件的影响，成岩流体可部分改造原岩，发生白云石化作用，使储层物性进一步变好，连续性和规模性也变好。此外，叠合盆地在多期构造活动中形成的断裂系统和不整合面可以为深部热流体上涌提供通道，热流体溶蚀围岩，形成一定规模的溶蚀孔洞。

（3）生烃作用产生的酸性流体在排烃过程中和油气一起进入储层，也是深层储层建设性发育的重要因素。

通常情况下，有机质成熟生烃释放的有机酸可以溶解岩石中的可溶组分，对储层孔渗条件有明显改善作用。此外，在深层温度较高环境下，烃类与硫酸盐易发生复杂的氧化—还原反应（TSR），产生的 H_2S、CO_2 等酸性气体溶于水形成的酸性溶液对碳酸盐岩储层也有明显改造作用。

上述地质因素综合作用，是叠合盆地储层发育具有多阶段性，分布具有规模性，深层储层具有效性和非均质性的重要原因。所谓储层规模性是指不同阶段形成的不同类型储层均规模分布，如塔里木盆地寒武纪—奥陶纪发育 4 期、6 条台缘带，沉积型台缘礁滩储层叠合面积达 $2.6 \times 10^4 km^2$；上寒武统—下奥陶统蓬莱坝组埋藏白云岩储层及受断裂控制的热液白云岩储层展布面积 $3 \times 10^4 \sim 5 \times 10^4 km^2$；塔中—巴楚地区下古生界岩溶储层分布面积 $5 \times 10^4 km^2$。

3. 成藏多期性与晚期有效性

成藏多期性是指由于烃源灶多期生烃和在几期大的油气运移期或期后发生的多次构造运动，使油气的成藏出现多期性。其中，有从烃源灶经二次运移成藏的原生油气藏，也有已经形成的油气藏在后期构造变动中发生调整，到达新层系和新圈闭中的调整成藏，还有同一烃源灶由于差异埋藏所表现出的分地域发生的多次成藏过程及随着热演化程度的升高，同一烃源灶由生油向生气的多阶段生烃，这些因素必然导致成藏的多阶段性。

晚期成藏的有效性包括两层含义：（1）古老烃源灶在高成熟—过成熟阶段，其中的滞留烃裂解往往发生较晚，故成藏期也偏晚，此外在深层高压中温环境下（部分盆地由于地热梯度较低，深层也不是高温环境），大量生油过程和湿气演化阶段迟滞或延长，都使成藏变晚；（2）晚期成藏减少了油气在藏内散失的时间，保存下来的机会大大增加。从统计结果看，中国陆上已经发现的大多数天然气藏形成时间均较晚，这从一个侧面佐证了晚期成藏的有效性。

导致成藏多期性与晚期有效性的原因主要有以下 3 方面。

（1）多期构造运动是成藏多期性的内在动力。

构造运动为油气运聚提供驱动力，构造应力通过改变岩层几何形态及其孔隙内部流体压力等，促使流体发生规模运移。多期构造运动不仅形成构造圈闭，也促使油气不断调整改造。叠合盆地，特别是深层部位，成烃成藏历史早，受后期构造运动的影响明显，早期形成的油气藏会发生调整甚至破坏，每一次构造运动都会改变原有油气的空间分布，进入构造平稳期，又形成新的油气聚集，使油气在多层系分布，多阶段成藏。

（2）烃源灶多期生烃，流体多期充注，奠定了油气多阶段成藏的物质基础。

如四川盆地川中地区震旦系灯影组气藏的形成，存在 3 期烃类充注：第 1 期均一温度为 80～110℃，表现为液态烃包裹体，反映早期古油藏形成时期液态烃的充注；第 2 期均一温度为 10～160℃，为气液两相包裹体，反映的是干酪根降解生气和古油藏裂解生气阶段气液两相烃类流体充注；第 3 期均一温度为 160～220℃，主要为气相或盐水气混相包裹体，反映"半聚半散"古油藏大量裂解生气期天然气的规模充注和抬升期气水混溶的流体规模充注事件。

（3）晚期大量生烃与晚期构造定型决定了油气晚期成藏的有效性。

统计陆上大型叠合盆地已发现的大油气田主要成藏期，多数定型于白垩纪—古近纪。油气成藏定型偏晚，可最大限度规避多期构造运动的破坏，使大油气田得以保存，这也是在中国如此复杂的地质背景下还能发现众多大型油气田的原因。

总之，成藏期次的多阶段性与晚期有效性控制了油气多层系富集和保存，成为多个勘探"黄金带"发育的建设性因素之一。

二、多勘探"黄金带"意义

1. 多勘探"黄金带"使储量多峰增长，发现历史长

叠合盆地多旋回构造沉积演化，导致油气分布多层系富集，存在多个勘探"黄金带"。近期的勘探实践表明，当一个"黄金带"勘探成熟后，随着认识的深化和工程技术的进步，新的"黄金带"又会被发现，储量增长具有多峰、多阶段的特点。这一特点在中国主要叠合含油气盆地储量增长中均得到很好体现。四川盆地安岳特大型气田的发现历程表明，叠合盆地由于成藏历史复杂，勘探过程不会一帆风顺，都会经历实践、认识、再实践、再认识的过程，如此反复，逐步逼近地下实际。这就决定了叠合盆地勘探过程复杂，发现历史长，同时也是具备勘探潜力的目标。

2. 生烃历史完整，资源潜力超预期

中国发育的大型叠合含油气盆地通常发育常规烃源岩形成的烃源灶和液态烃裂解气源灶两类烃源灶。常规烃源岩形成的烃源灶，一般经历了完整的"生油"和"生气"两个生烃高峰，烃源岩演化充分，生烃总量大。液态烃裂解气源灶，包括烃源岩内尚未排出的分散液态烃、"半聚半散"状液态烃以及古油藏后期裂解形成的气源灶。前期的资源评价，考虑了古油藏裂解对天然气成藏的贡献，但"半聚半散"的液态烃以及烃源岩内尚未排出的分散状液态烃裂解气对成藏的贡献并未考虑。塔里木盆地古城地区古城 6 井的突破，证实了这类烃源灶勘探的现实性，可以为叠合盆地深层规模成藏做出重要贡献。如果考虑这部分液态烃晚期裂解生气对成藏的贡献，塔里木盆地下古生界天然气资源量

达 $4.2×10^{12}m^3$，较第 3 次资源评价结果增加 30%；四川盆地川中震旦系—寒武系生气总量为 $12.8×10^{12}m^3$，较第 3 次资源评价结果 $10.4×10^{12}m^3$ 高出 $2.4×10^{12}m^3$。这些实例均表明，中国深层天然气资源潜力大大超出预期，深层发现前景更好。

3. 叠合盆地深层油气有一定经济价值，勘探前景乐观

叠合盆地深层发育的干酪根型烃源灶和液态烃裂解气源灶，都可以规模供烃；受古隆起、古斜坡、古台缘与多期继承性断裂带控制，深层发育多套规模有效储层，进而形成纵向上相互叠置，横向上复合连片的多个勘探"黄金带"。尽管不同构造部位油气富集程度有差异，但油气分布范围广，储量规模大，叠合盆地深层油气有一定经济价值，勘探前景乐观。近年塔里木盆地、四川盆地等地区深层勘探持续获得突破，展示出深层良好的油气勘探前景。特别是四川盆地川中地区近期新发现的寒武系龙王庙组大气田，不仅储量规模大，单体储量规模达到 $4404×10^8m^3$，且单井产量高，试采效果好，日产百万立方米以上的井 10 口，无阻流量最高达 $1035×10^4m^3$，试采井日产规模达 $480×10^4m^3$。塔里木盆地无论是台盆区的古老碳酸盐岩还是库车前陆区中—新生界碎屑岩，工业产能深度都已突破 8000m 下限。预计随着地质认识的深化与工程技术的进步，深层—超深层油气领域将会为中国油气工业发展做出重大贡献，油气远景值得期待。

第二节　元古宇油气地质条件与勘探潜力

尽管中亚、北非等地区的元古宇已经取得油气重大发现，但在世界范围内这样古老的层系是否都具有勘探价值仍不明朗。中国学者早在 20 世纪 70—80 年代就开展了元古宇油气地质研究，但受资料限制，研究工作集中在四川盆地及其周缘的震旦系和天津蓟县的中元古界。四川盆地震旦系—寒武系安岳特大型气田的发现，证明中国元古宇—寒武系找油气前景广阔，坚定了人们在古老层系找油找气的信心。

研究团队持续开展了元古宇—寒武系油气地质基础研究，探讨了间冰期烃源岩发育机制、微生物岩储层形成条件，并以克拉通内裂陷刻画为基础，以烃源岩分布评价为核心，开展勘探有利区评价。研究认为，华北、扬子和塔里木 3 大克拉通的中—新元古界—寒武系都发育有规模的优质烃源灶，发育有效储层，存在原生和次生两类成藏组合，勘探具有现实性。

一、中—新元古代大地构造格局与重大地质事件

与显生宙相比，前寒武纪地球演化、板块运动规模与特征、古海洋及大气环境、微生物系统等均具有特殊性，进而对元古宇石油地质条件产生深刻影响。

1. 地球表面积小，大陆具有类统一性

根据地球膨胀学说，地球演化过程中不断发生不对称有限膨胀，地球表面积随时间推移而不断增大。古地磁数据显示，中元古代地球半径为现今地球半径的 76%，新元古

代地球半径为现今地球半径的81%，寒武纪地球半径为现今地球半径的94%。如果把时间推回到元古宙，地球表面积远不如现今大。这从一个侧面说明，元古宙的各大陆相距并不遥远，因而表现在沉积和构造事件上，都可能存在一致性或相似性。此外，元古宙古气候的一致性（如距今2.4Ga的休伦冰期和距今800～600Ma的雪球事件等均表现为全球性事件）、大陆地形相对平坦性（沉积相带超大规模发育，且充填序列相似，如中元古界主力烃源岩、新元古界沉积与冰期事件地层记录等均可全球对比）均说明元古代各大陆块石油地质要素发育背景相似，油气地质条件共性大于差异性。

2. 大气氧气含量低，风化作用总体偏差

与显生宙相比，因元古宙大气氧气含量低，导致重大地质界面上的风化作用普遍较弱。通常情况下，母岩在氧气、水及溶于水的各种酸作用下遭受的氧化、水解、溶滤，是重要的风化过程之一。而在乏氧环境下，化学风化作用不易发生或很弱，使得元古宙即使发生地层的长期暴露，遭受的风化作用也不强，因而难以形成有规模的岩溶型和风化淋滤型储集体。

3. 放射性物质偏富集，是低等生物超量繁盛的重要因素

元古宙的地球不仅体积上比现今小，而且地壳的厚度也相对较薄，据此可以判定元古宙火山活动与现今相比，不仅次数多，而且规模大。伴随着火山喷发，大量来自幔源的放射性物质散布于大气中，后经沉落进入海洋水体或混入沉积物参与堆积。近代的现实生活观察和医学案例都说明，放射性过量辐射会导致生物的异常生长（如苏联切尔诺贝利核泄漏现场看到的老鼠超大生长）和细胞超速生长（如癌细胞），这些现象如果从有机物质的属性来讲，都是生物的超量繁盛和生油气母质的超量增加。实验也发现，放射性作用还可以促进有机质向烃类的转化，特别是重物质向轻物质的转化。页岩气的工业开发让学者注意到，富页岩气的高TOC值集中段往往都含有较高的放射性物质，这也从另一个侧面说明高放射性物质对有机物富集的促进作用。

4. 石油地质共性大于差异性，一地的成功具有指导性

元古宙诸多的大地构造事件显示，那个时期就已存在诸多大陆。尽管现今各大陆之间相距遥远，但元古宙相距远小于现今，因而各大陆的沉积物特征、沉积相带的规模、沉积层序的横向稳定性、构造事件的地质作用以及由此产生的石油地质条件应该存在诸多的共性、相似性和可比性。尽管各克拉通盆地的元古宇—寒武系勘探程度和认识程度总体较低，若从石油地质条件发育的共性特征看，一个地区的勘探获得成功可以为其他地区的油气资源评价提供借鉴，这对加深元古宇的认识有益。

二、元古宇油气地质条件

中国发育的华北、扬子和塔里木3大克拉通，保留了相对完整的元古宇—寒武系。中—新元古代克拉通内裂陷的形成、演化与发育规模对后期盆地发育、沉积岩相古地理格局以及烃源灶的规模和储盖组合等都有重要影响，在某种程度上决定了中—新元古界

的石油地质基本特征。

1. 烃源岩条件

元古宙—早古生代（距今 2.5Ga—570Ma），特别是寒武纪生命大爆发之前，地球上生物圈以古细菌、蓝细菌等原核生物以及疑源类、绿藻等真核生物为主，如此低等生物在有氧环境下极难保存，但在无氧（或少氧）环境下就可以堆积富集。

1）大气氧气含量与生物种属

氧气是生物出现并大量繁殖的必要条件，大气中氧气含量的变化直接影响生物种属的演化。古元古代（距今 2.4Ga—2.2Ga）、新元古代（距今 1Ga）曾出现过两次氧含量升高事件，对原核生物向真核生物以及单细胞生物向多细胞生物的演化都产生了重要的促进作用。但由于大气中氧气含量总体偏低，生物种群以发育蓝细菌、藻类和疑源类等低等生物为主。

2）间冰期与微生物繁盛

元古宙曾出现多个冰期—间冰期旋回，包括古元古代的休伦（Huronian）冰期和新元古代"雪球事件"。冰期旋回的总体特征表现为温室—冰室环境的交替，温室期称为间冰期，海平面上升，水体变深，海水覆盖面积变大，陆棚大面积形成；冰期形成的深海有机质（DOC）储库在间冰期得以释放，水体营养增加，引起低等生物繁盛。从宏观尺度看，中国上扬子地区新元古界—寒武系烃源岩与全球范围内间冰期 DOC 储库释放引起的沉积有机质的碳同位素组成负漂存在较好的对应关系。

间冰期引起低等生物繁盛的原因有二：（1）DOC 释放的轻碳通过上升洋流进入表层海洋，生物再次吸收，增加有机质初始生产力；（2）DOC 释放大量 CO_2，产生温室效应，导致冰川融化使得陆表径流增加，营养物质输入海洋，生物进一步勃发。天津蓟县剖面的串岭沟组、山西永济剖面的崔庄组等距今 1.6Ga 的烃源岩中，不仅检测到大量来自蓝细菌管状衣鞘的丝状藻类化石（原核生物来源），还检测到大量甾烷类标志化合物和直径大于 10μm 的孢型微体化石（真核生物来源）。元古宙地球生命虽然低等，但已非常繁盛，真核生物、原核生物已占据生命舞台。繁盛的微生物为有机质富集和优质烃源岩的发育奠定了良好的物质基础。

3）元古宇优质烃源岩

大量露头及钻井资料揭示，中国元古宇发育厚度较大、有机质丰度高的烃源岩。现今成熟度普遍偏高，R_o 主体分布在 1.6%～3.4% 之间，处于液态烃裂解生气主窗口范围内。华北克拉通长城系串岭沟组和洪水庄组、待建系下马岭组、寒武系马店组，扬子克拉通南华系大塘坡组、震旦系陡山沱组、灯影组及塔里木克拉通南华系—震旦系均在野外露头剖面或关键钻井见到良好烃源岩。

中元古界长城系和蓟县系烃源岩是中国目前发现的最古老的烃源岩，主要见于华北克拉通。对鄂尔多斯盆地周缘露头及盆地内部分钻井钻遇烃源岩进行的研究结果表明，长城系烃源岩至少在鄂尔多斯盆地存在。该套烃源岩在盆地北缘有机质丰度高、厚度大，但成熟度偏高，R_o 为 2.2%～3.5%；在盆地南缘丰度偏低、厚度较薄。盆地内桃 59 井钻遇灰黑色泥岩，累计厚度约 3m（未穿）。热解分析 TOC 为 3%～5%（岩屑样品），等效 R_o 为 1.8%～2.2%。若将桃 59 井揭示的烃源岩标定到地震剖面上，对应的是一组强波反射，应该是厚层泥页岩的响应，与渤海湾盆地冀中坳陷高深 1 井钻遇的串岭沟组黑色页岩类似。预计桃 59 井完钻深度以下还应有厚度较大的烃源岩未被钻揭；该套烃源岩在多条地震剖面显示裂陷槽内普遍发育此一套强波反射，推测盆地内部裂陷槽范围，发育长城系规模烃源岩的可能性极大。

新元古界南华系大塘坡组、震旦系陡山沱组、灯影组等烃源岩主要分布在扬子克拉通区。在华北克拉通南部的合肥盆地，笔者发现了震旦系间冰期烃源岩，累计厚度大于 60m，自下而上有 3 套，黑色钙质泥页岩与冰碛砾岩间互发育。烃源岩的 TOC 平均为 2.2%，T_{max} 平均为 508℃，等效 R_o 约为 2.5%。该套烃源岩与陕西洛南、宁夏黄旗口等剖面的震旦系层状泥岩时代相当，区域上可对比。推测华北克拉通南缘、西缘等都可能发育这套烃源岩，是一套值得重视的烃源岩层系。

除了元古宇自身烃源岩外，上覆寒武系发育优质烃源岩。寒武纪是全球重要的烃源岩发育期，中国的扬子、塔里木克拉通钻探证实寒武系烃源岩广泛发育。华北克拉通寒武系主要发育一套紫红色—紫灰色调，碎屑岩为主的沉积层系，过去一直认为烃源岩不发育。但前人在合肥盆地发现了马店组黑色泥岩，厚 20～40m，TOC 平均为 6.13%，R_o 为 2.2%～4.1%，处于过成熟阶段，时代归属于早寒武世。近期在洛南地区发现了寒武系辛集组黑色泥页岩，厚约 50m，TOC 平均为 1.1%，T_{max} 为 456～520℃，等效 R_o 为 1.8%～2.5%。这些发现表明，华北克拉通同样发育寒武系烃源岩。

中国 3 大克拉通元古界烃源岩成熟度普遍偏高，R_o 一般在 2.0% 以上，已达高成熟—过成熟阶段。根据有机质"接力成气"的观点，早期干酪根降解生气阶段的 R_o 小于 1.6%，晚期液态烃裂解生气阶段 R_o 主要为 1.6%～3.2%，且液态烃裂解成气潜力是同等数量干酪根的 2～4 倍。据此判断，中国元古宇古老烃源岩尚处液态烃裂解生气高峰阶段，找油机会相对偏小，但找气潜力值得高度重视。

2. 储集岩条件

元古宇作为油气勘探潜在目的层系，处于沉积盆地最底层，埋深大，且经历多期成岩改造作用，是否具备储层发育条件，事关该套古老层系的勘探价值。

总体看，元古宇微生物成因的碳酸盐岩占比约三分之二，分布面积大，横向可对比性好。如果大气中氧气含量充分，风化和淋滤作用强，经建设性成岩改造发育有规模的储集体是完全有条件的。

从地质历史上来看，靠近震旦纪—寒武纪，随大气中氧气含量的增加，风化淋滤作用变强，有效储集体的发育机会随之增大。如四川盆地新元古界灯影组藻丘滩白云岩，受沉积相和成岩作用双重影响，叠加两期桐湾运动导致的风化剥蚀暴露及淡水淋滤作用改造形成有效储层，孔隙度一般为 4%～6%，储层累计厚度可达 60～130m。此外，古—中元古代发育的碳酸盐岩如果在进入古生代以来的某个地质时期有长期暴露经历大气淋滤的历史，也可以发育良好的储集体。如冀中坳陷中元古界雾迷山组微生物岩储层，孔隙度可达 4.5% 以上；冀北坳陷铁岭组微生物岩储层，孔隙度大于 3.2%。

3. 成藏组合

四川盆地震旦系灯影组安岳大气田发现揭示，中国元古宇—寒武系存在现实的油气成藏组合。但不同克拉通的成藏组合类型与主次地位有差别，应视不同地区采用不同的勘探对策。总体看，元古宇发育两大成藏组合类型，即自生自储式原生型与古生新储式次生型，前者是指烃源岩和储盖组合都为元古宇形成的成藏组合类型，后者是指烃源岩属于元古宇，但储盖组合则发育于古生界—中—新生界而形成的成藏组合类型。

古生新储型组合是指由元古宇烃源岩向新层系储层提供烃源而形成的成藏组合，多表现为下生上储，主要分布在塔里木和华北克拉通区。塔里木盆地寒武系烃源灶作源，奥陶系及以上层系作储盖层形成的成藏组合已在塔北和塔中获得一系列油气发现。而华北地区中元古界洪水庄组、高于庄组为烃源岩，之上的古生界、中生界和新生界为储盖层构成的成藏组合，目前尚未获得发现，属于推测性含油气系统，值得下一步研究和勘探高度重视。目前研究判断这套成藏组合的存在，主要基于两方面考虑：（1）元古宇烃源岩尽管处于高成熟—过成熟阶段，但仍处于液态烃裂解成气最佳窗口范围内，供气和找气的机会都存在；（2）元古宇储层致密，寄希望于上覆古—中—新生界有储集性能的层系能够形成有效成藏组合。

自生自储型组合是指元古宇—寒武系自身构成完整的生储盖组合，包括常规气和页岩气聚集两种类型，主要分布在扬子和塔里木两大克拉通区。

三、元古宇原生型含气系统有效性

以四川盆地震旦系原生含气系统有效性分析为例。

安岳气田是中国迄今为止发现的单体规模最大的海相碳酸盐岩气田。多数学者认为安岳气田天然气主要来自原油裂解气。但对震旦系灯影组天然气来源存在两种观点，一种观点认为灯影组和龙王庙组的天然气同源，均来自寒武系筇竹寺组烃源岩；另一种则认为是筇竹寺组和震旦系烃源岩的混源贡献，但都未作系统论证。2020 年，在川中隆起北斜坡钻探的 PT1 井和 JT1 井分别在灯二段和寒武系沧浪铺组获高产工业气流，且 PT1 井灯二段天然气地球化学特征与安岳气田灯影组相似，表现为 $\delta^{13}C_2$ 重、$\delta^2H_{CH_4}$ 轻与乙烷（C_2H_6）含量低的特征，而 JT1 井天然气却表现出 $\delta^{13}C_2$ 轻、$\delta^2H_{CH_4}$ 重与 C_2H_6 含量高的特点，明显与 PT1 井不同。这引起了项目团队对震旦系（包括灯影组和陡山沱组）烃源岩成气贡献与原生含气系统的关注。为此，基于震旦系和寒武系烃源岩地球化学特征及与已发现气藏对比关系，辅以成藏条件分析，探讨震旦系气藏天然气来源，以求证震旦系烃源岩的成藏贡献及原生含气系统有效性，以期为发育或可能发育中—新元古界烃源岩的 3 大克拉通盆地寻找元古界原生气藏提供依据。

1. 震旦系与寒武系天然气地球化学的差异

1）天然气组成

相对于源自寒武系产层的天然气，震旦系天然气在组成上具有低烃类、高非烃类特征，即低 CH_4、低 C_2H_6，高 CO_2、高 N_2、高 H_2S 和高 He。

震旦系烃类气体中，CH_4 含量为 70.36%～94.61%，均值为 89.05%，C_2H_6 含量为 0.02%～0.07%，均值为 0.04%。寒武系天然气 CH_4 含量为 90.92%～99.10%，均值为 95.77%，C_2H_6 含量为 0.05%～0.27%，均值为 0.14%。两者对比，震旦系天然气 CH_4 和 C_2H_6 含量低。这与震旦天然气含有较高的 CO_2 等非烃气体有关。干燥系数均大于 0.997，是典型干气。

震旦系非烃气体组成包括 CO_2、N_2、H_2S 及少量 He 和 H_2，总体上表现为中—高含 CO_2，中含 H_2S，微—中含 N_2 及微含 He。其中，CO_2 含量为 3.54%～28.17%，均值为 8.52%，H_2S 含量为 0.08%～6.80%，均值 1.05%，N_2 含量为 0.37%～4.45%，均值为 1.22%，He 含量为 0.01%～0.10%，均值为 0.03%，H_2 含量为 0.01%～0.93%，均值为 0.13%，震旦系天然气各非烃组分含量总体上都高于寒武系天然气。

气藏中 H_2S 是含硫物质与烃类反应（即 TSR）的结果，CO_2 是 TSR 反应的副产物。寒武系天然气中 H_2S 含量主要小于 1%，CO_2 含量主要小于 3%，且两者之间具有较好的相关性。震旦系天然气 H_2S 含量以小于 1% 为主，少数为 1%～3%；CO_2 含量则以大于 4% 为主。高 CO_2 含量除了与 TSR 反应有关外，还与测试过程中的酸化作用有关。这一现象已在高石 1 井灯四段下亚段 5130～5196m 井段测试样品中得到验证，随取样时间距离酸化作用后的时间越长，CO_2 含量有明显降低趋势。另外，CO_2 含量大于 8% 的基本都是经过酸化作用的大斜度井样品，$\delta^{13}C_{CO_2}$ 值为 –1.3‰～1.1‰，呈现出无机成因特征。

震旦系天然气 He 含量为 0.01%～0.06%，均值为 0.02%；N_2 含量为 0.28%～0.9%，均值为 0.65%，且 He 与 N_2 含量之间具有较好的正相关性。天然气中 N_2 来源较复杂，主要有大气来源的 N_2、有机质成岩演化过程产生的 N_2、地壳含氮岩石高温变质作用产生的 N_2 以及地幔物质脱气产生的 N_2 等。根据天然气中 N_2 的 $\delta^{15}N$ 值主要为 –8‰～–3‰，以及 N_2 含量与 $\delta^{15}N$ 之间具有较好的相关性，认为 N_2 主要是烃源岩中的有机质经热氨化作用形成，并随演化程度增高，N_2 含量具有增高趋势。He 和 N_2 的分子直径均比甲烷分子的小，它们在震旦系、寒武系天然气中的富集除了表明气藏的保存条件好外，可能还与不同烃源岩的贡献有关，烃源岩成熟度越高，He 和 N_2 含量相对增高。

2）天然气碳氢同位素组成特征

相对寒武系产层天然气，震旦系天然气 $\delta^{13}C_2$ 重，$\delta^2H_{CH_4}$ 轻。震旦系天然气 $\delta^{13}C_1$ 值为 –35.1‰～–31.0‰，主峰 –34.0‰～–32.0‰ 的样品分布在高石梯—磨溪地区，与高石梯—磨溪地区寒武系主峰区间 –34.0‰～–32.0‰ 比较相近，且 $\delta^{13}C_1$ 值小于 –34.0‰ 的样点为北斜坡 PT1 井及 ZJ2 井灯二段，其 $\delta^{13}C_1$ 重于 JT1 井（–38.2‰）和 CT1 井（–36.2‰）沧浪铺组的。

震旦系天然气 $\delta^{13}C_2$ 分布在 –33.6‰～–26.0‰，主峰为 –29.6‰～–27.1‰，明显重于寒武系的 $\delta^{13}C_2$（主峰 –35.3‰～–30.6‰）。震旦系与寒武系天然气 $\delta^{13}C_2$ 差异大，而 $\delta^{13}C_1$ 却较为相似，笔者认为主要有两方面原因：一是在极高演化阶段，当 C_2H_6 开始裂解时，C_2H_6 作为反应物，其裂解同样存在同位素分馏规律，受活化能影响，^{12}C 优先裂解，剩下的 C_2H_6 组分 $\delta^{13}C$ 就会很重；因此，热演化程度越高，剩下的 C_2H_6 含量越少，$\delta^{13}C_2$ 就越重。二是模拟实验结果表明，虽然 $\delta^{13}C_1$、$\delta^{13}C_2$ 均有随演化程度增高而变重的趋势，但演化至高演化阶段时，$\delta^{13}C_2$ 的变化幅度明显大于 $\delta^{13}C_1$，如李友川等（2016）报道了腐泥型烃源岩热模拟气的 $\delta^{13}C_1$、$\delta^{13}C_2$ 变化，从最轻处开始至实验最高演化程度，$\delta^{13}C_1$ 变重的幅度仅为 5‰，而 $\delta^{13}C_2$ 变重的幅度达 11.7‰。因此，在极高演化阶段，$\delta^{13}C_1$、$\delta^{13}C_2$ 变化幅度的差异是导致四川盆地震旦系、寒武系天然气 $\delta^{13}C_2$ 差异大、$\delta^{13}C_1$ 相似的原因。由 $\delta^{13}C_2$—C_2H_6 含量关系可见，随 C_2H_6 含量降低，$\delta^{13}C_2$ 变重的趋势很明显。沧浪铺组、高石梯—磨溪龙王庙组天然气源于同 1 套烃源岩，尽管埋深高差大，其 $\delta^{13}C_2$ 和 C_2H_6 含量也较接近，如 JT1 井沧浪铺组产层埋深约 7000m，比高石梯—磨溪地区龙王庙组埋深相差 1700～2200m，但 $\delta^{13}C_2$ 和 C_2H_6 含量变化不大。相反，灯影组与龙王庙组尽管埋深相差仅 500～1000m，但 $\delta^{13}C_2$ 和 C_2H_6 含量却明显不同，说明灯影组天然气的烃源岩与寒武系的不完全一致。

震旦系天然气的 $\delta^2H_{CH_4}$ 为 –157‰～–135‰，主体为 –150‰～–137‰。$\delta^2H_{CH_4}$ 与 $\delta^{13}C_2$ 有一定的相关性，整体上随 $\delta^{13}C_2$ 变重，$\delta^2H_{CH_4}$ 变轻。层系上，灯二段 $\delta^2H_{CH_4}$ 为 –152‰～–136‰，均值 –145‰；灯四段 $\delta^2H_{CH_4}$ 为 –157‰～–135‰，均值 –142‰。灯影组天然气 $\delta^2H_{CH_4}$ 整体上比寒武系的轻，与干燥系数呈负相关，干燥系数大的 $\delta^2H_{CH_4}$ 轻，干燥系数小的 $\delta^2H_{CH_4}$ 重。尽管北斜坡沧浪铺组与高石梯—磨溪龙王庙组存在巨大的埋深差，但其 $\delta^2H_{CH_4}$ 较为相似，沧浪铺组 $\delta^2H_{CH_4}$ 为 –134‰～–133‰，龙王庙组 $\delta^2H_{CH_4}$ 为 –138‰～–132‰，均值 –134‰，源于同一烃源岩的天然气 $\delta^2H_{CH_4}$ 变化较小；相反，高石梯—磨溪灯影组与龙王庙组气藏埋深差距小，但天然气的 $\delta^2H_{CH_4}$ 却有很大不同，从成熟度角度不好解释两个层系 $\delta^2H_{CH_4}$ 差异。灯影组内部也存在同样的问题，如北斜坡 ZJ2 井灯二段（中部埋深 6547m）和 PT1 井灯二段（中部埋深 5771m）天然气，$\delta^2H_{CH_4}$ 分别为 –141‰和 –140‰；高石梯—磨溪地区灯二段气藏中部埋深 5390～5470m，$\delta^2H_{CH_4}$ 为 –150‰～–139‰，均值为 –145‰；高石梯地区灯二段气藏中部埋深 5350～5580m，$\delta^2H_{CH_4}$ 为 –149‰～–137‰，均值为 –144‰。

总之，四川盆地震旦系与寒武系天然气存在 3 个显著不同，震旦系天然气 C_2H_6 含量低、$\delta^{13}C_2$ 重和 $\delta^2H_{CH_4}$ 轻，而寒武系与之相反。且震旦系烃源岩贡献越大，$\delta^2H_{CH_4}$ 越轻。震旦系烃源岩虽然热成熟度（R_o）较高，但在 R_o 小于 3.5% 的阶段，不论是液态烃裂解气还是干酪根热裂解气，依然具有较好的供气能力，是有效气源岩，震旦系原生含气系统存在的有效性无疑。

2. 震旦系烃源岩对震旦系原生气藏的贡献

围绕震旦系的气源问题，已有学者进行过讨论，认为震旦系烃源岩对成藏有贡献。本文利用稀有气体 ^{40}Ar 的丰度估算了气源岩年龄，利用 $\delta^2H_{CH_4}$ 方法估算了震旦系烃源岩对灯影组气藏的贡献。

壳源天然气中氦、氩主要源于沉积岩中 U、Th 和 K 的放射性成因。氦、氩同位素组成与源岩时代和元素丰度有关，可反映烃源岩年代的积累效应，即随源岩时代变老，天然气中 $^{40}Ar/^{36}Ar$ 增大，而 $^3He/^4He$ 减小。地壳中的 ^{40}Ar 的产生主要来自 ^{40}K 的衰变，天然

气中 ^{40}Ar 与岩石中矿物 K 的含量、烃源岩时代呈正相关关系。源岩时代越老，烃源岩 ^{40}K 含量越高，则岩石中 ^{40}K 形成放射性成因 ^{40}Ar 越多；反之，则越少。根据这一原理，测得高石梯—磨溪地区龙王庙组、灯四段和灯二段天然气中 ^{40}Ar 丰度值分别为 $18.2 \times 10^{-6} \sim 64.9 \times 10^{-6}$、$38.6 \times 10^{-6} \sim 104.3 \times 10^{-6}$ 和 $151.1 \times 10^{-6} \sim 320.7 \times 10^{-6}$，估算的气源岩年龄分别为 516～549Ma、530～576Ma 和 584～774Ma，表明龙王庙组天然气主要来自寒武系烃源岩，灯二段天然气主要来自震旦系烃源岩，灯四段天然气源于震旦系和寒武系烃源岩。

由于天然气 $\delta^2 H_{CH_4}$ 反映烃源岩沉积时的古水体介质盐度，因此，可根据震旦系、寒武系天然气 $\delta^2 H_{CH_4}$ 的变化来揭示不同源岩贡献比例。计算方法是：震旦系源岩对某样品的贡献比等于震旦系天然气 $\delta^2 H_{CH_4}$ 端元值与样品 $\delta^2 H_{CH_4}$ 之和除以寒武系与震旦系天然气 $\delta^2 H_{CH_4}$ 端元值差值。计算贡献比时，端元值的选择很重要。沧浪铺组天然气是源于筇竹寺组烃源岩的典型代表，其 $\delta^2 H_{CH_4}$ 值为 –134‰～–133‰；龙王庙组天然气也是源于筇竹寺组烃源岩，$\delta^2 H_{CH_4}$ 值为 –138‰～–132‰，均值 –134‰。综合考虑，取 –133‰ 作为筇竹寺组来源的端元值，$\delta^2 H_{CH_4}$ 重于 –133‰ 的天然气按 100% 源于筇竹寺组计算。灯影组天然气 $\delta^2 H_{CH_4}$ 为 –157‰～–135‰，因只有一个样品为 –157‰，因此，选取 –153‰ 作为震旦系来源的端元值，$\delta^2 H_{CH_4}$ 轻于 –153‰ 的天然气按 100% 源于震旦系计算。估算结果是（不考虑端元值点比例）：震旦系烃源岩对灯四段、灯二段气藏的贡献比例，在台缘带分别为 11%～68%（均值为 39%）和 21%～89%（均值为 54%）；在台内分别为 26%～89%（均值为 55%）和 32%～89%（均值为 68%）。从均值看，震旦系烃源岩对灯影组气藏的贡献比例占 40%～70%。上述两种方法得到的结论比较吻合，即源于寒武系烃源岩的天然气 $\delta^2 H_{CH_4}$ 重，年龄小；源于震旦系烃源岩的天然气 $\delta^2 H_{CH_4}$ 轻，年龄大。

基于上述研究，认为震旦系气藏多数为震旦系和寒武系气源岩混源形成的天然气聚集，其中震旦系气源对灯四段、灯二段气藏贡献比例均值台缘带为 39%～54%，台内为 55%～68%。鄂西地区有数口探井在陡山沱组获得产量不等的页岩气流，证实了陡山沱组烃源岩的有效性与原生含气系统的存在。震旦系原生含气系统的有效性取决于源灶生气有效性、储层有效性与成藏要素组合有效性。高成熟—过成熟海相层系天然气来源除液态烃热裂解成气外，R_o 小于 3.5% 的区域，烃源岩干酪根仍具有一定的热降解生气潜力。震旦系微生物白云岩在深层环境仍发育规模优质储层，且在川中古隆起范围内与其他成藏要素形成时空匹配，增加了震旦系原生含气系统存在的可能性。研究成果证实震旦系原生含气系统具有规模成藏的现实性。

四、元古宇有利勘探方向

受安岳大气田发现启示，克拉通内裂陷周缘存在成藏有利区，值得勘探家重视。以重磁电资料综合解译为基础，结合区域地震地质大剖面标定，编制重点层系残余厚度图，宏观预测元古宇隆坳格局和克拉通内裂陷形态，确定主力源灶地域分布，圈定并聚焦有利勘探靶区。

鄂尔多斯盆地深层发育北东（NE）走向长城系宽裂谷，整体呈北东—南西（NE—SW）向延伸。盆地北部的甘陕裂陷槽向东北延伸，可能与北缘兴蒙裂陷槽连通。盆地南部的晋陕裂陷槽向东延伸，进入沁水盆地并进一步东延与燕辽裂陷槽相连通。二维地震剖面显示，中元古界长城系、蓟县系均有深大断裂和裂陷槽响应特征，表现为双断或单断堑垒相间样式。如前文所述，鄂尔多斯盆地内部长城系可能存在有规模的烃源岩，分布于裂陷槽范围内。综合分析认为，鄂尔多斯盆地元古宇—寒武系可能存在的现实成藏组合应该是长城系—蓟县系烃源岩作源灶，上覆古生界、中生界作储层盖层的次生成藏组合。下一步有利勘探靶区的选择，应优先考虑裂陷槽主体部位，在有深大断裂可将天然气输送到浅层古生界、中生界的区带上做工作，取得突破的机会是存在的，而自生自储式成藏组合因储层条件差，勘探的现实性大打折扣。

渤海湾盆地深层应该存在元古宇残留烃源岩，燕辽地区中—新元古界发现油苗70多处就是佐证。但由于地质历史时期该套烃源岩未被深埋，不排除找油的机会，应加强区域地震地质对比研究，首先圈定元古宇烃源灶分布范围，然后从自生自储和古生新储两个角度，进一步研究落实有利勘探靶区。近期，中国石油勘探开发研究院在承德地区进行元古宇钻孔取心，发现洪水庄组和串岭沟组多段岩心含油，且饱含原油。由于该地区古近系—新近系生油条件差，钻井取心发现的原油应该来自元古宇本身。综合判断，燕辽地区可能广泛发育元古宇烃源岩，热演化程度适中，目前尚处生油和生气早期阶段，在有古近系—新近系覆盖且保存条件好的地区（如冀北坳陷、冀中坳陷北部等）应是寻找元古宇原生油气藏的有利地区。

扬子和塔里木克拉通经历中—新元古代板内拉张活动及构造热事件，深层发育以新元古代为主的裂陷槽。利用1:500000航磁和重力资料，通过剩余重力异常处理，采用三维剥层及莫霍面、地幔高速体校正，发现四川盆地航磁异常表现为北东（NE）向带状展布，与重力异常分布空间吻合较好，尤其是峨眉—资阳—南充—达州地区航磁异常高带与剩余重力异常低值带吻合度较高。结合区域构造分析，推测四川盆地存在南华纪大型克拉通内裂陷。盆地演化经历了裂谷前期的火山活动和裂谷期的沉积充填，裂谷期充填厚度较大的碎屑岩，地震剖面上表现为强连续反射特征。在重庆—涪陵—南充—遂宁一带，存在受北西（NW）向断裂控制的次一级裂陷发育带，地震剖面上有较清楚的反射响应。

野外露头显示，震旦系陡山沱组、南华系大塘坡组都发育良好的烃源岩，震旦系中经建设性改造的微生物岩与寒武系及以上层系中发育的颗粒滩相碳酸盐岩可作为储层。围绕控制烃源灶发育的裂陷槽周边分布的台缘隆起带，是有利成藏区带。

塔里木克拉通深层可能发育新元古代裂陷。利用1:500000航磁资料以及野外地质剖面、钻遇前寒武系基底的钻井资料及全盆地区域地震剖面解释，预测塔里木盆地北部可能发育一个近东西（EW）走向克拉通内裂陷，南部发育两个北东（NE）走向克拉通内裂陷。目前盆内尚未钻遇该套烃源岩，仅在雅尔当山露头剖面的特瑞爱肯组中下部，见到黑色泥页岩，厚326.59m，TOC平均为2.96%。推测塔里木盆地南华系—震旦系发育元古宇烃源岩的可能性大，是潜在的烃源岩层系。

综上所述，中国华北、扬子和塔里木3大克拉通区中—新元古界均发育大型克拉通内裂陷，其所控制的烃源灶有规模，高成熟—过成熟阶段热裂解成气潜力大。震旦系和寒武系及以上层系中的微生物碳酸盐岩、颗粒白云岩经多期建设性改造可以形成规模有效储层，勘探具现实性，找气潜力值得挖掘。下一步需要精细刻画克拉通内裂陷的展布，加强层序对比研究，评价优选有利勘探区，可望实现元古宇—寒武系油气勘探新突破。

第三节　古老含油气系统油气勘探面临的重大科学和技术问题

"十一五"以来，中国石油立足四川盆地、塔里木盆地和鄂尔多斯盆地，以海相碳酸盐岩油气资源评价方法与资源分布预测、海相碳酸盐岩有效储层大型化形成机理与分布预测、海相碳酸盐岩大油气田形成条件与分布规律和碳酸盐岩有效储层与流体地球物理预测技术为核心，开展小克拉通海相碳酸盐岩基础地质理论的攻关研究，在碳酸盐岩油气地质理论发展、方法技术创新等方面取得了一批重要成果，为国家油气专项理论与技术以及储量目标的实现提供了重要的支撑。

然而，元古宇—下古生界作为中国含油气盆地中海相碳酸盐岩分布面积最广的层系，勘探与认识程度总体偏低，超深层古老碳酸盐岩油气规模勘探仍然面临一系列重大科学和技术问题，随着勘探工作的不断深入与发展，仍需加强以下研究与攻关。

一、重大科学问题

深层古老含油气系统面临的重大科学问题包括盆地深层结构与原型盆地恢复、古源灶分布与有效性、深层储层成储与有效保持机理、原生油气藏形成与分布规律等方面。具体如下。

盆地深层结构与原型盆地恢复方面，以造山带为主要对象的古板块重建、重大构造事件研究等成果丰硕，但对克拉通盆地内部研究较少且精度不够，缺少成熟理论指导。

古源灶分布与有效性方面，已认识到元古宇—寒武系普遍发育优质烃源岩且受古环境、古气候、古海洋等控制，但有机质富集机理与烃源灶有效性评价难度大，超高温压条件下有机—无机复合生烃机理、潜力评价方法尚未系统开展，导致勘探方向和目标选择难以准确落地。

深层储层成储与有效保持机理方面，已认识到埋深大于6000m仍然发育有效储层，但超深层碳酸盐岩流体—岩石物化作用对孔隙形成与保存的控制机理尚不清楚，规模储层预测难度大。

原生油气藏形成与分布规律方面，基于勘探发现的解剖研究，总结提出了系列观点认识，但观点认识缺乏机理支撑，尤其是油气成藏过程复杂、重建难度大，因而对勘探靶区优选还存在不确定性。

二、关键技术

随着勘探向超深层领域进军，岩性型油气藏、地层型油气藏等勘探目标逐渐成为主体。对这类目标的规模勘探面临诸如深部地震资料信噪比和分辨率低，成像精度差，强非均质储层预测难度差等一系列技术挑战。

　　未来应该重点发展如下技术和方法：（1）强非均质性碳酸盐岩储层前瞻性技术的理论基础攻关，包括适用于碳酸盐岩储层的流体替换理论和岩石物理建模方法，裂缝—孔隙介质建模理论和数值模拟方法，碳酸盐岩复杂波场地震正演模拟方法；（2）叠合盆地深层结构的重磁电处理解释技术；（3）中深层碳酸盐岩储层地震资料挖潜处理技术，包括：老资料保真处理、高密度宽方位处理、各向异性叠前深度偏移及多波地震资料处理解释方法；（4）重点探区碳酸盐岩储层与流体地震综合解释技术与应用。

参 考 文 献

CK威尔格斯，等，1993. 层序地层学原理（中译本）[M]. 北京：石油工业出版社.

HL里丁等，1986. 沉积环境与相[M]. 北京：科学出版社.

包洪平，黄正良，武春英，等，2020. 鄂尔多斯盆地中东部奥陶系盐下侧向供烃成藏特征及勘探潜力[J]. 中国石油勘探，25（3）：134-145.

包洪平，杨承运，黄建松，2004. "干化蒸发"与"回灌重溶"：对鄂尔多斯盆地东部奥陶系蒸发岩成因的新认识[J]. 古地理学报，6（3）：279-288.

包洪平，杨帆，蔡郑红，等，2017. 鄂尔多斯盆地奥陶系白云岩成因及白云岩储层发育特征[J]. 天然气工业，37（1）：32-45.

博歇特，缪尔，1975. 盐类矿床[M]. 袁见齐等译. 北京：地质出版社.

蔡春芳，梅博文，李伟，1997. 塔中古生界油田水化学与流体运移和演化[J]. 石油勘探与开发（1）：18-21+92.

长庆油田编写组，1992. 中国石油地质志（卷十二：长庆油田）[M]. 北京：石油工业出版社.

陈安定，1996. 陕甘宁盆地奥陶系源岩及碳酸盐岩生烃的有关问题讨论[J]. 沉积学报，14（增刊1）：90-99.

陈诚，2018. 东海长江坳陷重磁综合地球物理研究[D]. 上海：同济大学.

陈建平，梁狄刚，张水昌，等，2013. 泥岩/页岩：中国元古宙—古生代海相沉积盆地主要烃源岩[J]. 地质学报（87）：905-921.

陈玲，马昌前，凌文黎，等，2010. 中国南方存在印支期的油气藏Re-Os同位素体系的制约[J]. 地质科技情报，29（2）：95-99.

陈友智，付金华，杨高印，等，2016. 鄂尔多斯地块中元古代长城纪盆地属性研究[J]. 岩石学报，32（3）：856-864.

陈志刚，刘雷颂，刘雅琴，等，2016. 煤系地层中薄砂岩储层预测[J]. 石油地球物理勘探（51）：52-57.

椿锋，于鹏，胡书凡，陈诚，2017. 基于加权模型参数的归一化磁源强度三维反演[J]. 石油物探，56（4）：599-606.

崔景伟，2011. 冀北凹陷高于庄组与洪水庄组在岩心露头中多赋存态生物标志物的对比[J]. 沉积学报（29）：593-598.

邓少贵，范宜仁，2002. 含油气泥质砂岩薄膜电位实验研究[J]. 测井技术，26（1）：26-29.

邸凯昌，李德毅，李德仁，1999. 云理论及其在空间数据发掘和知识发现中的应用[J]. 中国图象图形学报（4）：930-935.

杜金虎，汪泽成，邹才能，等，2015. 古老碳酸盐岩大气田地质理论与勘探实践[M]. 北京：石油工业出版社.

杜金虎，汪泽成，邹才能，等，2016. 上扬子克拉通内裂陷的发现及对安岳特大型气田形成的控制作用[J]. 石油学报，37（1）：1-16.

杜金虎，徐春春，汪泽成，等，2010. 四川盆地二叠系—三叠系礁滩天然气勘探[M]. 北京：石油工业出版社.

杜金虎，张宝民，汪泽成，等，2016.四川盆地下寒武统龙王庙组碳酸盐缓坡双颗粒滩沉积模式及储层成因［J］.天然气工业，36（6）：1-10.

杜金虎，邹才能，徐春春，等，2014.四川盆地川中古隆起龙王庙组特大型气田战略发现与理论技术创新［J］.石油勘探与开发，41（3）：268-277.

段瑞春，王浩，凌文黎，等，2010.缺氧沉积物及其衍生物的 Re-Os 同位素定年与示踪［J］.华南地质与矿产（3）：57-67.

范明，何治亮，李志明，等，2011.碳酸盐岩溶蚀窗的形成及地质意义［J］.石油与天然气地质，32（4）：499-505.

范维，罗开平，范明，等，2017.优质白云岩储层形成的重要机制——差异溶蚀作用［J］.科学技术与工程，17（1）：15-20.

范宜仁，邓少贵，刘兵开，1998.淡水驱替过程中的岩石电阻率实验研究［J］.测井技术，22（3）：153-155.

方杰，刘宝泉，2002.张家口下花园青白口系下马岭组灰质页岩热模拟实验［J］.高校地质学报（8）：345-355.

冯许魁，刘永彬，韩长伟，等，2015.塔里木盆地震旦系裂谷发育特征及其对油气勘探的指导意义［J］.石油地质与工程，29（2）：5-10.

冯增昭，陈继新，张吉森，1991.鄂尔多斯盆地早古生代岩相古地理［M］.北京：地质出版社.

付金华，孙六一，冯强汉，等，2019.鄂尔多斯盆地下古生界海相碳酸盐岩油气地质与勘探［M］.北京：石油工业出版社.

高衍武，2009.电化学电位理论与实验研究［D］.青岛：中国石油大学（华东）.

顾志翔，何幼斌，彭勇民，等，2019.四川盆地下寒武统膏盐岩"多潟湖"沉积模式［J］.沉积学报，37（4）：834-846.

关士聪，1984.中国海陆变迁、海域沉积相与油气：晚元古代—三叠纪［M］.北京：科学出版社.

管树巍，吴林，任荣，等，2017.中国主要克拉通前寒武纪裂谷分布与油气勘探前景［J］.石油学报，38（1）：9-22.

管树巍，张春宇，任荣，等，2019.塔里木北部早寒武世同沉积构造——兼论寒武系盐下和深层勘探［J］.石油勘探与开发（46）：1075-1086.

韩东，胡向阳，邬兴威，等，2016.基于地质统计学反演的缝洞储集体物性定量评价［J］.地球物理学进展，2016（31）：655-661.

韩作振，陈吉涛，迟乃杰，2009.微生物碳酸盐岩研究：回顾与展望［J］.海洋地质与第四纪地质，29（4）：29-38.

郝雁，张哨楠，张德民，2018.微生物碳酸盐岩研究现状及进展［J］.成都理工大学学报（自然科学版），45（4）：415-427.

何登发，杨海军，等，2008.塔里木盆地克拉通内古隆起的成因机制与构造类型［J］.地学前缘，15（2）：207-221.

胡安平，沈安江，梁峰，等，2020.激光铀铅同位素定年技术在塔里木盆地肖尔布拉克组储层孔隙演化研究中的应用［J］.石油与天然气地质，41（1）：37-49.

胡安平，沈安江，杨翰轩，等，2019. 碳酸盐岩—膏盐岩共生体系白云岩成因及储盖组合［J］. 石油勘探与开发，46（5）：916–928.

胡雪彬，2017. 地球物理多模型参数的聚类分析及其评价［D］. 上海：同济大学.

黄思静，黄培培，黄可可，等，2010. 碳酸盐倒退溶解模式的化学热力学基础——与 H_2S 有关的溶解介质及其与 CO_2 的对比［J］. 沉积学报，28（1）：1–9.

贾连奇，蔡春芳，李红霞，等，2016. 塔中地区热化学硫酸盐还原作用对深埋白云岩储层的改造［J］. 沉积学报，34（6）：1057–1067.

姜海健，储呈林，杨鑫，等，2017. 塔里木盆地西南地区早中寒武世岩相古地理［J］. 海相油气地质，22（1）：32–38.

井向辉，2009. 米仓山、大巴山深部结构构造研究［D］. 西安：西北大学.

柯式镇，冯启宁，何亿成，等，2006. 电极法复电阻率测井研究［J］. 石油学报，27（2）：89–92.

雷怀彦，1996. 蒸发岩沉积与油气形成的关系［J］. 天然气地球科学，7（2）：22–28.

李建军，邓少贵，范宜仁，等，2005. 岩石复电阻率的影响因素［J］. 测井技术，29（1）：11–14.

李金铭，2004. 激发极化法方法技术指南［M］. 北京：地质出版社.

李开开，张学丰，贺训云，等，2018. 川东北飞仙关组白云岩化作用对鲕粒滩储层的孔隙改造效应［J］. 石油与天然气地质，39（4）：706–718.

李凌，谭秀成，曾伟，等，2013. 四川盆地震旦系灯影组灰泥丘发育特征及储集意义［J］. 石油勘探与开发，40（6）：666–673.

李双应，金福全，王道轩，1995. 碳酸盐岩成岩作用的微量元素地球化学特征［J］. 石油实验地质，17（1）：55–62.

李伟，涂建琪，张静，等，2017. 鄂尔多斯盆地奥陶系马家沟组自源型天然气聚集与潜力分析［J］. 石油勘探与开发，44（4）：521–530.

李文正，周进高，张建勇，等，2016. 四川盆地洗象池组储集层的主控因素与有利区分布［J］. 天然气工业，31（1）：52–60.

李勇，钟建华，温志峰，等，2006. 蒸发岩与油气生成、保存的关系［J］. 沉积学报，24（4）：596–606.

刘德汉，付金华，郑聪斌，等，2004. 鄂尔多斯盆地奥陶系海相碳酸盐岩生烃性能与中部长庆气田气源成因研究［J］. 地质学报，78（4）：542–550.

刘德良，陶士振，张宝民，2005. 包裹体在确定成藏年代中的应用及应注意的问题［J］. 天然气地球科学，16（1）：16–19.

刘光鼎，1989. 论综合地球物理解释——原则与实例，八十年代地球物理学进展［M］. 北京：学术书刊出版社.

刘光鼎，陈洁，2005. 中国前新生代残留盆地油气勘探难点分析及对策［J］. 地球物理学进展，37（2）：273–275.

刘玲，张明华，王平，等，2018. 复杂盆地地球物理—地质结构模型的构建——重磁电震综合解释在楚雄盆地勘探中的应用［J］. 地球物理学报，61（12）：4921–4933.

刘文汇，腾格尔，王晓锋，等，2017. 中国海相碳酸盐岩层系有机质生烃理论新解［J］. 石油勘探与开发，44（1）：155–164.

刘文汇, 王杰, 陶成, 等, 2013. 中国海相层系油气成藏年代学 [J]. 天然气地球科学, 24 (2): 199-209.

刘文汇, 张殿伟, 王晓锋, 2006. 加氢和TSR反应对天然气同位素组成的影响 [J]. 岩石学报, 22 (8): 2237-2242.

刘文汇, 赵恒, 刘全有, 等, 2016. 膏盐岩层系在海相油气成藏中的潜在作用 [J]. 石油学报, 37 (12): 1451-1462.

罗延钟, 张桂青, 1988. 频率域激电法原理 [M]. 北京: 地质出版社.

罗自立, 1981. 中国西南地区晚古生代以来地裂运动对石油等矿产形成的影响 [J]. 四川地质学报, 2 (1): 1-22.

罗自立, 1984. 略论地裂运动与中国油气分布 [J]. 中国地质科学院院报, 7 (3): 93-101.

梅冥相, 2007. 微生物碳酸盐岩分类体系的修订: 对灰岩成因结构分类体系的补充 [J]. 地学前缘, 14 (5): 221-234.

盂凡巍, 袁训来, 周传明, 等, 2003. 新元古代大塘坡组黑色页岩中的甲藻甾烷及其生物学意义 [J]. 微体古生物学报 (20): 97-102.

盂凡巍, 周传明, 燕夔, 等, 2006. 通过 C_{27}/C_{29} 甾烷和有机碳同位素来判断早古生代和前寒武纪的烃源岩的生物来源 [J]. 微体古生物学报 (23): 51-56.

潘立银, 倪培, 欧光习, 等, 2006. 油气包裹体在油气地质研究中的应用——概念、分类、形成机制及研究意义 [J]. 矿物岩石地球化学通报, 25 (1): 19-28.

彭平安, 刘大永, 秦艳, 等, 2008. 海相碳酸盐岩烃源岩评价的有机碳下限问题 [J]. 地球化学, 37 (4): 415-422.

钱一雄, 尤东华, 陈代钊, 2012. 塔东北库鲁克塔格中上寒武统白云岩岩石学、地球化学特征与成因探讨——与加拿大西部盆地惠而浦 (Whirlpool point) 剖面对比 [J]. 岩石学报, 28 (8): 2525-2541.

强子同, 马德岩, 顾大镭, 等, 1996. 激光显微取样稳定同位素分析 [J]. 天然气工业, 16 (6): 86-89.

任荣, 管树巍, 吴林, 等, 2017. 塔里木新元古代裂谷盆地南北分异及油气勘探启示 [J]. 石油学报 (38): 255-266.

佘敏, 胡安平, 王鑫, 等, 2019. 湖相叠层石生排烃模拟及微生物碳酸盐岩生烃潜力 [J]. 中国石油大学学报 (自然科学版), 43 (1): 12-22.

佘敏, 寿建峰, 沈安江, 等, 2014. 埋藏有机酸性流体对白云岩储层溶蚀作用的模拟实验 [J]. 中国石油大学学报 (自然科学版), 38 (3): 10-17.

沈安江, 陈娅娜, 潘立银, 等, 2017. 四川盆地寒武系龙王庙组沉积相与储层分布预测研究 [J]. 天然气地球科学, 28 (8): 1176-1190.

沈安江, 陈娅娜, 张建勇, 等, 2020. 中国古老小克拉通台内裂陷特征及石油地质意义 [J]. 石油与天然气地质, 41 (1): 15-25.

沈安江, 胡安平, 程婷, 等, 2019. 激光原位U-Pb同位素定年技术及其在碳酸盐岩成岩—孔隙演化中的应用 [J]. 石油勘探与开发, 46 (6): 1062-1074.

沈安江, 王招明, 郑兴平, 等. 2007. 塔里木盆地牙哈—英买力地区寒武系—奥陶系碳酸盐岩储层成因类型、特征及油气勘探潜力 [J]. 海相油气地质, 12 (2): 23-32.

沈安江, 赵文智, 胡安平, 等. 2015. 海相碳酸盐岩储集层发育主控因素 [J]. 石油勘探与开发, 42 (5):

545–554.

沈安江, 周进高, 辛勇光, 等, 2008. 四川盆地雷口坡组白云岩储层类型及成因 [J]. 海相油气地质, 13 (4): 19–28.

沈传波, David Selby, 梅廉夫, 等, 2011. 油气成藏定年的 Re–Os 同位素方法应用研究 [J]. 矿物岩石, 31 (4): 87–93.

时波, 2019. 耦合约束信息的重磁电联合反演方法研究及其应用 [D]. 上海: 同济大学.

宋文海, 1996. 乐山—龙女寺古隆起大中型气田成藏条件研究 [J]. 天然气工业, 16 (S1): 13–26.

孙东, 潘建国, 潘文庆, 等, 2010. 塔中地区碳酸盐岩溶洞储层体积定量化正演模拟 [J]. 石油与天然气地质, (31): 871–878.

孙枢, 王铁冠, 2016. 中国东部中—新元古界地质学与油气资源 [M]. 北京: 科学出版社.

汤显明, 惠斌耀, 1993. 鄂尔多斯盆地中央古隆起与天然气聚集 [J]. 石油与天然气地质, 14 (1): 64–71.

陶德强, 赵文举, 张嵘鑫, 等, 2018. 重磁电震联合建模正反演在火成岩解释中的应用 [J]. 石油地球物理勘探, 53 (S1): 330–334.

童茂松, 李莉, 姜亦忠, 等, 2005. 模拟地层条件下含水岩石的复电阻率实验研究 [J]. 石油仪器, 19 (1): 22–24.

涂建琪, 董义国, 南红丽, 等, 2016. 鄂尔多斯盆地奥陶系马家沟组规模性有效烃源岩的发现及其地质意义 [J]. 天然气工业, 36 (5): 15–24.

汪泽成, 姜华, 王铜山, 等, 2014. 四川盆地桐湾期古地貌特征及成藏意义 [J]. 石油勘探与开发, 41 (3): 305–312.

汪泽成, 姜华, 王铜山, 等, 2014. 上扬子地区新元古界含油气系统与勘探潜力 [J]. 天然气工业, 34 (4): 27–36.

汪泽成, 李晓清, 2001. 川西地区上三叠统气田水化学场特征 [J]. 天然气工业, 21 (5): 31–34.

汪泽成, 刘和甫, 熊宝贤, 等, 2001. 从前陆盆地充填地层分析盆山耦合关系 [J]. 地球科学—中国地质大学学报, 26 (1): 33–39.

汪泽成, 刘静江, 姜华, 等, 2019. 中—上扬子地区震旦纪陡山沱组沉积期岩相古地理及勘探意义 [J]. 石油勘探与开发, 46 (1): 39–51.

汪泽成, 王铜山, 文龙, 等, 2016. 四川盆地安岳特大型气田基本地质特征与形成条件 [J]. 中国海上油气, 28 (2): 45–52.

汪泽成, 赵文智, 2006. 海相古隆起在油气成藏中的作用 [J]. 中国石油勘探 (33): 26–32.

汪泽成, 赵文智, 胡素云, 等, 2017. 克拉通盆地构造分异对大油气田形成的控制作用——以四川盆地震旦系—三叠系为例 [J]. 天然气工业, 37 (1): 9–23.

汪泽成, 赵文智, 李宗银, 等, 2008. 基底断裂在四川盆地须家河组天然气成藏中的作用 [J]. 石油勘探与开发, 35 (5): 541–548.

汪泽成, 赵文智, 张林, 等, 2002. 四川盆地构造层序与天然气勘探 [M]. 北京: 地质出版社.

汪泽成, 赵文智, 张水昌, 等, 2007. 成藏三要素的耦合对高效气藏形成的控制作用——以四川盆地川东北飞仙关组鲕滩气藏为例 [J]. 科学通报, 52 (S1): 156–166.

汪泽成，赵文智，等，2002. 四川盆地复合含油气系统特征［J］. 石油勘探与开发，29（2）：26-28.

汪正江，王剑，江新胜，等，2015. 华南扬子地区新元古代地层划分对比研究新进展［J］. 地质论评，61（1）：1-22.

王成善，郑和荣，冉波，等，2010. 活动古地理重建的实践与思考［J］. 沉积学报，28（5）：849-860.

王传刚，2012. 鄂尔多斯盆地海相烃源岩的成藏有效性分析［J］. 地学前缘，19（1）：253-263.

王浩，2018. 四川盆地西部雷口坡组四段微生物碳酸盐岩储层特征及其主控因素［D］. 成都：成都理工大学.

王坤，王铜山，汪泽成，等，2018. 华北克拉通南缘长城系裂谷特征与油气地质条件［J］. 石油学报，39（5）：504-517.

王恕一，陈强路，马红强，2003. 塔里木盆地塔河油田下奥陶统碳酸盐岩的深埋溶蚀作用及其对储集体的影响［J］. 石油实验地质，30（25）：557-561.

王铁冠，韩克猷，2011. 论中—新元古界的原生油气资源［J］. 石油学报，32（1）：1-7.

王铁冠，钟宁宁，王春江，等，2016. 冀北坳陷下马岭组底砂岩古油藏成藏演变历史与烃源剖析［J］. 石油科学通报，26（1）：24-37.

王霄，李艳，黎晏彰，等，2018. 浅海 Mg^{2+} 和 SO_4^{2-} 对微生物诱导形成锰碳酸盐的影响［J］. 地球科学，43（S1）：145-156.

王晓梅，张水昌，何坤，等，2021. 最小含氧带和硫化环境控制14亿年前有机质生烃能力［J］. 科学通报（66）：3005-3017.

王月，沈建伟，杨红强，等，2011. 微生物碳酸盐沉积及其研究意义［J］. 地球科学进展，26（10）：1038-1049.

王招明，何爱东，2009. 塔北隆起中西部油气富集因素与勘探领域［J］. 新疆石油地质，30（2）：153-156.

王兆云，赵文智，王云鹏，2014. 中国海相碳酸盐岩气源岩评价指标研究［J］. 自然科学进展，14（11）：1236-1243.

魏国齐，杜金虎，徐春春，等，2015. 四川盆地高石梯—磨溪地区震旦系—寒武系大型气藏特征与聚集模式［J］. 石油学报，36（1）：1-12.

魏国齐，王志宏，李剑，等，2017. 四川盆地震旦系、寒武系烃源岩特征、资源潜力与勘探方向［J］. 天然气地球科学（28）：1-13.

文竹，何登发，童晓光，2012. 蒸发岩发育特征及其对大油气田形成的影响［J］. 新疆石油地质，33（3）：373-378.

夏新宇，洪峰，赵林，等，1999. 鄂尔多斯盆地下奥陶统碳酸盐岩有机相类型及生烃潜力［J］. 沉积学报，17（4）：638-650.

向葵，胡文宝，严良俊，等，2016. 岩石复电阻率测量技术及标定方法研究［J］. 科学技术与工程，16（5）：138-141+153.

向葵，严良俊，胡华，等，2020. 四川盆地前寒武系重磁电物性特征与建模［J］. 石油地球物理勘探，55（5）：1160-1168.

向阳，2017. 塔里木盆地大地电磁三维电性结构反演［D］. 上海：同济大学.

肖礼军，汪益宁，滕蔓，2011. 川东 H_2S 气体分布特征及对储集层的后期改造作用［J］. 科学技术与工程，

11（32）：7892-7894+7898.

肖林萍，1997. 埋藏条件下碳酸盐岩实验室溶蚀作用模拟的热力学模型与地质勘探方向——以陕甘宁盆地
下奥陶统马家沟组第五段为例［J］. 岩相古地理，13（4）：59-72.

肖占山，徐世浙，罗延钟，等，2006. 泥质砂岩的复电导率模型研究［J］. 科技通报，22（6）：607-610.

谢柳娟，孙永革，杨中威，等，2013. 华北张家口地区中元古界下马岭组页岩生烃演化特征及其油气地质
意义［J］. 高校地质学报，1436-1444.

谢树成，殷鸿福，史晓颖，2011. 地球生物学——生命与地球环境的相互作用和协同演化［M］. 北京：科
学出版社.

谢增业，胡国艺，李剑，等，2002. 鄂尔多斯盆地奥陶系烃源岩有效性判识［J］. 石油勘探与开发，29（2）：
29-32.

熊鹰，2018. 蒸发环境中孔洞型薄储层的形成与保存［D］. 成都：西南石油大学.

徐斐，陆廷清，马青，2020. 塔西南山前古近系沉积相分析与研究［J］. 化工设计通讯，46（12）：195-
196.

徐家润，彭祥霞，傅晓燕，等，2007. 云变换在焉二区油藏随机建模中的应用［J］. 石油地质与工程，27
（2）：36-38.

徐世文，于兴河，刘妮娜，等，2005. 蒸发岩与沉积盆地的含油气性［J］. 新疆石油地质，26（6）：715-
718.

许海龙，魏国齐，贾承造，等，2012. 乐山—龙女寺古隆起构造演化及对震旦系成藏的控制［J］. 石油勘探
与开发（4）：406-416.

闫玲玲，等. 2015. 叠后地质统计学反演在碳酸盐岩储层预测中的应用：以哈拉哈塘油田新垦区块为例
［J］. 地学前缘，22（6）：177-184.

杨海军，邬光辉，韩建发，等，2007. 塔里木盆地中央隆起带奥陶系碳酸盐岩台缘带油气富集特征［J］. 石
油学报，8（4）：26-29.

杨华，2012. 长庆油田油气勘探开发历程述略［J］. 西安石油大学学报（社会科学版），25（1）：69-77.

杨华，包洪平，2011. 鄂尔多斯盆地奥陶系中组合成藏特征及勘探启示［J］. 天然气工业，31（12）：11-
20.

杨华，包洪平，马占荣，2014. 侧向供烃成藏—鄂尔多斯盆地奥陶系膏盐下天然气成藏新认识［J］. 天然
气工业，34（4）：19-26.

杨俊杰，1991. 陕甘宁盆地下古生界天然气的发现［J］. 天然气工业，11（2）：1-6.

杨俊杰，2002. 鄂尔多斯盆地构造演化与油气分布规律［M］. 北京：石油工业出版社.

杨俊杰，裴锡古，1996. 中国天然气地质学卷四鄂尔多斯盆地［M］. 北京：石油工业出版社.

杨仁超，樊爱萍，韩作振，等，2011. 核形石研究现状与展望［J］. 地球科学进展，26（5）：465-474.

杨威，魏国齐，赵蓉蓉，等，2014，四川盆地震旦系灯影组岩溶储层特征及展布［J］. 天然气工业，34（3）：
55-60.

杨文采，徐义贤，张罗磊，等，2015. 塔里木地体大地电磁调查和岩石圈三维结构［J］. 地质学报，89（7）：
1151-1161.

杨文采，张罗磊，徐义贤，等，2015. 塔里木盆地的三维电阻率结构［J］. 地质学报，89（12）：2203-2212.

杨雨，黄先平，张健，等，2014. 四川盆地寒武系沉积前震旦系顶界岩溶古地貌特征及其地质意义［J］. 天然气工业，34（3）：38-43.

姚根顺，郝毅，周进高，等，2014. 四川盆地震旦系灯影组储层储集空间的形成与演化［J］. 天然气工业，34（3）：31-37.

姚根顺，周进高，邹伟宏，等，2013. 四川盆地下寒武统龙王庙组颗粒滩特征及分布规律［J］. 海相油气地质，22（3）：1-7.

叶云涛，王华建，翟俪娜，等，2017. 新元古代重大地质事件及其与生物演化的耦合关系［J］. 沉积学报，30（35）：203-216.

尹观，倪师军，2009. 同位素地球化学［M］. 北京：地质出版社.

由雪莲，孙枢，朱井泉，等，2011. 微生物白云岩模式研究进展［J］. 地学前缘，18（4）：52-64.

远光辉，操应长，杨田，等，2013. 论碎屑岩储层成岩过程中有机酸的溶蚀增孔能力［J］. 地学前缘，20（5）：207-219.

曾理，万茂霞，彭英，2004. 白云石有序度及其在石油地质中的应用［J］. 天然气勘探与开发，27（4）：64-68.

张吉森，曾少华，黄建松，等，1991. 鄂尔多斯东部地区盐岩的发现、成因及其意义［J］. 沉积学报，9（2）：34-43.

张罗磊，2011. 三维大地电磁正则化反演研究［D］. 上海：同济大学.

张水昌，Moldowan M J，Li M，等，2001. 分子化石在寒武—前寒武纪地层中的异常分布及其生物学意义［J］. 中国科学 D 辑：地球科学（31）：299-304.

张水昌，梁狄刚，张大江，2002. 关于古生界烃源岩有机质丰度的评价标准［J］. 石油勘探与开发，29（2）：8-12.

张水昌，张宝民，边立曾，等，2005. 中国海相烃源岩发育控制因素［J］. 地学前缘，（12）：39-48.

张水昌，张宝民，边立曾，等，2007. 8 亿多年前由红藻堆积而成的下马岭组油页岩［J］. 中国科学 D 辑：地球科学（37）：636-643.

张水昌，朱光有，何坤，2011. 硫酸盐热化学还原作用对原油裂解成气和碳酸盐岩储层改造的影响及作用机制［J］. 岩石学报，27（3）：809-826.

张天付，黄理力，倪新锋，等，2020. 塔里木盆地柯坪地区下寒武统吾松格尔组岩性组合及其成因和勘探意义——亚洲第一深井轮探 1 井突破的启示［J］. 石油与天然气地质，41（5）：928-940.

张燕. 上扬子地区深部结构与浅部构造关系研究［D］. 西安：西北大学.

张燕，宋玉苏，王源升，2013. Ag/AgCl 参比电极性能研究［J］. 中国腐蚀与防护学报，27（3）：176-180.

赵崇进. 2017. 2D 重磁震正则化联合反演研究［D］. 上海：同济大学.

赵靖舟，2002. 塔里木盆地烃类流体包裹体与成藏年代分析［J］. 石油勘探与开发，29（4）：21-25.

赵力彬，黄志龙，高岗，等，2005. 关于用包裹体研究油气成藏期次问题的探讨［J］. 油气地质与采收率，12（6）：6-9.

赵文智、张光亚，等，2002. 中国海相石油地质与叠合含油气盆地［M］. 北京：地质出版社.

赵文智，何登发，1999. 石油地质综合研究导论［M］. 北京：石油工业出版社.

赵文智，胡素云，汪泽成，等，2018. 中国元古界—寒武系油气地质条件与勘探地位［J］. 石油勘探与开发（45）：1–13.

赵文智，沈安江，胡素云，等，2012. 中国碳酸盐岩储集层大型化发育的地质条件与分布特征［J］. 石油勘
探与开发，39（1）：1–12.

赵文智，沈安江，潘文庆，等，2013. 碳酸盐岩岩溶储层类型研究及对勘探的指导意义——以塔里木盆地
岩溶储层为例［J］. 岩石学报，29（9）：3213–3222.

赵文智，沈安江，乔占峰，等，2018. 白云岩成因类型、识别特征及储集空间成因［J］. 石油勘探与开发，
45（6）：923–935.

赵文智，汪泽成，张水昌，等，2007. 中国叠合盆地深层海相油气成藏条件与富集区带［J］. 科学通报，52
（S1）：9–18.

赵文智，王新民，郭彦如，等，2006. 鄂尔多斯盆地西部晚三叠世原型盆地恢复及其改造演化［J］. 石油勘
探与开发，33（1）：6–13.

赵文智，王兆云，何海清，等，2005. 中国海相碳酸盐岩烃源岩成气机理［J］. 中国科学 D 辑：地球科学，
35（7）：638–648.

赵文智，等，1997. 中国含油气系统的应用与进展［M］. 北京：石油工业出版社.

赵彦彦，李三忠，李达，等，2019. 碳酸盐（岩）的稀土元素特征及其古环境指示意义［J］. 大地构造与成
矿学，43（1）：141–167.

赵政璋，杜金虎，2012. 从勘探实践看地质家的责任［M］. 北京：石油工业出版社.

郑多明，李志华，赵宽志，等，2011. 塔里木油田奥陶系碳酸盐岩缝洞储层的定量地震描述［J］. 中国石油
勘探，16（5）：57–62.

郑剑锋，沈安江，黄理力，2017. 基于埋藏溶蚀模拟实验的白云岩储层孔隙效应研究——以塔里木盆地下
寒武统肖尔布拉克组为例［J］. 石油实验地质，39（5）：716–723.

郑剑锋，沈安江，乔占峰，2013. 塔里木盆地下奥陶统蓬莱坝组白云岩成因及储层主控因素分析——以巴
楚大班塔格剖面为例［J］. 岩石学报，29（9）：3223–3232.

周进高，房超，季汉成，等，2014. 四川盆地下寒武统龙王庙组颗粒滩发育规律［J］. 天然气工业，34（8）：
27–36.

周进高，沈安江，张建勇，等，2018. 四川德阳—安岳台内裂陷演化过程与勘探方向［J］. 海相油气地质，
23（2）：1–9.

周进高，徐春春，姚根顺，等，2015. 四川盆地下寒武统龙王庙组储集层形成与演化［J］. 石油勘探与开发，
42（2）：158–166.

周进高，张建勇，邓红婴，等 . 2017. 四川盆地震旦系灯影组岩相古地理与沉积模式［J］. 天然气工业，37
（1）：24–31.

周稳生，2016. 四川盆地重磁异常特征与深部结构［D］. 南京：南京大学 .

邹才能，杜金虎，徐春春，等，2014. 四川盆地震旦系—寒武系特大型气田形成分布，资源潜力及勘探发现
［J］. 石油勘探与开发，28（41）：278–293.

Algeo T J, Meyers P A, Robinson R S, et al., 2014. Icehouse-greenhouse variations in marine denitrification
［J］. Biogeosciences, 11: 1273–1295.

Anbar A D, Knoll A H, 2002. Proterozoic ocean chemistry and evolution : a bioinorganic bridge ？ ［J］.

Science, 297: 1137–1142.

Blumenberg M, Thiel V, Riegel W, et al., 2012. Biomarkers of black shales formed by microbial mats, Late Mesoproterozoic (1. 1Ga) Taoudeni Basin, Mauritania [J]. Precambrian Res, 196–197: 113–127.

Bradley D C, 2008. Passive margins through earth history [J]. Earth–Science Reviews, 91: 1–26.

Brandano M, Westphal H, Mateu–Vicens G, et al., 2016. Ancient upwelling record in a phosphate hardground (Tortonian of Menorca, Balearic Islands, Spain) [J]. Marine and Petroleum Geology, 78: 593–605.

Brocks J J, Banfield J, 2009. Unravelling ancient microbial history with community proteogenomics and lipid geochemistry [J]. Nat Rev Microbiol, 7: 601–609.

Brocks J J, Jarrett A J M, Sirantoine E, et al., 2017. The rise of algae in Cryogenian oceans and the emergence of animals [J]. Nature, 548: 578–581.

Brocks J J, Logan G A, Buick R, et al., 1999. Archean molecular fossils and the early rise of eukaryotes [J]. Science, 285: 1033–1036.

Brocks J J, Love G D, Summons R E, et al., 2005. Biomarker evidence for green and purple sulphur bacteria in a stratified Palaeoproterozoic sea [J]. Nature, 437: 866–870.

Brocks J J, Pearson A, 2005. Building the biomarker tree of life [J]. Rev Mineral Geochem, 59: 233–258.

Butterfield N J, Knoll A H, Swett K, 1990. A bangiophyte red alga from the Proterozoic of arctic Canada [J]. Science, 250: 104–107.

Canfield D E, 1998. A new model for Proterozoic ocean chemistry [J]. Nature, 396: 450–453.

Canfield D E, Poulton S W, Narbonne G M, 2007. Late–Neoproterozoic deep–ocean oxygenation and the rise of animal life [J]. Science, 315: 92–95.

Canfield D E, Raiswell R, 1999. The evolution of the sulfur cycle [J]. Am J Sci, 299: 697–723.

Canfield D E, Thamdrup B, 2009. Towards a consistent classification scheme for geochemical environments, or, why we wish the term 'suboxic' would go away [J]. Geobiology, 7: 385–392.

Canfield D E, Zhang S C, Wang H J, et al., 2018. A Mesoproterozoic Iron Formation [J]. Proc Nat Acad Sci USA, 115: 3895–3904.

Chen L, Xiao S H, Pang K, et al., 2014. Cell differentiation and germ–soma separation in Ediacaran animal embryo–like fossils [J]. Nature, 516: 238–241.

Cheng J, Feng J, Sun J, et al., 2014. Enhancing the lipid content of the diatom *Nitzschia* sp. by ^{60}Co–γ irradiation mutation and high–salinity domestication [J]. Energy, 78: 9–15.

Cheng M, Li C, Zhou L, et al., 2015. Mo marine geochemistry and reconstruction of ancient ocean redox states [J]. Sci China Earth Sci, 58: 2123–2133.

Chritopher G, Kendall S C, Weber L J, 2009. The giant oil field evaporite association——A function of the Wilson cycle, climate, basin position and sea level [A]. AAPG Annual Convention, 40471.

Cloud P E, Licari G R, Wright L A, et al., 1969. Proterozoic eucaryotes from eastern California [J]. Proc Nat Acad Sci USA, 62: 623–630.

Craig J, Biffi U, Galimberti R F, et al., 2013. The palaeobiology and geochemistry of Precambrian hydrocarbon source rocks [J]. Mar Petrol Geol, 40: 1–47.

Craig J, Thurow J, Thusu B, et al., 2009. Global Neoproterozoic petroleum systems : the emerging potential in North Africa [J] . J Geol Soc London, 326: 1–25.

Dai Jinxing, Li Jian, Luo Xia, et al., 2005. Stable carbon isotope compositions and source rock geochemistry of the giant gas accumulations in the Ordos Basin, China [J] . Organic Geochemistry, 36 (12): 1617–1635.

Dutkiewicz A, Volk H, Ridley J, et al., 2003. Biomarkers, brines, and oil in the Mesoproterozoic, Roper Superbasin, Australia [J] . Geology, 31: 981–984.

Farquhar J, Wing B A, McKeegan K D, et al., 2002. Mass–independent sulfur of inclusions in diamond and sulfur recycling on early Earth [J] . Science, 298: 2369–2372.

French K L, Hallmann C, Hope J M, et al., 2015. Reappraisal of hydrocarbon biomarkers in Archean rocks[J]. Proc Nat Acad Sci USA, 112: 5915–5920.

Gaillard F, Scaillet B, Arndt N T, 2011. Atmospheric oxygenation caused by a change in volcanic degassing pressure [J] . Nature, 478: 229–232.

Gao J, Wang X, Klemd R, et al., 2015. Record of assembly and breakup of Rodinia in the Southwestern Altaids : Evidence from Neoproterozoic magmatism in the Chinese Western Tianshan Orogen [J] . J Asian Earth Sci, 113: 173–193.

Geboy N J, 2006. Rhenium–Osmium Age Determinations of Glaciogenic Shales from the Mesoproterozoic Vazante Formation, Brazil [D] . Master Dissertation. Washington : University of Maryland, College Park.

Giorgioni M, Keller C E, Weissert H, et al., 2015. Black shales–from coolhouse to greenhouse (early Aptian) [J] . Cretaceous Res, 56: 716–731.

Grosjean E, Love G, Stalvies C, et al., 2009. Origin of petroleum in the Neoproterozoic–Cambrian South Oman salt basin [J] . Org Geochem, 40: 87–110.

Han T M, Runnegar B, 1992. Megascopic eukaryotic algae from the 2. 1–billion–year–old Negaunee Iron–Formation, Michigan [J] . Science, 257: 232–235.

Haug G H, Pedersen T F, Sigman D M, et al., 1998. Glacial/interglacial variations in production and nitrogen fixation in the Cariaco Basin during the last 580 kyr [J] . Paleoceanography, 13: 427–432.

Hays J D, Imbrie J, Shackleton N J, 1976. Variations in the Earth's orbit : Pacemaker of the ice ages [J] . Science, 194: 1121–1132.

Imbus S W, Macko S A, Elmore R D, et al., 1992. Stable isotope (C, S, N) and molecular studies on the Precambrian Nonesuch Shale (Wisconsin–Michigan, USA): Evidence for differential preservation rates, depositional environment and hydrothermal influence [J] . Chem Geol, 101: 255–281.

Javaux E J, Knoll A H, Walter M R, 2004. TEM evidence for eukaryotic diversity in mid–Proterozoic oceans[J]. Geobiology, 2: 121–132.

Kasting J F, Siefert J L, 2002. Life and the evolution of Earth's atmosphere [J] . Science, 296: 1066–1068.

Knauth L P, Lowe D R, 2003. High Archean climatic temperature inferred from oxygen isotope geochemistry of cherts in the 3. 5 Ga Swaziland Supergroup, South Africa [J] . Geol Soc Am Bull, 115: 566–580.

Knoll A H, Javaux E J, Hewitt D, et al., 2006. Eukaryotic organisms in Proterozoic oceans [J] . Philos T R

Soc B, 361: 1023-1038.

Kolonic S, Wagner T, Forster A, et al., 2005. Black shale deposition on the northwest African Shelf during the Cenomanian/Turonian oceanic anoxic event : Climate coupling and global organic carbon burial [J] . Paleoceanography, 20: 1-18.

Kopp R E, Kirschvink J L, Hilburn I A, et al., 2005. The Paleoproterozoic snowball Earth : a climate disaster triggered by the evolution of oxygenic photosynthesis [J] . Proc Nat Acad Sci USA, 102: 11131-11136.

Kump L R, Brantley S L, Arthur M A, 2000. Chemical weathering, atmospheric CO_2, and climate [J] . Annu Rev Earth Planet Sci, 28 (1) : 611-667.

Lamb D M, Awramik S M, Chapman D J, et al., 2009. Evidence for eukaryotic diversification in the~1800 million-year-old Changzhougou Formation, North China [J] . Precambrian Res, 173: 93-104.

Li C, Cheng M, Algeo T J, et al., 2015. A theoretical prediction of chemical zonation in early oceans (>520 Ma) [J] . Sci China-Earth Sci, 58 (11) : 1901-1909.

Li C, Cheng M, Zhu M Y, et al., 2018. Heterogeneous and dynamic marine shelf oxygenation and coupled early animal evolution [J] . Emerg Top Life Sci, 153: 78-92.

Li Z X, Bogdanova S V, Collins A S, et al., 2008. Assembly, configuration, and break-up history of Rodinia : A synthesis [J] . Precambrian Res, 160: 179-210.

Love G D, Grosjean E, Stalvies C, et al., 2009. Fossil steroids record the appearance of Demospongiae during the Cryogenian period [J] . Nature, 457: 718-721.

Luo G M, Hallmann C, Xie S C, et al., 2015. Comparative microbial diversity and redox environments of black shale and stromatolite facies in the Mesoproterozoic Xiamaling Formation [J] . Geochim Cosmochim Acta, 151: 150-167.

Luo G M, Junium C K, Kump L R, et al., 2014. Shallow stratification prevailed for ~1700 to ~1300 Ma ocean : Evidence from organic carbon isotopes in the North China Craton [J] . Earth Planet Sci Lett, 400: 219-232.

Lyons T W, Reinhard C T, 2011. Earth science : Sea change for the rise of oxygen [J] . Nature, 478: 194-195.

Lyons T W, Reinhard C T, Planavsky N J, 2014. The rise of oxygen in Earth's early ocean and atmosphere [J] . Nature, 506: 307-315.

Marshall A O, Corsetti F A, Sessions A L, et al., 2009. Raman spectroscopy and biomarker analysis reveal multiple carbon inputs to a Precambrian glacial sediment [J] . Org Geochem, 40: 1115-1123.

Melenevskii V N, 2012. Modeling of catagenetic transformation of organic matter from a Riphean mudstone in hydrous pyrolysis experiments : Biomarker data [J] . Geochem Int, 50: 425-436.

Meyers P A, Bernasconi S M, 2005. Carbon and nitrogen isotope excursions in mid-Pleistocene sapropels from the Tyrrhenian Basin : Evidence for climate-induced increases in microbial primary production [J] . Mar Geol, 220: 41-58.

Nance R D, Murphy J B, Santosh M, 2014. The supercontinent cycle : a retrospective essay [J] . Gondwana Res, 25: 4-29.

Nance R, Worsley T, Moody J, 1988. The supercontinent cycle [J] . Sci Am, 259: 72–79.

Och L M, Shields–Zhou G A, 2012. The Neoproterozoic oxygenation event : Environmental perturbations and biogeochemical cycling [J] . Earth–Sci Rev, 110: 26–57.

Pavlov A A, Hurtgen M T, Kasting J F, et al., 2003. Methane–rich Proterozoic atmosphere ? [J] . Geology, 31: 87–90.

Peng Y B, Bao H M, Yuan X L, 2009. New morphological observations for Paleoproterozoic acritarchs from the Chuanlinggou Formation, North China [J] . Precambrian Res, 168: 223–232.

Peters K E, Walters C C, Moldowan J M, 2005. The Biomarker guide : biomarkers and isotopes in the environment and human history [M] . Cambridge : Cambridge University Press. 704.

Piper D Z, Perkins R B, 2004. A modern vs. Permian black shale—the hydrography, primary productivity, and water–column chemistry of deposition [J] . Chemical Geology, 206: 177–197.

Planavsky N J, Reinhard C T, Wang X L, et al., 2014. Low Mid–Proterozoic atmospheric oxygen levels and the delayed rise of animals [J] . Science, 346: 635–638.

Poulton S W, Fralick P W, Canfield D E, 2004. The transition to a sulphidic ocean 1. 84 billion years ago [J] . Nature, 431: 173–177.

Poulton S W, Fralick P W, Canfield D E, 2010. Spatial variability in oceanic redox structure 1. 8 billion years ago [J] . Nat Geosci, 3: 486–490.

Reinhard C T, Raiswell R, Scott C, et al., 2009. A late Archean sulfidic sea stimulated by early oxidative weathering of the continents [J] . Science, 326: 713–716.

Riding R, 2006. Cyanobacterial calcification, carbon dioxide concentrating mechanisms, and Proterozoic–Cambrian changes in atmospheric composition [J] . Geobiology, 4: 299–316.

Rogers J J, Santosh M, 2002. Configuration of Columbia, a Mesoproterozoic supercontinent [J] . Gondwana Res, 5: 5–22.

Sahoo S K, Planavsky N J, Kendall B, et al., 2012. Ocean oxygenation in the wake of the Marinoan glaciation [J] . Nature, 489: 546–549.

Schoepfer S D, Shen J, Wei H, et al., 2015. Total organic carbon, organic phosphorus, and biogenic barium fluxes as proxies for paleomarine productivity [J] . Earth–Science Reviews, 149: 23–52.

Schopf J W, 2006. Fossil evidence of Archaean life [J] . Philos T R Soc B, 361: 869–885.

Scott C, Lyons T W, Bekker A, et al., 2008. Tracing the stepwise oxygenation of the Proterozoic ocean [J] . Nature, 452: 456–459.

Shen Y N, Buick R, Canfield D E, 2001. Isotopic evidence for microbial sulphate reduction in the early Archaean era [J] . Nature, 410: 77–81.

Slack J F, Grenne T, Bekker A, et al., 2007. Suboxic deep seawater in the late Paleoproterozoic : evidence from hematitic chert and iron formation related to seafloor–hydrothermal sulfide deposits, central Arizona, USA [J] . Earth Planet Sci Lett, 255: 243–256.

Strand K, 2012. Global and continental–scale glaciations on the Precambrian earth [J] . Mar Petrol Geol, 33: 69–79.

Summons R E, Brassell S C, Eglinton G, et al., 1988. Distinctive hydrocarbon biomarkers from fossiliferous sediment of the Late Proterozoic Walcott Member, Chuar Group, Grand Canyon, Arizona [J]. Geochim Cosmochim Acta, 52: 2625–2637.

Summons R E, Jahnke L L, Hope J M, et al., 1999. 2–Methylhopanoids as biomarkers for cyanobacterial oxygenic photosynthesis [J]. Nature, 400: 554–557.

Tang D J, Shi X Y, Wang X Q, et al., 2016. Extremely low oxygen concentration in mid–Proterozoic shallow seawaters [J]. Precambrian Res, 276: 145–157.

Vail P R, Mitchum R M, S T hompson, 1977. Seismic Stratigraphy and Global Changes of Sea Level, Part3: Relative Changes of Sea Level from Coastal Onlap [J]. AAPG, 26: 49–212.

Vogel M B, Moldowan J M, Zinniker D, 2005. Biomarkers from Units in the Uinta Mountain and Chuar Groups [M]. In: Vogel B M, MoldowanM J, ZinnikerD, eds. The AAPG/Datapages Combined Publications Database: 75–96.

Wang T G, Li M J, Wang C J, et al., 2008. Organic molecular evidence in the Late Neoproterozoic Tillites for a palaeo–oceanic environment during the snowball Earth era in the Yangtze region, southern China [J]. Precambrian Res, 162: 317–326.

Wang X M, Zhang S C, Wang H J, et al., 2017. Oxygen, climate and the chemical evolution of a 1400 million year old tropical marine setting [J]. Am J Sci, 317: 861–900.

Xu Z Q, He B Z, Zhang C L, et al., 2013. Tectonic framework and crustal evolution of the Precambrian basement of the Tarim Block in NW China: new geochronological evidence from deep drilling samples [J]. Precambrian Res, 235: 150–162.

Yin Z J, Zhu M Y, Davidson E H, et al., 2015. Sponge grade body fossil with cellular resolution dating 60 Myr before the Cambrian [J]. Proc Nat Acad Sci USA, 112: 1453–1460.

Yuan X L, Chen Z, Xiao S H, et al., 2011. An early Ediacaran assemblage of macroscopic and morphologically differentiated eukaryotes [J]. Nature, 470: 390–393.

Zhang K, Zhu X K, Wood R A, et al., 2018. Oxygenation of the Mesoproterozoic ocean and the evolution of complex eukaryotes [J]. Nat Geosci, 11 (5): 345.

Zhang S C, Wang X M, Hammarlund E U, et al., 2015. Orbital forcing of climate 1.4 billion years ago [J]. Proc Nat Acad Sci USA, 112: 1406–1413.

Zhang S C, Wang X M, Wang H J, et al., 2017. The oxic degradation of sedimentary organic matter 1400 Ma constrains atmospheric oxygen levels [J]. Biogeosciences, 14: 2133–2149.

Zhang S C, Wang X M, Wang H J, et al., 2016. Sufficient oxygen for animal respiration 1, 400 million years ago [J]. Proc Nat Acad Sci USA, 113: 1731–1736.

Zhao G C, Sun M, Wilde S A, et al., 2004. A Paleo–Mesoproterozoic supercontinent: assembly, growth and breakup [J]. Earth–Sci Rev, 67: 91–123.

Zhao G, Wang Y, Huang B, et al., 2018. Geological reconstructions of the East Asian blocks: From the breakup of Rodinia to the assembly of Pangea [J]. Earth–Science Reviews, 186: 262–286.

Zhu S X, Chen H N, 1995. Megascopic multicellular organisms from the 1700–million–year–old Tuanshanzi

Formation in the Jixian area, North China [J] . Science, 270: 620–622.

Zhu S X, Zhu M Y, Knoll A H, et al., 2016. Decimetre–scale multicellular eukaryotes from the 1. 56–billion–year–old Gaoyuzhuang Formation in North China [J] . Nat Commun, 7: 11500.